数据科学与工程技术丛书

Big Data Computing Systems

Principles, Technologies, and Applications

大数据计算系统

原理、技术与应用

王宏志 刘海龙 张立臣 石胜飞 编著

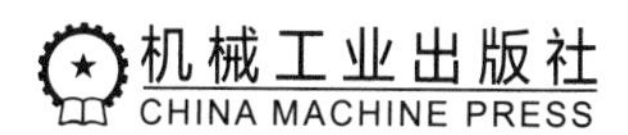

本书兼顾深度和广度、应用和原理、研发和运维，系统介绍各类大数据计算系统。本书内容分为四个部分，包括大数据计算系统的基础知识、大数据计算系统的配置与编程方法、大数据计算系统的原理，以及大数据计算系统的监控、运维与调优。本书内容全面，体系清晰，可作为高校大数据及相关专业的课程教材，也可以作为从事大数据计算系统应用开发工作的技术人员的参考书。

图书在版编目（CIP）数据

大数据计算系统：原理、技术与应用 / 王宏志等编著. —北京：机械工业出版社，2023.7
（数据科学与工程技术丛书）
ISBN 978-7-111-73307-2

Ⅰ. ①大… Ⅱ. ①王… Ⅲ. ①数据处理 Ⅳ. ①TP274

中国国家版本馆CIP数据核字（2023）第104873号

机械工业出版社（北京市百万庄大街22号 邮政编码100037）
策划编辑：朱 劼 责任编辑：朱 劼
责任校对：龚思文 梁 静 责任印制：张 博
保定市中画美凯印刷有限公司印刷
2023年10月第1版第1次印刷
185mm×260mm · 20.75印张 · 1插页 · 472千字
标准书号：ISBN 978-7-111-73307-2
定价：79.00元

电话服务
客服电话：010-88361066
010-88379833
010-68326294

网络服务
机 工 官 网：www.cmpbook.com
机 工 官 博：weibo.com/cmp1952
金 书 网：www.golden-book.com
机工教育服务网：www.cmpedu.com

前　言

大数据计算需要由系统来完成，完成数据科学与大数据技术相关任务的核心工作就是选择、配置大数据计算系统并进行调优，以及基于大数据计算系统进行程序设计，完成这些工作的前提是深入了解和熟练使用大数据计算系统。本书面向这一需求，为读者介绍大数据计算系统的基本知识和使用方法。

由于大数据及其应用的多样性，出现了大量的大数据计算系统，本书选择常用的大数据计算系统加以介绍，包括用于批处理的 Hadoop 和 Spark、用于流处理的 Storm 和用于图数据处理的 Spark GraphX。针对每一种系统，书中都介绍了其配置、程序设计方法以及工作原理。由于保证大数据计算系统的高性能需要对其进行监控、运维和调优，因此本书还以上述系统为例介绍了相关的监控、运维和调优方法。

考虑到读者的不同需求，本书兼顾广度和深度、应用和原理、研发和运维，对于各类大数据计算系统都进行了详细介绍，具有较强的实用性。本书适合作为本科生和研究生“大数据计算系统”“大数据系统开发”以及相关课程的教材，也可以作为“分布式计算”“计算机系统”等课程的补充教材或课外读物。本书还适合作为大数据技术培训的参考书和大数据领域从业人员的技术参考书。

本书采取模块化编写方式，分为 4 个部分。第一部分包括第 1 章，主要对大数据计算系统进行概述；第二部分包括第 2～6 章，介绍各种大数据计算系统的配置与编程方法；第三部分包括第 7～11 章，重点介绍大数据计算系统的原理；第四部分包括第 12～14 章，讲授大数据计算系统的监控、运维和调优方法。

高校可根据教学目标选择不同的内容进行讲授。偏重原理的高校可以着重讲授第一部分和第三部分中的概念和原理内容，将第二部分和第四部分作为原理的应用进行介绍；偏重大数据计算系统研发的高校可以着重讲授第一部分和第二部分，将第三部分和第四部分作为深入学习的参考资料；偏重大数据计算系统运维和调优的高校可以着重讲授第一部分和第四部分，将第二部分和第三部分作为运维的背景知识进行介绍。

需要注意的是，大数据计算系统的原理、使用和运维、调优是密不可分的。只有深入了解原理，才能基于大数据计算系统进行高效开发，并对系统进行运维和调优。特别是当前的大数据计算系统日益复杂，高效的系统开发和维护尤其需要深入理解原理；而只有进行有效的运维和调优，才能保证大数据计算系统持续高效地运行。

在使用方法上，本书可以作为一本面向大数据计算系统应用开发的教材或参考书，供高校师生和专业技术人员完整地学习。由于各部分相对独立，主题明确，不同需求的读者可以单独学习相关主题。书中对于各类大数据计算系统都提供了比较详细的介绍和应用案例，读者可以根据自己的情况选择学习。

虽然本书面向初学者，但建议读者有一些程序设计、计算机系统、计算机网络和数据库管理系统方面的先修知识。由于大数据计算系统是一种面向数据密集型计算的分布式系统，因此在学习本书第三部分的时候，建议和“分布式系统”相关教材相互参考。

当前不仅数据在增长，以数据为中心的应用也在不断增长。大数据计算系统作为大数据计算的核心，也在不断发展和演化之中，为了保证本书的生命力，作者选取了经典系统进行介绍，同时兼顾原理和应用。但是，限于作者的水平，本书在内容安排、表述等方面难免存在不当之处，敬请读者在阅读本书的过程中，提出宝贵的意见和建议。读者的意见和建议请发至邮箱 wangzh@hit.edu.cn。本书相关的信息也会在微信公众号“大数据与数据科学家”（big_data_scientist）发布。

感谢哈尔滨工业大学的李建中教授、高宏教授和海量数据计算研究中心的诸位同事对本书内容的指导与建议，以及在专业上对作者的帮助。

在本书的撰写过程中，哈尔滨工业大学的陈翔、张于舒晴、刘畅、王煜彤、张梦等同学在资料搜集、整理、文本校对、制图等方面提供了帮助和支持，在此表示感谢。

非常感谢我的爱人黎玲利副教授对我的支持，并在大数据计算领域和我不断探讨。感谢我的母亲和岳母帮忙料理家务，照顾我的宝宝“壮壮”，使我有时间完成本书的写作。

最后，作者关于大数据计算方面的研究和本书的写作得到了国家自然科学基金项目（编号：U62232005）、教育部产学研协作育人项目（编号：201801130005）和哈尔滨工业大学研究生教育教学改革研究项目的资助，在此表示感谢。

王宏志
2023 年 5 月于哈尔滨

目　　录

第4章 Spark的配置与编程······58

第5章 Storm的配置与编程······96

第6章 GraphX及其应用······118

第三部分 原理

第一部分

基　　础

大数据计算系统是指面向大数据计算的计算系统。本部分主要介绍大数据计算系统的基础知识，为后续学习大数据计算系统的应用实现、监控与运维、性能调优奠定基础。本部分的主要内容包括大数据计算系统的定义、常见的大数据计算系统、大数据计算系统的监控与运维概述、大数据计算系统的性能优化。

第 1 章

大数据计算系统概述

1.1 大数据计算系统的定义

1.1.1 大数据

对计算机系统而言，数据（data）主要由 1 和 0 组成的二进制数系统表示。数据通过人类的采集、录入等活动而生成，可以用于描述客观世界。数据是信息的载体，信息是业务的描述，而知识是信息中蕴含的科学意义，其结构关系如图 1-1 所示。在图 1-2 中，30 被解释成购买的书的数量，然后利用计算机科学、统计学、人工智能等知识进行分析，由用户的购买信息可以得到关于用户购买行为的知识。

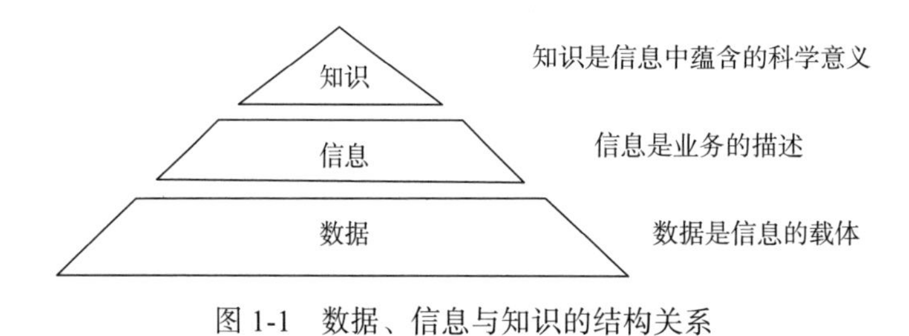

图 1-1 数据、信息与知识的结构关系

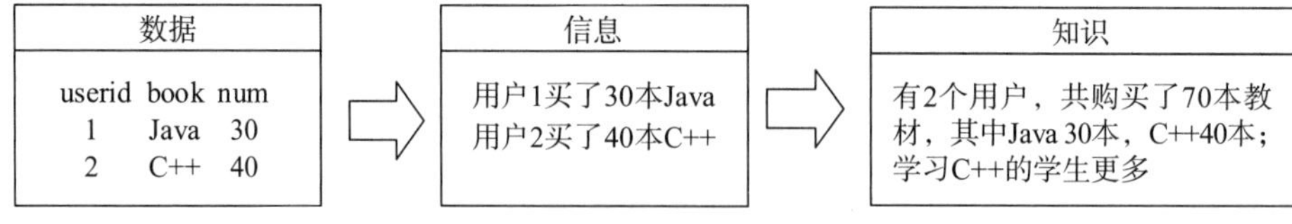

图 1-2 数据与信息

早期，数据主要指对客观世界测量结果的记录。随着科学的进步，数据的范畴不断扩大，文本、图片、视频等都被称为数据。随着信息化的飞速发展，数据规模完成了

KB → GB → TB → PB → YB 的演进，数据量单位从 KB 级跃升到 YB 级。数据量单位的换算关系如表 1-1 所示。

表 1-1　数据量单位的换算关系

名称（英）	名称（中）	缩写	换算关系
Kilobyte	千字节	KB	1 KB=10^3 B
Megabyte	兆字节	MB	1 MB=10^3 KB
Gigabyte	吉字节	GB	1 GB=10^3 MB
Terabyte	太字节	TB	1 TB=10^3 GB
Petabyte	拍字节	PB	1 PB=10^3 TB
Exabyte	艾字节	EB	1 EB=10^3 PB
Zettabyte	泽字节	ZB	1 ZB=10^3 EB
Yottabyte	尧字节	YB	1 YB=10^3 ZB

根据统计，到 2025 年，全球每天产生的数据量有望达到 463EB。谷歌、Meta、微软和亚马逊存储了至少 1200PB 的数据。

对于大数据的特征，业界通常引用国际数据公司（International Data Corporation, IDC）定义的 4V 来描述。

1）多样性（Variety）：除了结构化数据外，大数据还包括各类非结构化数据（如文本、音频、视频、流量、文件记录等），以及半结构化数据（如电子邮件、办公处理文档等）。

2）速度快（Velocity）：大数据处理的结果通常具有时效性，只有把握好数据流的应用，才能最大化地挖掘大数据所隐藏的价值。

3）数据量大（Volume）：虽然数据量的统计和预测结果并不完全相同，但业界一致认为数据量将急剧增长。

4）价值密度低（Value）：大数据有高价值，但需要对大规模的数据进行计算才能体现其价值。一方面，有价值的数据往往隐藏在大量无用数据中；另一方面，只有数据规模够大，对其进行分析得到的结果才有统计学意义。这使得单位数据的价值变低。

阿姆斯特丹大学的 Yuri Demchenko 等人提出了大数据架构的 5V 特征，如图 1-3 所示，它在 4V 特征的基础上增加了真实性（Veracity），真实性特征中包括可信性、真伪性、来源和信誉、有效性和可审计性。

数据可以转换成信息，进而提炼出知识来指导人们实际的生产与生活。淘宝购物的商品推荐、百度知识搜索、社交网络的好友推荐、个性化诊疗中的医生推荐等，无不体现了数据中蕴含的价值。无论是企业数据（如 CRM、系统中的消费者数据、传统的 ERP 数据、库存数据及账目数据等）、系统日志和感知数据（呼叫记录、智能仪表数据、工业设备传感器收集的数据、设备日志和交易数据等），还是社交数据（用户行为记录、反馈数据等），都具有规模大、速度快、多源异构、价值密度低的特征。将这些数据集成于大数据平台，结合计算机科学、统计学等知识对数据进行合理的分析，才能提炼出数据中的价值。

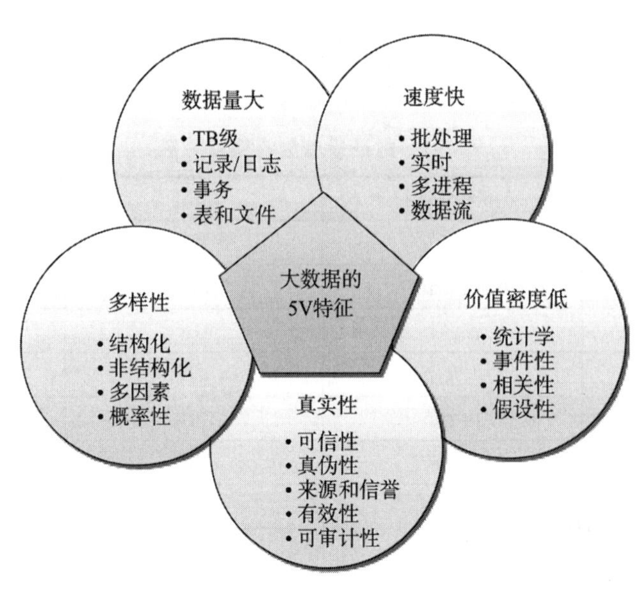

图 1-3　大数据的 5V 特征

1.1.2　大数据计算

大数据具有规模巨大、变化速度快、多源异构、价值密度低等特征，其价值必须借助计算机强大的计算能力才能实现，这就对大数据计算提出了要求。大数据计算是大数据算法的执行过程，而大数据算法是求解大数据计算问题的方法。

大数据的管理、分析、挖掘等各个阶段都存在大数据计算问题，下面是一些行业中的大数据计算问题的例子。

- 在科学研究中，天文学家把通过望远镜观察到的现象以数据形式记录到计算机中，进行数据分析。
- 在工业生产中，基于工业大数据发现关联规则，应用关联规则的分类提前发现半成品中的瑕疵，避免资源浪费。
- 在飞行管理中，利用大数据实现故障诊断和预测，实现实时自适应控制、燃油使用、零件故障预测和飞行员通报。
- 在社会经济中，基于大数据能够更加精准地计算 CPI 等指数。
- 在电子商务中，利用大数据能够精准地为用户推荐商品。
- 在医疗中，基于医疗大数据可辅助医疗决策。

从上面的例子可以看出，面向科学研究、工业生产、交通管理、社会经济、商业、医疗等都有相应的大数据计算问题，可见大数据计算已涉及生活的各个方面。

1.1.3　大数据计算系统

计算（机）系统指的是完整的、能够正常工作的计算机，包括计算机及完成某项计算任务所需要的软件和周边设备。计算系统最重要的特点是所有部件都和其他部件存在潜在交互。计算系统通常包括硬件系统、软件系统和应用程序 3 个层次。

大数据计算系统指的是面向大数据计算的计算系统，大数据所具备的特征对大数据计算系统提出了如下要求：

- 大数据规模大，要求大数据计算系统具有高效性、可扩展性和弹性。
- 大数据速度快，要求大数据计算系统具有高效性和弹性。
- 大数据类型多，要求大数据计算系统具有对于多源异构数据的适应性。
- 大数据价值密度低，要求大数据计算系统具有可扩展性。

因此，大数据计算系统具有多样性。对于计算系统的不同层次，大数据计算系统也有不同的考量：

- 面向数据密集型计算的硬件系统需要考虑高性能计算以及计算和多级存储性能的配合。
- 面向大数据的操作系统需要考虑大规模存储管理、计算和存储耦合计算的支持。
- 大数据计算框架需要考虑便利的大数据编程接口、计算任务执行、存储管理等。
- 大数据管理系统需要考虑大规模数据的存储和查询。
- 面向大数据的编译器需要考虑面向大数据的代码生成（分布式、大规模输入）、面向大数据的代码优化（如优化任务执行、优化数据分布和减少数据重分布）等。

为了提高计算系统的可扩展性，很多大数据计算系统都是分布式系统，但是大数据计算系统也可以采用集中式的解决方案。大数据计算系统与分布式系统的关系如图 1-4 所示。从图中可以看出，尽管很多流行的大数据计算系统是分布式系统，但分布式系统只是大数据计算系统的一种架构。

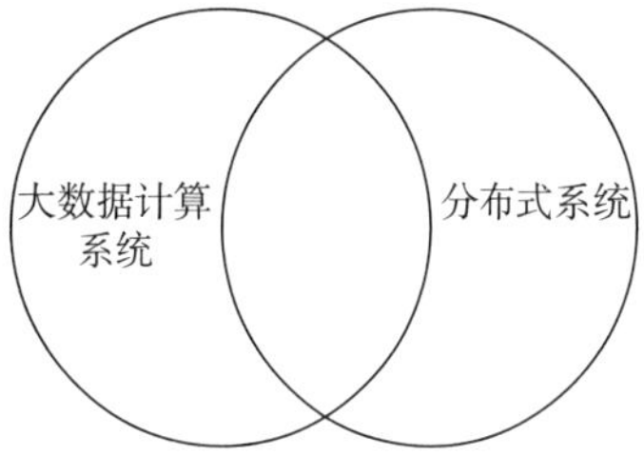

大数据计算系统

分布式系统

图 1-4　大数据计算系统与分布式系统的关系

本书介绍的大数据计算系统主要是分布式系统。

分布式系统有多种不同的定义。一般认为，分布式系统是一些独立的计算机的集合，但是对这个系统的用户来说，系统就像一台计算机。这个定义有两方面的含义：第一，从硬件角度来讲，每台计算机都是自主的；第二，从软件角度来讲，用户将整个系统看作一台计算机。这两者都是必需的，缺一不可。分布式系统具有以下 4 个主要特征：

1）分布性：系统中的多台计算机之间没有主、从之分，既没有控制整个系统的主机，也没有受控的从机。

2）透明性：系统资源被所有计算机共享，用户不仅可以使用本机的资源，还可以使用分布式系统中其他计算机的资源，包括 CPU、文件、打印机等。

3）同一性：系统中的若干台计算机可以互相协作来完成一个共同的任务，或者说一个程序可以分布在几台计算机上并行运行。

4）通信性：系统中的任意两台计算机都可以通过通信来交换信息。

随着计算机的业务单元变得越来越复杂，集中部署在一台或多台大型机的架构已经不能满足要求。随着微型机的出现，个人计算机已成为企业 IT 架构的首选，分布式处理方式也越来越受到业界的青睐，计算系统正经历从集中式到分布式的架构变革。Meta、Google、Amazon、Twitter 、阿里巴巴、腾讯、百度等企业采用了大量基于个人计算机的计算方案，也构建了大量实用的系统。

尽管个人计算机在容错性和扩展性方面具有很大的优势，但对于一些计算密集型的任务（如天气预报、核爆模拟等），仍然要采用基于巨型机的集中式计算方案。一些企业仍然采用 Oracle、DB2 等传统的集中式数据库管理方法，也有一些企业采用 Greenplum 等并行数据库系统来管理企业的大数据。

1.2 常见的大数据计算系统

本节以 4 种常见的系统为例来介绍大数据计算系统：Apache 开源的分布式大数据框架——Hadoop、Spark，它们对于大数据的批处理计算和分布式计算具有重要的推动作用；开源框架 Storm，它在实时分布式流计算方面表现突出；GraphX，是常见的分布式图计算框架。

1.2.1 批处理计算框架 Hadoop

Apache Hadoop 是一款用于可靠的、可扩展的分布式计算的开源软件。它允许使用简单的编程模型跨计算机集群分布式地处理大型数据集。它旨在将工作范围从单个服务器扩展到数千台计算机，每台计算机都提供本地计算和存储。框架本身不依靠硬件来提供高可用性，而是用于检测和处理应用程序层的故障，从而在计算机集群之上提供高可用性的服务。第 2 章将介绍 Hadoop 的配置和程序设计，第 3 章介绍 Hadoop 中的分布式文件系统 HDFS 的配置和程序设计，第 7 章和第 8 章分别介绍 Hadoop 和 HDFS 的原理。第 12～14 章将以 Hadoop 为例介绍大数据计算系统的监控、运维与调优。

1.2.2 分布式计算框架 Spark

Apache Spark 是用于大规模数据处理的分布式计算框架。它最引人注意的地方就是能以更快的速度运行工作负载。Spark 使用先进的有向无环图（Directed Acyclic Graph, DAG）调度程序，查询优化器和物理执行引擎，实现批处理和流数据的高性能。根据 Spark 的官方数据，Spark 在内存中运行程序的速度比 Hadoop MapReduce 快 100 倍左右，比在磁盘上运行程序的速度快 10 倍左右。Hadoop 和 Spark 的运行速度比较如图 1-5 所示。

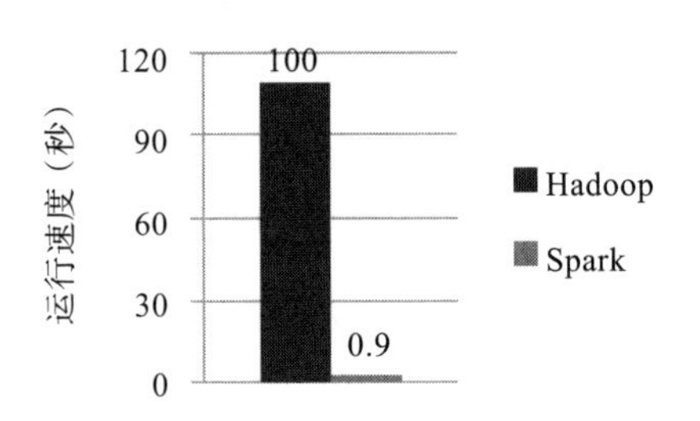

图 1-5 Hadoop 和 Spark 的运行速度比较

第 4 章将介绍 Spark 的配置和程序设计，Spark 的原理将在第 9 章中介绍。

1.2.3 流计算系统 Storm

Apache Storm 是一个免费的开源实时分布式流计算系统。Storm 可以轻松、可靠地处理无限数据流。Storm 可以与任何编程语言共用。

Storm 集成了目前已有的队列和数据库技术。Storm 拓扑接收数据流并以任意复杂的方式处理这些流，然后在计算的每个阶段之间重新划分流。第 5 章将介绍 Storm 的配置和程序设计，Storm 的原理将在第 10 章中介绍。

1.2.4 分布式图计算框架 GraphX

GraphX 是 Spark 中用于图并行计算的新框架。在较高的层次上，GraphX 通过引入一个新的 Graph 抽象来扩展 Spark RDD（一个有向的多重图），将其属性附加到每个顶点和边。为了支持图计算，GraphX 公开了一组基本运算符（如 subgraph、joinVertices 和 aggregateMessages）以及 Pregel API 的优化变体。此外，GraphX 包含大量图算法和构建器，以简化图分析任务。第 6 章将介绍 GraphX 的应用，第 11 章将介绍 GraphX 的原理。

1.2.5 大数据计算系统的对比

Hadoop、Spark 和 Storm 的区别与应用场景如下：

- Hadoop 是基于磁盘处理的大数据框架，其计算组件 MapReduce 也基于磁盘计算，采用 Map 和 Reduce 编程模型对大数据进行批处理。故 Hadoop 在大数据的计算过程中对机器要求低，有较好的效果。
- Spark 也是批处理计算系统，采用 DAG 模型，基于内存进行计算，在大数据的交互和迭代计算上优于 Hadoop，但它受服务器内存与 CPU 的限制。
- Storm 采用流式处理，省去了批处理收集数据的时间，可处理源源不断进入系统的数据，适合流式处理实时计算的业务场景。

1.3 大数据计算系统的监控与运维概述

1.3.1 概述

随着各行各业的发展，大数据计算系统的规模快速膨胀，由此带来的硬件产品寿命问题、不同产品之间的兼容问题、软件系统升级问题等都需要通过系统运维来解决。同时，系统运维涉及诸多方面，从网络硬件设备到网络监控，从各类硬件驱动到内核参数调优，从服务巡检到异常处理，无一不需要系统运维的支持。

从大数据计算系统的工作特点来说，系统每分钟处理的数据量巨大，宕机一分钟造成的损失也十分巨大。与此同时，系统运维又具有不确定性与长期性，因此忽视运维可能导致灾难性的后果。一旦系统出现瘫痪等严重问题，如果不通过科学合理的运维手段解决，而是盲目添置硬件设备，不仅不能从根本上解决问题，还会增加解决问题带来的成本。因此，运维工作是大数据计算系统的重要组成部分。

在对大数据计算系统实施运维之前，有必要了解系统实时运行的情况，否则运维就是盲目的。只有在实现系统监控，掌握系统的重要组件、集群运行负载上限及工作任务特点等系统常规和工作环境的特征指标之后，对系统的运维才是有目的和有效的。监控是整个运维乃至整个产品生命周期中重要的一环，可以在事前及时发现故障并预警，事后提供详实的数据用于追查、定位问题。每个系统的实际工作环境不同，侧重的监控方向也不同，但系统监控一般应当遵循以下 4 个原则：

1）应对系统不间断地进行实时监控。

2）监控应实时反馈系统当前的状态，即监控某个硬件或者某个系统的当前状态，判断系统状态是正常、异常还是故障的。

3）监控的目的是保证系统、服务安全可靠。

4）当出现故障时，应第一时间接收到故障报警并及时解决故障，从而保证业务持续、稳定地运行。

监控的核心在于发现问题和定位问题。当一个已经实施了监控的大数据计算系统在运行中发生故障时，应当及时进行故障报警，将报警信息反馈给用户，同时报警信息应当将故障原因定位到较小的范围内，如报告某台主机故障及故障的内容，以帮助系统运维人员尽快发现并解决故障。

综上所述，大数据计算系统的监控与运维是不可分割的有机整体，监控为系统的运维提供数据基础，运维提升了系统监控的价值。大数据计算系统的监控和运维应结合具体的系统需求和工作场景。系统的监控常常从系统的硬件展开，兼顾大数据系统的网络环境、配置环境、计算框架、上层服务等诸多层次。运维则从大数据计算系统的基础服务传输系统、计算调度及存储系统层面考虑。运维系统中的批量作业平台要解决运维中高频的批处理任务，确保系统的稳定性和可靠性，尽量引入原生支持的组件，减少开发的工作量。

1.3.2　监控与运维的范围

大数据计算系统的监控应从多角度、多层次来实现。首先，应该掌握系统的基础环境，如硬件设备、网络、集群规模、系统配置等方面的基础信息和系统中计算框架的状态。在实施监控时，系统的硬件资源、HDFS、上层服务、Hadoop 守护进程相关指标等都应该纳入考虑的范围。

确定监控的角度后，系统的运维范围和方向就可以逐步确定。大数据计算系统最基础的运维是用户的身份确认和 Hadoop 及相关服务的启动与停止。常规的运维包括 Hadoop 的单点备份及恢复处理、DataNode 的维护、系统中数据的备份、容灾处理、数据迁移等。

当然，大数据计算系统的运维包括但不限于上述内容，用户可以根据系统的实际情况使系统的运维覆盖资源分配、服务巡检、网络监控、负载均衡等多个方面。

1.3.3　大数据计算系统的监控与运维方法

在阐述了监控与运维的重要性和范围之后，接下来介绍如何实现大数据计算系统的监控和运维。

首先，对于监控来说，涉及 4 个层面的工作。

1）全方位了解监控对象的工作流程、工作原理和工作特点，以及监控对象在整个系统中的作用和监控的意义等。

2）确定性能基准指标。在监控时，需要考虑应该监控对象的哪些属性，如 CPU 的使用率、负载、用户态、内核态、上下文切换、内存使用率、Swap 使用率、内存缓存、网络接发字节数、接发数据报数等。

3）报警阈值的定义。确定指标属性值的报警临界点、紧急处理临界点，如 CPU 的负载、用户态、内核态、内存使用率的用户预警临界点等。

4）故障处理方式及流程。应当确定遇到故障或者预警时的处理方法、用户处理流程，以及采用自动化运维的处理流程等。

运维涉及 5 个层面的工作。

1）全局驱动。无论是全部自动化管理平台的规划，还是某个平台的规划，都应该找到一个全局的立足点。比如，持续部署服务平台时，全局的目标应放在提高产品交付的速度和质量上，这样开发、测试、运维可以很快确定一致的目标。当平台建设完成后，运维从发布变更流程中彻底退出，真正实现让运维者变成审核者。

2）分而治之。当从多个维度审视系统时，可以看到需要建设许多系统，但是建设的周期长、难度大，所以需要分而治之。特别是线上架构组件的管理系统，更需要随着组件的交付一并交付运维管理能力，如面向组件的自动化管理能力、运维的监控能力、运维的数据分析能力等。分而治之就是让不同的团队做不同的事，对不同的系统功能采用不同的运维技术和手段。

3）自底向上。应该找到一个更清晰、更具体的系统建设目标来开展工作，进行系统分解时，应避免被一个庞大而模糊的目标带入歧途，要先设定全局和最终目标，然后从底层逐步构建。

4）边界清晰。这里主要指的是职能边界，即深层次地理解各部分的功能范围。例如，让 DNS 跨过 LVS 层，负责后端服务异常时的自动容错处理是不合适的。如果不把职能界定清楚，将会导致系统做很多无用功，从而增加运维系统建设的复杂度。

5）插件化。插件化的思维无处不在。对纷繁复杂的管理对象进行抽象，提供管理模式，然后将具体的实现交给用户，这是运维系统常见的做法。例如，Nagios 就采用了一种插件化的思路；对于配置管理来说，Puppet 采用的也是这个思路。对于最上层的调度管理系统，可以让运维人员自行编写执行器（特别是和业务紧密相关的），但最终运维的控制权还是要交给系统和平台。

1.3.4　大数据计算系统的运维目标

大数据计算系统运维的目标包括质量、成本、效率和安全。

1）质量。美国著名的质量管理专家朱兰（J. M. Juran）博士从顾客的角度出发，提出了产品（服务）质量就是产品（服务）适用性的理论，即产品（服务）在使用时能满足用户需要的程度。对于大数据计算系统来说，系统的质量主要是指在交付后，用户对系统运算结果的满意程度。对于满意程度的衡量应该从结果的应用效果等多个维度考量。

2）成本。运维不是直接产生效益的部分，但是可以通过控制运维成本来产生效益。在海量服务的情况下，带宽、人力、计算资源都非常昂贵，成本的精细化控制给大数据计算系统运维技术和管理提出了考验。从服务器的角度来说，我们可以把服务器四大资源（CPU、内存、I/O、网络 I/O）的利用率作为服务资源使用率的参考，一定要避免使用操作系统的负载来衡量服务器的利用率。应设定一个合理的使用率作为阈值，强制要求计算任务的使用率不能低于这个阈值，鼓励计算任务更充分地利用资源。如果服务器资源利用率达到 50%，一旦业务压力突增，很可能会影响计算性能，因此对运维技术的要求就是能实时地扩容和调度，这是对运维自动化能力的挑战。

3）效率。从运维效率能够看出运维平台化的能力。从场景的角度，可以分解出很多对运维效率的要求，如出现故障后发现问题的效率、故障定位的效率、发布效率、DNS/LVS/ 网络 / 业务变更效率、资源交付效率等，最终检验运维效率的核心指标就是面向业务的整体调度和整体交付的能力。

4）安全。安全是大数据计算系统的生命线，应尽早建立安全机制和规范，以及全面的安全体系，从系统级别、数据级别、应用级别等维度对待安全问题。对数据的安全保护更是重中之重。数据要建立分级体系，不同级别的数据要有不同的管理策略和使用策略，这些策略包含访问密码加密、访问日志的脱敏、数据隔离访问、数据加密、数据的备份、数据的加密获取等。

第 12 章和第 13 章将具体介绍大数据计算系统的监控和运维。

1.4　大数据计算系统的性能优化

随着大数据计算系统中需要存储和处理的数据不断增加，系统的性能问题日益突出，导致系统处理速度下降，不能及时返回处理结果。严重时，系统甚至不能提供服务。为了提升系统性能，需要根据大数据计算系统的架构，从多个方面进行优化。大数据计算系统的性能优化是一项非常复杂的工作，涉及系统的许多方面，因此，在系统的优化过程中需要考虑影响系统性能的所有因素。第 14 章将介绍大数据计算系统的性能优化。

1.4.1　提升大数据计算系统性能的途径

系统优化是一个非常复杂的过程，需要借助诊断工具找出系统瓶颈，利用优化机制对系统进行合理优化，以保证系统高效运行。大数据计算系统的架构、技术及使用场景比较特殊，有很多与其他系统不一样的特点，其性能优化也与其他系统有所不同。提升大数据计算系统性能可以从物理优化、系统参数优化、数据收集优化、数据处理优化 4 个方面着手。

1）物理优化。物理优化是最简单的优化方式，包括增加设备，扩大集群规模等。物理优化是一种相对昂贵但有效的优化方式。同时，系统的物理设备和集群规模决定了系统性能的上限。

2）系统参数优化。随着 Hadoop 和 Spark 的广泛使用，系统配置参数的设定成为影响程序处理效率的重要因素，系统参数配置不当是这类系统性能降低的一个重要原因。参数优化的主要任务是针对不同的计算任务，对系统参数进行较为合理的配置，以实现资源的有效利用和数据处理的高效执行。

3）数据收集优化。在进行数据分析前，大数据计算系统需要收集数据。在数据收集的过程中，不仅要保证数据的准确性，还要保证收集速度。数据收集的效果将直接影响数据处理的效果，如果数据收集速度慢，将导致数据分析过程无法进行，或者由于数据过少导致数据分析结果不正确。收集的数据可以是日志文件、网络数据或者科研数据等。收集日志文件和科研数据时，可以和数据源之间建立专有网络，直接通过网络将数据高速传输到处理端。对于网络数据，可以通过网络爬虫从网站上爬取数据信息，用这种方式获取的数据可以是网页、音频和视频等。网络爬虫（又称为网页蜘蛛、网络机器人）是按照事先定义的策略，对网络上的信息进行自动采集的脚本或者程序。网络爬虫具有特殊性，它使得网络数据的收集具有很大的优化空间。

4）数据处理优化。当系统面对计算任务时，对于数据的处理主要是读取前的预处理和根据任务需求进行的分析。由于数据庞杂且处理逻辑复杂，如果不能对数据处理进行很好的优化，将会造成很大的性能损失。在数据处理中，缓存优化、分布式处理优化、使用消息机制、提升程序并发性和并行性等都对提升系统性能有显著效果。

1.4.2　提升大数据计算系统性能的难度

采取何种方式进行大数据计算系统的性能优化，应结合实际情况，针对系统现状来确定。

物理优化通常是最无奈的选择，因为这种优化方式昂贵，但却是某些情况下不得不采用的方式。例如，当集群规模较小或者机器性能较差时，除了物理优化，其他优化方式都难以对系统性能起到优化作用。因为系统的物理组成决定了系统的性能上限，其他优化方式只能无限接近这个上限。此时，应当及时提升单机性能或者扩大集群规模，这样才能改善系统性能。

较为复杂的是系统参数优化和数据处理优化。系统参数优化的难度源于任务的不确定性，系统管理员可以手动对系统参数进行较为合理的配置，以实现资源的有效利用和数据处理的高效执行。但这种方法有很大的局限性，即使是经验丰富的系统管理员，面对输入数据量和数据分布等方面的巨大差异，也很难对每个配置参数做出最为合理的判断。数据处理优化则需要从系统架构出发，对系统有全面和清晰的了解之后才能确定采取的技术手段。

数据收集优化较为简单，但是这种方式对于系统性能的提升也极其有限。这种优化方式只是使系统数据更加理想，对系统计算性能并没有直接的提升，它的作用通常是以结果的形式表现出来的。

总之，在实际工作中采用何种优化方式，应根据系统的特点和性能瓶颈来确定。

1.4.3　运维与性能优化的关系

运维是性能优化的前提，在某些情况下，运维也是性能优化的执行者和实现形式。在一个完整的大数据计算系统中，运维与性能优化的方式通常如图 1-6 所示。

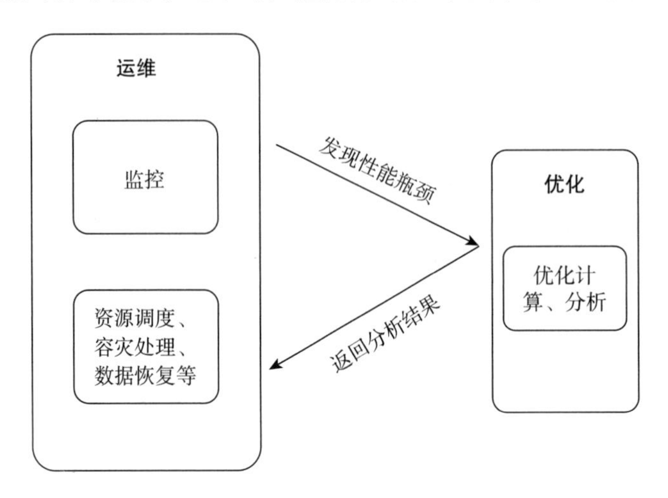

图 1-6　运维与性能优化的方式

系统性能瓶颈通常是由监控系统最先捕捉到的，一旦监控指标超过预先设定的阈值，监控系统将会发出预警并向性能优化工具发送监控结果，或者监控系统周期性地将系统运行情况发送给性能优化工具供其分析。无论是哪种情况，性能优化工具在收到预警或者系统运行状况报表之后，会对系统进行计算和分析并得出优化建议。此时需要将优化建议返回给运维系统，运维系统根据实际情况采取资源调度、容灾处理、数据恢复等不同的技术手段对系统进行运维。可见，系统中的运维与性能优化是相互依存又相互作用的有机整体。本书将在第 14 章重点介绍大数据计算系统的调优。

习题 1

1. 请简述你对大数据计算系统的理解。
2. 请简述大数据计算系统的特征。
3. 请简述大数据计算系统与分布式系统的关系。
4. 请简述你对 OSI、TCP 和 IP 的理解。
5. 请简述你对分布式系统中进程的理解。
6. 请简述你对分布式系统中一致性、容错性和安全性的理解。
7. 请简述你对分布式文件系统的理解。
8. 请简述大数据计算系统的特征。
9. 请简述你对分布式计算的理解。
10. 请简述你对分布式计算框架 Hadoop、Storm 和 Spark 的理解。

第二部分

应用实现

本部分主要从典型大数据计算系统的使用出发，介绍大数据计算平台的配置与应用。首先介绍大数据批处理计算平台 Hadoop 和 Spark，并介绍 Hadoop 分布式文件系统，接着介绍流计算平台 Storm，最后介绍图计算平台 GraphX。通过本部分的学习，读者可以对大数据计算平台有初步的认知，并且能够掌握其使用方法。

第 2 章

Hadoop 的配置与编程

Hadoop 是一个分布式的开源大数据批处理计算框架，在实际工程中已得到广泛的应用。Hadoop 可以运行在普通商用服务器上，即用户可以选择普通硬件供应商生产的标准化的、广泛有效的硬件来构建集群，无须使用特定供应商生产的昂贵、专有的硬件设备。Hadoop 自身的特性也决定了它对支撑硬件环境要求不高，能够节省项目成本，降低开发难度。本章先对批处理计算框架进行概述，然后介绍 Hadoop 的配置和搭建，并通过一个简单的实例演示 Hadoop 的使用，最后介绍 MapReduce 编程。⊖

2.1 批处理计算框架概述

在介绍 Hadoop 之前，本节首先介绍一下计算框架和批处理的概念。

2.1.1 计算框架

计算框架是一种抽象的、提供相应的通用功能供用户编写代码以实现具体功能的面向应用的软件。大数据计算框架是面向大数据的计算框架，用户可以利用它轻松地编写面向大数据的分布式程序。

计算框架的优势在于无须重复编写代码，从而提高开发效率、降低开发成本和运维难度、提高代码执行的可靠性等。可以说，大数据计算系统的开发过程离不开大数据计算框架。

2004 年前后，Google 提出了分布式文件系统 GFS、并行计算模型 MapReduce、非关系数据存储系统 BigTable，以及针对大数据分布式处理的可重用方案，即大数据计算框架。在 Google 的启发下，Yahoo 的工程师 Doug Cutting 和 Mike Cafarella 开发了 Hadoop

⊖ 由于本书以讲解系统为主，因此仅通过案例介绍 MapReduce 编程方法。关于 MapReduce 编程方法的详细介绍，请参考《大数据算法》（书号为 978-7-111-50849-6）的第 7 章和第 8 章，《大数据分析原理与实践》（书号为 978-7-111-56943-5）的第 11 章介绍了一系列基于 MapReduce 框架的大数据分析算法的实现，可以作为学习较复杂 MapReduce 编程的实例。

计算框架。在借鉴和改进 Hadoop 的基础上，先后诞生了数十种适用于分布式环境的大数据计算框架，本书介绍的 Spark、Storm 都是计算框架，GraphX 也可以看作一种计算框架。广义来说，数据库管理系统也可以看作一种计算框架。

2.1.2 批处理

批处理能够操作大规模静态数据集，并在计算完成后返回结果。批处理模式中使用的数据集通常具有下列特征。

- 有界：批处理数据集代表数据的有限集合。
- 持久：数据通常存储在某种类型的持久存储中。
- 大量：批处理操作是处理海量数据集的唯一方法。

批处理适合需要访问全套记录或者对历史数据进行分析才能完成的计算工作，不适合对处理时间要求较高的场合。例如，在工业数据分析系统中，设计阶段的工艺优化、流程优化、能效优化，供销阶段的成本优化，销售阶段的需求发现、产量预测，售后阶段的备品供应等，这些都涉及基于大规模历史数据的决策，并且对实时性没有要求，适合应用批处理。

本章介绍的 Hadoop 和第 4 章介绍的 Spark 都属于批处理框架。

2.2 Hadoop 环境的配置与搭建

Hadoop 运行在并行机群上，机群由多台机器构成，不同的机器扮演不同的角色。集群中包括一个主服务器和若干从服务器。数据在 HDFS 中管理，HDFS 中有一个 NameNode 和多个 DataNode，NameNode 负责管理整个文件系统的元数据，DataNode 负责管理用户的文件数据块。

2.2.1 环境配置前的准备

Hadoop 是用 Java 开发的，因此它需要 Java 的环境并配置集群。在进行 Hadoop 环境配置前，需要准备如下的基础环境与技术。

1. 平台的准备

Hadoop 支持 GNU/Linux 作为开发和生产平台，它已经在具有 2000 个节点的 GNU/Linux 集群上得到了部署。

基于 Java 的跨平台特性，Hadoop 也保留了基于 Windows 平台的支持，但由于 Windows 服务器版是收费产品，且维护与应用的性价比不及 Linux，故在实际生产中并不常用。本书将基于 Linux 平台（本书选用 Linux 中的 Centos 7 版本）说明搭建 Hadoop 开发环境的过程。（在 Windows 平台上设置 Hadoop 的方法请参阅 https://wiki.apache.org/hadoop/Hadoop2OnWindows）。

2. 所需软件及配置

（1）JDK 安装

Hadoop 框架是用 Java 编写的，为保障平台运行，需要安装 Hadoop 版本对应的 Java。

HadoopJavaVersions（https://wiki.apache.org/hadoop/HadoopJavaVersions）中给出了Hadoop版本与对应的Java版本的安装建议。如果是集群安装，则集群中的每台机器都需要配置Java。

（2）SSH安装

在Hadoop的运行过程中，需要管理远程Hadoop守护进程。在Hadoop启动以后，NameNode通过SSH（Secure Shell）来启动和停止各个DataNode上的守护进程。由于在节点之间执行指令的时候无须输入密码，故应配置SSH为无密码公钥认证的形式，这样NameNode就可以使用SSH无密码登录并启动DataName进程。同样，在DataNode上也能使用SSH无密码登录到NameNode。因此，必须安装SSH，并且SSH必须正常运行，才能使用管理远程Hadoop守护程序的Hadoop脚本。如果是集群安装，除本地SSH外，还需要配置集群间的SSH通信功能。

（3）配置机器IP与机器名映射关系

在配置Hadoop环境参数时，很多时候都会用IP地址映射集群中的机器。从维护的角度来考虑，如果更换服务IP，则在每一台机器里要更改众多IP相关的参数，这是一项风险高且费时费力的工作。因此，建议先配置服务器的IP与机器名的映射关系，用机器名去配置Hadoop配置参数，这样，在IP变化时，只需要更改IP与机器名的映射关系。

（4）网络配置

对Hadoop集群来讲，为了保证集群中机器间的网络通信，机器间的网络配置是必要的。

（5）时间同步

对于Hadoop框架中的程序，有时候需要借用平台系统的时间戳来记录日志或者数据版本，如果集群中的服务器时间不同步，就会使系统处于不稳定状态。因此，要确保集群中服务器时间同步。

2.2.2 Hadoop安装的预备知识

Hadoop支持3种运行模式，即本地/独立模式（Local/Standalone Mode）、伪分布式模式（Pseudo-Distributed Mode）和全分布式模式（Fully-Distributed Mode）。

- **本地/独立模式**。本地/独立模式无须运行任何守护进程，所有程序都在同一个Java虚拟机（Java Virtual Machine, JVM）上执行。由于在这种模式下测试和调试MapReduce程序较为方便，因此，这种模式适用于开发阶段。
- **伪分布式模式**。伪分布式模式是指Hadoop对应的Java守护进程都运行在一个物理机器上，模拟一个小规模集群的运行模式。
- **全分布式模式**。全分布式模式是指Hadoop对应的Java守护进程运行在一个集群上的模式。

当Hadoop选用不同模式时，各组件会有不同的表现，下面通过表2-1来说明它们在不同模式下的区别。

表 2-1 不同模式的关键配置属性

组件名称	属性名称	独立模式	伪分布模式	全分布模式
Common	fs.default.name	file:///（默认）	hdfs://localhost/	hdfs://namenode/
HDFS	dfs.replication	N/A	1	3（默认）
MapReduce 1	mapred.job.tracker	local（默认）	localhost:8021	jobtracker:8021
YARN（MapReduce 2）	yarn.resourcemanager.address	N/A	localhost:8032	resourcemanager:8032

Hadoop 选用的运行模式和工作方式依赖于配置文件中的参数。在 Hadoop 2 之前，配置文件主要包含在 {$HADOOP_HOME}/conf 子目录中。

在 Hadoop 2 之后，随着框架结构的变革，MapReduce 运行在 YARN 上，有一个额外的配置文件 yarn-site.xml，所有配置文件都在 {$HADOOP_HOME}/etc/hadoop 子目录下。在进行环境配置前，有必要了解主要配置文件的作用。配置文件的描述如表 2-2 所示。

表 2-2 配置文件的描述

文件名称	格式	描述
hadoop-env.sh	Bash 脚本	记录脚本中要用到的环境变量，用于运行 Hadoop
core-site.xml	Hadoop 配置 XML	配置通用属性，Hadoop Core 的配置项，如 HDFS、MapReduce 和 YARN 常用的 I/O 设置等
hdfs-site.xml	Hadoop 配置 XML	配置 HDFS 属性，Hadoop 守护进程的配置项，包括 NameNode、辅助 NameNode 和 DataNode 等
mapred-site.xml	Hadoop 配置 XML	配置 MapReduce 属性，MapReduce 守护进程的配置项，包括作业历史服务器
Masters	纯文本	运行辅助 NameNode 的机器列表（每行一个）
Slaves	纯文本	运行 DataNode 和节点管理器的机器列表（每行一个）
hadoop-metrics.properties	Java 属性	控制 metrics 如何在 Hadoop 上发布属性
log4j.properties	Java 属性	系统日志文件、NameNode 审计日志、JVM 进程的任务日志的属性
yarn-env.sh	Bash 脚本	运行 YARN 的脚本使用的环境变量
yarn-site.xml	Hadoop 配置 XML	YARN 守护进程的配置：资源管理器、作业历史服务器、Web 应用程序代理服务器和节点管理器

2.2.3 本地 / 独立模式的配置

本地 / 独立模式是最简单的 Hadoop 运行模式，只需将 Java 运行环境配置（如版本等）与 Hadoop 匹配即可。其配置过程为：修改 hadoop-env.sh 文件，设置正确的 {$JAVA_HOME} 位置。如果事先在操作系统中已经设置 {$JAVA_HOME}，则可以忽略此步骤。

下面介绍具体的配置过程。

1）通过如下命令确定当前平台 Java 配置的位置：

```
[user@master ~]$ which java
/home/user/bigdata/jdk/bin/java
```

2）在当前平台进行 hadoop-env.sh 配置，命令如下：

```
[user@master ~]$ vi $HADOOP_HOME/etc/hadoop/hadoop-env.sh
# The java implementation to use.
# export JAVA_HOME=${JAVA_HOME}
export JAVA_HOME=/home/user/bigdata/jdk
```

现在，已准备好使用某种支持模式启动 Hadoop 集群。

3）启动 Hadoop，命令如下：

```
[user@master ~]$./start_all.sh
```

4）运用 HDFS 与 MapReduce 示例，测试平台功能。

复制未打包的 conf 目录作为输入，然后查找并显示给定正则表达式的每个匹配项，输出则写出指定的输出目录。程序如下：

```
[user@master ~]$ mkdir input
[user@master ~]$ cp etc/hadoop/*.xml input
[user@master ~]$ bin/hadoop jar share/hadoop/mapreduce/hadoop-mapreduce-
    examples-2.7.4.jar grep input output 'dfs[a-z.]+'
[user@master ~]$ cat output/*
```

以上示例程序是 Hadoop 自带的，用于把 conf 下的 xml 文件复制到 input 目录下，找到并显示所有与最后一个参数的正则表达式匹配的行，output 是输出文件夹，cat 命令查看输出文件夹 output 中的内容。

2.2.4 伪分布式模式的配置

在伪分布式模式的单节点运行环境下，每个 Hadoop 守护程序在单独的 Java 进程中运行，同时可实现在本地模式配置的基础上对 Common、HDFS 和 MapReduce 进行相应参数的配置。

1. 配置各组件相应的参数

这里需要配置以下 4 个文件：core-site.xml、hdfs-site.xml、mapred-site.xml 和 yarn-site.xml。

1）配置 core-site.xml 的程序如下：

```
[user@master ~]$ vi $HADOOP_HOME/etc/hadoop/core-site.xml
<configuration>
    <property>
        <name>fs.defaultFS</name>
        <value>hdfs://localhost:9000</value>   ---HDFS 路径的逻辑名称 ---
    </property>
</configuration>
```

2）配置 hdfs-site.xml 的程序如下：

```
[user@master ~]$ vi $HADOOP_HOME/etc/hadoop/hdfs-site.xml
<configuration>
    <property>
```

```
        <name>dfs.replication</name>
        <value>1</value>                ---Block 副本数量设置为 1---
    </property>
    <property>
        <name>dfs.namenode.name.dir</name>
        <value>/home/user/bigdata/hadoop/dfs/name</value>
    </property>
    <property>
        <name>dfs.datanode.data.dir</name>
        <value>/home/user/bigdata/hadoop/dfs/data</value>
    </property>
</configuration>
```

以上配置遵循在本地运行 MapReduce 作业的过程。如果想在 YARN 上执行作业，则可以通过设置相关参数并运行 ResourceManager 守护程序和 NodeManager 守护程序，以伪分布式模式运行 YARN 上的 MapReduce 作业。

3）配置 mapred-site.xml 的程序如下：

```
[user@master ~]$ vi $HADOOP_HOME/etc/hadoop/mapred-site.xml
<configuration>
    <property>
        <name>mapreduce.framework.name</name>
        <value>yarn</value>      ---- 指定 MapReduce 作业在 YARN 模式下运行 ---
    </property>
</configuration>
```

4）配置 yarn-site.xml 的程序如下：

```
[user@master ~]$ vi $HADOOP_HOME/etc/hadoop/yarn-site.xml
<configuration>
    <property>
        <name>yarn.nodemanager.aux-services</name> #NodeManager 上运行的附属服务
        <value>mapreduce_shuffle</value> # 配置成 mapreduce_shuffle，运行 MapReduce
            程序
    </property>
</configuration>
```

2. 格式化 HDFS

Hadoop 相关的环境属性配置成功后，在 Hadoop 服务启动之前，还需要对 Hadoop 平台进行格式化操作。格式化命令如下：

```
[user@master ~]$ hadoop namenode -format
```

格式化成功后，在 Hadoop 文件夹下，也就是在 hdfs-site.xml 文件的配置项 dfs.namenode.name.dir 和 dfs.datanode.data.dir 所指定的位置会生成相应的“name”和“data”文件夹，用于存储元数据与数据文件内容。

3. Hadoop 进程的启停与验证

1）启动 Hadoop 守护进程的命令如下：

```
[user@master ~]$ $HADOOP_HOME/sbin/start-all.sh
```

2）停止 Hadoop 守护进程的命令如下：

```
[user@master ~]$ $HADOOP_HOME/sbin/start-stop.sh
```

注意：

{$HADOOP_HOME}/sbin 文件夹还提供很多其他模式的单启动命令，实例如下。

1）启动 NameNode 守护进程和 DataNode 守护进程，命令如下：

```
[user@master ~]$ sbin / start-dfs.sh
```

2）启动 ResourceManager 守护程序和 NodeManager 守护程序，命令如下：

```
[user@master ~]$ sbin / start-yarn.sh
```

此外，Hadoop 还提供一些外部的浏览接口，可供用户查看 Hadoop 的运行情况。

3）浏览 NameNode 的 Web 界面，默认情况下，命令如下：

```
NameNode - http: // localhost: 50070 /
```

4）浏览 ResourceManager 的 Web 界面，默认情况下，命令如下：

```
ResourceManager - http: // localhost: 8088 /
```

2.2.5 全分布式模式的配置

全分布式模式是针对服务器集群的一种应用模式，其典型架构是指定一台服务器为 NameNode，另外多台服务器为 DataNode。为了实现整个服务器集群的高可用性，避免单点故障带来的灾难，也可以将整个集群配置为高可用（HA）模式（HA 模式将在 8.5.3 节详细介绍）。

为了实现服务器集群的高可用性，基于本地 / 独立模式和伪分布式模式，需要配置集群间服务器关系的技术，包括集群中各服务器间的网络通信技术、集群中各服务器间免密登录技术和集群中各服务器的时间同步技术。

除此之外，还需要重新设定 Hadoop 的配置参数，包括只读的默认配置文件和站点指定配置文件两种。

- 只读的默认配置文件：例如 core-default.xml、hdfs-default.xml、yarn-default.xml 和 mapred-default.xml，其中记录了 Hadoop 平台的一些默认的属性配置。
- 站点指定配置文件：例如，hadoop-env.sh 和 yarn-env.sh 文件会设置指定的值来控制 bin 目录中的 Hadoop 脚本。

这些文件包括配置 Hadoop 守护程序执行的环境及 Hadoop 守护程序的参数。其中，Hadoop 的守护进程包括 NameNode、DataNode、ResourceManager 和 NodeManager。下面给出了 Hadoop 全分布式模式的参数样例。

（1）每台服务器建立机器名与 IP 的映射关系

```
[root@master user]# vi /etc/hosts
192.168.0.11 master
192.168.0.21 slave1
192.168.0.22 slave2
192.168.0.23 slave3
```

（2）core-site.xml 文件中主要参数配置样例

```
<configuration>
    <property>
        <name>fs.defaultFS</name>
        <value>hdfs://master:9000</value>
        <description> 机器名为服务器 IP 地址映射，此处也可以写 IP </description>
    </property>
    <property>
        <name>io.file.buffer.size</name>
        <value>131072</value>
        <description> 该属性值单位为 KB，131072KB 即为默认的 64M</description>
    </property>
</configuration>
```

（3）hdfs-site.xml 文件中主要参数配置样例

```
<configuration>
    <property>
        <name>dfs.replication</name>
        <value>3</value>
        <description>Block 副本数量 </description>
    </property>
    <property>
        <name>dfs.blocksize</name>
        <value>268435456</value>
        <description> 大文件系统 HDFS 块大小为 256M，默认值为 64M</description>
    </property>
    <property>
        <name>dfs.namenode.handler.count</name>
        <value>100</value>
        <description> 更多的 NameNode 服务器线程处理来自 DataNode 的 RPCS</description>
    </property>
</configuration>
```

（4）yarn-site.xml 文件中主要参数配置样例

```
<property>
        <name>yarn.nodemanager.aux-services</name>
        <value>mapreduce_shuffle</value>
    </property>
    <property>
        <name>yarn.resourcemanager.address</name>
        <value>master:8032</value>
    </property>
    <property>
        <name>yarn.resourcemanager.scheduler.address</name>
        <value>master:8030</value>
    </property>
    <property>
        <name>yarn.resourcemanager.resource-tracker.address</name>
        <value>master:8031</value>
    </property>
</configuration>
```

（5）mapred-site.xml 文件中主要参数配置样例

```
<configuration>
    <property>
        <name>mapreduce.framework.name</name>
        <value>yarn</value>
```

```
    </property>
</configuration>
```

（6）slaves 文件中主要参数配置样例

slaves 文件记录了集群中数据节点的 IP，每行一个 IP，可用 IP 映射的机器名替代。

```
slave1
slave2
slave3
```

配置完成之后，就可以在主服务器上进行格式化操作，并启动平台服务。启动之后，可使用 JDK 的 JPS 命令查询，各节点上的守护进程如下：

❑ 主服务器上的守护进程

```
[user@master ~]# jps
2452 Jps
1769 NameNode
1977 SecondaryNameNode
2185 ResourceManager
```

❑ 数据节点上的守护进程

```
[user@slave ~]# jps
2132 Jps
1853 DataNode
1911 nodemanager
```

2.3　一个简单示例

可以寻找支持 Java 开发环境的工具进行 Hadoop 编程，如 Eclipse、IDEA 工具等。首先，配置 Java 开发环境和 JDK，然后将 Hadoop Jar 包导入相应的 Java 项目包中。本节以 IDEA 工具为例介绍 Hadoop 的一个简单示例。

2.3.1　环境与数据的准备

1. 启动 Hadoop 守护进程

打开 Centos 平台终端命令窗口，输入 Hadoop 启动命令 start-all.sh，启动 Hadoop 守护进程，如图 2-1 所示。

```
[root@master ~]# start-all.sh
This script is Deprecated. Instead use start-dfs.sh and start-y
arn.sh
Starting namenodes on [master]
master: starting namenode, logging to /opt/hadoop/logs/hadoop-root-namenode-mast
er.out
master: starting datanode, logging to /opt/hadoop/logs/hadoop-root-datanode-master.out
Starting secondary namenodes [0.0.0.0]
0.0.0.0: starting secondarynamenode, logging to /opt/hadoop/logs/hadoop-root-secondarynamenode-mas
ter.out
starting yarn daemons
starting resourcemanager, logging to /opt/hadoop/logs/yarn-root-resourcemanager-maste
r.out
master: starting nodemanager, logging to /opt/hadoop/logs/yarn-root-nodemanager-master
.out
```

图 2-1　启动 Hadoop 守护进程

2. 查看 Hadoop 启动的守护进程

输入 jps 命令，查看 Hadoop 启动的守护进程，如图 2-2 所示。本例采用的是 Hadoop 单节点模式。如果系统有其他程序同时运行，守护进程的界面可能与图 2-2 稍有不同。但只要保证进程在界面上显示即可，不必关注是否有其他进程，也不必关注进程前的数字。

```
[root@master ~]# jps
2449 NodeManager
2161 SecondaryNameNode
1828 NameNode
1945 DataNode
2331 ResourceManager
2765 Jps
[root@master ~]#
```

图 2-2　查看 Hadoop 启动的守护进程

3. 数据准备

1）准备测试数据。在 Centos 平台本地指定目录（例如 ~/input）下建立 2 个测试文件（如 file1.txt 和 file2.txt），输入测试数据。

file1.txt 文件的内容如下：

```
let us study hadoop
let us study spark
```

file2.txt 文件的内容如下：

```
let us study storm
```

2）在 HDFS 平台建立测试文件夹（如 HDFS），程序如下：

```
[root@master ~]# hadoop dfs -mkdir /input
DEPRECATED: Use of this script to execute hdfs command is deprecated.
Instead use the hdfs command for it.
```

3）将本地测试数据（file1.txt、file2.txt）上传至 HDFS 平台的测试文件夹（如 /hdfs），程序如下：

```
[root@master ~]# hadoop dfs -put ~/wc1/file* /input
DEPRECATED: Use of this script to execute hdfs command is deprecated.
Instead use the hdfs command for it.
```

4）查看 HDFS 平台的测试文件夹（如 /hdfs）下是否已经有了上面 2 个指定的文件，结果如下：

```
[root@master ~]# hadoop dfs -lsr /input
-rw-r--r--   1 root supergroup        38 2018-12-04 04:40 /input/file1.txt
-rw-r--r--   1 root supergroup        18 2018-12-04 04:40 /input/file2.txt
```

2.3.2　在 IDEA 下建立基于 Maven 的 Hadoop 项目

1）打开 IDEA 工具。双击桌面的“IDEA”图标，如果是第一次使用该工具，会弹出“Welcome IntelliJ IDEA”窗口，选择“Create New Project”选项。

2）确定要建立的项目类型。弹出“New Project”窗口，选择要建立的项目类型“Maven”，单击“Next”按钮，如图 2-3 所示。

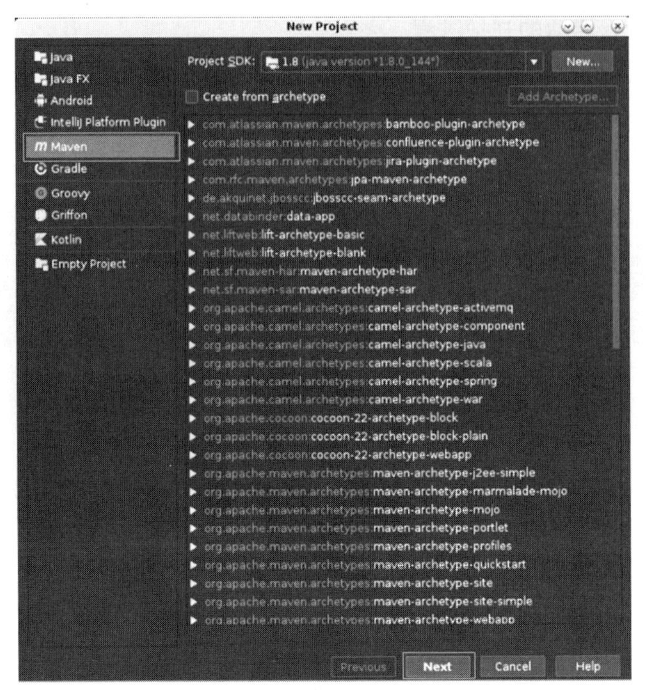

图 2-3　“New Project”窗口

3）填入工程信息。在弹出的“New Project”窗口中，在GroupId对应的文本框中输入工作组ID（如hadoopmr），在ArtifactId对应的文本框中输入内容（如project），然后单击“Next”按钮。

4）确认项目信息，完成项目创建。在弹出的“New Project”窗口中，会显示新建立的项目的名称（如project）和项目的存储位置（如~/IdeaProjects/project）。单击“Finish”按钮，完成项目的创建，如图2-4所示。

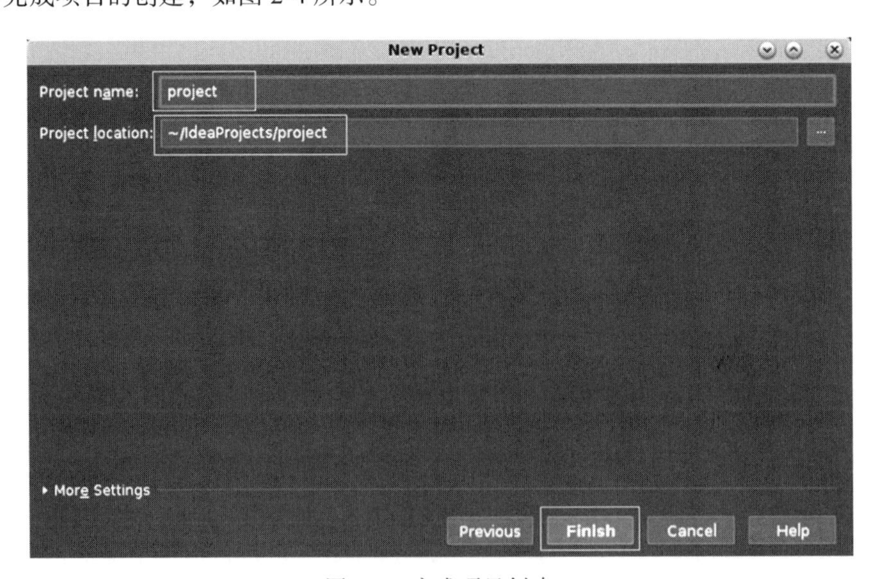

图 2-4　完成项目创建

5）进入 IDEA 的开发界面。如果在开发界面的上方弹出“Tip of the Day”窗口，则单击“Close”按钮，关闭该窗口。

6）在 IDEA 开发环境的主窗口左边可以看到新建立的“project”项目，其中 pom.xml 里记录着 Maven 项目的依赖包等，如图 2-5 所示。

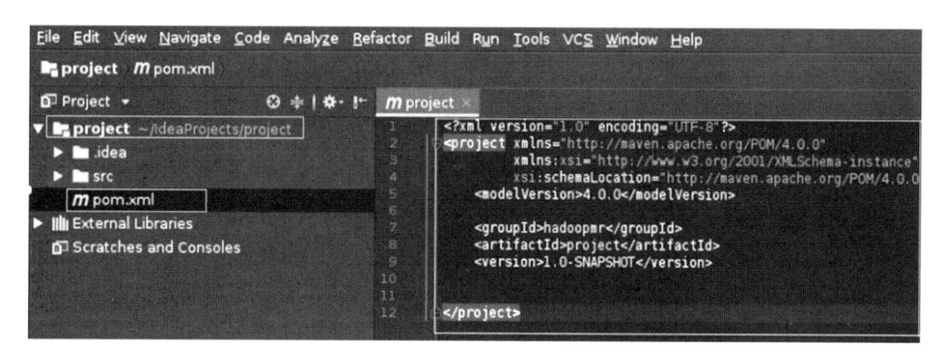

图 2-5　IDEA 开发环境的主窗口

7）配置 pom.xml 文件，文件的具体内容如下：

```
<project xmlns="http://maven.apache.org/POM/4.0.0"
xmlns:xsi="http://www.w3.org/2001/XMLSchema-instance"
xsi:schemaLocation="http://maven.apache.org/POM/4.0.0
http://maven.apache.org/xsd/maven-4.0.0.xsd">
    <modelVersion>4.0.0</modelVersion>
    <groupId>demo</groupId>
    <artifactId>demo</artifactId>
    <version>0.0.1-SNAPSHOT</version>
    <packaging>jar</packaging>
    <name>demo</name>
    <url>http://maven.apache.org</url>
    <properties>
    <project.build.sourceEncoding>UTF-8</project.build.sourceEncoding>
    </properties>
    <dependencies>
        <dependency>
            <groupId>junit</groupId>
            <artifactId>junit</artifactId>
            <version>4.12</version>
            <scope>test</scope>
        </dependency>
        <dependency>
            <groupId>org.apache.hadoop</groupId>
            <artifactId>hadoop-common</artifactId>
            <version>2.7.4</version>
        </dependency>
        <dependency>
            <groupId>org.apache.hadoop</groupId>
            <artifactId>hadoop-hdfs</artifactId>
            <version>2.7.4</version>
        </dependency>
        <dependency>
            <groupId>org.apache.hadoop</groupId>
            <artifactId>hadoop-mapreduce-client-core</artifactId>
            <version>2.7.4</version>
```

```
        </dependency>
        <dependency>
            <groupId>org.apache.hadoop</groupId>
            <artifactId>hadoop-mapreduce-client-jobclient</artifactId>
            <version>2.7.4</version>
        </dependency>
        <dependency>
            <groupId>log4j</groupId>
            <artifactId>log4j</artifactId>
            <version>1.2.17</version>
        </dependency>
    </dependencies>
</project>
```

8）导入 Hadoop 工程的 Maven 依赖包，导入完成后，会在 IDEA 左侧窗口看到新导入的依赖包，图 2-6 给出了部分依赖包的内容。

注意：

如果导入 Maven 依赖包失败，也可以在配置好 pom.xml 文件内容后，选中“project”项目，右键单击选择“Maven”下的“ReImport”选项，开始导入 Maven 依赖包。

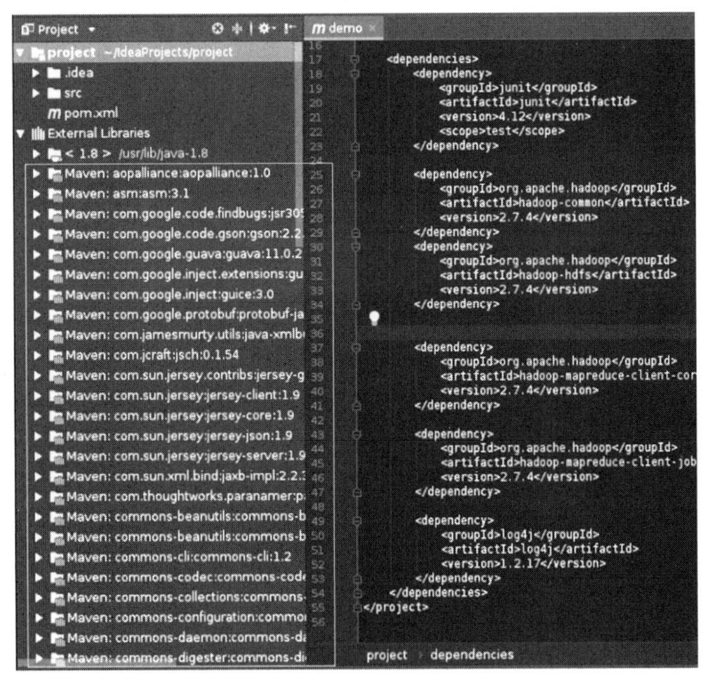

图 2-6　新导入的部分依赖包

2.3.3　编写 WordCount 程序

1. 创建包名

打开 IDEA 开发环境，建立包名，并且在该包下编写 WordCount 程序。

1）双击桌面的“IDEA”图标，打开 IDEA 开发环境界面。MapReduce 程序将会保存在开发项目中的 Java 文件夹下。

2）选中“Project”，找到它下面的“Java”选项，右击“New”选项下的“Package”，如图 2-7 所示。

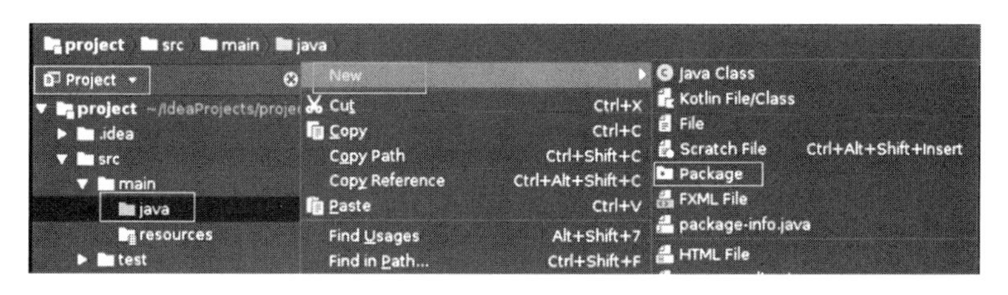

图 2-7　选中“Package”

3）在弹出的“New Package”对话框里，在文本框中写上包名“experiment”，单击“OK”按钮就完成了包名创建，如图 2-8 所示。

至此，包名建立完毕。此时，在 IDEA 开发环境界面左侧窗口中的 project 项目下，可以看到新创建的包名。

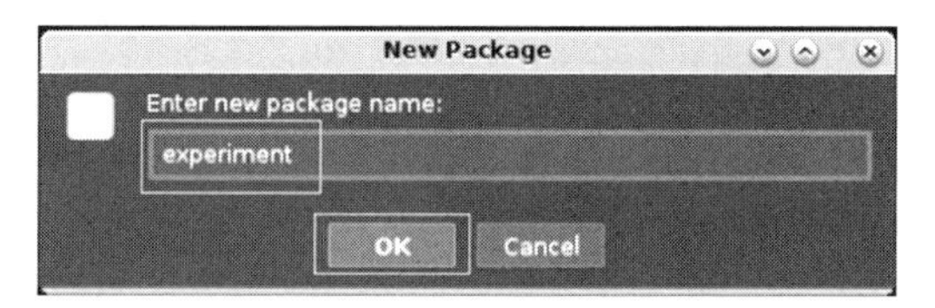

图 2-8　创建包名

2. 创建 JobWCMapper 类文件

1）选中新创建的“experiment”包，右击选择“New”选项下的“Java Class”选项，如图 2-9 所示。

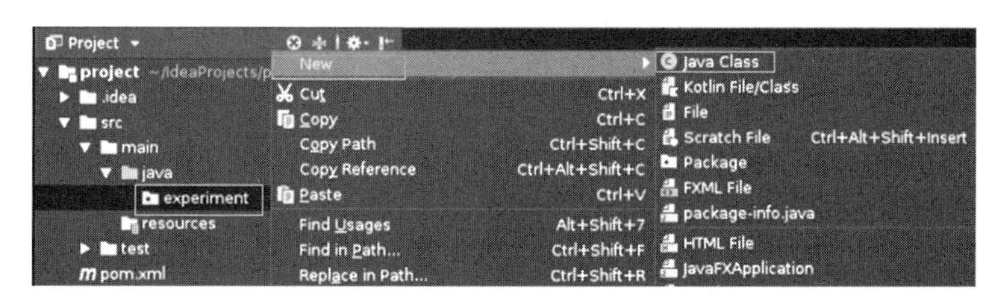

图 2-9　选中“Java Class”选项

2）在弹出的“Create New Class”对话框中输入要建立的文件“JobWCMapper”和类型“Class”，然后单击“OK”按钮，完成类文件的创建，如图 2-10 所示。

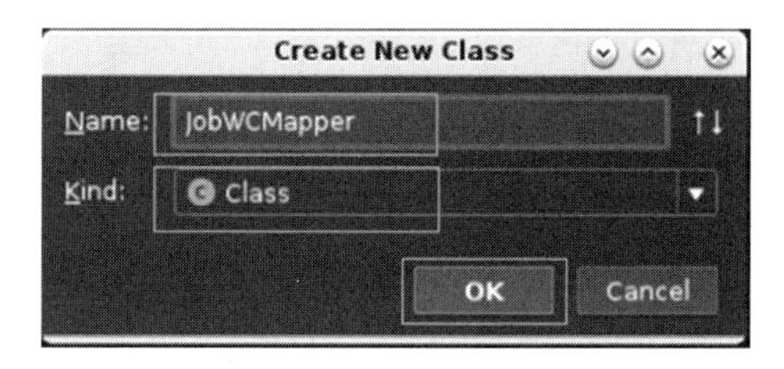

图 2-10　创建类文件

3）此时在IDEA开发环境界面左侧窗口中的experiment包下会看到新创建的类文件JobWCMapper，并且在IDEA开发环境界面的中央窗口会看见新建立的类文件的内容，此时在该窗口中编写JobWCMapper类的程序代码。具体的程序代码如下：

```
package experiment;
import java.io.IOException;
import java.util.StringTokenizer;
import org.apache.hadoop.io.IntWritable;
import org.apache.hadoop.io.LongWritable;
import org.apache.hadoop.io.Text;
import org.apache.hadoop.mapreduce.Mapper;
public class JobWCMapper extends Mapper<LongWritable, Text, Text, IntWritable> {
    private final static IntWritable one = new IntWritable(1);
    private Text word = new Text();
    public void map(LongWritable key, Text value, Context context) throws
        IOException, InterruptedException {
        StringTokenizer itr = new StringTokenizer(value.toString());
        while (itr.hasMoreTokens()) {
            word.set(itr.nextToken());
            context.write(word, one);
        }
    }
}
```

3. 编写Reducer类

在"experiment"包下，参考JobWCMapper类文件的建立方法，建立JobWCReducer类文件，编写Reducer类。具体的程序代码如下：

```
package experiment;
import java.io.IOException;
import org.apache.hadoop.io.IntWritable;
import org.apache.hadoop.io.Text;
import org.apache.hadoop.mapreduce.Reducer;
public class JobWCReducer extends Reducer<Text, IntWritable, Text, IntWritable> {
    protected void reduce(Text key, Iterable<IntWritable> values,Context
    context) throws IOException, InterruptedException {
        int sum = 0;
        for (IntWritable val : values) {
            sum += val.get();
        }
        context.write(key, new IntWritable(sum));
    }
}
```

4. 启动Mapper和Reducer作业

在"experiment"包下编写主函数，通过Job方法启动Mapper和Reducer作业。具体的程序代码如下：

```
package experiment;
import org.apache.hadoop.conf.Configuration;
import org.apache.hadoop.fs.Path;
import org.apache.hadoop.io.IntWritable;
import org.apache.hadoop.io.Text;
import org.apache.hadoop.mapreduce.Job;
```

```
import org.apache.hadoop.mapreduce.lib.input.FileInputFormat;
import org.apache.hadoop.mapreduce.lib.input.TextInputFormat;
import org.apache.hadoop.mapreduce.lib.output.FileOutputFormat;
import org.apache.hadoop.mapreduce.lib.output.TextOutputFormat;
public class JobWC {
    public static void main(String[] args) throws Exception {
        Path file = new Path("hdfs://master:9000/input");     // 输入目录
        Path outfile = new Path("hdfs://master:9000/output"); // 输出目录
        Configuration conf = new Configuration();             // 建立环境实例
        Job job = Job.getInstance(conf);                       // 实例化任务
        job.setJarByClass(JobWC.class);                        // 设定运行的 Jar 类型
        job.setJobName("wordcount");                           // 设置输出 Job 名
        job.setOutputKeyClass(Text.class);                     // 设置输出 Key 格式
        job.setOutputValueClass(IntWritable.class);            // 设置输出 Value 格式
        job.setMapperClass(JobWCMapper.class);                 // 设置 Mapper 类
        job.setReducerClass(JobWCReducer.class);               // 设置 Reducer 类
        job.setInputFormatClass(TextInputFormat.class);        // 设置输入格式类型
        job.setOutputFormatClass(TextOutputFormat.class);      // 设置输入格式类型
        FileInputFormat.addInputPath(job, file);               // 添加输入路径
        FileOutputFormat.setOutputPath(job, outfile);          // 添加输出路径
        job.waitForCompletion(true);                           // 提交执行程序
    }
}
```

2.3.4 Hadoop 程序的运行过程与结果查看

1. MapReduce 程序的运行过程

1）在刚建立的“project”项目下打开要运行的程序“JobWC”，并在窗口中右击，在弹出的窗口中单击“Run jobWC.main()”选项，开始运行 main 方法中调用的 MapReduce 程序。

注意：

如果多次运行，每次运行前需要删除输出目录“hdfs://master:9000/root/experiment/output”，或者将输出目录更名为 HDFS 上不存在的目录，否则程序会终止运行，并在 IDEA 控制台给出目录已经存在的提示。

2）运行时会在 IDEA 的控制台中显示运行的结果。

3）如果需要观察程序的运行过程，可将 Linux 平台下 /opt/hadoop/etc/hadoop/ 路径中的 log4j.properties 文件复制到 project 项目中的 resources 下。运行后，就会在控制台中显示 MapReduce 过程的描述，例如，JobID 启动的 Mapper 的数量等，如图 2-11 所示。

2. 在 HDFS 中验证运行结果

1）查询运行结果。HDFS 的 output 目录下是程序运行后生成的文件，part-r-00000 是运行结果，如下所示：

```
[root@master ~]# hadoop dfs -lsr /output
-rw-r--r--   3 root supergroup          0 2018-12-04 05:05 /output/_SUCCESS
-rw-r--r--   3 root supergroup         44 2018-12-04 05:05 /output/part-r-00000
```

图 2-11 JobID 启动的 Mapper

2）通过 cat 命令，查看程序运行结果文件中的内容，程序按单词进行计数统计，如下所示：

```
[root@master ~]# hadoop dfs -cat /output/part-r-00000
hadoop  1
let         3
spark    1
storm    1
study    3
us          3
```

2.4 MapReduce 编程

2.4.1 MapReduce 计算模型

MapReduce 程序运行在一个分布式集群中，能够合理利用集群中的资源，利用分布式集群中各节点本身的处理能力，从而把分布式计算中的网络处理、不同节点的资源调配、任务协同工作变得简单、透明。

HDFS 可以将一个大文件切分成同等大小的数据块（Hadoop 2.7.4 默认切分成 128 MB 数据块），分别存储于集群中不同的服务器节点中。MapReduce 实现指定一个 map（映射）函数，把一组 key/value 映射成另一组新的 key/value，然后指定并行的 Reduce（归约）函数，用来保证所有 map 函数的每一个 key/value 都共享相同的 key（键）组。MapReduce 尽量在数据所在的节点上完成小任务计算，再合并成最终结果。本节将利用 2.2 节的示例来说明 MapReduce 计算模型，如图 2-12 所示。

如图 2-12 所示，一个 MapReduce 作业（Job）通常会把输入的数据集切分为若干独立的数据块 Block，map 任务以完全并行的方式处理这些数据块。系统会先对 map 的输出进行排序，然后把结果输入给 reduce 任务。下面介绍 MapReduce 计算模型中每一阶段的功能。

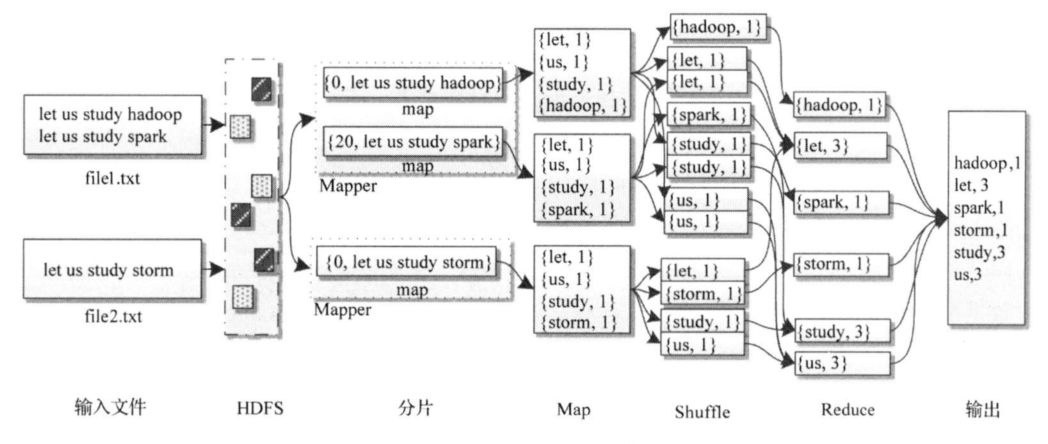

图 2-12　MapReduce 计算模型

1. 输入文件

输入文件是示例中用到的测试数据文件（file1.txt、file2.txt）及文件内容。

2. HDFS

测试数据文件在 HDFS 中存储的方式是先将文件切分成同等大小的数据块，再以多副本的形式存储于集群中，图 2-12 中数据块大小为 128 MB。在 Hadoop 的低版本（如 Hadoop1）中，默认数据块大小是 64 MB。

3. 分片

在进行 Map 计算之前，MapReduce 会根据输入文件块计算输入分片（Split）。在图 2-12 中，共分为 2 片，即启用了 2 个 Mapper，第 1 个分片按行启动 map 任务，数据以 key/value 的形式传输，其中 key 记录当前行数据分片的位置，value 记录每行读取数据的值。默认情况下，每个输入分片针对一个 map 任务，输入分片存储的并非数据本身，而是分片长度和一个记录数据位置的数组。分片与数据块并非一对一的关系。在默认情况下，可以通过一组公式来计算分片的情况：

```
minSize=max{minSplitSize,mapred.min.split.size}
maxSize=mapred.max.split.size
splitSize=max{minSize,min{maxSize,blockSize}}
```

4. Map

将输入的 key/value 映射到中间格式的键值对集合。map 任务的数目通常是由输入数据的大小决定的，一般是所有输入文件的总块数。本例启用了 2 个 Mapper。Mapper 正常的并行规模是每个节点有 10～100 个 map 任务，对于 CPU 消耗较小的 map 任务，可以设到 300 个左右。由于初始化每个任务需要一定的时间，因此，比较合理的情况是 map 任务的执行时间至少为 1min。这样，如果输入 10 TB 数据且每个块的大小是 128 MB，则需要大约 82 000 个 map 任务。如果通过重写分片来设定分片大小或者通过 setNumMapTasks(int) 将这个数值设置得更高，那么 map 任务数与块的对应关系会改变。

5. Shuffle

Hadoop 的核心是 MapReduce，而 Shuffle 是 MapReduce 的核心。Shuffle 是从 Map 阶段结束到 Reduce 阶段开始之间的过程。Shuffle 阶段完成数据的分区、分组、排序工作。在图 2-12 中，先是在 Mapper 端（假设 2 个 Mapper 在不同的 JVM 上）进行本地的合并、排序，然后按组传输给 Reducer 进行下一步汇总计算。Shuffle 的详细介绍参见 7.6 节。

6. Reduce

Reducer 将与 key 关联的一组中间数值集归约为一个更小的数值集。Reducer 的输入就是 Mapper 已经排好序的输出。这个过程和排序是同时进行的，map 的输出也是一边被取回一边被合并的。Reducer 的输出是没有排序的，在图 2-12 中，2 个由 Mapper 排好序的数据被 Reducer 取回后进行了汇总计算。图 2-12 中启用了 1 个 Reducer，如果数据量大，则建议 Reducer 的数目是 0.95 或 1.75 乘以（<no. of nodes> * <no. of maximum containers per node>）。当系数为 0.95 时，所有 reduce 任务可以在 map 任务完成时立刻启动，开始计算 map 任务的输出结果。当系数为 1.75 时，速度快的节点在完成第一轮 reduce 任务后，可以开始第二轮任务，从而得到比较好的负载均衡效果。增加 Reducer 数目会增加整个框架的开销，但可以改善负载均衡，降低由于执行失败带来的负面影响。图 2-12 中的比例因子比整体数目稍小一些，这是为了给框架中的推测性任务或失败的任务预留一些资源。当没有 Reducer 时，如果没有要进行的归约，那么设置 reduce 任务的数目为 0 是合法的。这种情况下，map 任务的输出会直接写入由 setOutputPath(Path) 指定的输出路径。框架在把它们写入 FileSystem 之前没有对它们进行排序。

7. 输出

输出用于记录 MapReduce 的结果。

通过以上分析可以看到，一个 map 任务的执行过程以及数据输入 / 输出形式如下：

```
map: <k1,v1> ——> list<k2,v2>
```

map 任务接收输入的数据，并采用 key/value 的形式（k1,v1）存储，然后通过自定义算法对符合要求的数据进行分类，根据相同 key 值生成若干 list，list 中存储着具有相同 key 值的 value 组成的键值对（list<k2,v2>）。在程序设计中，除了 k1 和 v1, map 方法还有第 3 个参数 context，其类型为 Context，存储一些 job 的配置信息，比如 job 运行时参数等，可以在 map 函数中处理这个信息。context 是 map 和 reduce 执行中各个函数之间的桥梁，类似 Java Web 中的 session 对象和 application 对象。

reduce 任务接收的数据来自 map 任务的输出，中间经过 Shuffle、排序、分组的过程。当 reduce 任务正式传给 reduce 方法处理时，已经根据相同的 key 将对应的 value 组成了一个队列。故一个 reduce 任务的执行过程以及数据的输入 / 输出形式如下：

```
reduce: <k2,list<v2>> ——> <k3,v3>
```

2.4.2　MapReduce 程序的运行过程

本节将结合 2.3 节中的示例，通过 MapReduce 框架的源码来进一步说明 MapReduce

的计算模型与编程过程。MapReduce 框架对用户开放了常用的接口，如 Mapper、Reducer 和 Shffule 的接口。该示例采用默认的数据输入和 Shuffle 规则，为了方便学习，本节将主要结合 Mapper、Reducer 的源码，帮助读者理解 MapReduce 程序的运行过程。

1. Mapper 输入

Mapper 输入的数据来自分片操作的结果，而当分片默认传输给 Mapper 时，记录分片数据位置的 key 是以 LongWriteble 形式传递的，所以在定义 Mapper 类时，采用 LongWriteble 类型，这是分片阶段系统默认的类型。当编写程序时，通过 Job 类的 setInputFormatClass 方法进行输入类型的匹配设定，如果系统采用默认匹配类型，则程序代码如下：

```
job.setInputFormatClass(TextInputFormat.class);
```

其中，TextInputFormat 类位于 org.apache.hadoop.mapreduce 包中，是默认的 FileInputFormat 的实现类。而 TextInputFormat 对应的 Mapper 输入的 key 对应的类型为 LongWritable。此外，系统还提供了其他类型供用户参考，如图 2-13 所示。

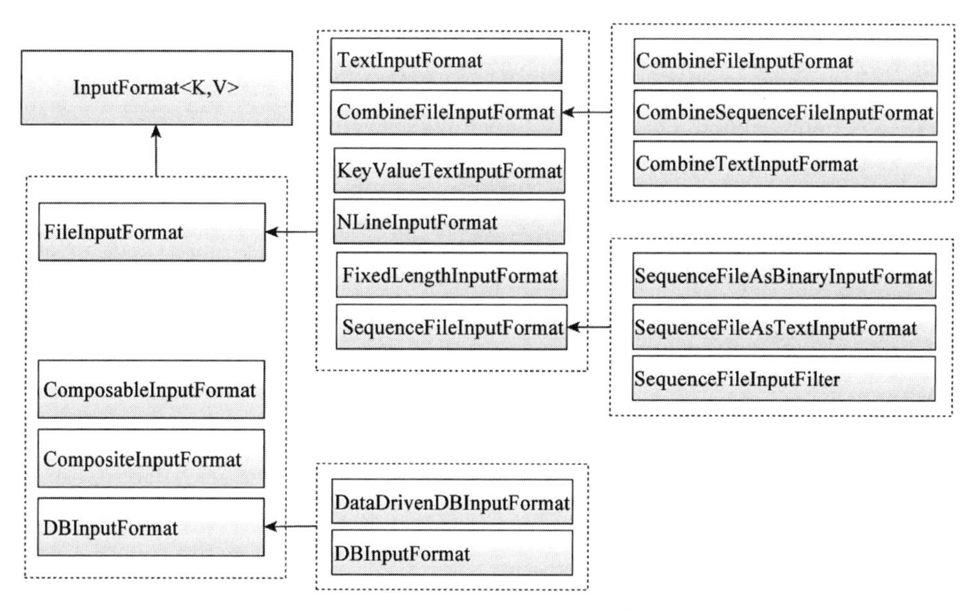

图 2-13 InputFormat 类对应的类型

ComposableInputFormat 类位于“org.apache.hadoop.mapreduce.lib.join”包中，继承自 WritableComparable 接口和 Writable 接口，并提供 ComposableRecordReader 功能。

CompositeInputFormat 类位于“org.apache.hadoop.mapreduce.lib.join”包中，继承自 WritableComparable 接口，能够对一组数据源进行连接，并以相同的方式进行排序和分区。

DBInputFormat 类位于“org.apache.hadoop.mapreduce.lib.db”包中，继承自 DBWritable 接口，是一个从 SQL 表读取输入数据的 InputFormat，它的输入格式为<LongWritables, DBWritables>。

FileInputFormat 类位于“org.apache.hadoop.mapreduce.lib.input”包中，是所有基于文件的 InputFormats 的基类。

用户可依据实际情况选择输入类，同时类也向用户提供了自定义的接口，用户可根据数据的特点自定义输入类。

2. Mapper 的工作过程

在 2.3 节的示例中，JobWCMapper 类继承了 MapReduce 框架的 Mapper 类，并重写了 map 方法。map 方法对读入的每一个元素进行指定的操作，把每行数据拆分成不同的单词并把每个单词计数为 1，用户可以定义一个把一行数据拆分成不同单词且每个单词计数为 1 的映射 map。在此例中，每个元素都是独立操作的，从而实现了 Mapper 并行计算的操作。下面通过查看 Mapper 类源码（位于“org.apache.hadoop.mapreduce”包中），进一步理解 map 任务的工作过程。源码如下：

```
public class Mapper<KEYIN, VALUEIN, KEYOUT, VALUEOUT> {

    // 设定 Context 传递给 {@link Mapper} 实现
    public abstract class Context
        implements MapContext<KEYIN,VALUEIN,KEYOUT,VALUEOUT> {
    }

    // 在任务开始时调用一次，为 map 方法提供预处理的内容
    protected void setup(Context context) throws IOException, InterruptedException {}

// 对输入分片里的 key/value 调用一次并进行处理
    @SuppressWarnings("unchecked")
    protected void map(KEYIN key, VALUEIN value, Context context) throws
        IOException, InterruptedException {
        context.write((KEYOUT) key, (VALUEOUT) value);// 处理结果加载至 context 缓存中
    }

    // 在任务结尾调用一次并进行扫尾工作
    protected void cleanup(Context context) throws IOException, InterruptedException {}

    public void run(Context context) throws IOException, InterruptedException {
        setup(context);
        try {
            while (context.nextKeyValue()) {
                map(context.getCurrentKey(), context.getCurrentValue(), context);
                    // 对 key/value 进行处理
            }
        } finally {
            cleanup(context);
        }
    }
}
```

在编写 MapReduce 程序时，任何一个 map 任务都会继承此 Mapper 类。Mapper 类里有 4 个范型，分别是 KEYIN、VALUEIN、KEYOUT 和 VALUEOUT。其中，KEYIN、VALUEIN 代表输入数据的 <key,value> 对应的值，KEYOUT、VALUEOUT 代表 Mapper 类执行结束输出数据时对应的 <key,value> 的值。考虑到经常需要在节点间通过网络传输这

些值，故它们都继承自 Writable 接口被封闭的类。以下是 map 任务对应的源码的执行过程。

map 任务作业的运行开始于 Mapper.class 文件中的 run 方法，它相当于 Mapper 类的驱动。

首先，run 方法执行 map 任务中的 setup 方法，它只在任务开始时调用一次，非常适合处理 map 任务的初始化工作。

然后，通过 while 循环遍历 context 里的 <key, value>，对每一组 context.nextKeyValue() 获取的 <key, value> 调用一次 map 方法进行相应业务的处理。通常需要重写 map 方法以满足任务的需求。在 map 方法中定义了 3 个参数，分别是 key、value 和 context。其中，key 为输入的关键字，value 为输入的值，它们形成了 MapReduce 工作过程中用于传值的 <key, value>，即数据的输入是一批 <key, value>。context.write((KEYOUT) key, (VALUEOUT) value) 语句生成的结果也是一批 <key,value>，它们会被写入 context。

注意：

由于 MapReduce 是基于集群运算的框架，为了满足集群中节点间网络传输的规则，key 和 value 的值需要支持序列化（serialize）/ 反序列化（unserialize）的操作。key 和 value 传递数据的类型需要继承 Writable 接口，而且由于整个 MapReduce 过程都是以 key 为参考进行排序和分组，故 key 的值必须实现 WritableComparable 接口，保证 MapReduce 对数据输出的结果执行对应的排序操作。

最后，调用 cleanup 方法进行处理。它只在 map 任务进行到结尾时执行一次，完成扫尾工作。

这些操作看似复杂，但对于用户来说是透明的。在编程时，只需要按规则调用 Mapper 类，依据业务要求重写相应的 setup、map 和 cleanup 方法中的一个或多个即可。

3. Reducer 的工作过程

Reducer 在获取 Mapper 任务输出的已经完成任务的地址后，会启用复制程序将需要的数据复制到本地存储空间。如果 Mapper 的输出很小，会将输出复制到 Reducer 的内存区域，否则会复制到磁盘上。随着复制内容的增加，Reduce 作业会批量地启动合并任务，执行合并操作。Reducer 类被启动后，会接收上下文数据进行 Reduce 作业任务。在理解程序执行过程之前，先来看下 Reducer 类的源码（位于“org.apache.hadoop.mapreduce”包），如下所示：

```
public class Reducer<KEYIN,VALUEIN,KEYOUT,VALUEOUT> {

// 设定 Context 传递给 {@link Reducer} 实现，即获得 context 中的内容
    public abstract class Context
        implements ReduceContext<KEYIN,VALUEIN,KEYOUT,VALUEOUT> {
    }

    // 在任务开始时调用一次，为 reduce 方法提供预处理的内容
```

```
protected void setup(Context context) throws IOException, InterruptedException {}

// 对调用的 key/value 进行处理
    protected void reduce(KEYIN key, Iterable<VALUEIN> values, Context context)
        throws IOException, InterruptedException {
        for(VALUEIN value: values) {// 迭代获取 context 的数据
            context.write((KEYOUT) key, (VALUEOUT) value);// 将计算结果写入 context
        }
    }

    // 在任务结尾调用一次并进行扫尾工作
    protected void cleanup(Context context) throws IOException, InterruptedException {}

    //Reducer 类的驱动方法
    public void run(Context context) throws IOException, InterruptedException {
        setup(context);//
        try {
            while (context.nextKey()) {// 确认数据是否读到结尾
                reduce(context.getCurrentKey(),context.getValues(),context);
                // 对数据进行处理
                // 如果使用备份存储，需将其重置
                Iterator<VALUEIN> iter = context.getValues().iterator();
                if(iter instanceof ReduceContext.ValueIterator) {
                    ((ReduceContext.ValueIterator<VALUEIN>)iter).resetBackupStore();
                    }
            }
        } finally {
            cleanup(context);// 扫尾工作
        }
    }
}
```

在编写 MapReduce 程序时，任何一个 reduce 任务都继承此 Reducer 类。Reducer 类里有 4 个范型，分别是 KEYIN、VALUEIN、KEYOUT 和 VALUEOUT，其中 KEYIN 和 VALUEIN 是 Reducer 接收的来自 Mapper 的输出，故 Writable 类型要与 Mapper 类里的 KEYOUT、VALUEOUT 的指定输出类型对应。但每个 Reducer 类接收的数据量不一定是一个 Mapper 传出的数据量，这是由 Shuffle 过程的分区决定的。一般一个分区对应一个 Reducer 类，只有一个 Reducer 类时可以接收所有分区的数据。

从宏观上看，Reducer 的源码结构与 Mapper 的源码结构类似，由 run 方法启动 reduce 任务，执行顺序是 setup → while → cleanup，其中 setup 与 cleanup 方法完成预执行和扫尾工作，分别在 reduce 任务启动前执行一次，在任务结尾时执行一次。while 循环会通过 context.nextKey() 判断所在 Reducer 类中（一般一个 Reducer 类对应一个分区，一个分区接收一组或多组由 map 任务输出的 key/value，相同的 key 及对应的值一定在一个分区中）是否有下一组 key，如果有，则把相同 key 对应的所有值放在一起，传给 reduce 方法进行处理。reduce 方法共有 KEYIN key、Iterable<VALUEIN> values 和 Context context 三个形式参数，其中 key 是 while 循环条件判定的 key，values 是 key 对应的所有值，context 是上下文。也就是说，在默认情况下，每个 reduce 方法处理的是 Reducer 类接收过的一组相同 key 对应的值，然后依据一个 for 循环对该组里每个 value 进行处理并写入上下文中。

可以看到，reduce 任务在对输入数据进行处理时，因为传递过来的数据类型已经由

map 任务确定，因此在获取数据时，也必须根据 map 任务传递过来的数据类型进行类型转换。

reduce 方法根据 key 的相同与不同对传递过来的 value 值进行重排序，对于 value 来说形成了一个列表，该列表是由 map 任务的结果中相同 key 的值合并而成的。通过对列表的迭代可以让 reduce 方法获得每一个 key 对应的 value 值，进而对所有数据进行计算。

这些操作对于用户来说是透明的，用户在编程时，只需要按规则继承 Reducer 类，依据自己的业务重写相应 Reducer 类提供的方法（通常是 reduce 方法）即可。

4. Reducer 输入输出

Reducer 获得 Mapper 输出数据的地址信息后，会启用复制程序将需要的数据复制到本地存储空间。随着复制内容的增加，reduce 作业会批量启动合并任务，执行合并操作。Reducer 类启动后，基于 context 和 Mapper 生成的数据执行 reduce 任务。所以，Reducer 输入值的数据主要来源于 Mapper 处理后输出的数据。

与 Mapper 类输入中的 InputFormat 描述的输入规范类似，在 Reducer 中对应的重要的输出规范是 OutputFormat，它是一个抽象类，源码位于“ org.apache.hadoop.mapreduce”包中。用户能够设置 MapReduce 作业文件的输出格式，并完成输出规范检查（如检查目录是否存在），并为文件输出格式提供作业结果数据输出的功能，它的层次结构如图 2-14 所示。

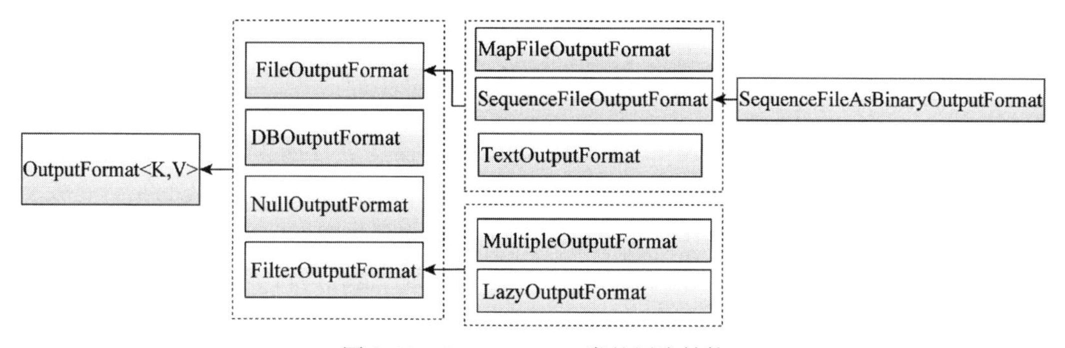

图 2-14　OutputFormat 类的层次结构

FileOutputFormat 的源码位于“ org.apache.hadoop.mapreduce.lib.output”包中，它是从 FileSystems 读取数据的一个基类。它的直接子类有 MapFileOutputFormat、SequenceFileOutputFormat 和 TextOutputFormat。

NullOutputFormat 的源码位于“ org.apache.hadoop.mapreduce.lib.output”包中，它是继承自 OutputFormat 类的一个抽象类，它会将键值对写入 /dev/null，相当于舍弃这些值。

DBOutputFormat 接受 <key,value>，其中 key 的类型继承自 DBWritable 接口。OutputFormat 将 Reducer 的输出发送到 SQL 表。DBOutputFormat 返回的 RecordWriter 只使用批量 SQL 查询将 key 写入数据库。

FilterOutputFormat 其实是对 OutputFormat 进行再次封装，类似 Java 中流的 Filter 方式。

5. Job 的工作过程

Map 和 Reduce 完成集群中作业任务的映射与并发归约过程。map 函数用来把一组键值对映射成一组新的 key/value，并指定 reduce 函数保证所有映射的 key/value 共享相同的 key 组。用户即使不会分布式并行编程，也可以将自己的程序运行在分布式系统上。为保证 Mapper 和 Reducer 的运行，MapReduce 提供一个 Job 类，允许用户配置作业、提交作业、控制作业和查询状态。

Job 公共类位于 " org.apache.hadoop.mapreduce" 包中，它继承了 JobContext 接口的实现类 JobContextImpl，借助 set 设置启动 MapReduce 任务时的细节，完成 MapReduce 作业的调用过程。

6. Job 的提交过程

JobClient 是用户提交作业给 ResourceManager（Hadoop 1 中是 JobTracker）交互的主要接口。JobClient 提供提交作业、追踪进程、访问子任务的日志记录和获得 MapReduce 集群状态信息等功能。Hadoop 作业提交过程如下：

1）检查作业输入 / 输出样式。

2）为作业计算 InputSplit 值。

3）如果需要的话，为作业的 DistributedCache 建立必需的统计信息。

4）将作业的 Jar 包和配置文件复制到 FileSystem 的 MapReduce 系统目录下。

5）在 Hadoop 1 中，提交作业到 JobTracker 并且监控它的状态。在 Hadoop 2 中，提交作业到 ResourceManager 并且监控它的状态。

2.4.3 去重

本节仍然采用 2.3 节的示例数据，用 MapReduce 模型进行编程，统计在文件 file1.txt、file2.txt 中出现过哪些单词，即实现去掉重复单词的功能。根据 MapReduce 计算模型及源码的介绍可知，在默认情况下，Shuffle 过程可以实现将相同的单词分为一组，传给相同的 reduce 方法进行处理，在 reduce 方法中进行数据过滤，即可实现去重的功能。

1. Mapper 实现代码

考虑通过 Shuffle 按 key 进行分区、分组，故将文件中每一个单词作为 key 进行传输，这样相同的单词就可以分到一组。value 不需要传输任何值，故设定为空值类型 NullWritable，进行空值传输。具体程序如下：

```
package experiment;

import org.apache.hadoop.io.IntWritable;
import org.apache.hadoop.io.LongWritable;
import org.apache.hadoop.io.NullWritable;
import org.apache.hadoop.io.Text;
import org.apache.hadoop.mapreduce.Mapper;

import java.io.IOException;
import java.util.StringTokenizer;

public class JobWCMapper extends Mapper<LongWritable, Text, Text, NullWritable> {
    private Text word = new Text();
    public void map(LongWritable key, Text value, Context context) throws
        IOException, InterruptedException {
```

```
            StringTokenizer itr = new StringTokenizer(value.toString());
            System.out.println("map:{"+key+","+value+"}");
            while (itr.hasMoreTokens()) {
                word.set(itr.nextToken());
                context.write(word, NullWritable.get());
            }
        }
}
```

2. Reducer 实现代码

通过 Shuffle 默认分组，实现将相同的单词分到同一个 reduce 方法中进行计算。因此，只需要在 reduce 中保留一个 key 进行传输即可。具体程序如下：

```
package experiment;

import org.apache.hadoop.io.IntWritable;
import org.apache.hadoop.io.NullWritable;
import org.apache.hadoop.io.Text;
import org.apache.hadoop.mapreduce.Reducer;

import java.io.IOException;

public class JobWCReducer extends Reducer<Text, NullWritable, Text, NullWritable> {
    protected void reduce(Text key, Iterable<NullWritable> values, Context
        context) throws IOException, InterruptedException {
        context.write(key, NullWritable.get());
    }
}
```

3. Job 实现代码

Job 的程序如下：

```
package experiment;
import org.apache.hadoop.conf.Configuration;
import org.apache.hadoop.fs.Path;
import org.apache.hadoop.io.NullWritable;
import org.apache.hadoop.io.Text;
import org.apache.hadoop.mapreduce.Job;
import org.apache.hadoop.mapreduce.lib.input.FileInputFormat;
import org.apache.hadoop.mapreduce.lib.input.TextInputFormat;
import org.apache.hadoop.mapreduce.lib.output.FileOutputFormat;
import org.apache.hadoop.mapreduce.lib.output.TextOutputFormat;
public class JobWC {
    public static void main(String[] args) throws Exception {
        Path file = new Path("hdfs://master:9000/input");
        Path outfile = new Path("hdfs://master:9000/output");
        Configuration conf = new Configuration();
        Job job = Job.getInstance(conf);
        job.setJarByClass(JobWC.class);
        job.setJobName("wcdistinct");
        job.setOutputKeyClass(Text.class);
        job.setOutputValueClass(NullWritable.class);
        job.setMapperClass(JobWCMapper.class);
        job.setReducerClass(JobWCReducer.class);
        job.setInputFormatClass(TextInputFormat.class);
        job.setOutputFormatClass(TextOutputFormat.class);
        FileInputFormat.addInputPath(job, file);
        FileOutputFormat.setOutputPath(job, outfile);
```

```
        job.waitForCompletion(true);
    }
}
```

4. 程序运行结果

上述程序的运行结果如下：

```
[root@master ~]# hadoop dfs -cat /output/part-r-00000
hadoop
let
spark
storm
study
us
```

5. 程序运行过程分析

去重计算过程的原理如图 2-15 所示。

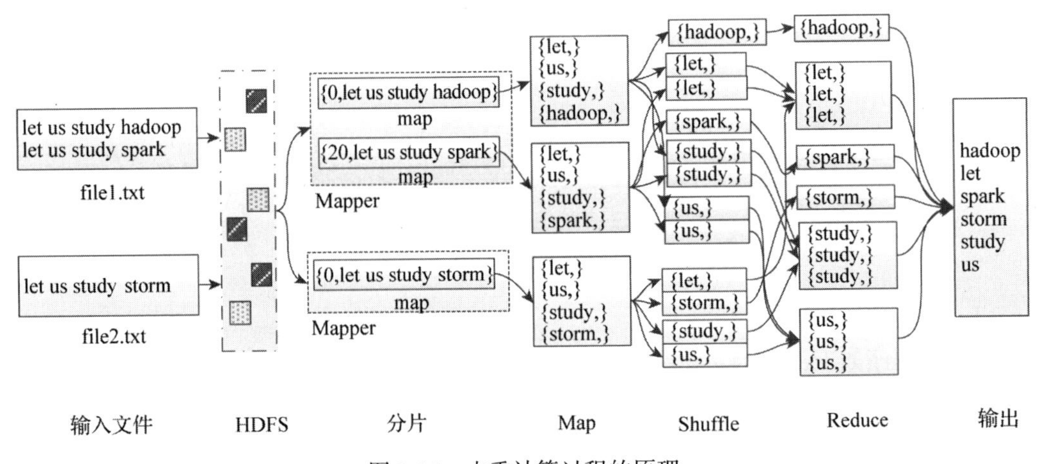

图 2-15　去重计算过程的原理

图 2-15 实现了期望的结果，但 Reducer 端接收了所有的单词形成的 <key,value>，如第 1 个 Mapper 给 Reducer 传输了 2 个 let、2 个 study 和 2 个 us，浪费了传输网络带宽。Shuffle 过程提供了本地合并的功能。本例采用简单的合并，所有程序不变，只在 JobWC 下加入 setCombinerClass，进行本地 reduce，将 Mapper 的本地重复单词进行一次过滤，从而减少网络传输负载，提升程序效率。具体程序如下：

```
public class JobWC {
    public static void main(String[] args) throws Exception {
        Path file = new Path("hdfs://master:9000/input");
        Path outfile = new Path("hdfs://master:9000/output");
        Configuration conf = new Configuration();
        Job job = Job.getInstance(conf);
        job.setJarByClass(JobWC.class);
        job.setJobName("wcdistinct");
        job.setOutputKeyClass(Text.class);
        job.setOutputValueClass(NullWritable.class);
        job.setMapperClass(JobWCMapper.class);
        job.setCombinerClass(JobWCReducer.class); // 执行本地 reduce，过滤本地重复单词
        job.setReducerClass(JobWCReducer.class);
```

```
        job.setInputFormatClass(TextInputFormat.class);
        job.setOutputFormatClass(TextOutputFormat.class);
        FileInputFormat.addInputPath(job, file);
        FileOutputFormat.setOutputPath(job, outfile);
        job.waitForCompletion(true);
    }
}
```

6. 运行结果

上述过程的运行结果如下：

```
[root@master ~]# hadoop dfs -cat /output/part-r-00000
hadoop
let
spark
storm
study
us
```

7. 引入合并的前后比较

引入合并前与引入合并后的计算过程不同，具体的运算过程如图 2-16 所示。

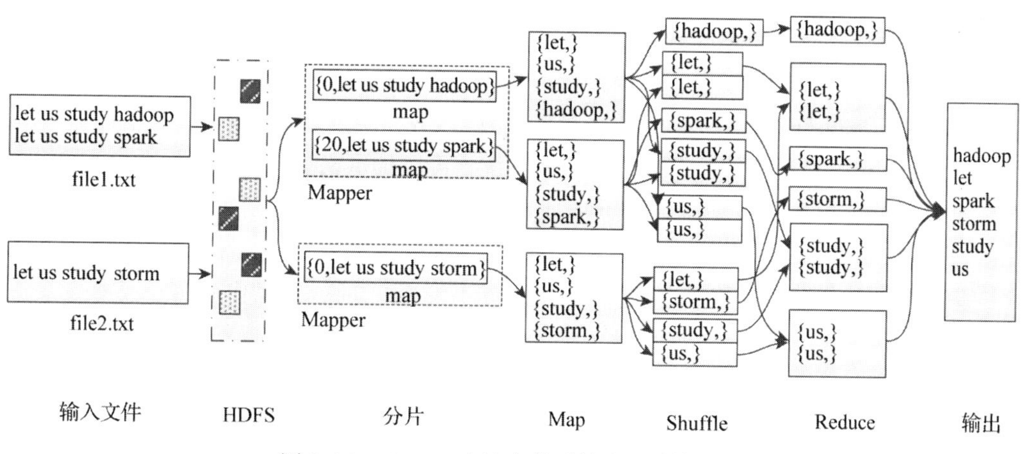

图 2-16　Shuffle 本地合并后的去重计算过程

从图 2-16 可以看到，过滤后，第 1 个 Mapper 传输给 Reducer 的数据 let、study 和 us 对应的块由原来的 2 个变成了 1 个，从而节省了网络资源，提升了程序的效率。

习题 2

1. 请独立完成 Hadoop 伪分布式环境部署。
2. 请独立完成 Hadoop 全分布式环境部署。
3. 请独立构建 Hadoop 开发环境并完成去重功能的 MapReduce 编程。
4. 请简述你对 Mapper 编程过程的理解。
5. 请简述你对 Shuffle 运行过程的理解。
6. 请简述你对 Reducer 编程过程的理解。

第 3 章

HDFS 及其应用

大数据计算系统的核心问题是“数据存储在哪里”，要解决这个问题就需要考虑大数据存储的特点。在单台计算机上，偶尔会遇到因硬件错误导致机器重启、数据错误的情况，由于操作系统缺陷导致的系统死机现象也不多见。但是在大数据场景下，要求有大规模的分布式存储系统，要面对成千上万个计算机节点，每个节点上都承载了比单台计算机更繁重的计算工作和 I/O 压力，所以如何在保证数据可靠、服务稳定的前提下高效地处理小概率错误，是分布式存储系统面临的最大挑战。HDFS 正是为应对这样的挑战而提出的。它是 Hadoop 开源项目中的分布式文件存储系统，可以提供文件操作接口。它是目前得到大规模商用的分布式文件系统。本章将对 HDFS 及其应用进行介绍，其原理将在第 8 章详述。

本章首先对 HDFS 进行概述，接下来分别介绍 3 种访问或者操作 HDFS 数据的方法，即 Shell、浏览器和 API。

3.1 HDFS 概述

Hadoop 分布式文件系统（Hadoop Distributed File System, HDFS）源自 2003 年 10 月 Google 发表的一篇论文“The Google File System”。GFS 是一个可扩展的分布式文件系统，可用于大型、分布式、对大量数据进行访问的应用，它的架构如图 3-1 所示。

GFS 架构中有 3 类角色：客户端（client）、主服务器（master server）和数据块服务器（chunk server）。这 3 类角色的节点构成一个 GFS 群，这个群包含单个主节点、多台数据块服务器和多个客户端。用户编写的应用程序可通过客户端提供的 API 函数来实现操作。上传的文件通过数据块服务器拆分成同等大小的数据块，保存在数据块服务器本地硬盘上且在数据块服务器上实现块的读写。主节点管理所有的文件系统元数据并管理系统范围内的活动。

HDFS 与 GFS 的设计思想相似，并对 GFS 做了简化，进一步降低了复杂度。HDFS 是一种为在普通商用硬件上运行而设计的分布式文件系统，它与现有的分布式文件系统有许多相似之处。不同之处在于：HDFS 高度容错，可部署在低成本硬件上；HDFS 提供对应用程序数据的高吞吐量访问，适用于具有大数据集的应用程序；HDFS 放宽了一部分 POSIX 约束，实现了流式读取文件系统数据的目的。HDFS 最初在 Apache Nutch 网络搜索引擎项目中提出，是 Apache Hadoop Core 项目的一部分。

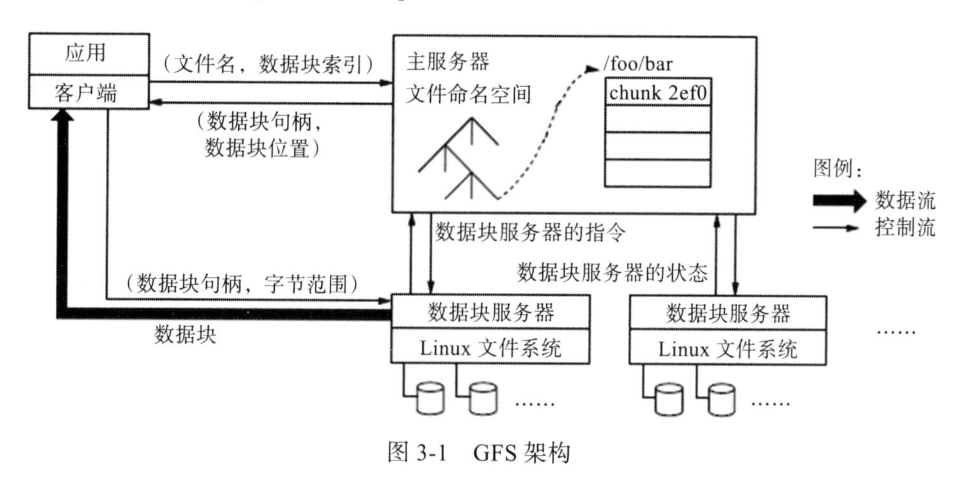

图 3-1　GFS 架构

HDFS 的结构决定了它可以对不同模态（结构化、半结构化和非结构化）的数据进行存储。HDFS 客户端支持多种语言，如 C++、Python、Java 等。它提供了丰富的 API，可以支持来自不同数据源的数据，如网页爬虫、企业不同的数据库（MySQL）数据以及航空、医疗等行业的数据。

为了更好地服务于应用，HDFS 提供了类似于 Linux 命令的 Shell 接口（使用方法详见 3.2 节）和 API（使用方法详见 3.4 节）。此外，HDFS 还可以通过超文本传输协议（Hyper Text Transfer Protocol, HTTP）支持用户通过浏览器客户端对 HDFS 平台上的文件目录和数据进行检索。

3.2　HDFS Shell

3.2.1　概述

Hadoop 提供了 API、Web UI 等供 HDFS 访问。此外，Hadoop 内置了一套对于整体集群环境进行处理的命令。通过 HDFS Shell 在 Hadoop 平台上进行命令行的交互来执行对 Hadoop 平台相关内容的操作，如 HDFS 平台管理、文件权限分配、对文件的读取 / 移动 / 删除、列出文件列表等常用的文件系统操作等。所有的命令都是由 Hadoop 脚本触发的，用户可以通过 help 命令查看命令列表及命令的语法格式。如果命令语法不符合系统规则，如缺少指定参数等，系统会自动在屏幕上输出所有的命令描述。值得一提的是，命令的语法格式与 Linux 命令相似，有 Linux 基础的用户学习起来会比较容易。

3.2.2 帮助的使用方法

通过 help 可以很方便地学习 Hadoop Shell 支持的命令。help 命令可以在一个已经启动 Hadoop 的 HDFS 服务与 YARN 服务的集群中直接应用，用 Hadoop 关键字加上"-help"即可列出所有 Hadoop Shell 支持的命令。

【例 3-1】通过 hadoop -help 查询并列出所有 Hadoop Shell 支持的命令。程序如下：

```
[user@master ~]$ hadoop -help
Usage: hadoop [--config confdir] COMMAND where COMMAND is one of:
fs                  run a generic filesystem user client
version             print the version
jar <jar>           run a jar file
checknative [-a|-h]   check native hadoop and compression libraries availability
distcp <srcurl> <desturl> copy file or directories recursively
archive -archiveName NAME -p <parent path> <src>* <dest> create a hadoop archive
classpath           prints the class path needed to get the
credential             interact with credential providers Hadoop jar and the
    required libraries
daemonlog           get/set the log level for each daemon
trace               view and modify Hadoop tracing settings
or
CLASSNAME         run the class named CLASSNAME
```

【例 3-2】以 fs 为例，通过 hadoop -help 查看 hadoop fs 的可用命令。程序如下：

```
[user@master ~]$ hadoop fs -help
Usage: hadoop fs [generic options]
    [-appendToFile <localsrc> ... <dst>]
    [-cat [-ignoreCrc] <src> ...]
    [-checksum <src> ...]
    [-chgrp [-R] GROUP PATH...]
    [-chmod [-R] <MODE[,MODE]... | OCTALMODE> PATH...]
    [-chown [-R] [OWNER][:[GROUP]] PATH...]
    [-copyFromLocal [-f] [-p] [-l] <localsrc> ... <dst>]
    [-copyToLocal [-p] [-ignoreCrc] [-crc] <src> ... <localdst>]
    [-count [-q] [-h] <path> ...]
    [-cp [-f] [-p | -p[topax]] <src> ... <dst>]
    [-createSnapshot <snapshotDir> [<snapshotName>]]
    [-deleteSnapshot <snapshotDir> <snapshotName>]
    [-df [-h] [<path> ...]]
    [-du [-s] [-h] <path> ...]
    [-expunge]
    [-get [-p] [-ignoreCrc] [-crc] <src> ... <localdst>]
    [-getfacl [-R] <path>]
    [-getfattr [-R] {-n name | -d} [-e en] <path>]
    [-getmerge [-nl] <src> <localdst>]
    [-help [cmd ...]]
    [-ls [-d] [-h] [-R] [<path> ...]]
    [-mkdir [-p] <path> ...]
    [-moveFromLocal <localsrc> ... <dst>]
    [-moveToLocal <src> <localdst>]
    [-mv <src> ... <dst>]
    [-put [-f] [-p] [-l] <localsrc> ... <dst>]
    [-renameSnapshot <snapshotDir> <oldName> <newName>]
    [-rm [-f] [-r|-R] [-skipTrash] <src> ...]
    [-rmdir [--ignore-fail-on-non-empty] <dir> ...]
    [-setfacl [-R] [{-b|-k} {-m|-x <acl_spec>} <path>]|[--set <acl_spec> <path>]]
```

```
    [-setfattr {-n name [-v value] | -x name} <path>]
    [-setrep [-R] [-w] <rep> <path> ...]
    [-stat [format] <path> ...]
    [-tail [-f] <file>]
    [-test -[defsz] <path>]
    [-text [-ignoreCrc] <src> ...]
    [-touchz <path> ...]
    [-usage [cmd ...]]
---- 省略详细命令应用解释部分 --
```

3.2.3 通用命令行操作

本节将介绍一些常用的命令，以方便大家使用。

1）HDFS 创建多级目录 /root/experiment/tmp，命令如下：

```
[root@master ~]# hadoop fs -mkdir -p /root/experiment/tmp
```

2）查看创建的多级目录，命令如下：

```
[root@master ~]# hadoop fs -ls -R /root
drwxr-xr-x   - root supergroup       0 2018-12-04 12:46 /root/experiment
drwxr-xr-x   - root supergroup       0 2018-12-04 12:46 /root/experiment/tmp
```

3）将当前用户本地根目录 wc1 下所有名字类似 file 的文件都上传至 HDFS 上新建立的文件夹 /root/experiment/tmp 下，命令如下：

```
[root@master ~]# hadoop fs -put wc1/file* /root/experiment/tmp
```

4）查看上传文件夹下的列表，命令如下：

```
[root@master ~]# hadoop fs -ls /root/experiment/tmp
Found 2 items
-rw-r--r-- 1 root supergroup 38 2018-12-04 12:50 /root/experiment/tmp/file1.txt
-rw-r--r-- 1 root supergroup 18 2018-12-04 12:50 /root/experiment/tmp/file2.txt
```

5）查看上传文件 file1.txt 的内容，命令如下：

```
[root@master ~]# hadoop fs -cat /root/experiment/tmp/file1.txt
let us study hadoop
let us study spark
```

6）查看 HDFS 统计信息，命令如下：

```
[root@master ~]# hadoop dfsadmin -report
DEPRECATED: Use of this script to execute hdfs command is deprecated.
Instead use the hdfs command for it.

Configured Capacity: 73847136256 (68.78 GB)
Present Capacity: 14846201856 (13.83 GB)
DFS Remaining: 14846050304 (13.83 GB)
DFS Used: 151552 (148 KB)
DFS Used%: 0.00%
Under replicated blocks: 10
Blocks with corrupt replicas: 0
Missing blocks: 0
Missing blocks (with replication factor 1): 0
```

```
-------------------------------------------------
Live datanodes (1):

Name: 172.16.0.120:50010 (master)
Hostname: master
Decommission Status : Normal
Configured Capacity: 73847136256 (68.78 GB)
DFS Used: 151552 (148 KB)
Non DFS Used: 55226114048 (51.43 GB)
DFS Remaining: 14846050304 (13.83 GB)
DFS Used%: 0.00%
DFS Remaining%: 20.10%
Configured Cache Capacity: 0 (0 B)
Cache Used: 0 (0 B)
Cache Remaining: 0 (0 B)
Cache Used%: 100.00%
Cache Remaining%: 0.00%
Xceivers: 1
Last contact: Tue Dec 04 13:10:09 UTC 2018
```

7）获取 Hadoop 平台安全模式的状态，命令如下：

```
[root@master ~]# hadoop dfsadmin -safemode get
DEPRECATED: Use of this script to execute hdfs command is deprecated.
Instead use the hdfs command for it.
Safe mode is OFF
```

8）进入 Hadoop 安全模式，命令如下：

```
[root@master ~]# hadoop dfsadmin -safemode enter
DEPRECATED: Use of this script to execute hdfs command is deprecated.
Instead use the hdfs command for it.

Safe mode is ON
```

9）退出 Hadoop 安全模式，命令如下：

```
[root@master ~]# hadoop dfsadmin -safemode leave
DEPRECATED: Use of this script to execute hdfs command is deprecated.
Instead use the hdfs command for it.

Safe mode is OFF
```

10）使用 HDFS 块均衡器，命令如下：

```
[root@master ~]# start-balancer.sh
starting balancer, logging to /opt/hadoop/logs/hadoop-root-balancer-master.out
Time Stamp  Iteration#  Bytes Already Moved  Bytes Left To Move  Bytes Being Moved
```

11）删除 HDFS 中的 root 目录，命令如下：

```
[root@master ~]# hadoop fs -rmr /root
rmr: DEPRECATED: Please use 'rm -r' instead.
18/12/04 13:18:57 INFO fs.TrashPolicyDefault: Namenode trash configuration:
    Deletion interval = 0 minutes, Emptier interval = 0 minutes.
Deleted /root
```

3.3　HDFS 目录与数据的浏览

HDFS 通过 HTTP 支持用户利用浏览器的客户端对 HDFS 平台上的文件目录和数据进行检索。如图 3-2 所示，通过 8088 端口的页面，可查看集群中应用的相关信息。

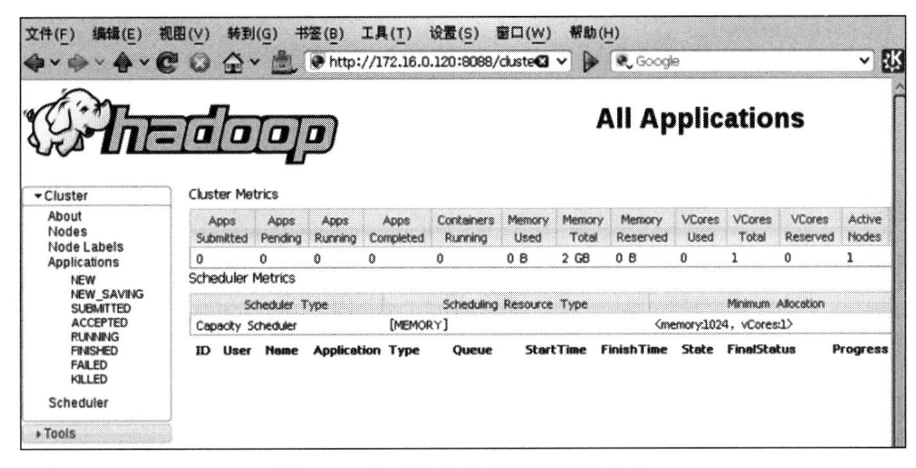

图 3-2　查看集群中应用的相关信息

用户可通过 IP 地址和访问端口 50070 的方式显示 Hadoop 平台上相关参数的数据信息。如图 3-3 所示，在其中可查看集群中节点的数据存储的信息。

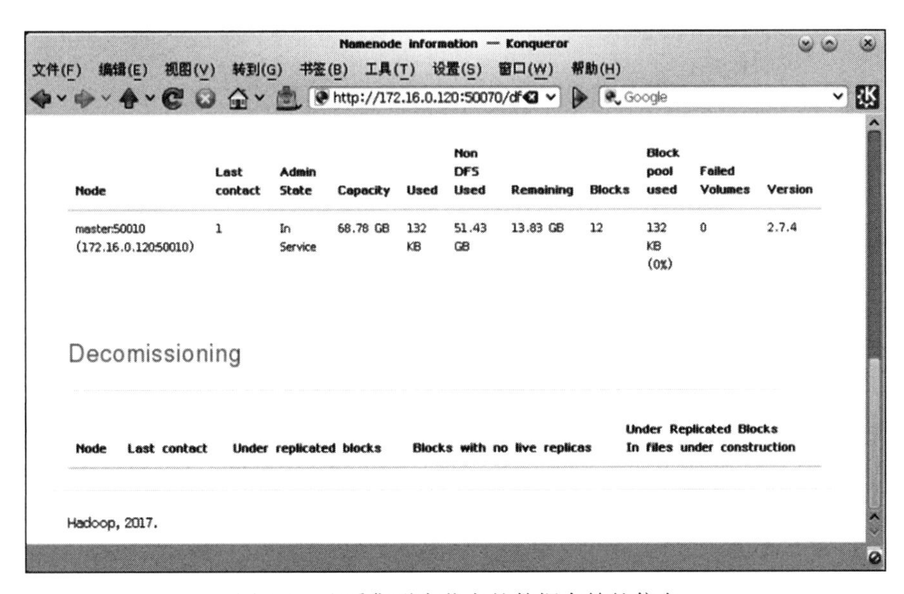

图 3-3　查看集群中节点的数据存储的信息

此外，该页面还提供节点等详细信息，用户可自行浏览。

3.4　HDFS API

3.4.1　概述

HDFS 是基于 Java 开发的一套分布式存储框架，它提供了一套完整的 API 供用户使用。HDFS 所属的 Hadoop 版本不同，API 也稍有不同，用户应以当前版本 Hadoop 安装包提供的 API 文档为准。本节主要介绍利用 HDFS 进行文件读、写操作的 API，以及对文件进行复制、移动、删除等操作的 API，最后通过例子介绍利用 API 进行 HDFS 操作的方法。

3.4.2　读文件操作

HDFS Java API 上的读文件操作与 FSDataInputStream 类密切相关。FSDataInputStream 类的源码位于“org.apache.hadoop.fs”包中，其主要方法的描述如表 3-1 所示。

表 3-1　FSDataInputStream 类的主要方法的描述

修饰符和类型	方　法	描　述
FileDescriptor	getFileDescriptor()	通过 HasFileDescriptor 接口获取 FileDescriptor
long	getPos()	获取并返回输入流的当前位置
int	read(ByteBuffer buf)	返回从 buf 中读取的有效字节数
ByteBuffer	read(ByteBufferPool bufferPool, int maxLength)	返回 read(bufferPool, maxLength, EMPTY_READ_OPTIONS_SET)
ByteBuffer	read(ByteBufferPool bufferPool, int maxLength, EnumSet<ReadOption>opts)	获取包含文件数据的 ByteBuffer
int	read(long position, byte[] buffer, int offset, int length)	将流中给定 position 的字节读取到给定的 buffer 中
void	readFully(long position, byte[] buffer)	参见 readFully(long, byte[], int, int)
void	readFully(long position, byte[] buffer, int offset, int length)	将流中给定 position 的字节读取到给定的 buffer
void	releaseBuffer(ByteBuffer buffer)	释放 buffer 对应的缓冲区。调用此函数后，不能继续使用该缓冲区
void	seek(long desired)	移动到给定的偏移
Boolean	seekToNewSource(long targetPos)	在数据的备用副本上寻找给定的位置。如果找到新的源，返回 true，否则返回 false
void	setDropBehind(Boolean dropBehind)	配置流是否应该丢弃缓存
void	setReadahead(Long readahead)	在流上设置 readahead

3.4.3　写文件操作

HDFS Java API 上的写文件操作与 FSDataOutputStream 类密切相关。FSDataOutputStream

类的源码位于“org.apache.hadoop.fs”包中，其主要方法的描述如表 3-2 所示。

表 3-2　FSDataOutputStream 类的主要方法的描述

修饰符和类型	方　法	描　述
void	close()	关闭底层输出流
long	getPos()	获取并返回输出流的当前位置
void	hflush()	刷新客户端用户缓冲区中的数据。hflush 刷新成功后，HDFS 保证到目前为止文件对所有新的 Reader 都可见且写入的数据已经到达所有 DataNode 的写入管道。但是，hflush 不保证 DataNode 已经将数据写到磁盘，仅确保数据在 DataNode 的内存中
void	hsync()	类似于 posix fsync，将客户端写入的数据刷到每个 DataNode 的磁盘中
void	setDropBehind(Boolean dropBehind)	确认配置流是否应该丢弃缓存
void	sync()	老版本的写法，目前已不建议使用

3.4.4　FileUtil 文件处理

Hadoop 框架中包含一个有趣的类文件——FileUtil，它位于“org.apache.hadoop.fs”包中，该文件提供了常用的文件处理方法的集合。FileUtil 类中包含文件的复制、移动、删除，以及权限的读、写、执行等的方法，主要方法的描述如表 3-3 所示。

表 3-3　FileUtil 类的主要方法的描述

修饰符和类型	方　法	描　述
static boolean	canExecute(File f)	File.canExecute() 的平台无关实现
static boolean	canRead(File f)	File.canRead() 的平台无关实现
static boolean	canWrite(File f)	File.canWrite() 的平台无关实现
static int	chmod(String filename, String perm)	更改文件名的权限
static int	chmod(String filename, String perm, Boolean recursive)	递归地更改文件 / 目录的权限
static boolean	copy(File src, FileSystem dstFS, Path dst, Boolean deleteSource, Configuration conf)	将本地文件复制到 dstFS
static boolean	copy(FileSystem srcFS, FileStatus srcStatus, FileSystem dstFS, Path dst, Boolean deleteSource, Boolean overwrite, Configuration conf)	在 srcFS 到 dstFS 之间复制文件
static boolean	copy(FileSystem srcFS, Path src, FileSystem dstFS, Path dst, Boolean deleteSource, Boolean overwrite,Configuration conf)	在 srcFS 到 dstFS 之间复制文件
static boolean	copy(FileSystem srcFS, Path src, File dst, Boolean deleteSource, Configuration conf)	将 srcFS 中的文件 dst 复制到本地文件

（续）

修饰符和类型	方　法	描　述
static boolean	copy(FileSystem srcFS, Path src, FileSystem dstFS, Path dst, Boolean deleteSource, Boolean overwrite,Configuration conf)	在 srcFS 到 dtsFS 之间复制文件
static boolean	copy(FileSystem srcFS, Path src, FileSystem dstFS, Path dst, Boolean deleteSource, Configuration conf)	在 srcFS 到 dtsFS 之间复制文件
static boolean	copyMerge(FileSystem srcFS, Path srcDir, FileSystem dstFS, Path dstFile, boolean deleteSource,Configuration conf, String addString)	将目录中的所有文件合并复制到一个输出文件中
static String[]	createJarWithClassPath(String inputClassPath, Path pwd, Map<String,String> callerEnv)	创建 Jar
static String[]	createJarWithClassPath(String inputClassPath, Path pwd, Path targetDir, Map<String,String> callerEnv)	在给定路径上创建一个 jar 文件，其中包含一个带有引用所有指定条目的类路径清单
static File	createLocalTempFile(File basefile, String prefix, Boolean isDeleteOnExit)	创建临时文件
static boolean	fullyDelete(File dir)	删除目录及其所有内容
static boolean	fullyDelete(File dir, Boolean tryGrant-Permissions)	删除目录及其所有内容
static void	fullyDelete(FileSystem fs, Path dir)	已过期。可使用 FileSystem.delete（Path, boolean）
static boolean	fullyDeleteContents(File dir)	删除目录的内容，而不是目录本身
static boolean	fullyDeleteContents(File dir, boolean try-GrantPermissions)	删除目录的内容，而不是目录本身
static long	getDU(File dir)	将操作系统的文件名中的路径转化为适用于 Shell 的路径
static String[]	list(File dir)	File.list() 的包装器
static File[]	listFiles(File dir)	File.listFiles() 的包装器
static String	makeShellPath(File file)	将 os-native 文件名转换为适用于 Shell 的路径
static String	makeShellPath(File file, Boolean make-CanonicalPath)	将 os-native 文件名转换为适用于 Shell 的路径
static String	makeShellPath(String filename)	将 os-native 文件名转换为适用于 Shell 的路径
static String	readLink(File f)	返回给定符号链接的目标
static void	replaceFile(File src,File target)	将 src 文件移动到 target 指定的名称
static boolean	setExecutable(File f, Boolean executable)	File.setExecutable（boolean）的平台无关实现

（续）

修饰符和类型	方　法	描　述
static void	setOwner(File file,String username, String groupname)	设置文件 / 目录的所有权
static void	setPermission(File f, FsPermission permission)	将权限设置为所需的值
static boolean	setReadable(File f, Boolean readable)	File.setReadable（boolean）的平台无关实现
static boolean	setWritable(File f, Boolean writable)	File.setWritable（boolean）的平台无关实现
static Path[]	stat2Paths(FileStatus[] stats)	将 FileStatus 类型的数组转换为 Path 类型的数组
static Path[]	stat2Paths(FileStatus[] stats, Path path)	将 FileStatus 类型的数组转换为 Path 类型的数组
static int	symLink(String target, String linkname)	仅在本地磁盘上创建 src 和 target 之间的软链接
static void	unTar(File inFile,File untarDir)	给定一个 Tar 文件作为输入，将文件解压到 untarDir 目录中。该实用程序将解压缩“.tar”文件、“.tar.gz”文件和“tgz”文件
static void	unZip(File inFile,File unzipDir)	给定文件输入，将文件解压到 untarDir 目录中

当然，如果 FileUtil 类提供的方法不能满足用户的要求，用户也可以参考 FileUtil 类文件下的方法自行编写应用。

3.4.5　HDFS API 应用示例

【例 3-3】一个简单的 HDFS API 应用示例。

1）建立一个自定义的 HdfsUtil 类文件，实现文件的读 / 写操作。其代码如下：

```
package experiment;
import org.apache.hadoop.conf.Configuration;
import org.apache.hadoop.fs.*;
import org.apache.hadoop.io.IOUtils;
import java.io.IOException;
import java.net.URI;
/**
 * HDFS 操作类
 */
public class HdfsUtil {
private static final String HDFS = "hdfs://master:9000/";
private static final Configuration conf = new Configuration();
/**
* 创建文件夹
*
* @param folder 文件夹名
*/
public static void mkdirs(String folder) throws IOException {
    Path path = new Path(folder);
    FileSystem fs = FileSystem.get(URI.create(HDFS), conf);
    if (!fs.exists(path)) {
```

```
        fs.mkdirs(path);
        System.out.println("Create: " + folder);
    }
    fs.close();
    }
    /**
    * 删除文件夹
    *
    * @param folder 文件夹名
    */
    public static void rmr(String folder) throws IOException {
    Path path = new Path(folder);
    FileSystem fs = FileSystem.get(URI.create(HDFS), conf);
    fs.deleteOnExit(path);
    System.out.println("Delete: " + folder);
    fs.close();
    }
    /**
    * 重命名文件
    * @param src 源文件名
    * @param dst 目标文件名
    * */
    public static void rename(String src, String dst) throws IOException {
    Path name1 = new Path(src);
    Path name2 = new Path(dst);
    FileSystem fs = FileSystem.get(URI.create(HDFS), conf);
    fs.rename(name1, name2);
    System.out.println("Rename: from " + src + " to " + dst);
    fs.close();
    }
    /**
    * 列出该路径的文件信息
    *
    * @param folder 文件夹名
    */
    public static void ls(String folder) throws IOException {
    Path path = new Path(folder);
    FileSystem fs = FileSystem.get(URI.create(HDFS), conf);
    FileStatus[] list = fs.listStatus(path);
    System.out.println("ls: " + folder);
    System.out.println("==========================================================");
    for (FileStatus f : list) {
    System.out.printf("name: %s, folder: %s, size: %d\n", f.getPath(),
        f.isDirectory(), f.getLen());
    }
    System.out.println("==========================================================");
    fs.close();
}
/**
* 创建文件
*
* @param file    文件名
* @param content 文件内容
*/
public static void createFile(String file, String content) throws IOException {
    FileSystem fs = FileSystem.get(URI.create(HDFS), conf);
    byte[] buff = content.getBytes();
    FSDataOutputStream os = null;
    try {
```

```
    os = fs.create(new Path(file));
    os.write(buff, 0, buff.length);
    System.out.println("Create: " + file);
    } finally {
    if (os != null)
    os.close();
    }
    fs.close();
}
/**
* 复制本地文件到 HDFS
*
* @param local  本地文件路径
* @param remote hdfs 目标路径
*/
public static void copyFile(String local, String remote) throws IOException {
    FileSystem fs = FileSystem.get(URI.create(HDFS), conf);
    fs.copyFromLocalFile(new Path(local), new Path(remote));
    System.out.println("copy from: " + local + " to " + remote);
    fs.close();
}
/**
* 从 HDFS 下载文件到本地
*
* @param remote HDFS 文件路径
* @param local  本地目标路径
*/
public static void download(String remote, String local) throws IOException {
    Path path = new Path(remote);
    FileSystem fs = FileSystem.get(URI.create(HDFS), conf);
    fs.copyToLocalFile(path, new Path(local));
    System.out.println("download: from" + remote + " to " + local);
    fs.close();
}
/**
* 查看 HDFS 文件内容
*
* @param remoteFile HDFS 文件路径
*/
public static void cat(String remoteFile) throws IOException {
    Path path = new Path(remoteFile);
    FileSystem fs = FileSystem.get(URI.create(HDFS), conf);
    FSDataInputStream fsdis = null;
    System.out.println("cat: " + remoteFile);
    try {
    fsdis = fs.open(path);
    IOUtils.copyBytes(fsdis, System.out, 4096, false);
    } finally {
    IOUtils.closeStream(fsdis);
    fs.close();
}
}
}
```

2）建立测试文件 HdfsUtilTest，实现对 HdfsUtil 文件中的方法的调用。其代码如下：

```
import hdfs.HdfsUtil;
import org.junit.Test;
import java.io.IOException;
```

```
public class HdfsUtilTest {
@Test
public void testmkdirs()throws IOException {
HdfsUtil.mkdirs("/root/experiment/tmp");
}
@Test
public void testls()throws IOException{
HdfsUtil.ls("/");
}
@Test
public void testcreateFile()throws IOException{
HdfsUtil.createFile("/root/experiment/tmp/wordcount.txt","hello beijing hello
    haerbin");
}
@Test
public void testcat()throws IOException{
HdfsUtil.cat("/root/experiment/tmp/wordcount.txt");
}
@Test
public void testrename()throws IOException{
HdfsUtil.rename("/root/experiment/tmp/wordcount.txt","/root/experiment/tmp/
    wordc.txt");
}
@Test
public void testdownload()throws IOException{
HdfsUtil.download("/root/experiment/tmp/wordc.txt","/root/IdeaProjects/
    hadoop/");
}
@Test
public void testcopyFile()throws IOException{
HdfsUtil.copyFile("/root/IdeaProjects/hadoop/wordc.txt","/root/experiment/
    tmp/wordcount.txt");
}
@Test
public void testrmr()throws IOException{
HdfsUtil.rmr("/root/experiment/tmp");
}
}
```

3）执行 HdfsUtilTest 文件中相应的方法，查看结果。具体操作方法是，选中相应方法，然后右击执行该方法，即可在开发工具的控制台中看到相应的结果。下面以 testmkdirs 方法为例，说明执行的过程。

- 首先，单击 testmkdirs 方法，然后右击执行 `Run'testmkdirs()'` 命令，创建目录，如果存在“/root”目录，则删除“/root”目录。创建目录的过程如图 3-4 所示。

运行完成后，查看运行结果，如图 3-5 所示。

其他方法的运行与查看结果的操作与此类似。下面省略其他方法的运行过程，给出它们的运行结果。

1）单击 testls 方法并单击鼠标右键执行 `Run'testls()'` 命令，查看所创建的目录，运行结果如图 3-6 所示。

2）单击 testcreateFile 方法并单击鼠标右键执行 `Run'testcreateFile()'` 命令，创建该目录下的文件，运行结果如图 3-7 所示。

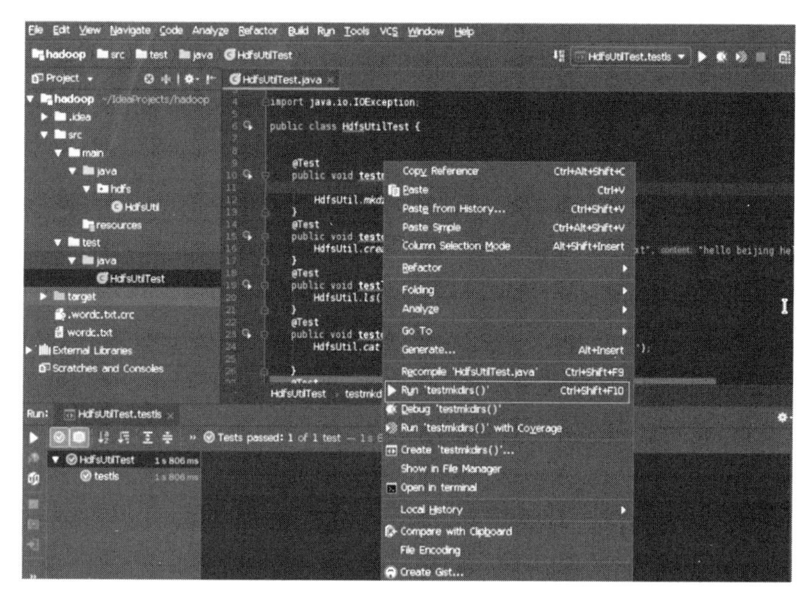

图 3-4　创建目录的过程

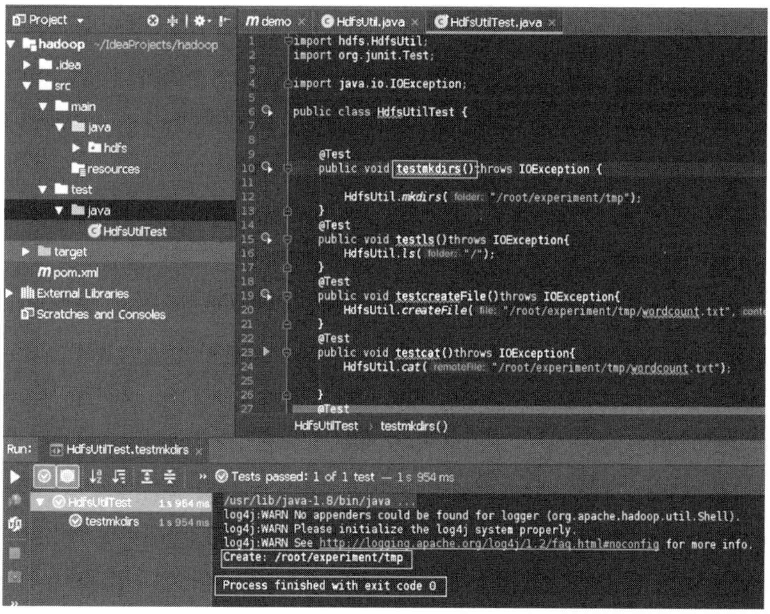

图 3-5　运行结果

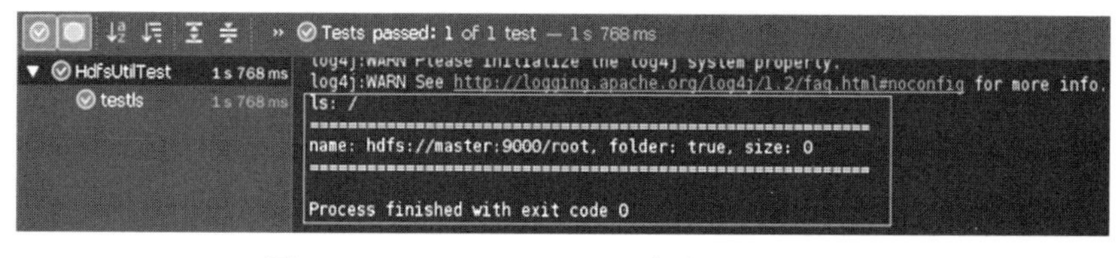

图 3-6　Run'testls()'命令的运行结果

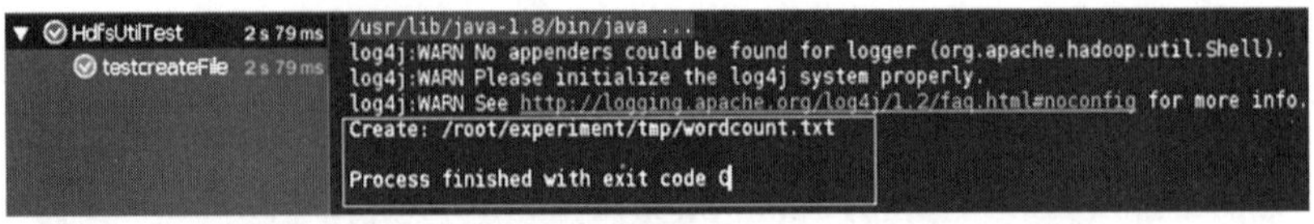

```
▼ HdfsUtilTest 2s 79ms
    testcreateFile 2s 79ms
/usr/lib/java-1.8/bin/java ...
log4j:WARN No appenders could be found for logger (org.apache.hadoop.util.Shell).
log4j:WARN Please initialize the log4j system properly.
log4j:WARN See http://logging.apache.org/log4j/1.2/faq.html#noconfig for more info.
Create: /root/experiment/tmp/wordcount.txt

Process finished with exit code 0
```

图 3-7　Run'testcreateFile()'命令的运行结果

3）将 testls() 的路径改为 /root/experiment/tmp，单击 testls 方法并单击鼠标右键再次执行 Run 'testls()'命令，查看所创建的目录和文件，运行结果如图 3-8 所示。

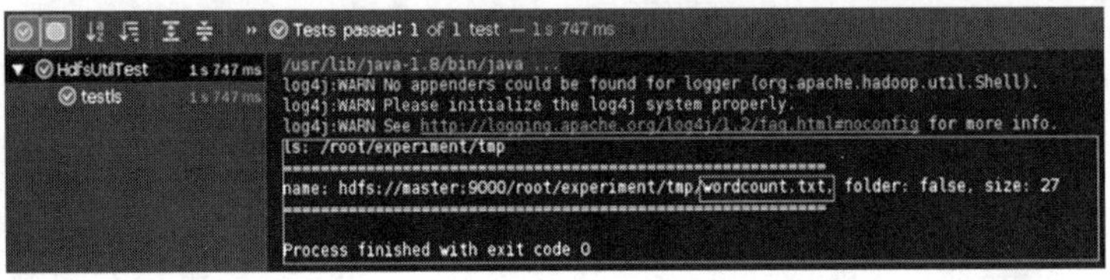

```
Tests passed: 1 of 1 test – 1s 747ms
▼ HdfsUtilTest 1s 747ms
    testls 1s 747ms
/usr/lib/java-1.8/bin/java ...
log4j:WARN No appenders could be found for logger (org.apache.hadoop.util.Shell).
log4j:WARN Please initialize the log4j system properly.
log4j:WARN See http://logging.apache.org/log4j/1.2/faq.html#noconfig for more info.
ls: /root/experiment/tmp
==========================================================
name: hdfs://master:9000/root/experiment/tmp/wordcount.txt, folder: false, size: 27
==========================================================

Process finished with exit code 0
```

图 3-8　Run'testls()'命令再次运行的结果

4）单击 testcat 方法并单击鼠标右键执行 Run'testcat()'命令，查看文件内容，运行结果如图 3-9 所示。

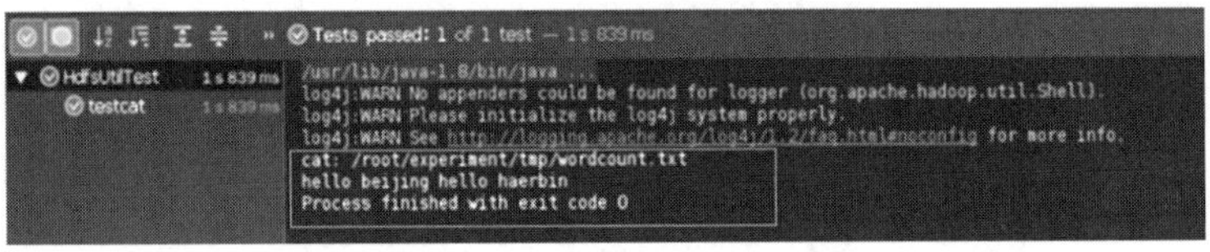

```
Tests passed: 1 of 1 test – 1s 839ms
▼ HdfsUtilTest 1s 839ms
    testcat 1s 839ms
/usr/lib/java-1.8/bin/java ...
log4j:WARN No appenders could be found for logger (org.apache.hadoop.util.Shell).
log4j:WARN Please initialize the log4j system properly.
log4j:WARN See http://logging.apache.org/log4j/1.2/faq.html#noconfig for more info.
cat: /root/experiment/tmp/wordcount.txt
hello beijing hello haerbin
Process finished with exit code 0
```

图 3-9　Run'testcat()'命令的运行结果

5）单击 testrename 方法并单击鼠标右键执行 Run'testrename()'命令，重命名文件，运行结果如图 3-10 所示。

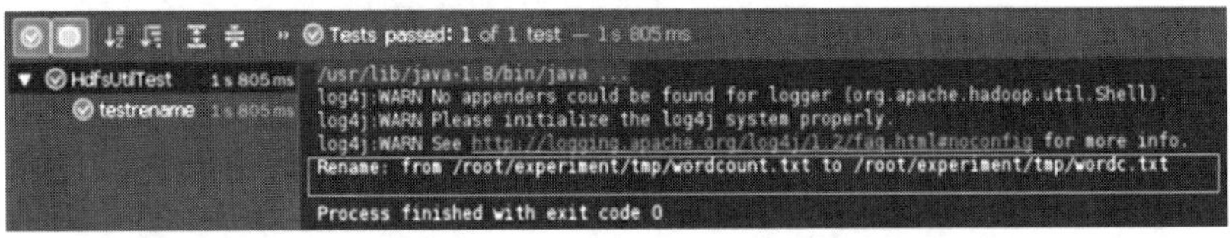

```
Tests passed: 1 of 1 test – 1s 805ms
▼ HdfsUtilTest 1s 805ms
    testrename 1s 805ms
/usr/lib/java-1.8/bin/java ...
log4j:WARN No appenders could be found for logger (org.apache.hadoop.util.Shell).
log4j:WARN Please initialize the log4j system properly.
log4j:WARN See http://logging.apache.org/log4j/1.2/faq.html#noconfig for more info.
Rename: from /root/experiment/tmp/wordcount.txt to /root/experiment/tmp/wordc.txt

Process finished with exit code 0
```

图 3-10　Run'testrename()'命令的运行结果

6）单击 testdownload 方法并单击鼠标右键执行 Run'testdownload()'命令，将文件下载到本地，运行结果如图 3-11 所示。

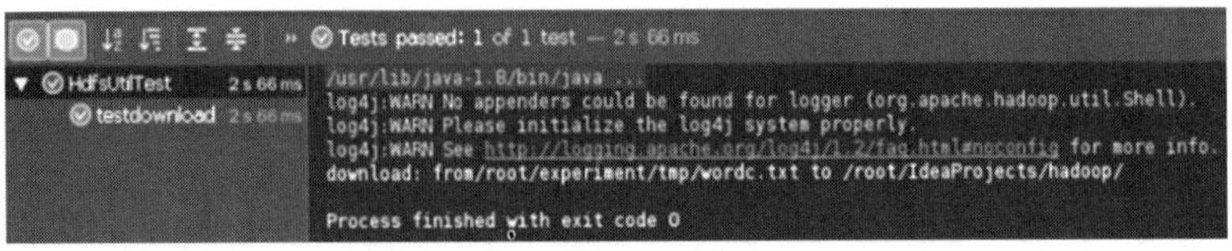

```
Tests passed: 1 of 1 test – 2s 66ms
▼ HdfsUtilTest 2s 66ms
    testdownload 2s 66ms
/usr/lib/java-1.8/bin/java ...
log4j:WARN No appenders could be found for logger (org.apache.hadoop.util.Shell).
log4j:WARN Please initialize the log4j system properly.
log4j:WARN See http://logging.apache.org/log4j/1.2/faq.html#noconfig for more info.
download: from/root/experiment/tmp/wordc.txt to /root/IdeaProjects/hadoop/

Process finished with exit code 0
```

图 3-11　Run'testdownload()'命令的运行结果

7）单击 testcopyFile 方法并单击鼠标右键执行 `Run'testcopyFile()'` 命令，将下载的本地文件上传到 HDFS 下，重命名为 wordcount.txt，运行结果如图 3-12 所示。

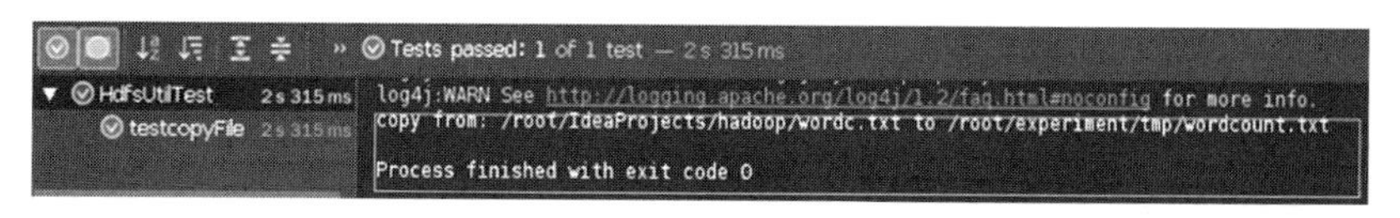

图 3-12 `Run'testcopyFile()'`命令的运行结果

8）执行 `Run'testls()'` 命令，查看目录下的文件，窗口显示 wordc.txt 文件以及 wordcount.txt 文件，显示结果如图 3-13 所示。

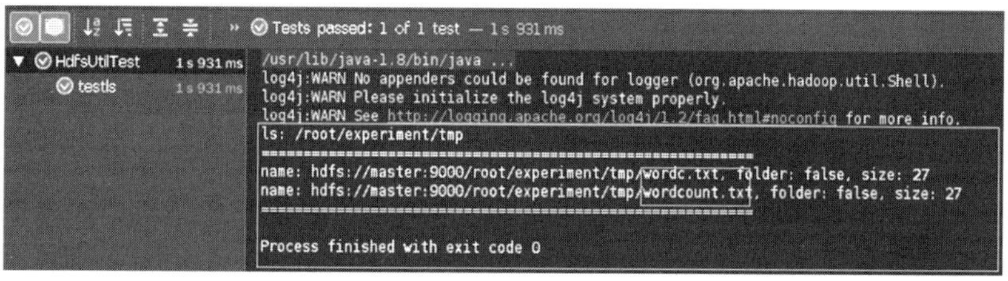

```
Tests passed: 1 of 1 test – 1s 931ms
HdfsUtilTest 1s 931ms
testls 1s 931ms
/usr/lib/java-1.8/bin/java ...
log4j:WARN No appenders could be found for logger (org.apache.hadoop.util.Shell).
log4j:WARN Please initialize the log4j system properly.
log4j:WARN See http://logging.apache.org/log4j/1.2/faq.html#noconfig for more info.
ls: /root/experiment/tmp
==================================================
name: hdfs://master:9000/root/experiment/tmp/wordc.txt, folder: false, size: 27
name: hdfs://master:9000/root/experiment/tmp/wordcount.txt, folder: false, size: 27
==================================================

Process finished with exit code 0
```

图 3-13 `Run'testls()'` 命令的显示结果

9）单击 testmr 方法并单击鼠标右键执行 `Run'testmr()'` 命令，删除目录，运行结果如图 3-14 所示。

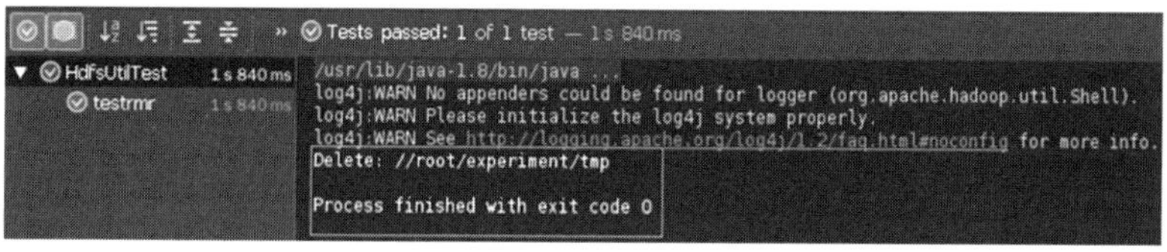

```
Tests passed: 1 of 1 test – 1s 840ms
HdfsUtilTest 1s 840ms
testrmr 1s 840ms
/usr/lib/java-1.8/bin/java ...
log4j:WARN No appenders could be found for logger (org.apache.hadoop.util.Shell).
log4j:WARN Please initialize the log4j system properly.
log4j:WARN See http://logging.apache.org/log4j/1.2/faq.html#noconfig for more info.
Delete: //root/experiment/tmp

Process finished with exit code 0
```

图 3-14 `Run'testmr()'` 命令的运行结果

习题 3

1. 请简述你对 GFS 架构的理解。

2. 请简述你对 HDFS 架构的理解。

3. 学会使用 HDFS Shell 帮助信息，应用 Shell 命令，在 HDFS 上创建文件夹，完成将本地文件上传至 HDFS 并进行读、删除的操作。

4. 尝试通过 HDFS API 实现读 HDFS 文件的操作。

5. 尝试通过 HDFS API 实现写 HDFS 文件的操作。

第 4 章

Spark 的配置与编程

MapReduce 编程涉及 Map 和 Reduce 两个部分，Shuffle 是这两个部分的核心。在 Mapper 端与 Reducer 端的计算过程中，中间结果默认写入磁盘，且对服务器性能的要求不高，计算模型也相对简单，容易上手。对于简单的大数据统计而言，这是一个比较理想的解决方案。但在某些情况下，如涉及强交互、迭代等场景时，这种方案就会暴露其不足。假设要预测一个地区的天气情况，就需要找出影响天气的因素，借助神经网络模型进行上千次迭代计算，才能得到满意的结果。如果借助 MapReduce 计算框架，则每次迭代的结果都要写入磁盘，每次迭代开始都需要从磁盘取出数据，与基于内存的计算过程相比，基于磁盘的读写速度慢，且增加了磁盘的读写次数。Spark 的出现解决了这个难题。与 Map Reduce 相比，Spark 拥有更多的操作类型，支持 DAG 执行引擎以及在内存中对数据进行迭代计算。显然，与 MapReduce 相比，Spark 提升了对机器内存的要求，但减少了迭代过程中数据的落地，使迭代过程更加合理，大大提高了处理效率。

图 4-1 比较了 MapReduce 与 Spark 的迭代计算过程，总体而言，MapReduce 将上千次

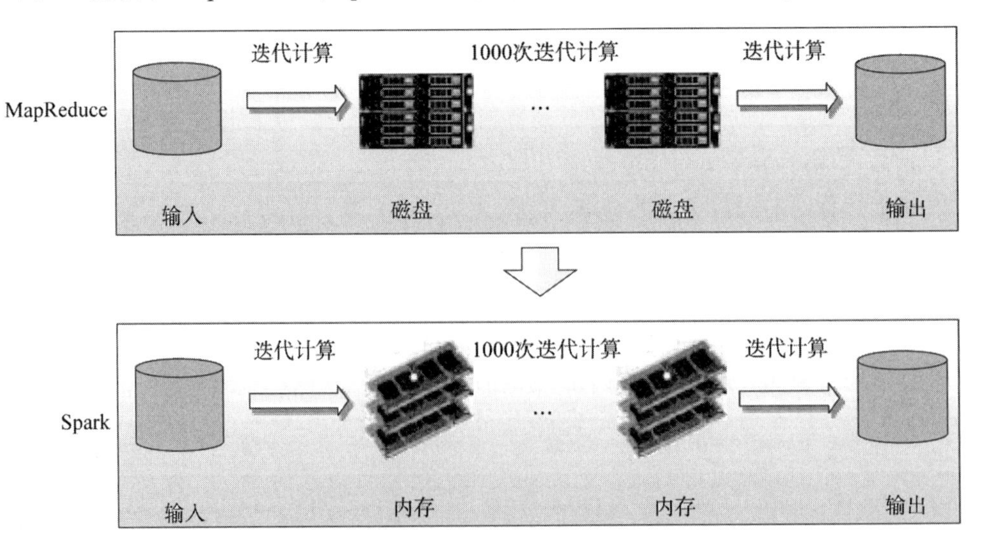

图 4-1　MapReduce 与 Spark 的迭代计算

迭代的中间结果落地于磁盘，而 Spark 尽量将中间结果落地于内存，这符合 Spark 最初的设计意图——快速运行、快速分析的数据计算系统。

本章将带领读者学习 Spark 环境的搭建与编程，Spark 的原理将在第 9 章中介绍。

4.1　Spark 环境的安装与部署

在了解 Spark 应用之前，需要进行 Spark 环境的安装与部署。Spark 集群的部署模式有如下 5 种。

1）Amazon EC2：可以在 5min 内启动 EC2 上的集群脚本。

2）独立运行：无须第三方集群管理器即可快速启动独立集群。

3）Mesos：使用 Apache Mesos 部署私有集群。

4）YARN：在 Hadoop NextGen（YARN）上部署 Spark。

5）Kubernetes：在 Kubernetes 上部署 Spark。

对应不同的集群管理模式，Spark 框架目前支持 3 种不同的运行模式。

1. 独立运行

Spark 自带的简单集群管理器由客户端、Master 节点和 Worker 节点组成。在独立运行模式下，SparkContext 可以运行在 Master 节点上（如 Spark-Shell 提交作业时），也可以运行在本地客户端（如 Spark-Submit 提交作业时）。Worker 节点可以运行当前节点的进程，每个 Worker 节点上存在一个或多个进程，每个进程包含一个 Executor 对象，该对象持有一个线程池，每个线程可以执行一个 Task。

2. YARN

Hadoop YARN 就是 Hadoop 2 中的资源管理器。在 YARN 模式下，Spark 借助 YARN 的弹性资源管理机制，满足用户服务和 Application 的资源完全隔离的需求，并且通过队列的方式管理同时运行在集群中的多个服务。

3. Mesos

Mesos 是一个通用集群管理器，也可以运行 MapReduce 和服务应用程序。Mesos 采用 Master/Slave 运行结构，具有粗粒度和细粒度运行模式。在 Spark 环境下，默认使用 Mesos 粗粒度运行模式，可以在配置文件 spark-env.sh 中通过 spark.mesos.coarse 选项设置该模式。

此外，在 Kubernetes 环境中也可以运行 Spark 集群。Kubernetes 是一个开源系统，用于自动化、容器化应用程序的部署、扩展和管理。

4.1.1　Spark 的安装

目前，Spark 提供 Java、Scala、Python 和 R 中的高级 API，以及支持通用执行图的优化引擎。在应用这些 API 或优化引擎之前，需要先进行 Spark 环境的部署与安装。Spark 本身是用 Scala 语言编写的，可在 Windows 和类 UNIX 系统平台（如 Linux、Mac OS）上运行。为了更好地利用 Spark 的功能，建议在安装 Spark 环境之前，先基于选用的平台（Windows 或类 UNIX 平台）搭建 Scala 环境，然后进行 Spark 环境的安装。

本章选用 Linux 的 Centos7 操作系统作为所有 Spark 实践的基础平台。

4.1.2 Scala 的安装

Scala 语言将面向对象编程和函数式编程结合在一起。Scala 的静态类型有助于避免复杂应用程序中的错误。

1. 先决条件

Scala 程序可编译为 Java 字节码，并在 JVM（Java Virtual Machine，Java 虚拟机）上运行。因此，在安装 Scala 前，需要确保系统中已经安装 JDK，Java 的版本必须在 Java 6 以上，本书使用 Java 8 版本。读者可通过“ java -version”命令查询实践环境下的 Java 版本，如图 4-2 所示。

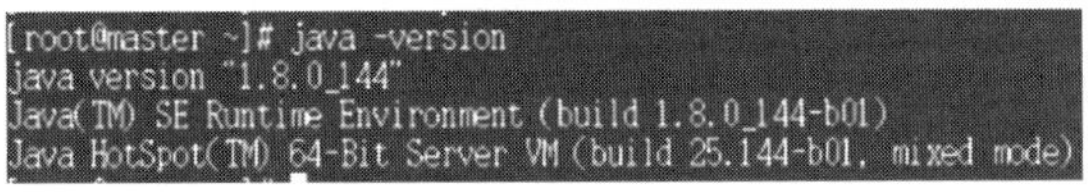

```
[root@master ~]# java -version
java version "1.8.0_144"
Java(TM) SE Runtime Environment (build 1.8.0_144-b01)
Java HotSpot(TM) 64-Bit Server VM (build 25.144-b01, mixed mode)
```

图 4-2　查询实践环境下的 Java 版本

2. 版本的选择

随着 Spark 版本的不断升级，对应的 Scala 版本也有所不同，故在安装 Scala 前需要依据应用的 Spark 版本找到对应的 Scala 版本。下面以 Spark 2.2 为例说明 Scala 版本的选择，如图 4-3 所示。

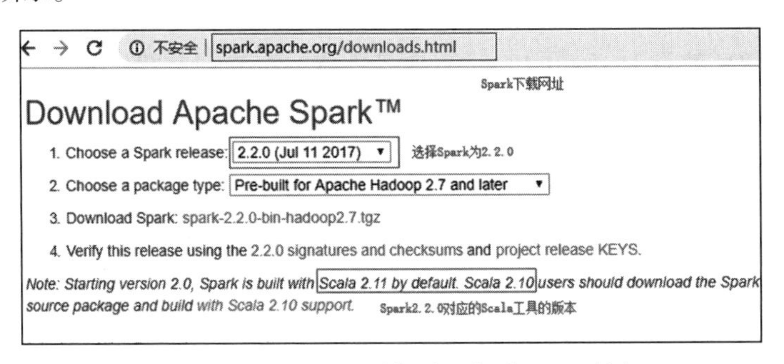

图 4-3　通过 Spark 下载页面查看 Scala 版本

访问 Scala 官网（https://www.scala-lang.org/）下载相应版本，本书以 Scala 2.11.8 为例演示 Scala 的安装过程，步骤如下：

1）将 Scala 安装包（scala-2.11.8.tgz）下载或复制至 Linux 平台的指定位置，如 /opt。通过 cd/opt 命令进入 opt 目录，通过 ll 命令查看 Scala 安装包，如图 4-4 所示。

2）通过执行解压命令，如“ tar -xvf scala-2.11.8.tgz”命令，解压缩 scala-2.11.8.tgz。为了便于管理，可通过“mv scala-2.11.8 scala”命令将解压后的 Scala 文件夹“scala-2.11.8”重命名为“scala”，通过 ll 命令查看当前的情况，如图 4-5 所示。

```
[root@master opt]# ll
total 28060
drwxr-xr-x 1 root   root        4096 8月  27 10:05 data
drwxr-xr-x 1 root   root        4096 10月 24 03:00 flume
drwxr-xr-x 1 root   root        4096 8月  20 08:35 google
drwxr-xr-x 1 root   root        4096 10月 24 02:23 hadoop
drwxr-xr-x 8 root   root        4096 8月  27 10:03 idea
drwxr-xr-x 1 root   root        4096 10月 22 09:11 kafka
drwxr-x--- 9 daemon daemon      4096 10月 22 09:03 openfire
drwxr-xr-x 2 root   root        4096 9月   6  2017 rh
drwxrwxr-x 6   1001   1001      4096 3月   4  2016 sl
-rw-r--r-- 1 root   root    28678231 12月  6 02:06 scala-2.11.8.tgz
drwxr-xr-x 1    500    500      4096 10月  8 07:13 spark
drwxr-xr-x 1 root   root        4096 10月 16 03:03 storm
drwxr-xr-x 4 root   root        4096 10月 16 03:17 storm-local
drwxr-xr-x 1 root   root        4096 8月  28 00:58 zookeeper
```

图 4-4　通过 ll 命令查看 Scala 安装包

```
[root@master opt]# ll
total 52
drwxr-xr-x 1 root   root   4096 8月  27 10:05 data
drwxr-xr-x 1 root   root   4096 10月 24 03:00 flume
drwxr-xr-x 1 root   root   4096 8月  20 08:35 google
drwxr-xr-x 1 root   root   4096 10月 24 02:23 hadoop
drwxr-xr-x 8 root   root   4096 8月  27 10:03 idea
drwxr-xr-x 1 root   root   4096 10月 22 09:11 kafka
drwxr-x--- 9 daemon daemon 4096 10月 22 09:03 openfire
drwxr-xr-x 2 root   root   4096 9月   6  2017 rh
drwxrwxr-x 6   1001   1001 4096 3月   4  2016 scala
drwxr-xr-x 1    500    500 4096 10月  8 07:13 spark
drwxr-xr-x 1 root   root   4096 10月 16 03:03 storm
drwxr-xr-x 4 root   root   4096 10月 16 03:17 storm-local
drwxr-xr-x 1 root   root   4096 8月  28 00:58 zookeeper
```

图 4-5　通过 ll 查看重命名文件夹

3）配置环境变量，通过 vi /etc/profile 命令编辑 /etc/profile 文件内容，添加如下代码：

```
export SCALA_HOME=/opt/scala
export PATH=$SCALA_HOME/bin:$PATH
```

4）代码添加完成后，保存退出。在命令行中输入“scala”查看是否可以正常启动 Scala，图 4-6 为正常启动界面。至此，Scala 环境搭建完成。

```
[root@master opt]# scala
Welcome to Scala 2.11.8 (Java HotSpot(TM) 64-Bit Server VM, Java 1.8.0_144).
Type in expressions for evaluation. Or try :help.

scala>
```

图 4-6　Scala 正常启动界面

4.1.3　Spark 的源码编译

在实际的大数据生产项目中，情况较为复杂，官方提供的二进制安装包有时不能满足生产环境的要求，如自定义的开发组件无法使用、与低版本的 Spark 无法兼容或第三方工具无法调用等，此时，需要依据实际情况下载 Spark 源码，经过改造生成需要的部署包。本节以官网下载的 Spark 源码为例，借助 Maven 工具演示 Spark 源码编译的过程。

1. Maven 的下载与安装

1）下载 Maven。可以从 http://maven.apache.org/download.cgi 中查找 Maven 的指定二进制版

本“apache-maven-3.6.0-bin.tar.gz”并下载，也可以通过 wget 命令从网络上自动下载 Maven 文件，这里使用的命令为“ wget http://mirros.tuna.tsinghua.edu.cn/apache/maven/maven-3/3.6.0/binaries/apache-maven-3.6.0-bin.tar.gz”，下载界面如图 4-7 所示。

```
[root@master file]# wget http://mirrors.tuna.tsinghua.edu.cn/apache/maven/maven-3/3.6.0/binaries/apa
che-maven-3.6.0-bin.tar.gz
--2018-11-16 07:52:42--  http://mirrors.tuna.tsinghua.edu.cn/apache/maven/maven-3/3.6.0/binaries/apa
che-maven-3.6.0-bin.tar.gz
正在解析主机 mirrors.tuna.tsinghua.edu.cn (mirrors.tuna.tsinghua.edu.cn)... 101.6.8.193, 2402:f000:1
:408:8100::1
正在连接 mirrors.tuna.tsinghua.edu.cn (mirrors.tuna.tsinghua.edu.cn)|101.6.8.193|:80... 已连接。
已发出 HTTP 请求，正在等待回应... 200 OK
长度：9063587 (8.6M) [application/x-gzip]
正在保存至："apache-maven-3.6.0-bin.tar.gz"

100%[=====================================================>] 9,063,587   1.15MB/s 用时 7.6s

2018-11-16 07:52:50 (1.14 MB/s) - 已保存 "apache-maven-3.6.0-bin.tar.gz" [9063587/9063587])

[root@master file]# 
```

图 4-7　Maven 的下载界面

2）解压缩 Maven 的二进制包，并重命名为 maven，方便配置环境变量及管理 Maven。具体程序如下：

```
[root@master opt]# tar -zxvf apache-maven-3.6.0-bin.tar.gz
[root@master opt]# mv apache-maven-3.6.0 maven
```

3）配置环境。通过“vi /etc/profile”命令，将下列内容添加到 profile 文件：

```
export MAVEN_HOME=/opt/maven/
export PATH=$PATH:$MAVEN_HOME/bin
```

4）通过“source /etc/profile”命令刷新配置，使环境变量生效。

5）通过“mvn -v”命令验证是否安装成功，如图 4-8 所示。

```
[root@master opt]# mvn -v
Apache Maven 3.6.0 (97c98ec64a1fdfee7767ce5ffb20918da4f719f3; 2018-10-24T18:41:47Z)
Maven home: /opt/maven
Java version: 1.8.0_144, vendor: Oracle Corporation, runtime: /usr/lib/java-1.8/jre
Default locale: zh_CN, platform encoding: UTF-8
OS name: "linux", version: "4.1.12-94.3.9.el7uek.x86_64", arch: "amd64", family: "unix"
```

图 4-8　验证是否安装成功

2. Spark 源码的下载与编译

1）从 Spark 的官网（http://spark.apache.org/downloads.html）找到 Spark 2.20 的源码下载页面，如图 4-9 所示。

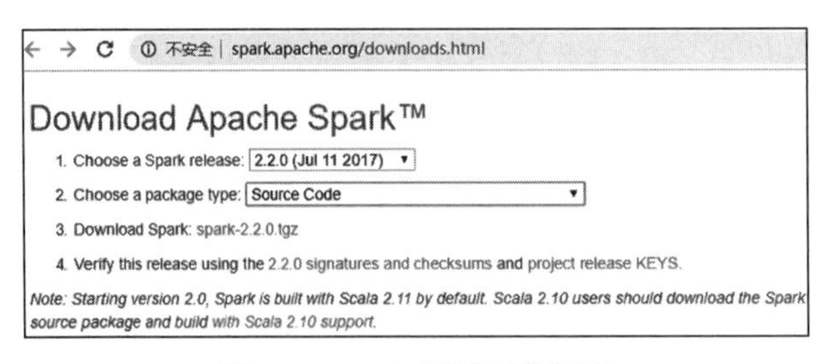

图 4-9　Spark 源码下载页面

2）通过“ wget https://archive.apache.org/dist/spark/spark-2.2.0/spark-2.2.0.tgz”命令，下载“spark-2.2.0.tgz”源码文件，如图 4-10 所示。

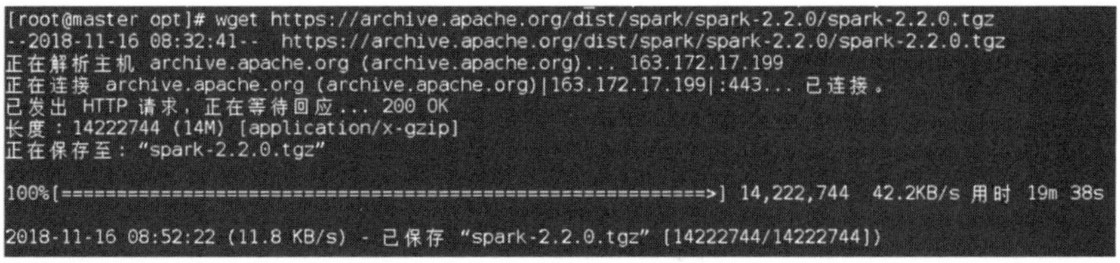

```
[root@master opt]# wget https://archive.apache.org/dist/spark/spark-2.2.0/spark-2.2.0.tgz
--2018-11-16 08:32:41--  https://archive.apache.org/dist/spark/spark-2.2.0/spark-2.2.0.tgz
正在解析主机 archive.apache.org (archive.apache.org)... 163.172.17.199
正在连接 archive.apache.org (archive.apache.org)|163.172.17.199|:443... 已连接。
已发出 HTTP 请求，正在等待回应... 200 OK
长度：14222744 (14M) [application/x-gzip]
正在保存至: "spark-2.2.0.tgz"

100%[=======================================================>] 14,222,744  42.2KB/s 用时 19m 38s

2018-11-16 08:52:22 (11.8 KB/s) - 已保存 "spark-2.2.0.tgz" [14222744/14222744])
```

图 4-10　下载 Spark 源码文件

3）执行“tar -xvf spark-2.2.0”命令，解压 Spark 压缩包。编辑 spark-2.2.0/dev 下的 make-distribution.sh 文件，添加“MVN="$MAVEN_HOME/bin/mvn"”命令，如图 4-11 所示。

```
NAME=none
#MVN="$SPARK_HOME/build/mvn"
MVN="$MAVEN_HOME/bin/mvn"
function exit_with_usage {
  echo "make-distribution.sh - tool for making binary distributions of Spark"
  echo ""
  echo "usage:"
  cl_options="[--name] [--tgz] [--pip] [--r] [--mvn <mvn-command>]"
```

图 4-11　解压 Spark 压缩包

4）修改 Spark 源码的 pom.xml 文件，将 Maven 仓库改成阿里云仓库。修改内容如下：

```
<name>Maven Repository</name>
    <url>https://maven.aliyun.com/nexus/content/groups/public/</url>
    <releases>
    <enabled>true</enabled>
    </releases>
```

5）设置内存为“export MAVEN_OPTS="-Xmx2g -XX:ReservedCodeCacheSize=512m"”，通过“mvn -DskipTests clean package”命令编译 Spark，编译成功界面如图 4-12 所示。

```
[INFO] Spark Project Streaming ............................ SUCCESS [01:24 min]
[INFO] Spark Project Catalyst ............................. SUCCESS [02:52 min]
[INFO] Spark Project SQL .................................. SUCCESS [03:59 min]
[INFO] Spark Project ML Library ........................... SUCCESS [02:50 min]
[INFO] Spark Project Tools ................................ SUCCESS [ 10.480 s]
[INFO] Spark Project Hive ................................. SUCCESS [02:16 min]
[INFO] Spark Project REPL ................................. SUCCESS [ 23.507 s]
[INFO] Spark Project Assembly ............................. SUCCESS [  5.737 s]
[INFO] Spark Project External Flume Sink .................. SUCCESS [ 33.952 s]
[INFO] Spark Project External Flume ....................... SUCCESS [ 32.777 s]
[INFO] Spark Project External Flume Assembly .............. SUCCESS [  2.420 s]
[INFO] Spark Integration for Kafka 0.8 .................... SUCCESS [ 51.486 s]
[INFO] Kafka 0.10 Source for Structured Streaming ......... SUCCESS [ 43.043 s]
[INFO] Spark Project Examples ............................. SUCCESS [ 46.059 s]
[INFO] Spark Project External Kafka Assembly .............. SUCCESS [  4.783 s]
[INFO] Spark Integration for Kafka 0.10 ................... SUCCESS [ 31.492 s]
[INFO] Spark Integration for Kafka 0.10 Assembly .......... SUCCESS [  4.567 s]
[INFO] ------------------------------------------------------------------------
[INFO] BUILD SUCCESS
[INFO] ------------------------------------------------------------------------
[INFO] Total time:  27:33 min
[INFO] Finished at: 2018-11-16T10:22:52Z
[INFO] ------------------------------------------------------------------------
[root@master spark-2.2.0]#
```

图 4-12　Spark 编译成功界面

6）编译成功后，切换到 spark-2.2.0/bin 目录下，执行脚本 spark-shell，验证编译成功，如图 4-13 所示。

```
[root@master bin]# ./spark-shell
Using Spark's default log4j profile: org/apache/spark/log4j-defaults.properties
Setting default log level to "WARN".
To adjust logging level use sc.setLogLevel(newLevel). For SparkR, use setLogLevel(newLevel).
18/11/16 10:32:10 WARN NativeCodeLoader: Unable to load native-hadoop library for your platform...
sing builtin-java classes where applicable
Spark context Web UI available at http://172.17.0.2:4040
Spark context available as 'sc' (master = local[*], app id = local-1542364331010).
Spark session available as 'spark'.
Welcome to
      ____              __
     / __/__  ___ _____/ /__
    _\ \/ _ \/ _ `/ __/  '_/
   /___/ .__/\_,_/_/ /_/\_\   version 2.2.0
      /_/

Using Scala version 2.11.8 (Java HotSpot(TM) 64-Bit Server VM, Java 1.8.0_144)
Type in expressions to have them evaluated.
Type :help for more information.
```

图 4-13　验证编译成功界面

4.1.4　搭建 Spark 单机版环境

1. 环境配置

Spark 单机版环境一般用于测试或学习。在该模式下，Spark 进程都运行在一台机器的 JVM 中。Spark 单机版环境的安装过程如下：

1）将 Spark 安装包“spark-2.2.0-bin-hadoop2.7.tgz”解压至指定路径，如 /opt，参考命令如下：

```
tar xf spark-2.2.0-bin-hadoop2.7.tgz -C /opt
```

2）为了方便维护，将解压后的“spark-2.2.0-bin-hadoop2.7”文件夹更名为“spark”。这一步并不是必需的。参考命令如下：

```
mv /opt/spark-2.2.0-bin-hadoop2.7 /opt/spark
```

3）配置环境变量。

① 为了方便运行与维护，通过“vi”命令打开 etc 目录下的 profile 文件，配置环境变量。参考命令如下：

```
vi /etc/profile
```

② 打开 etc 目录下的 profile 文件后，从键盘输入“i”，文件处于可编辑状态（文件底部出现“INSERT”或“插入”字样），即可配置环境变量，参考设置如下：

```
export SPARK_HOME=/opt/spark
export PATH=$SPARK_HOME/bin:$PATH
```

③ 按 <Esc> 键，使 etc 目录下的 profile 文件退出编辑状态，从键盘输入“:wq!”命令保存对 profile 文件的更改。

④ 通过“source”命令，使 etc 目录下的 profile 文件的更改生效，参考命令如下：

```
source /etc/profile
```

2. spark-shell

spark-shell 提供了一种学习 API 的简单方法和一种以交互方式分析数据的强大工具。它可以在 Scala（在 JVM 上运行，是使用现有 Java 库的方法）或 Python 中使用。启动

spark-shell 的步骤如下。

1）通过命令“ ll $SPARK_HOME/bin”查看 Spark 命令列表，如图 4-14 所示，其中“spark-shell”为启动 Spark 下 Scala 的命令。

```
total 92
-rwxr-xr-x 1 500 500 1089 6月  30  2017 beeline
-rw-r--r-- 1 500 500  899 6月  30  2017 beeline.cmd
-rwxr-xr-x 1 500 500 1933 6月  30  2017 find-spark-home
-rw-r--r-- 1 500 500 1909 6月  30  2017 load-spark-env.cmd
-rw-r--r-- 1 500 500 2133 6月  30  2017 load-spark-env.sh
-rwxr-xr-x 1 500 500 2989 6月  30  2017 pyspark
-rw-r--r-- 1 500 500 1493 6月  30  2017 pyspark2.cmd
-rw-r--r-- 1 500 500 1002 6月  30  2017 pyspark.cmd
-rwxr-xr-x 1 500 500 1030 6月  30  2017 run-example
-rw-r--r-- 1 500 500  988 6月  30  2017 run-example.cmd
-rwxr-xr-x 1 500 500 3196 6月  30  2017 spark-class
-rw-r--r-- 1 500 500 2467 6月  30  2017 spark-class2.cmd
-rw-r--r-- 1 500 500 1012 6月  30  2017 spark-class.cmd
-rwxr-xr-x 1 500 500 1039 6月  30  2017 sparkR
-rw-r--r-- 1 500 500 1014 6月  30  2017 sparkR2.cmd
-rw-r--r-- 1 500 500 1000 6月  30  2017 sparkR.cmd
-rwxr-xr-x 1 500 500 3017 6月  30  2017 spark-shell
-rw-r--r-- 1 500 500 1530 6月  30  2017 spark-shell2.cmd
-rw-r--r-- 1 500 500 1010 6月  30  2017 spark-shell.cmd
-rwxr-xr-x 1 500 500 1065 6月  30  2017 spark-sql
-rwxr-xr-x 1 500 500 1040 6月  30  2017 spark-submit
-rw-r--r-- 1 500 500 1128 6月  30  2017 spark-submit2.cmd
-rw-r--r-- 1 500 500 1012 6月  30  2017 spark-submit.cmd
```

图 4-14　查看 Spark 命令列表

2）通过“$SPARK_HOME/bin/spark-shell”命令启动 spark-shell，如图 4-15 所示。

```
Using Spark's default log4j profile: org/apache/spark/log4j-defaults.properties
Setting default log level to "WARN".
To adjust logging level use sc.setLogLevel(newLevel). For SparkR, use setLogLevel(newLevel).
18/12/10 08:09:32 WARN NativeCodeLoader: Unable to load native-hadoop library for your platform... u
sing builtin-java classes where applicable
18/12/10 08:09:40 WARN ObjectStore: Version information not found in metastore. hive.metastore.schem
a.verification is not enabled so recording the schema version 1.2.0
18/12/10 08:09:40 WARN ObjectStore: Failed to get database default, returning NoSuchObjectException
18/12/10 08:09:41 WARN ObjectStore: Failed to get database global_temp, returning NoSuchObjectExcept
ion
Spark context Web UI available at http://172.17.0.2:4040
Spark context available as 'sc' (master = local[*], app id = local-1544429373448).
Spark session available as 'spark'.
Welcome to
      ____              __
     / __/__  ___ _____/ /__
    _\ \/ _ \/ _ `/ __/  '_/
   /___/ .__/\_,_/_/ /_/\_\   version 2.2.0
      /_/

Using Scala version 2.11.8 (Java HotSpot(TM) 64-Bit Server VM, Java 1.8.0_144)
Type in expressions to have them evaluated.
Type :help for more information.
```

图 4-15　启动 spark-shell 界面

3）利用“quit”命令或按 <Ctrl+C> 组合键退出 spark-shell。

3. spark-submit 的基于本地提交模式

spark-submit 是 Spark 应用程序部署工具。spark-submit 脚本用于在集群上启动应用程序，它位于 Spark 的 bin 目录中。可通过“ spark-submit --help”命令查看 spark-submit 的帮助信息，了解其使用方法。在已经配置好的单机版环境下，使用 Spark 自带的示例程序进行测试。

这里使用的测试程序为 SparkPi，SparkPi 会计算圆周率并将计算结果输出至控制台。参考命令如下：

```
$SPARK_HOME/bin/spark-submit --master local[3] --class org.apache.spark.
    examples.SparkPi /opt/spark/examples/jars/spark-examples_2.11-2.2.0.jar
```

其中，local[3] 代表在本地运行，“3”代表使用 3 个线程，即同时执行 3 个程序。虽然是在本地运行，但是因为现在的 CPU 大多为多核，所以在使用多个线程时，仍然可以加速执行。运行结果如图 4-16 所示。

```
18/12/10 08:14:48 INFO Utils: Fetching spark://172.17.0.2:49595/jars/spark-examples_2.11-2.2.0.jar t
o /tmp/spark-33bbddec-50ed-435c-bc36-cb597122deb1/userFiles-decdad69-8b07-423f-8b4f-6b1abafded04/fet
chFileTemp4716864208560254703.tmp
18/12/10 08:14:48 INFO Executor: Adding file:/tmp/spark-33bbddec-50ed-435c-bc36-cb597122deb1/userFil
es-decdad69-8b07-423f-8b4f-6b1abafded04/spark-examples_2.11-2.2.0.jar to class loader
18/12/10 08:14:48 INFO Executor: Finished task 1.0 in stage 0.0 (TID 1). 867 bytes result sent to dr
iver
18/12/10 08:14:48 INFO Executor: Finished task 0.0 in stage 0.0 (TID 0). 867 bytes result sent to dr
iver
18/12/10 08:14:48 INFO TaskSetManager: Finished task 0.0 in stage 0.0 (TID 0) in 331 ms on localhost
 (executor driver) (1/2)
18/12/10 08:14:48 INFO TaskSetManager: Finished task 1.0 in stage 0.0 (TID 1) in 313 ms on localhost
 (executor driver) (2/2)
18/12/10 08:14:48 INFO TaskSchedulerImpl: Removed TaskSet 0.0, whose tasks have all completed, from
pool
18/12/10 08:14:48 INFO DAGScheduler: ResultStage 0 (reduce at SparkPi.scala:38) finished in 0.351 s
18/12/10 08:14:48 INFO DAGScheduler: Job 0 finished: reduce at SparkPi.scala:38, took 0.628042 s
Pi is roughly 3.134235671178356
18/12/10 08:14:48 INFO SparkUI: Stopped Spark web UI at http://172.17.0.2:4040
18/12/10 08:14:48 INFO MapOutputTrackerMasterEndpoint: MapOutputTrackerMasterEndpoint stopped!
18/12/10 08:14:48 INFO MemoryStore: MemoryStore cleared
18/12/10 08:14:48 INFO BlockManager: BlockManager stopped
18/12/10 08:14:48 INFO BlockManagerMaster: BlockManagerMaster stopped
18/12/10 08:14:48 INFO OutputCommitCoordinator$OutputCommitCoordinatorEndpoint: OutputCommitCoordina
tor stopped!
18/12/10 08:14:48 INFO SparkContext: Successfully stopped SparkContext
18/12/10 08:14:48 INFO ShutdownHookManager: Shutdown hook called
18/12/10 08:14:48 INFO ShutdownHookManager: Deleting directory /tmp/spark-33bbddec-50ed-435c-bc36-cb
597122deb1
```

图 4-16　测试程序 SparkPi 的运行结果

4.1.5　搭建 Spark 独立运行环境

要安装 Spark 独立运行环境，只需在集群的每个节点上放置已编译的 Spark。用户可以在每个版本中获得预构建的 Spark 版本，也可以自行构建 Spark 版本。独立运行环境的配置可以参考在单机版基础上增加对 conf 目录下的 slaves 和 spark-env.sh 文件的配置。

1. Spark 独立运行环境搭建

1）执行“cd $SPARK_HOME/conf”命令，进入 conf 配置文件目录，参考 slaves.template 和 spark-env.sh.template 文件模板，进行相应参数的配置。

① 执行“cp”命令，复制 spark-env.sh.template，生成 spark-env.sh 文件，参考命令如下：

```
cp spark-env.sh.template spark-env.sh
```

② 设置 SPARK_MASTER_HOST 属性的值为主节点的地址（IP 或者 HostName），这里采用主机名 master（主机名与 IP 地址的对应关系可在 /etc/hosts 文件中查到），添加代码如下：

```
SPARK_MASTER_HOST=master
```

2）配置 slaves 文件。

① 通过“cp”命令生成 slaves 文件，参考命令如下：

```
cp slaves.template slaves
```

② 修改 slaves 配置文件中的内容，添加所有 Worker 节点的地址（IP 或者 HostName)，这里配置 1 台机器，故选用 master 作为 Woker 节点。在 slaves 文件中添加内容如下：

```
master
```

2. Spark 独立运行环境的启动

通过 Spark 启动目录 sbin 下的 start-master.sh 和 start-slaves.sh 文件启动 Spark 环境。其中，start-master.sh 脚本文件启动主节点 Master 进程，start-slaves.sh 脚本文件启动子节点 Worker 进程。启动后，可通过“jps”命令查看启动的进程，如图 4-17 所示。如果系统中有其他应用程序在运行，实际进程可能与图 4-17 不完全一致，但只要有图中方框处的进程就可以。

```
[root@master sbin]# ./start-master.sh
starting org.apache.spark.deploy.master.Master, logging to /opt/spark/logs/spark-root-org.apache.spark.deploy.master.Master-1-master.out
[root@master sbin]# ./start-slaves.sh
master: Warning: Permanently added the ECDSA host key for IP address '172.16.0.20' to the list of known hosts.
master: starting org.apache.spark.deploy.worker.Worker, logging to /opt/spark/logs/spark-root-org.apache.spark.deploy.worker.Worker-1-master.out
[root@master sbin]# jps
1560 Master
1691 Jps
1645 Worker
[root@master sbin]#
```

图 4-17 查看启动的进程

在浏览器地址栏中输入“http://localhost:8080”可以浏览 Spark 的环境信息，如图 4-18 所示。

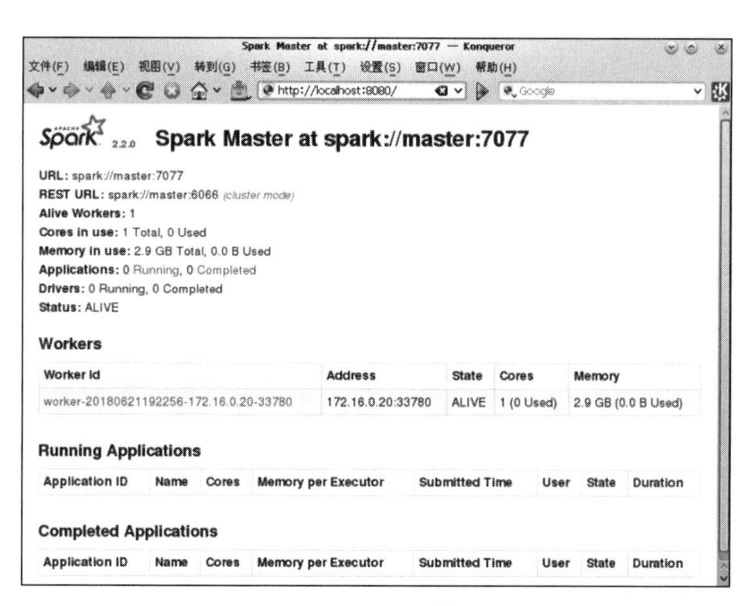

图 4-18 Spark 环境信息页面

3. spark-submit 的基于独立运行提交模式

在当前的 Spark 环境下执行 SparkPi 示例程序，该程序用于计算 π 值。由图 4-18 可知，主机及端口为“spark://master:7077”，应用它来运行 SparkPi。

1）独立运行模式客户端提交模式的参考命令如下：

```
$SPARK_HOME/bin/spark-submit --deploy-mode client --master spark:
    //master:7077 --class org.apache.spark.examples.SparkPi $SPARK_HOME/
    examples/jars/spark-examples_2.11-2.2.0.jar
```

2）独立运行模式集群提交模式的参考命令如下：

```
$SPARK_HOME/bin/spark-submit --deploy-mode cluster --master spark:
    //master:7077 --class org.apache.spark.examples.SparkPi $SPARK_HOME/
    examples/jars/spark-examples_2.11-2.2.0.jar
```

注意：

由于 Driver 运行在集群中，因此在控制台中不能打印出 π 的值。

---

4. 停止集群

通过运行 stop-all.sh 脚本可以停止所有开启的守护进程，这里也可以通过运行 stop-slaves.sh 和 stop-master.sh 脚本关闭开启的 Master 和 Worker 进程。停止集群的界面如图 4-19 所示。

```
[root@master sbin]# ./stop-all.sh
master: stopping org.apache.spark.deploy.worker.Worker
stopping org.apache.spark.deploy.master.Master
[root@master sbin]# jps
1886 Jps
[root@master sbin]#
```

图 4-19　停止集群

注意：

如果系统有其他应用程序在运行，则实际进程可能与图 4-19 不完全一致，针对本例，只要 Master 和 Worker 进程被关闭即可。

4.1.6　搭建 Spark on YARN 环境

YARN 是 Hadoop 环境的核心组件之一，在搭建 Spark on YARN 环境之前，需要启动 Hadoop 的 YARN 守护进程。

1. 启动 Hadoop 环境

1）通过“start-all.sh”命令启动 Hadoop 平台，启动过程如图 4-20 所示。

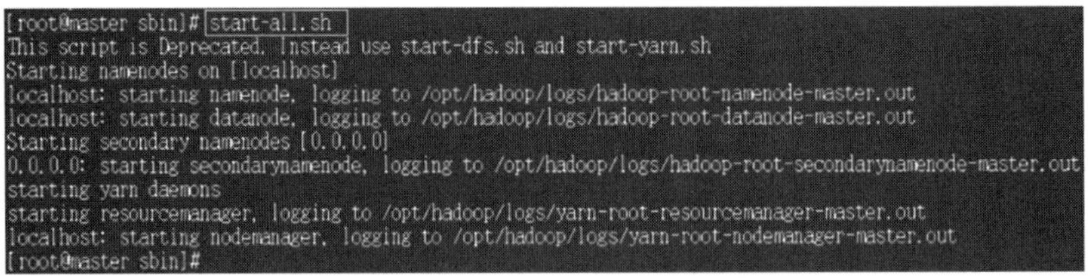

```
[root@master sbin]# start-all.sh
This script is Deprecated. Instead use start-dfs.sh and start-yarn.sh
Starting namenodes on [localhost]
localhost: starting namenode, logging to /opt/hadoop/logs/hadoop-root-namenode-master.out
localhost: starting datanode, logging to /opt/hadoop/logs/hadoop-root-datanode-master.out
Starting secondary namenodes [0.0.0.0]
0.0.0.0: starting secondarynamenode, logging to /opt/hadoop/logs/hadoop-root-secondarynamenode-master.out
starting yarn daemons
starting resourcemanager, logging to /opt/hadoop/logs/yarn-root-resourcemanager-master.out
localhost: starting nodemanager, logging to /opt/hadoop/logs/yarn-root-nodemanager-master.out
[root@master sbin]#
```

图 4-20　启动 Hadoop 平台

注意：

如果启动过程中首次调用 SSH 免密，会出现“Are you sure continue？”的提示，输入“yes”并按回车键即可关闭提示。

2）通过“jps”命令查看 Hadoop 启动的守护进程，如图 4-21 所示。如果系统同时运行其他应用程序，守护进程的界面可能与图 4-21 稍有不同。但只要保证 NodeManager、SecondaryNameNode、NameNode、DataNode、ResourceManager 进程在界面上显示即可，不必关注是否有其他进程或者进程前的数字。

图 4-21　查看 Hadoop 启动的守护进程

2. Spark on YARN 环境搭建

配置 Spark 根目录下 sbin 文件夹中的 spark-env.sh 文件以及 Hadoop 配置文件路径属性 HADOOP_CONF_DIR 的值、Spark 目录和 Java 目录。如果有其他需要，也可以配置一些环境变量，如 Worker 节点可用最大内存 SPARK_WORKING_MEMORY 等。本例采用精简配置方法。参考配置如下：

```
HADOOP_CONF_DIR=/opt/hadoop/etc/hadoop
SPARK_HOME=/opt/spark
export JAVA_HOME=/usr/lib/java-1.8
```

3. Spark on YRAN 环境的启动

通过命令“$SPARK_HOME/sbin/start-all.sh”可启动 Spark on YARN 环境，通过“jps”命令可查看 Spark 服务进程，如图 4-22 所示。

```
[root@master sbin]# $SPARK_HOME/sbin/start-all.sh
starting org.apache.spark.deploy.master.Master, logging to /opt/spark/logs/spark-root-org.apache.spark.deploy.master.Master-1-master.out
master: starting org.apache.spark.deploy.worker.Worker, logging to /opt/spark/logs/spark-root-org.apache.spark.deploy.worker.Worker-1-master.out
[root@master sbin]# jps
3362 Jps
3220 Master
2343 SecondaryNameNode
2616 NodeManager
2152 DataNode
2507 ResourceManager
3291 Worker
2045 NameNode
[root@master sbin]#
```

图 4-22　查看 Spark 服务进程

4. spark-submit 的基于 YARN 提交模式

在当前的 Spark 环境下执行 SparkPi 示例程序，结果大约为 3.14。

1）YARN 的客户端提交模式的参考命令如下：

```
$SPARK_HOME/bin/spark-submit  --master yarn  --deploy-mode client
    --class org.apache.spark.examples.SparkPi $SPARK_HOME/examples/jars/
    spark-examples_2.11-2.2.0.jar
```

运行结果如图 4-23 所示。

```
18/12/11 06:38:36 INFO scheduler.DAGScheduler: Job 0 finished: reduce at SparkPi.scala:38, took 1.011462 s
Pi is roughly 3.1448357241786207
18/12/11 06:38:36 INFO server.AbstractConnector: Stopped Spark@70e659aa{HTTP/1.1,[http/1.1]}{0.0.0.0:4040}
18/12/11 06:38:36 INFO ui.SparkUI: Stopped Spark web UI at http://10.42.14.189:4040
```

图 4-23　YARN 的客户端提交模式的运行结果

2）YARN 的集群提交模式的参考命令如下：

```
$SPARK_HOME/bin/spark-submit  --master yarn  --deploy-mode cluster
    --executor-memory 1G  --class org.apache.spark.examples.SparkPi $SPARK_
    HOME/examples/jars/spark-examples_2.11-2.2.0.jar
```

运行结果如图 4-24 所示。

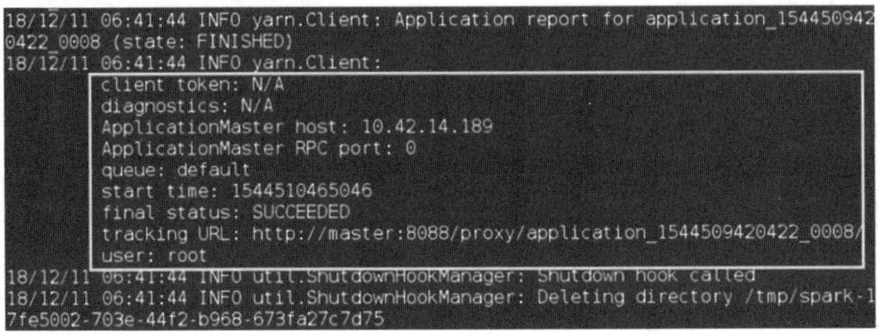

```
18/12/11 06:41:44 INFO yarn.Client: Application report for application_154450942
0422_0008 (state: FINISHED)
18/12/11 06:41:44 INFO yarn.Client:
         client token: N/A
         diagnostics: N/A
         ApplicationMaster host: 10.42.14.189
         ApplicationMaster RPC port: 0
         queue: default
         start time: 1544510465046
         final status: SUCCEEDED
         tracking URL: http://master:8088/proxy/application_1544509420422_0008/
         user: root
18/12/11 06:41:44 INFO util.ShutdownHookManager: Shutdown hook called
18/12/11 06:41:44 INFO util.ShutdownHookManager: Deleting directory /tmp/spark-1
7fe5002-703e-44f2-b968-673fa27c7d75
```

图 4-24　YARN 的集群提交模式的运行结果

5. 停止集群

通过运行 Spark 根目录下 sbin 目录中的 stop-all.sh 脚本，可停止 Spark 开启的所有守护进程。通过运行 Hadoop 根目录中 sbin 目录下的 stop-all.sh 脚本，可停止 Hadoop 开启的所有守护进程。停止集群运行的结果如图 4-25 所示。

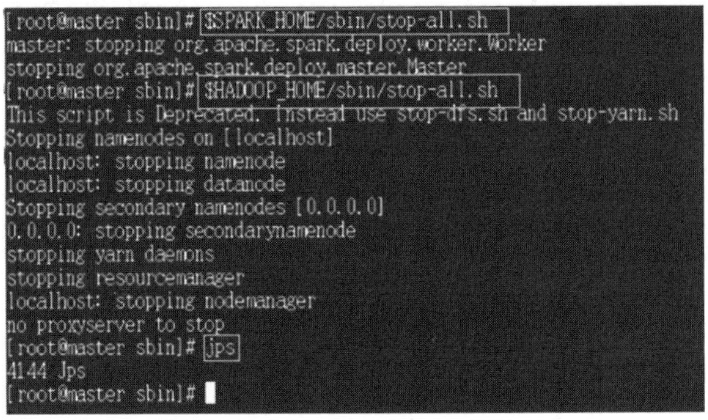

```
[root@master sbin]# $SPARK_HOME/sbin/stop-all.sh
master: stopping org.apache.spark.deploy.worker.Worker
stopping org.apache.spark.deploy.master.Master
[root@master sbin]# $HADOOP_HOME/sbin/stop-all.sh
This script is Deprecated. Instead use stop-dfs.sh and stop-yarn.sh
Stopping namenodes on [localhost]
localhost: stopping namenode
localhost: stopping datanode
Stopping secondary namenodes [0.0.0.0]
0.0.0.0: stopping secondarynamenode
stopping yarn daemons
stopping resourcemanager
localhost: stopping nodemanager
no proxyserver to stop
[root@master sbin]# jps
4144 Jps
[root@master sbin]#
```

图 4-25　停止集群运行的结果

4.1.7　Spark 的高可用性部署

默认情况下，独立运行模式的 Spark 集群对失败的任务具有弹性（Spark 本身拥有将丢失的任务移动到其他 Woker 节点上工作的功能，能提供工作的弹性）。但是，调度程序使用 Master 做出调度决策，默认情况下，会出现单点故障问题。一旦 Master 崩溃，就不能创建新的应用程序。为了避免这种情况，Spark 给出两种高可用性方案：一是通过 ZooKeeper 提供 Master，二是基于本地文件系统实现单节点恢复。

1. 通过 ZooKeeper 提供 Master

ZooKeeper 自身有选举功能，可以选举出一个“领导者”（leader），其余为“跟随者”

(follower)。利用 ZooKeeper 的这一功能，可以提供 Master 的选举和一些状态存储功能。在集群里启动多个 Master，并连接到同一个 ZooKeeper 实例。当其中一台机器被选举为 Master 时，此 Master 处于活跃状态，其余 Master 处于待机状态。如果当前处于活跃状态的 Master 宕机，那么会选举出新的 Master，并将其状态由待机转换为活跃，恢复集群状态，从而继续提供调度服务。整个恢复过程（从第一个 Master 宕机开始）需要 1～2 min。注意，这只会影响恢复过程中提交的新作业，宕机之前提交的作业不受影响。可通过在 spark-env 文件里设置 SPARK_DAEMON_JAVA_OPTS 参数来实现该功能，具体的参数及对应值详见官方文档（http://spark.apache.org/docs/2.2.0/configuration.html#deploy）。

在 Spark 集群中配置 ZooKeeper 时，建议传递一个 Master 列表，以保证当集群调度新的程序或者向集群中添加新的 Worker 时，能正确解析 leader 的 IP 地址。同时，要保证多台机器上具有相同的配置（ZooKeeper URL 和目录），以便在任何时刻添加或删除 Master。

在该环境下，Master 注册与常规操作是有区别的。仅当启动的时候，应用程序和 Worker 才需要被发现，然后向集群中处于活跃状态的 Master（即 leader）进行注册。一旦注册成功，这些状态就会保存在系统中（如存储在 ZooKeeper 中）。如果出现故障，新的 leader 会向所有先前注册的程序和 Worker 通知 leader 的变化。这样，新的 Master 可以在任何时刻创建，用户只需要关心新的程序，并且在新 leader 产生时，Worker 能够找到它并向它注册。一旦注册成功，新程序由系统进行管理，用户不需要再关注其运行状态。

2. 基于本地文件系统的单节点恢复

在实际生产环境中，ZooKeeper 是确保高可靠性的最佳方案。但是，如果只是想在 Master 宕机后重启它，文件系统（FILESYSTEM）模式就可以满足需求。当应用程序和 Worker 注册时，FILESYSTEM 会写入提供的目录文件中，以便在 Master 重启时恢复。为了启用此恢复模式，可在 spark-env 中设置 SPARK_DAEMON_JAVA_OPTS 参数。环境配置如表 4-1 所示。

表 4-1　环境配置

系统属性	描　述
spark.deploy.recoveryMode	设置为 FILESYSTEM，启动单节点恢复模式（默认为 NONE）
spark.deploy.recoveryDirectory	存储恢复数据的目录，Master 需要时可以访问该目录

这种模式可以与进程监控 / 管理工具（如 Monitor）配合使用，也可以通过重启的方式手动恢复。

虽然 FILESYSTEM 恢复的效果比完全不进行恢复要好，但这种模式对于某些开发工作来说并不理想。特别是通过 stop-daemon.sh 来停止 Master 进程并不会清除它的恢复状态。因此，无论何时启动一个新的 Master，它都将进入恢复模式。如果需要等待所有先前注册的 Workers/Clients 超时，可能会使启动时间延长 1min。

可以将网络文件系统目录挂载为恢复目录，这样，如果原来的 Master 宕机，就可以在一个不同的节点上启动 Master，从而正确恢复所有先前注册的 Worker 和应用程序（相当于 ZooKeeper 恢复模式）。后面提交的应用程序为了能够注册，必须找到新的 Master。

4.2 Spark 的运行

在介绍 Spark 的运行之前，先介绍一些 Spark 集群中常见的术语，如表 4-2 所示。

表 4-2　Spark 集群中常见的术语

术语名称	术语含义
Application	应用程序，用户程序建立在 Spark 上，由集群上的驱动程序和执行程序组成
Application Jar	指包含用户的 Spark 应用程序的 Jar。在某些情况下，用户需要创建一个包含其应用程序及其依赖项的“超级 Jar”。用户的 Jar 永远不应该包含 Hadoop 或 Spark 库，这些库将在运行时添加
Driver Program	驱动程序，指运行应用程序的 main() 函数并创建 SparkContext 的进程
Cluster Manager	集群管理器，用于在集群上获取资源的外部服务（如独立管理器、Mesos、YARN）
Deploy Mode	部署模式，区分驱动程序进程的运行位置。在集群模式下，在集群内部启动驱动程序。在客户端模式下，提交者在集群外部启动驱动程序
Worker Node	工作节点，集群中任何可以运行应用程序的节点
Executor	执行者，指在工作节点上为某应用程序启动的一个进程。该进程执行任务，并将数据保存在内存或磁盘中。每个应用程序都有自己独立的执行程序
Task	任务，指被发送给某个执行程序的工作单元
Job	作业，即由多个任务组成的并行计算过程，这些任务是为了响应 Spark 动作（如保存、收集）而产生的，可以看作和 Spark 的 Action 对应
Stage	阶段，即每个作业被分成很多较小的任务组，彼此依赖（类似于 MapReduce 中的 Map 和 Reduce 阶段），每组任务被称为阶段
RDD	弹性分布式数据集，Spark 中对分布式内存的一种抽象

4.2.1 Spark 的程序运行概述

Spark 应用程序作为集群上的独立进程集运行，由主程序中的 SparkContext 对象（称为驱动程序）协调。

具体来说，在集群上运行时，SparkContext 可以连接到不同类型的集群管理器（Spark 自己的独立集群管理器、Mesos 或 YARN），它们跨应用程序分配资源。连接后，Spark 会在集群的节点上获取执行程序，这些节点是运行应用程序和存储数据的进程。接下来，Spark 将应用程序代码（由传递给 SparkContext 的 Jar 或 Python 文件定义）发送给执行程序。最后，SparkContext 将任务发送给执行程序运行。

Spark 的程序运行结构如图 4-26 所示。

当一个应用程序在 Spark 集群中运行时，主要涉及一个驱动程序和多个执行程序。当程序运行时，SparkContext、集群管理器和 Worker 节点的交互过程如下。应用的运行表现为在集群上运行一组独立的执行程序进程，这些进程由 SparkContext 来协调。SparkContext

在 Spark 应用程序的执行过程中起着主导作用，它负责与程序和 Spark 集群进行交互，包括申请集群资源、创建 RDD、累加器及广播变量等。执行程序在整个应用程序执行期间都存在并且在执行程序中可以采用多线程方式执行任务。

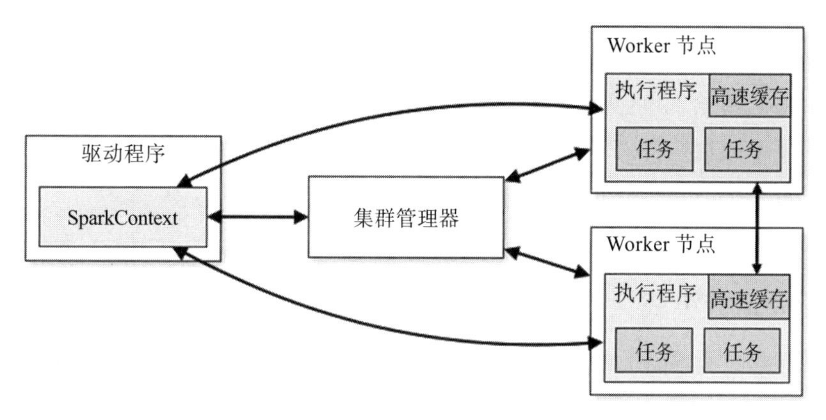

图 4-26　Spark 的程序运行结构

在作业调度上，Spark 可以控制跨应用程序（在集群管理器级别）和应用程序内的资源分配（如在同一个 SparkContext 上进行多次计算）。

Spark 运行结构的说明：

1）每个应用程序都有自己的执行程序进程，这些进程在整个应用程序的持续时间内保持不变，并在多个线程中运行任务。这样可以在调度方（每个驱动程序调度自己的任务）和执行方（不同 JVM 中运行的不同应用程序中的任务）之间隔离应用程序。但是，这也意味着在不将 Spark 应用程序（SparkContext 实例）写入外部存储系统的情况下无法共享数据。

2）Spark 与底层集群管理器无关。只要它可以获取执行程序进程，并且这些进程相互通信，即使在支持其他应用程序（如 Mesos/YARN）的集群管理器上运行它也很容易。

3）驱动程序必须在其生命周期内监听并接受来自其执行程序的传入连接。因此，驱动程序必须是来自网络可寻址的工作节点。

4）因为驱动程序在集群上调度任务，所以它应该靠近 Worker 节点运行，最好是在同一局域网上运行。如果用户想远程向集群发送请求，最好为驱动程序打开 RPC 并让它从附近提交操作，而不是远离 Worker 节点运行驱动程序。

4.2.2　Spark 的本地运行过程

在本地运行模式中，Spark 的所有进程都在一台机器的 JVM 中运行。该运行模式一般用于测试等场景。在运行时，如果在命令语句中不加任何配置，Spark 默认设置为 Local 模式，本地模式的标准写法是 local[N]，这里的 N 表示打开 N 个线程实现多线程运行。Spark 本地模式的运行流程如图 4-27 所示。

在本地模式下，客户端提交的应用程序通过 SparkContext 启动，DAGScheduler 和 TaskSchedulerImpl 两个调度器被初始化，即初始化 LocalBackend 和 LocalEndpoint。LocalBackend 响应相关请求，如命令行中设定的 [N]、分析可用的 CPU、在本地启动 Executor、执行接收到的 Task 集合。如果设置了多线程方式，则启动多个线程并行处理任务。当应用程序相关任务执行完毕后，释放相关进程，回收相关资源。

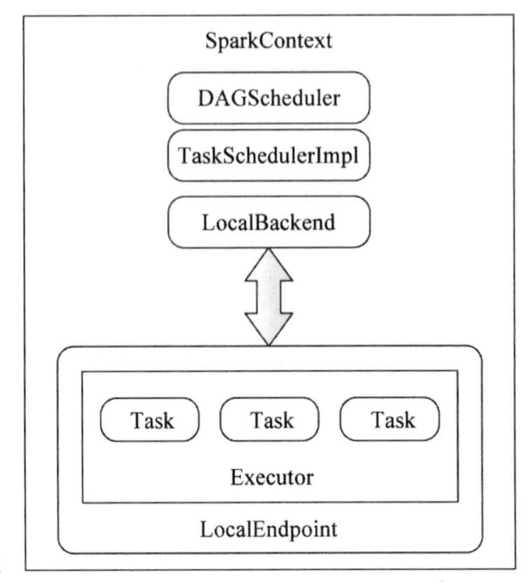

图 4-27　本地运行模式的运行流程

4.2.3　独立运行模式

独立运行模式是 Spark 自身实现的资源调度框架，由客户端、主节点和工作节点组成，集群在执行客户端提交的应用程序前，先启动 Spark 的 Master 和 Worker 守护进程。注意：如果没有用到 Hadoop 相关服务，则不需要启动 Hadoop 服务。独立运行模式的流程如图 4-28 所示。

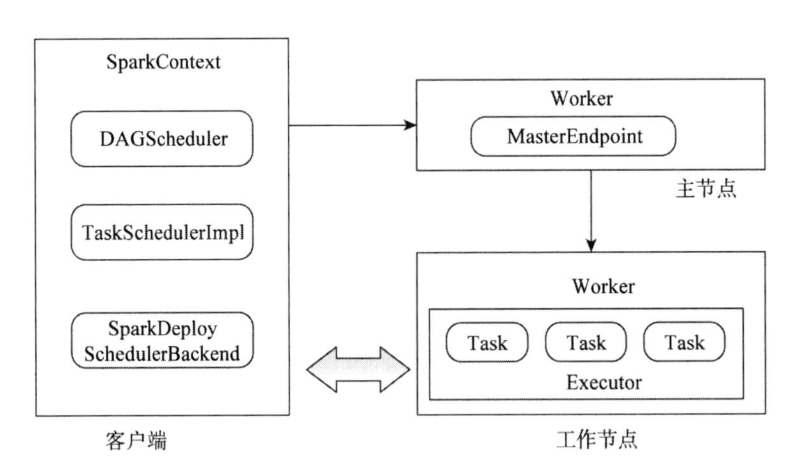

图 4-28　独立运行模式的流程

在独立运行模式中，如果 SparkContext 基于 spark-shell 或 run-example 脚本运行，则在本地客户端运行；如果基于 spark-submit 工具或开发工具（例如 IDEA）运行，则在主节点上运行。SparkContext 在启动应用程序的过程中，首先初始化 DAGScheduler、TaskSchedulerImpl 两个调度器，以及 SparkDeploySchedulerBackend 和 ClientEndpoint。主节点收到应用程序的信息后进行队列等待，等待任务分派给 Worker。每个 Worker 启动多个进程，进程中包含多个 Executor，Executor 的每个线程执行一个任务。

4.2.4　Spark on YARN 的运行过程

YARN 是一种统一资源管理机制，在该机制中可以运行多套框架。目前，很多大数据公司除了使用 Spark 来进行数据计算外，还出于历史原因或者业务处理的性能考虑而使用其他计算框架，如 MapReduce、Storm 等。基于此，Spark 开发了 Spark on YARN 运行模式，由于借助了 YARN 良好的弹性资源管理机制，不仅部署应用程序更加方便，而且能将 YARN 集群中运行的服务和应用程序的资源完全隔离。更具应用价值的是，YARN 可以通过队列的方式管理同时运行在集群中的多个服务。

YARN 运行模式根据驱动程序在集群中的位置分为两类：一类是 YARN-Client 模式，另一类是 YARN-Cluster 模式（也称为 YARN 独立运行模式）。

1. YARN-Client 的运行过程

YARN 是 Hadoop 框架的核心组件之一，Spark 的 YARN 模式通过 YARN-Client 类启动。它的工作过程如图 4-29 所示。

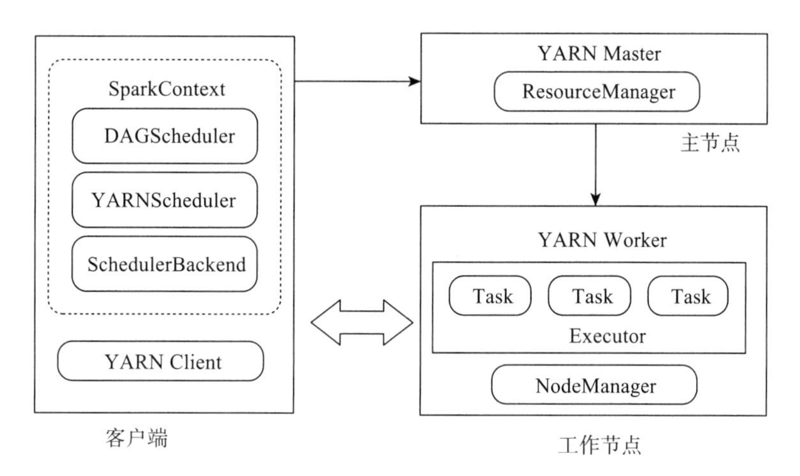

图 4-29　YARN-Client 的工作过程

客户端提供的应用程序通过 YARN Client 请求集群，通过 YARN 的 Resource Manager 申请启动 Application Master，同时 ResourceManager 在集群中选择一个 NodeManager，在该节点分配的容器中启动应用程序的 Application Master。启动的 SparkContext 与 Application Master 通信，依据任务向 YARN Master 的 ResourceManager 申请资源，执行任务相关操作。应用程序运行完成后，客户端的 SparkContext 向 ResourceManager 申请注销并关闭自身。

2. YARN-Cluster 的运行流程

在 YARN-Cluster 模式中，当用户向 YARN 提交一个应用程序后，YARN 分两个阶段在该应用程序运行：第一阶段是把 Spark 的 Driver 作为一个 Application Master 在 YARN 集群中启动；第二阶段是由 Application Master 创建应用程序，然后为它向 ResourceManager 申请资源，并启动 Executor 来运行任务集，同时监控它的整个运行过程，直到运行完成。与 YARN-Client 不同的是，YARN-Cluster 不会只与 SparkContext 联系进行资源的分配，而是在 Application Master 中运行 SparkContext。

4.2.5　独立运行模式与 YARN 模式的比较

如果只是测试 Spark Application，可以选择 Local 模式；如果数据量不多，则独立运行模式是个不错的选择；如果需要统一管理集群资源（Hadoop、Spark 等），则可以选择 YARN 或者 Mesos，但是维护成本会增加。对比来看，Mesos 似乎是 Spark 更好的选择，也是被官方推荐的。但如果同时运行 Hadoop 和 Spark，从兼容性上考虑，YARN 是更好的选择。如果不仅运行了 Hadoop、Spark，还在资源管理器上运行了 Docker，则 Mesos 更加适用。独立运行模式更适用于小规模计算集群。

4.3　Spark Scala 编程

4.3.1　Scala 的语法

Scala 是 Spark 的原生编程语言，具有简洁的特性。本节介绍 Scala 的基础语法与高级语法。在基础语法中，本节着重介绍 Scala 中的容器；在高级语法中，本节重点介绍 Scala 的函数式编程。

1. 基础语法

Scala 提供了一套丰富的属性库，包括序列、集合和映射等。Scala 使用 3 个包来组织容器类，分别是 scala.collection、scala.collection.mutable 和 scala.collection.immutable。scala.collection 包中的容器通常具备对应的不可变实现和可变实现。

所有属性的根属性为 Traverable（表示可遍历的），它为所有属性类定义了抽象的 foreach 方法，该方法用于对属性元素进行遍历操作。具有 Traverable 属性的属性类必须给出 foreach 方法的具体实现。Traverable 容器的下一级属性为 Iterable，表示元素可依次迭代，该属性定义了一个抽象的 iterator 方法，配置该属性必须实现 iterator 方法，返回一个迭代器（Iterator）。另外，Iterable 属性还给出了其从 Traverable 继承的 foreach 方法的一个默认实现，即通过迭代器进行遍历。

Iterable 下的继承层次包括 3 个属性，分别是序列（Seq）、映射（Map）和集合（Set），这 3 种属性的区别在于元素的索引方式。序列是按照从 0 开始的整数进行索引的，映射是按照键值进行索引的，而集合没有索引。属性的结构如图 4-30 所示。

（1）序列

序列（Sequence）是元素可以按照特定的顺序访问的属性。序列中的每个元素均带有一个从 0 开始计数的固定索引位置。

序列属性的根具有 collection.Seq 属性，它具有两个子属性 LinearSeq 和 IndexedSeq。LinearSeq 具有高效的 head 和 tail 操作，而 IndexedSeq 具有高效的随机存储操作。

实现了 LinearSeq 的常用序列有列表（List）和队列（Queue），实现了 IndexedSeq 的常用序列有可变数组（ArrayBuffer）和向量（Vector）。

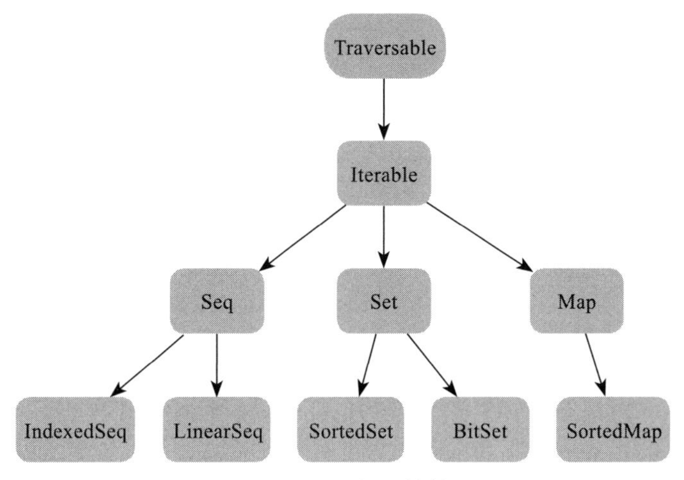

图 4-30　属性的结构

（2）列表

列表是一种共享相同类型的不可变的对象序列，定义在 scala.collection.immutable 包中。不同于 Java 的 java.util.List，Scala 的列表一旦被定义，其值就不能改变，因此，声明列表时必须初始化，如下所示：

```
var strList=List("BigData","Hadoop","Spark")
```

列表有头部和尾部，可以分别使用 head 和 tail 方法来获取。head 返回列表的第一个元素的值，tail 返回除第一个元素外的其他值构成的新列表，这体现出列表具有递归的链表结构。针对上述命令，strList.head 返回字符串"BigData"，strList.tail 返回 List ("Hadoop","Spark")。构造列表常用的方法是在已有列表前端增加元素，使用的操作符为"::"，例如：

```
val otherList="Apache"::strList
```

执行该语句后，strList 保持不变，而 otherList 将成为一个新的列表：

```
otherList=List("Apache","BigData","Hadoop","Spark")
```

Scala 还定义了一个空列表对象 Nil。借助 Nil，可以将多个元素用操作符"::"串起来，用于初始化一个列表：

```
val intList = 1::2::3::Nil
```

它与 val intList = List(1,2,3) 等效。

注意：

head、tail 操作的时间复杂度是常数 $O(1)$，其他按索引访问的操作都需要从头开始遍历，因此是线性时间复杂度 $O(N)$，其中 N 是数据结构中的元素数量。

（3）向量

向量可以实现的所有访问操作都是常数时间。Vector 变量的定义和操作方法如下：

```
scala> val vectOne=Vector("one","two")
vectOne: scala.collection.immutable.Vector[String]=Vector(one,two)

scala> val vectTwo="three"+:"four"+:vectOne
vectTwo: scala.collection.immutable.Vector[String]=Vector(three,four,one,two)

scala> val vectThree=vectTwo:+"five"
vectThree: scala.collection.immutable.Vector[String]=Vector(three,four,one,
    two,five)

scala> vectThree(3)
res0: String=two
```

如上例所示，定义一个 vector 时，可以直接指定其中的元素，也可以将已有的常量和 vector 一起装入，vectThree(3) 可以直接访问 vectThree 中的第四个元素。

（4）序列 ListBuffer 和 ArrayBuffer

ListBuffer 和 ArrayBuffer 是 List 和 Vector 的可变版本，这两个序列都位于 scala.collection.mutable 中。ListBuffer 和 ArrayBuffer 的常用操作符包括 +=、Insert、-= 和 remove。下面的例子展示了 ListBuffer 和 ArrayBuffer 的定义及使用方法：

```
scala> import scala.collection.mutable.ListBuffer
import scala.collection.mutable.ListBuffer

scala> val muList1=ListBuffer(1,2,3)
muList1: scala.collection.mutable.ListBuffer[Int]=ListBuffer(1,2,3)

scala> muList1+=4
res1: muList1.type=ListBuffer(1,2,3,4)

scala> val muList2=muList1:+5
muList2: scala.collection.mutable.ListBuffer[Int]=ListBuffer(1,2,3,4,5)

scala> muList1.insert(2,6,4)

scala> muList1
res3: scala.collection.mutable.ListBuffer[Int]=ListBuffer(1,2,6,4,3,4)

scala> muList1-=4
res4: muList1.type=ListBuffer(1,2,6,3,4)

scala> var temp=muList1.remove(2)
temp: Int=6

scala> muList1
res5: scala.collection.mutable.ListBuffer[Int]=ListBuffer(1,2,3,4)
```

从上面的例子可知，要使用 ListBuffer 或 ArrayBuffer，需要导入 scala.collection.mutable.ListBuffer 包。通过 val 定义 ListBuffer 为可变的集合 mulList1，通过操作符“+=”向 ListBuffer 中增加新的元素 4，通过操作符“-=”从 ListBuffer 移除元素 4，也可以通过 remove（index）移除指定索引处的元素。上面的 muList1.remove(2) 语句移除了 ListBuffer 中的第 3 个元素 6。

（5）序列 Range

Range 是一种特殊的、带索引的不可变数字等差序列，其包含的值为从给定初值按一定步长增长（减小）到指定终值的所有数值。Range 可以支持创建不同数据类型的数值序列，包括 Int、Long、Float、Double、Char、BigInt 和 BigDecimal 等。

创建一个从 1～6 的数值序列，包含区间终值 6，步长为 1，命令如下：

```
scala> val ran=new Range(1,6,1)
ran: scala.collection.immutable.Range=Range 1 until 6

scala> 1 to 6
res7: scala.collection.immutable.Range.Inclusive=Range 1 to 6

scala> 1.to(6)
res8: scala.collection.immutable.Range.Inclusive=Range 1 to 6
```

创建一个从 1～6 的数值序列，不包含区间终值 6，步长为 1，命令如下：

```
scala> 1 until 6
res9: scala.collection.immutable.Range= Range 1 until 6
```

创建一个从 1～12 的数值序列，包含区间终值 12，步长为 2，命令如下：

```
scala 1 to 12 by 2
res10: scala.collection.immutable.Range=inexact Range 1 to 12 by 2
```

（6）集合

集合（set）是不重复元素的容器。列表中的元素是按照插入的先后顺序来组织的，但是集合中的元素不会记录元素的插入顺序，而是以哈希方法对元素的值进行组织，以便在集合中可以快速找到某个元素。集合包括可变集和不可变集，分别位于 scala.collection.mutable 包和 scala.collection.immutable 包中，默认情况下创建的是不可变集。下述语句定义了包含“Hadoop”和“Spark”两个元素的集合 newSet，并向其中增加了“Storm”元素：

```
var newSet = Set("Hadoop","Spark")
newSet += "Storm"
```

如果要声明一个可变集，则需要提前引入 scala.collection.mutable.Set。例如，下述语句定义了包含“Database”和“BigData”两个元素的集合 newSet，然后向其中增加了“Cloud Computing”元素：

```
import scala.collection.mutable.Set
val newMutableSet = Set("Database","BigData")
newMutableSet += "Cloud Computing"
```

（7）映射

映射（Map）是一系列键值对的容器。键是唯一的，但值不一定是唯一的。可以根据键对值进行快速检索。Scala 的映射包含可变和不可变两种版本，分别定义在 scala.collection.mutable 包和 scala.collection.immutable 包里。在默认情况下，Scala 使用不可变的映射。如果想使用可变映射，必须明确地导入 scala.collection.mutable.Map 包。下面的例子展示了如何定义 Map。在该例子中，分别把 “hadoop” “spark” 和 “storm” 映射为 “hdfs mapreduce” “RDD SQL Streaming Graphx” 和 “streaming compute”，程序如下：

```
val framework= Map("hadoop"→"hdfs mapreduce", "spark"→"RDD SQL Streaming
    Graphx","storm"→"streaming compute")
```

如果要获取映射中的值，可以使用键来实现，命令如下：

```
println(framework("hadoop"))
```

对于这种访问方式，如果给定的键不存在，就会抛出异常，为此，访问前需先调用 contains 方法确定键是否存在。

2. 高级语法

Scala 是函数式编程语言，它把程序看作一个数学函数，输入是自变量，输出是因变量。编程就是设计一系列函数，通过表达式变换来完成计算。函数式编程有如下两个原则：

- 不变性。函数不应该有副作用（不改变系统状态），否则函数很难进行推理。
- 函数是核心。当用到 Int String 这样的标准类型时，都能使用函数，并且函数可以赋值给变量，或者作为参数传递给其他函数。

如果递归很深、占用栈太多，会导致系统性能大幅度下降，这时可以使用尾递归优化技术，每次递归时都重用栈，从而提升性能。下面介绍 Scala 中常用的高级语法。

（1）匿名函数

定义函数的通用方法是将其作为某个类或者对象的成员，这种函数称为方法，其基本语法如下：

```
def 方法名(参数列表):结果类型={方法体}
匿名函数(函数字面量): 函数变量的值
```

下面给出定义方法的一个例子：

```
scala> val sum:(Int)=>Int={num=>num+1}
sum: Int=>Int=$$Lambda$1158/1711313768@5bbda7e2
```

sum 的类型是 “(Int) => Int”，表示具有一个整数类型参数并返回一个整数的函数；“{ num=> num+ 1 }” 为函数的自变量，作为 sum 的初始化值，“=>” 前面的 num 是参数名，“=>” 后面是具体的运算语句或表达式。如果输入为 6，运行上述函数，则执行功能 6+1，相应的命令和结果如下：

```
scala> sum(6)
res13: Int=7
```

使用类型推断系统时，可以省略函数类型。例如，下面是没有指定函数类型但基于类型推断的程序示例：

```
scala> val sum=(num:Int)=>num+1
sum: Int=>Int=$$Lambda$1165/393609034@7cb77d5

scala> val add=(a:Int,b:Int)=>a+b
add: (Int, Int)=>Int=$$Lambda$1166/1384116598@533d1f8c
```

```
scala> add(4,5)
res14: Int=9

scala> val show=(s:String)=>println(s)
show: String=>Unit=$$Lambda$1175/416877830@153af60c

scala> show("hello world")
hello world
```

当函数的每个参数在函数字面量内仅出现一次时，可以省略“=>”并用下划线“_”作为参数的占位符，从而简化函数自变量。第一个下划线代表第一个参数，第二个下划线代表第二个参数，依此类推。例如，简化函数的程序如下：

```
scala> val counter=(_:Int)+1
counter: Int=>Int=$$Lambda$1176/765100777@3b5e5e78

scala> val add=(_:Int)+(_:Int)
add: (Int,Int)=>Int=$$Lambda$1178/1894306945@243b6f27

scala> val m1=List(1,2,3)
m1: List[Int]=List(1,2,3)
```

（2）高阶函数

当一个函数包含其他函数作为参数或者返回结果为一个函数时，该函数称为高阶函数。例如，假设需要分别计算从一个整数到另一个整数的“连加和”与“平方和”，代码如下：

```
scala> def sum(f:Int=>Int,a:Int,b:Int):Int={
     | if (a>b) 0 else f(a)+sum(f,a+1,b)
     |}
sum: (f: Int => Int, a: Int, b: Int)Int

scala> sum(x=>x,1,5)
res16: Int = 15

scala> sum(x=>x*x,1,5)
res17: Int = 55
```

Scala 容器的标准遍历方法是 foreach，此方法的参数要求传入一个没有返回值的方法，程序如下：

```
scala> val list=List(1,2,3)
list: List[Int]=List(1,2,3)

scala> val f=(i:Int)=>println(i)
f: Int=>Unit=$$Lambda$1185/1575407992@2960f500

scala> list.foreach(f)
1
2
3
```

容器中 map 方法的作用是将某个函数应用到集合中的每个元素，映射得到一个新的元素。map 方法会返回一个与原容器类型、大小都相同的新容器，只不过元素的类型可能不同，输入参数是一个函数。下面的代码展示了 map 方法的多种使用方法。首先对字符串进行初始化，继而将字符串所有字母转化为大写，最后输出每一个字符串的长度。

```
scala> val books=List("Hadoop","Hive","HDFS")
books: List[String]=List(Hadoop, Hive, HDFS)

scala> books.map(s=>.toUpperCase)
res19: List[String]=List(HADOOP, HIVE, HDFS)

scala> books.map(s=>s.length)
res20: List[Int]=List(6,4,4)
```

容器中 reduce 方法的作用是接受一个二元函数 f 作为参数，首先将 f 作用在某两个元素上并返回一个值，然后将 f 作用在上一个返回值和容器的下一个元素上，再返回一个值，以此类推，最后，容器中所有的值会被归约为一个值。例如，连加和连乘运算的程序如下：

```
scala> val list=List(1,2,3,4,5)
list: List[Int]=List(1,2,3,4,5)

scala> list.reduce(_+_)
res21: Int=15

scala> list.reduce(_*_)
res22: Int=120
```

下划线在 Scala 中一般作为通配符。在上述例子中，list.reduce(_+_) 的第一个下划线表示第一个参数，第二个下划线表示第二个参数，并且这两个参数既没有名称也无须在前面被声明。这是 Scala 特有的归并 / 聚集用法。list.reduce(_+_) 表示 list 中的所有元素相加，list.reduce(_*_) 表示 list 中的所有元素相乘。

4.3.2　Scala 编程入门

1. 第一个 Scala 应用程序

这里以单词计数为例，介绍在 Scala 框架下进行 Scala 编程的过程。读者可体会 Scala 框架与 MapReduce 框架的区别。本例用到的数据如下：

```
hello hadoop
hello china
hello hadoop
hello hive
hello spark
hello hive
hello storm
hello flink
```

编程过程如下。

1）打开 IDEA 集成开发工具，选择“Create New Project”，创建一个新的项目工程。在新的项目工程中，选择窗口左侧的“Maven”选项，单击“Next”按钮。在弹出的“New Project”对话框的输入框 GroupId 中填写组名，如 experiment；在输入框 ArtifactId

中填写 id 值，如 scala。单击“Next”按钮，再单击“Finish”按钮，完成项目的创建。

2）更改 pom.xml 文件，如下所示：

```
<?xml version="1.0" encoding="UTF-8"?>
<project xmlns="http://maven.apache.org/POM/4.0.0"
         xmlns:xsi="http://www.w3.org/2001/XMLSchema-instance"
         xsi:schemaLocation="http://maven.apache.org/POM/4.0.0 http://maven.
             apache.org/xsd/maven-4.0.0.xsd">
    <modelVersion>4.0.0</modelVersion>
    <groupId>com.sudy</groupId>
    <artifactId>SparkStudy</artifactId>
    <version>1.0-SNAPSHOT</version>
    <properties>
        <spark.version>2.2.0</spark.version>
        <scala.version>2.11</scala.version>
    </properties>
    <dependencies>
    </dependencies>
    <build>
        <plugins>
            <plugin>
                <groupId>org.scala-tools</groupId>
                <artifactId>maven-scala-plugin</artifactId>
                <version>2.15.2</version>
                <executions>
                    <execution>
                        <goals>
                            <goal>compile</goal>
                            <goal>testCompile</goal>
                        </goals>
                    </execution>
                </executions>
            </plugin>
            <plugin>
                <artifactId>maven-compiler-plugin</artifactId>
                <version>3.6.0</version>
                <configuration>
                    <source>1.8</source>
                    <target>1.8</target>
                </configuration>
            </plugin>
            <plugin>
                <groupId>org.apache.maven.plugins</groupId>
                <artifactId>maven-surefire-plugin</artifactId>
                <configuration>
                    <skip>true</skip>
                </configuration>
            </plugin>
        </plugins>
    </build>
</project>
```

3）创建 Scala 文件夹。单击项目中的 main 文件夹，右键单击选择“New”选项，在子菜单中选择“Directory”选项，在弹出的“New Directory”对话框中填写创建的文件夹名，如 scala，如图 4-31 所示。

图 4-31　“New Directory”对话框

单击“OK”按钮，在Scala文件夹上右键单击选择“Mark Directory as”中的“Sources Root”选项，在项目窗口的main文件夹下就能看到新建立的scala文件夹了。

4）编写Scala程序。

① 建立名为“WordCount”的Scala程序文件。右键单击Scala文件夹，选择“New”菜单下的“Scala Class”选项，在弹出的窗口中填写WordCount类名，在Kind中选择Object，单击“确定”按钮，完成文件的建立。

② 编写文件的代码如下：

```
package cn.scala
import scala.io.Source
object WordCount {
  def main(args: Array[String]): Unit = {
    val file="data/pg5000.txt"
    val wordlist = Source.fromFile(file)
                         .getLines().toList
                         .flatMap(line => line.split(" "))
                         .map(word => (word, 1))
    wordlist.groupBy(_._1).map {
      case (word, list) => (word, list.size)
    }.foreach(println)
  }
}
```

③ 运行代码。在文件ScoreReport的代码窗口中，右键单击并选择“Run‘ScoreReport’”选项，在控制台查看运行的结果，如图4-32所示。

```
(storm,1)
(flink,1)
(china,1)
(hadoop,2)
(spark,1)
(hive,2)
(hello,8)

Process finished with exit code 0
```

图4-32　Scala程序的运行结果

2. Scala统计程序

本节以统计班级学生的各科成绩为例，介绍如何编写Scala程序。本例所用的数学（Math）、英语（English）和物理（Physics）三科的学生成绩数据如下：

Id	gender	Math	English	Physics
301610	male	80	64	78
301611	female	65	87	58
301612	female	44	71	77
301613	female	66	71	91
301614	female	70	71	100
301615	male	72	77	72
301616	female	73	81	75
301617	female	69	77	75
301618	male	73	61	65
301619	male	74	69	68
301620	male	76	62	76
301621	male	73	69	91
301622	male	55	69	61

```
301623        male        50        58        75
301624        female      63        83        93
301625        male        72        54        100
301626        male        76        66        73
301627        male        82        87        79
301628        female      62        80        54
301629        male        89        77        72
```

实现统计功能的程序如下：

```
object ScoreReport {
  def main(args: Array[String]) {
    // 假设数据文件在当前目录下
val inputFile = scala.io.Source.fromFile("/root/experiment/datas/
    spark-scala/primaryScala/score.txt")
// "\\s+" 是字符串正则表达式，将每行按空白字符（包括空格 / 制表符）分开
    // 由于可能涉及多次遍历，和 toList 类似，将迭代器装入 List 中
    // originalData 的类型为 List[Array[String]]
    val originalData = inputFile.getLines.map{_.split("\\s+")} .toList
//获取第一行中的课程名
    val courseNames = originalData.head.drop(2)
val allStudents = originalData.tail // 去除第一行剩下的数据
    val courseNum = courseNames.length
    // 统计函数，参数为需要经常统计的行
    //用到了外部变量 courseNum，属于闭包函数
    def statistc(lines:List[Array[String]])= {
// for 推导式，对每门课程生成一个三元组，分别表示总分、最低分和最高分
      (for(i<- 2 to courseNum+1) yield {
        // 取出需要统计的列
        val temp  = lines map {elem=>elem(i).toDouble}
        (temp.sum,temp.min,temp.max)
      }) map {case (total,min,max) => (total/lines.length,min,max)
      } // 最后一个 map 对 for 的结果进行修改，将总分转为平均分
    }
    // 输出结果函数
    def printResult(theresult:Seq[(Double,Double,Double)]){
 // 遍历前调用 zip 方法将课程名容器和结果容器合并，合并结果为二元组容器
    (courseNames zip theresult) foreach {
case (course,result)=>println(f"${course+":"}%-10s${result._1}%5.2f${result._2}
    %8.2f${result._3}%8.2f")
      }
    }
    // 分别调用两个函数统计全体学生并输出结果
    val allResult = statistc(allStudents)
    println("all student statis info:")
    println("course    average   min    max")
printResult(allResult)    println("=======================================")
    //按性别划分为两个容器
    val (maleLines,femaleLines) = allStudents partition {_(1)=="male"}
    // 分别调用两个函数统计男生并输出结果
    val maleResult = statistc(maleLines)
    println("male student statis info:")
    println("course    average   min    max")
printResult(maleResult)    println("=======================================")
    // 分别调用两个函数统计女生并输出结果
    val femaleResult = statistc(femaleLines)
    println("female student statis info:")
```

```
        println("course    average   min   max")
        printResult(femaleResult)
    }
}
```

运行编写的代码。在文件ScoreReport代码窗口中，右键单击并选择“Run‘ScoreReport’”选项，在控制台查看运行的结果，如图4-33所示。

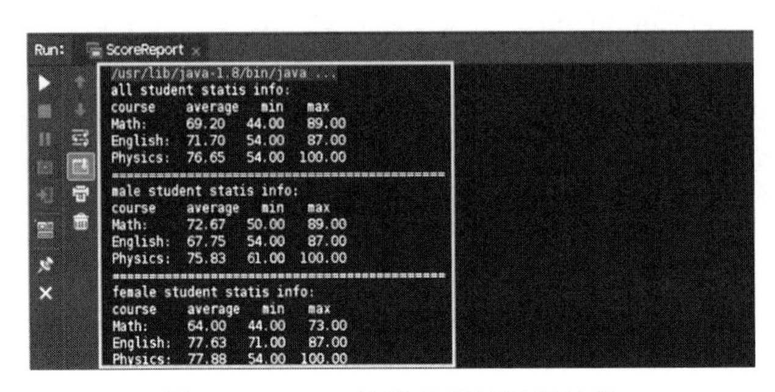

图4-33　Scala统计程序的运行结果

4.3.3　Spark API的使用

Spark快捷的交互式Shell提供了一种简单的学习Spark API的方式，可以直接在上面学习Scala、Python等。本节将基于Scala来演示Spark API的使用。

在Spark 2.0之前，Spark的主要编程接口是弹性分布式数据集（RDD）。在Spark 2.0之后，RDD被Dataset取代，Dataset和RDD都是强类型，但在底层做了更丰富的优化。它仍然支持RDD接口，在RDD编程指南（http://spark.apache.org/docs/latest/rdd-programming-guide.html）中可以找到更详细的介绍。

1. Spark的基础API

Spark的Shell可以在Scala（在JVM上运行现有Java库的便捷方式）或Python中使用。在Spark目录中运行以下命令可启动Shell：

```
./bin/spark-shell
```

Spark的主要抽象是前面提到的名为Dataset的分布式项目集合。可以从Hadoop InputFormats（如HDFS文件）或通过转换其他数据集来创建数据集。从Spark源目录的README文件的文本中创建一个新的数据集的命令如下：

```
scala> val textFile = spark.read.textFile("README.md")
textFile: org.apache.spark.sql.Dataset[String] = [value: string]
```

可以通过调用某些操作直接从Dataset获取值，或者转换数据集以获取新值，方法如下：

```
scala> textFile.count() // 当前数据集中的项目数
res0: Long = 126          // 此值可能与读者的不同，因为README.md版本不同会导致数据有所变化

scala> textFile.first() // 该数据集中的第一项
res1: String = #Apache Spark
```

可以将当前数据集转换（transform）为新的数据集（Dataset）。例如，调用 filter 来返回一个新的数据集，其中包含文件中项目的子集。方法如下：

```
scala> val linesWithSpark = textFile.filter(line => line.contains("Spark"))
linesWithSpark: org.apache.spark.sql.Dataset [String] = [value: string]
```

数据集转换还可以和其他操作连接在一起，例如，下述语句可在过滤之后进行统计：

```
scala> textFile.filter(line => line.contains("Spark")).count() //有多少行包含"Spark"
res3: Long= 15
```

2. DataSet 的操作

DataSet 的操作和转换可用于更复杂的计算。要找到含有单词最多的行，可使用以下命令：

```
scala> textFile.map(line => line.split(" ").size).reduce((a, b) => if (a > b) a else b)
res4: Long = 15
```

该命令首先将一行数据映射为整数值，从而创建一个新的数据集。在该数据集上调用 reduce 可以查找最大单词数。map 和 reduce 的参数是 Scala 函数串（闭包），可以使用任何语言特性或 Scala/Java 库，用户可以轻松调用其他函数声明，还可以使用 Math.max() 函数实现同样的功能，其程序如下：

```
scala> import java.lang.Math
import java.lang.Math

scala> textFile.map(line => line.split(" ").size).reduce((a, b) => Math.max(a, b))
res5: Int = 15
```

常见的工作模式可以用 RDD 操作简洁地实现，在 Spark 中，MapReduce 工作流程的实现方法如下：

```
scala> val wordCounts = textFile.flatMap(line => line.split(" ")).groupByKey
    (identity).count()
wordCounts: org.apache.spark.sql.Dataset[(String, Long)] = [value: string,
    count(1): bigint]
```

在这里，我们调用 flatMap 将行数据集转换为单词数据集，然后将 groupByKey 和 count 结合起来计算文件中的单词数，其结果是数据类型为（String, Long）的二元组集合。可以调用 collect 函数收集 Shell 中的单词数，程序如下：

```
scala> wordCounts.collect()
res6: Array[(String, Int)] = Array((means,1), (under,2), (this,3), (Because,1),
    (Python,2), (agree,1), (cluster.,1), ...)
```

3. 缓存

Spark 支持将数据集提取到集群范围的内存缓存中，这对于重复访问数据是非常有用的。例如，查询小的热（hot）数据集或运行像 PageRank 这样的迭代算法。举个简单的例子，将 linesWithSpark 数据集标记在缓存中，程序如下：

```
scala> linesWithSpark.cache()
```

```
res7: linesWithSpark.type = [value: string]

scala> linesWithSpark.count()
res8: Long = 15

scala> linesWithSpark.count()
res9: Long = 15
```

虽然通常不会使用 Spark 来处理和缓存 100 行的文本文件，但这项功能可以用于非常大的数据集。即使它们存储在数十或数百个节点上，也可以通过将 bin/spark-shell 连接到集群来交互式地执行此操作，具体内容参见 RDD 编程指南（http://spark.apache.org/docs/latest/rdd-programming-guide.html#using-the-shell）。

4.3.4　用 Scala 开发 Spark 应用程序的案例

本节使用 Spark API 编写一个应用程序，读者可以体会使用 Scala 编写程序的过程。

1. 案例目标

以单词计数为例，在 Spark 框架下应用 Scala 语言进行编程。

本例所用的数据如下：

```
hello hadoop
hello china
hello hadoop
hello hive
hello spark
hello hive
hello storm
hello flink
```

使用 Spark API 编写独立应用程序的过程如下：

1）启动程序运行的 Spark 集群环境。

2）基于 Maven 创建 Scala 工程。

3）编写 Spark 程序。

4）生成 Jar 包，在平台上运行程序。

2. 启动 Spark 集群

通过“{$SPARK_HOME}/sbin/start-all.sh”命令启动 Spark 环境，通过“jps”命令查看启动后的界面，如图 4-34 所示。

图 4-34　启动 Spark 环境

3. 基于 Maven 创建 Scala 工程

1）打开 IDEA 集成开发工具，选择“Create New Project”菜单，创建一个新的项目工程。在新的项目工程中，选择窗口左侧的“Maven”选项，单击“Next”按钮。在弹出的“New Project”对话框的输入框 GroupId 中填写组名，如 experiment；在输入框 ArtifactId 中填写 ID 值，如 spark，如图 4-35 所示。

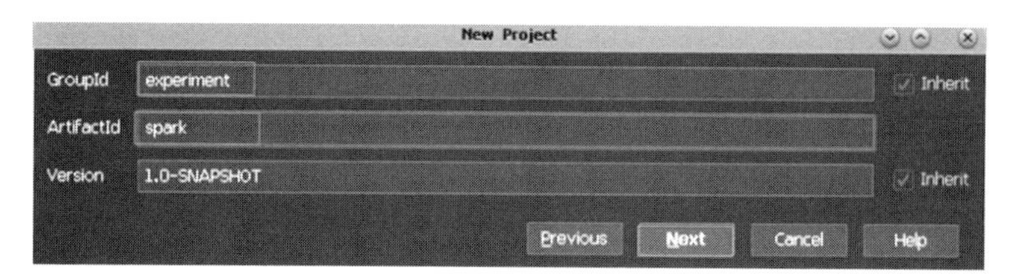

图 4-35 “New Project”对话框（1）

单击“Next”按钮，在弹出的“New Project”窗口中的 Project name 文本框中输入项目名，如 spark，如图 4-36 所示。

图 4-36 “New Project”对话框（2）

单击“Finish”按钮，完成项目的创建。

2）配置 pom.xml 文件，具体内容如下：

```
<?xml version="1.0" encoding="UTF-8"?>
<project xmlns="http://maven.apache.org/POM/4.0.0"
         xmlns:xsi="http://www.w3.org/2001/XMLSchema-instance"
         xsi:schemaLocation="http://maven.apache.org/POM/4.0.0 http://maven.
             apache.org/xsd/maven-4.0.0.xsd">
    <modelVersion>4.0.0</modelVersion>
    <groupId>com.sudy</groupId>
    <artifactId>SparkStudy</artifactId>
    <version>1.0-SNAPSHOT</version>
    <properties>
        <spark.version>2.2.0</spark.version>
        <scala.version>2.11</scala.version>
    </properties>
    <dependencies>
        <dependency>
            <groupId>org.apache.spark</groupId>
            <artifactId>spark-core_${scala.version}</artifactId>
            <version>${spark.version}</version>
        </dependency>
        <dependency>
            <groupId>org.apache.spark</groupId>
            <artifactId>spark-streaming_${scala.version}</artifactId>
            <version>${spark.version}</version>
        </dependency>
        <dependency>
            <groupId>org.apache.spark</groupId>
            <artifactId>spark-sql_${scala.version}</artifactId>
            <version>${spark.version}</version>
        </dependency>
        <dependency>
            <groupId>org.apache.spark</groupId>
```

```
                <artifactId>spark-hive_${scala.version}</artifactId>
                <version>${spark.version}</version>
            </dependency>
            <dependency>
                <groupId>org.apache.spark</groupId>
                <artifactId>spark-mllib_${scala.version}</artifactId>
                <version>${spark.version}</version>
            </dependency>
        </dependencies>
        <build>
            <plugins>
                <plugin>
                    <groupId>org.scala-tools</groupId>
                    <artifactId>maven-scala-plugin</artifactId>
                    <version>2.15.2</version>
                    <executions>
                        <execution>
                            <goals>
                                <goal>compile</goal>
                                <goal>testCompile</goal>
                            </goals>
                        </execution>
                    </executions>
                </plugin>
                <plugin>
                    <artifactId>maven-compiler-plugin</artifactId>
                    <version>3.6.0</version>
                    <configuration>
                        <source>1.8</source>
                        <target>1.8</target>
                    </configuration>
                </plugin>
                <plugin>
                    <groupId>org.apache.maven.plugins</groupId>
                    <artifactId>maven-surefire-plugin</artifactId>
                    <configuration>
                        <skip>true</skip>
                    </configuration>
                </plugin>
            </plugins>
        </build>
    </project>
```

4. WordCount 编程

1）单击项目中的 main 文件夹，右键单击并选择“New”菜单，在子菜单中选择“Directory”选项，在弹出的“New Directory”对话框中输入新的目录名，如 scala，单击“OK”按钮，完成新目录的创建。

2）选中新建立的 scala 文件夹，右键单击并选择“Mark Directory as”中的“Sources Root”选项。

3）建立类文件。选中新建立的 scala 文件夹，单击鼠标右键并选择“New”菜单，选择“Scala Class”选项。在弹出的“Create New Class”窗口中填写要编写的类文件名，如 WordCount；在 Kind 中选择“Object”选项，单击“确定”按钮。

4）编写单词统计程序，具体如下：

```
import org.apache.spark.SparkContext
Import org.apache.log4j.{Logger,Level}
import org.apache.spark.SparkContext._
import org.apache.spark.SparkConf
object WordCount{
    def main(args: Array[String]): Unit = {
    Logger.getLogger("org.apache.spark").setLevel(Level.WARN)
    val sc = new SparkContext(new SparkConf().setAppName("wordCount")
        .setMaster("local[2]"))
    val lines= sc.textFile("data/pg5000.txt")
    val words = lines.flatMap(line => line.split(" "))
    val pairs = words.map(word => (word, 1))
    val counts = pairs.reduceByKey(_ + _)
    counts.collect().foreach(count => println(count._1 + ":" + count._2))
    sc.stop()
}
```

5）在 WordCount 类文件代码中，单击鼠标右键，选择“Run ‘WordCount’”选项，运行程序后，在控制台可查看运行结果，如图 4-37 所示。

```
18/12/14 01:36:10 INFO DAGScheduler: Final stage: ResultStage 1 (collect at WordCount.scala:15)
18/12/14 01:36:10 INFO DAGScheduler: Parents of final stage: List(ShuffleMapStage 0)
18/12/14 01:36:10 INFO DAGScheduler: Missing parents: List(ShuffleMapStage 0)
18/12/14 01:36:10 INFO DAGScheduler: Submitting ShuffleMapStage 0 (MapPartitionsRDD[3] at map at WordCount.scala:13), which
 has no missing parents
18/12/14 01:36:10 INFO MemoryStore: Block broadcast_1 stored as values in memory (estimated size 4.7 KB, free 471.7 MB)
18/12/14 01:36:10 INFO MemoryStore: Block broadcast_1_piece0 stored as bytes in memory (estimated size 2.7 KB, free 471.7 MB)
18/12/14 01:36:10 INFO BlockManagerInfo: Added broadcast_1_piece0 in memory on 172.17.0.2:49620 (size: 2.7 KB, free: 471.9 MB)
18/12/14 01:36:10 INFO SparkContext: Created broadcast 1 from broadcast at DAGScheduler.scala:1006
18/12/14 01:36:10 INFO DAGScheduler: Submitting 2 missing tasks from ShuffleMapStage 0 (MapPartitionsRDD[3] at map at
 WordCount.scala:13) (first 15 tasks are for partitions Vector(0, 1))
18/12/14 01:36:10 INFO TaskSchedulerImpl: Adding task set 0.0 with 2 tasks
18/12/14 01:36:10 INFO TaskSetManager: Starting task 0.0 in stage 0.0 (TID 0, localhost, executor driver, partition 0,
 PROCESS_LOCAL, 4840 bytes)
18/12/14 01:36:10 INFO TaskSetManager: Starting task 1.0 in stage 0.0 (TID 1, localhost, executor driver, partition 1,
 PROCESS_LOCAL, 4840 bytes)
18/12/14 01:36:10 INFO Executor: Running task 0.0 in stage 0.0 (TID 0)
18/12/14 01:36:10 INFO Executor: Running task 1.0 in stage 0.0 (TID 1)
18/12/14 01:36:10 INFO HadoopRDD: Input split: file:/root/spark/data/pg5000.txt:0+47
18/12/14 01:36:10 INFO HadoopRDD: Input split: file:/root/spark/data/pg5000.txt:47+48
18/12/14 01:36:11 INFO Executor: Finished task 0.0 in stage 0.0 (TID 0). 1152 bytes result sent to driver
18/12/14 01:36:11 INFO Executor: Finished task 1.0 in stage 0.0 (TID 1). 1109 bytes result sent to driver
```

```
18/12/14 01:36:11 INFO DAGScheduler: ShuffleMapStage 0 (map at WordCount.scala:13) finished in 0.434 s
18/12/14 01:36:11 INFO DAGScheduler: looking for newly runnable stages
18/12/14 01:36:11 INFO DAGScheduler: running: Set()
18/12/14 01:36:11 INFO DAGScheduler: waiting: Set(ResultStage 1)
18/12/14 01:36:11 INFO DAGScheduler: failed: Set()
18/12/14 01:36:11 INFO DAGScheduler: Submitting ResultStage 1 (ShuffledRDD[4] at reduceByKey at WordCount.scala:14), which
 has no missing parents
18/12/14 01:36:11 INFO MemoryStore: Block broadcast_2 stored as values in memory (estimated size 3.2 KB, free 471.7 MB)
18/12/14 01:36:11 INFO MemoryStore: Block broadcast_2_piece0 stored as bytes in memory (estimated size 1964.0 B, free 471.7 MB)
18/12/14 01:36:11 INFO BlockManagerInfo: Added broadcast_2_piece0 in memory on 172.17.0.2:49620 (size: 1964.0 B, free: 471.9
 MB)
18/12/14 01:36:11 INFO SparkContext: Created broadcast 2 from broadcast at DAGScheduler.scala:1006
18/12/14 01:36:11 INFO DAGScheduler: Submitting 2 missing tasks from ResultStage 1 (ShuffledRDD[4] at reduceByKey at
 WordCount.scala:14) (first 15 tasks are for partitions Vector(0, 1))
18/12/14 01:36:11 INFO TaskSchedulerImpl: Adding task set 1.0 with 2 tasks
18/12/14 01:36:11 INFO TaskSetManager: Starting task 0.0 in stage 1.0 (TID 2, localhost, executor driver, partition 0, ANY,
 4621 bytes)
18/12/14 01:36:11 INFO TaskSetManager: Starting task 1.0 in stage 1.0 (TID 3, localhost, executor driver, partition 1, ANY,
 4621 bytes)
18/12/14 01:36:11 INFO Executor: Running task 1.0 in stage 1.0 (TID 3)
18/12/14 01:36:11 INFO Executor: Running task 0.0 in stage 1.0 (TID 2)
```

```
18/12/14 01:36:11 INFO TaskSchedulerImpl: Removed TaskSet 1.0, whose tasks have all completed, from pool
18/12/14 01:36:11 INFO DAGScheduler: ResultStage 1 (collect at WordCount.scala:15) finished in 0.072 s
hive:2
flink:1
hello:8
spark:1
hadoop:2
china:1
storm:1
18/12/14 01:36:11 INFO DAGScheduler: Job 0 finished: collect at WordCount.scala:15, took 1.008642 s
```

图 4-37　WordCount 的运行结果

5. 生成 Jar 包运行程序

1）选择“File”菜单下的“Project Structure”选项，选中“Artifacts”，在左侧窗口选中左上角的绿色“+”号，选中“JAR”和“Empty”选项，此时在弹出窗口的 Name

属性对应的文本框中输入要生成的 Jar 包的名字，如 test，参数设置窗口如图 4-38 所示。

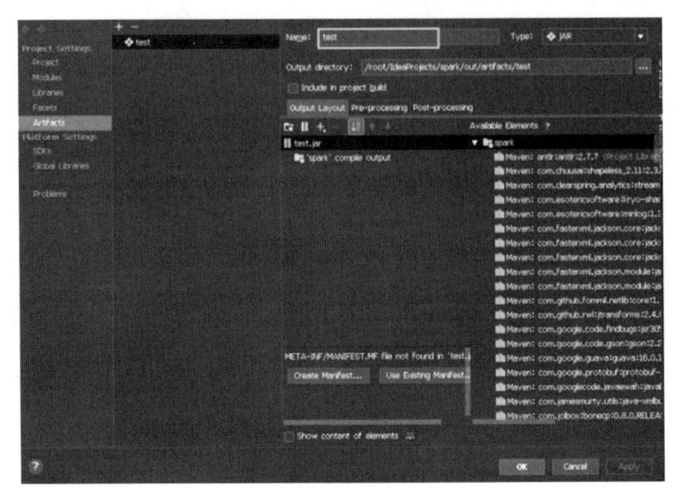

图 4-38　参数设置窗口

2）单击中间窗口中的绿色“+”号，选择“Module Output”选项，在弹出的窗口中选择“spark”，单击“OK”按钮。

3）选择“test.jar”选项，单击“Create Manifest”按钮，在弹出的窗口中选择 /root/IdeaProjects/spark/src/main/scala，如图 4-39 所示，单击“OK”按钮。

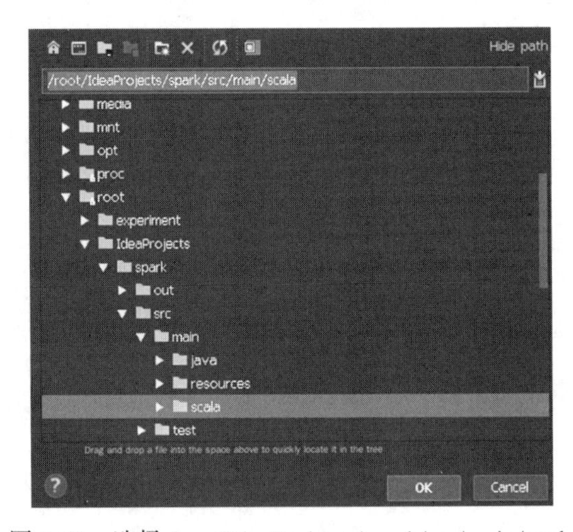

图 4-39　选择 /root/IdeaProjects/spark/src/main/scala

4）在 Main class 中输入 WordCount，在“Class Path”中输入 test.jar，单击“OK”按钮返回主界面。在主界面中选择菜单窗口 Build，单击 Build Artifacts → test，选择 Build，左侧项目栏中的 test.jar 即为生成的 Jar 包，如图 4-40 所示。

打开一个新的命令窗口，将 test.jar 提交到集群环境下并运行，参考程序如下：

```
spark-submit --master spark://master:7077 --class cn.spark.WordCount test.jar
```

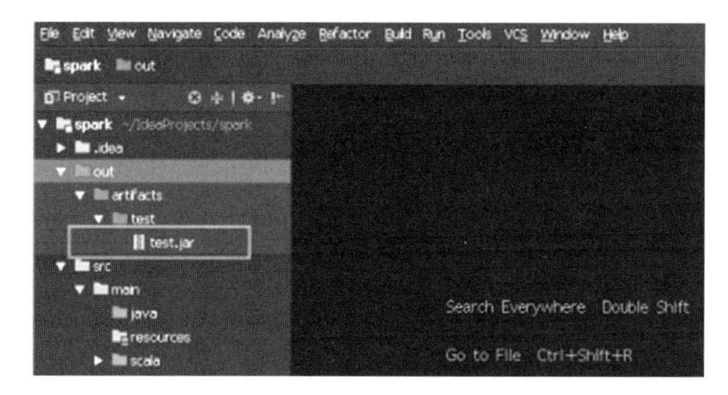

图 4-40　生成的 Jar 包

运行后的结果如图 4-41 所示。

```
[root@master spark]# spark-submit --master spark://master:7077 --deploy-mode client  --class cn.spar
k.WordCount test.jar
Using Spark's default log4j profile: org/apache/spark/log4j-defaults.properties
18/12/13 06:28:52 WARN NativeCodeLoader: Unable to load native-hadoop library for your platform... u
sing builtin-java classes where applicable
18/12/13 06:28:56 INFO FileInputFormat: Total input paths to process : 1
hive:2
flink:1
hello:8
spark:1
hadoop:2
china:1
storm:1
```

图 4-41　test.jar 的运行结果

4.3.5　程序运行过程的分析

WordCount 类文件的代码执行过程可概述为 main → sc → Driver → action → Jobs → stages → tasks →计算结果存盘（或指定位置）。

该程序运行过程中涉及的 Spark 源文件如下：

```
org.apache.spark -> SparkContext.scala
org.apache.spark.rdd-> RDD.scala
org.apache.spark.rdd->HadoopRDD.scala
org.apache.spark.rdd-> PairRDDFunctions.scala
org.apache.spark.scheduler-> DAGScheduler.scala
```

基于 Spark 框架的 WordCount 的程序运行流程如图 4-42 所示。

通过将该程序与 4.3.4 节的 WordCount 程序比较，可以发现：Hadoop 框架下的 WordCount 程序分为 Map 和 Reduce 两个阶段；而在 Spark 中，一个 Job 会被拆分为多组 Task，每组 Task 被称为一个 Stage。在 Spark 中有两类 Task，一类是 shuffleMapTask，另一类是 resultTask。第一类 Task 的输出是 Shuffle 所需的数据，第二类 Task 的输出是 result。Stage 的划分也以此为依据，Shuffle 之前的所有操作是一个 Stage，Shuffle 之后的操作是另一个 Stage。WordCount 程序在 Spark 中运行的过程如图 4-43 所示。

在图 4-43 中，因为 Job 有 reduce 动作（reduceByKey），所以有一个对应的 Shuffle 过程。因此，reduceByKey 之前的是一个 Stage，执行 shuffleMapTask，输出 Shuffle 所需的数据；reduceByKey 到最后是一个 Stage，直接输出结果。

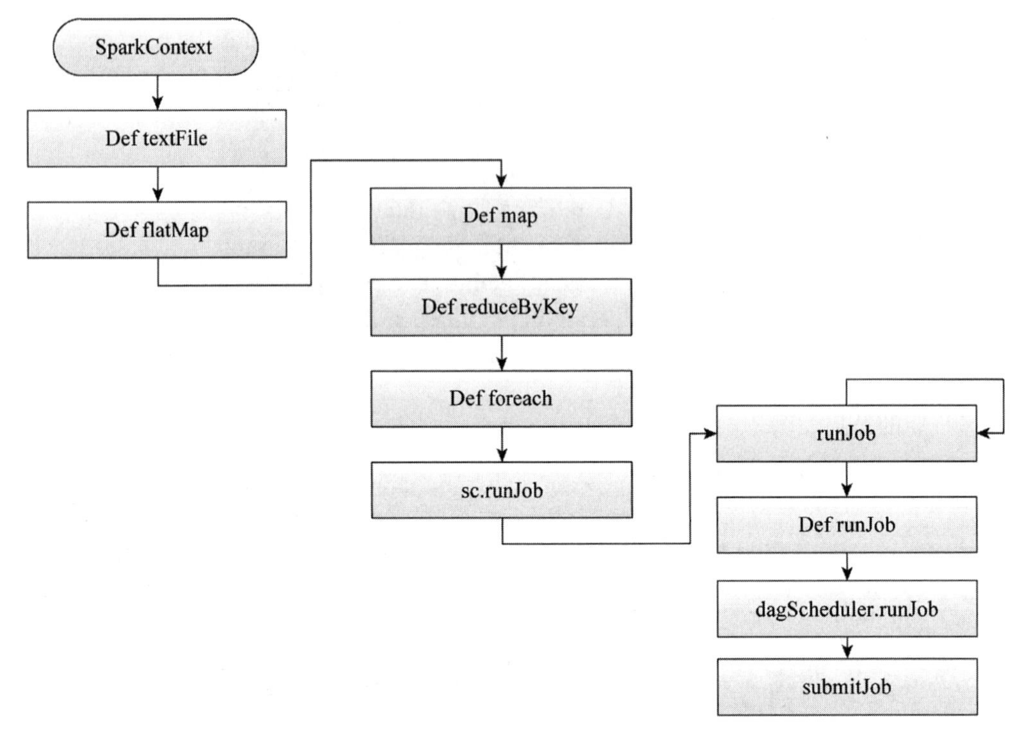

图 4-42　基于 Spark 框架的 WordCount 的程序运行流程

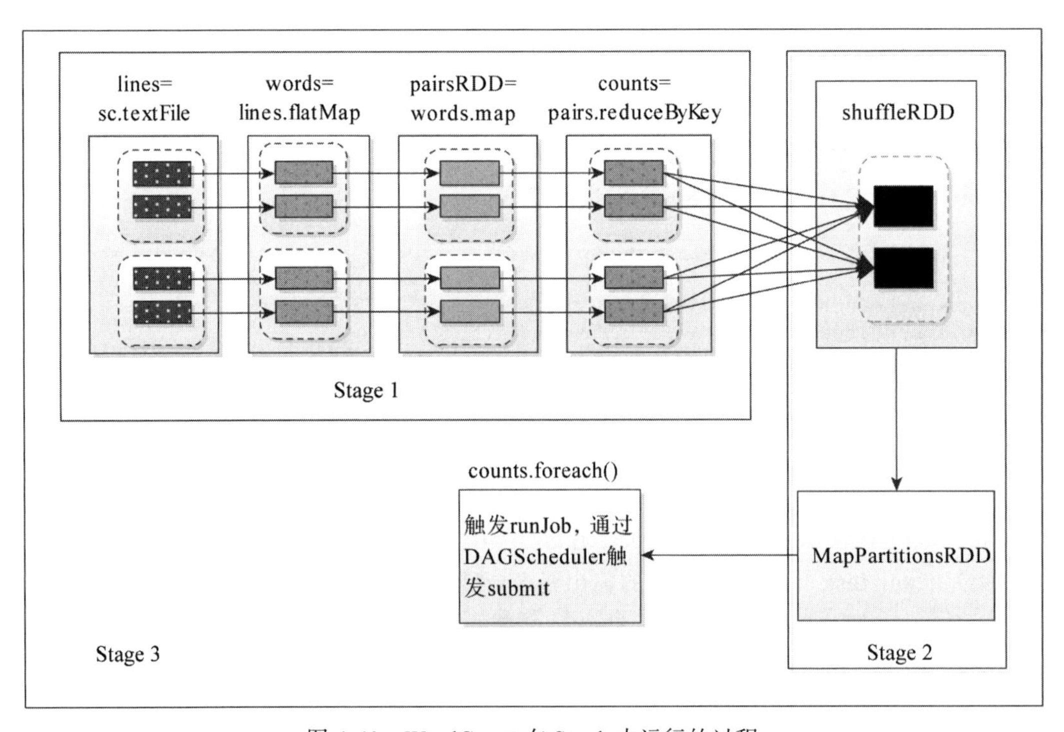

图 4-43　WordCount 在 Spark 中运行的过程

如果 Job 中有多次 Shuffle，那么每个 Shuffle 之前都是一个 Stage。Spark 系统中的 Stage 生成策略会在第 9 章中进行详细介绍。

习题 4

1. 请简述你对 MapReduce 计算和 Spark 计算的理解。
2. 试着独立安装 Scala 环境。
3. 试着独立安装 Spark 单机版环境。
4. 试着独立搭建 Spark YARN 环境。
5. 请简述你对 Spark 运行结构的理解。
6. 请简述 Spark 本地、独立运行、YARN 三种模式的运行过程。
7. 试着配置 Scala 开发环境。
8. 试着配置 Spark 开发环境。

第 5 章

Storm 的配置与编程

在 Hadoop 中，大数据存储与计算模型的设计主要基于磁盘完成。这种方式对机器的配置要求低，使用普通商用服务器即可满足大数据在成千上万节点中的存储与计算。Spark 基于 DAG 执行引擎，支持在内存中对数据进行迭代计算，计算速率比 Hadoop 提升了上百倍，但它对服务器的要求较高。它们都采用批处理运算方式，在这种情况下，需要一种能够实时计算与显示的模型。为此，很多企业发布了实时业务解决方案或工具，如 Spark Streaming、Storm 等。其中，Spark Streaming 虽然实时性很高，但本质上仍然采用批处理，存在微小的延时，对于要求不太高的实时业务是个不错的选择；当实时性要求更高时，采用 Storm 能得到更好的结果。本章将首先介绍 Storm 面向的任务，即流计算，然后介绍 Storm，接下来介绍 Storm 的环境搭建和程序设计，最后通过一个完整的案例展示 Storm 的开发过程。

5.1 流计算概述

流计算是实时计算的一种。实时计算也称为即时计算，由受到“实时约束”的计算机硬件和计算机软件系统完成。实时约束是从事件发生到系统响应之间的最长时间限制。实时程序必须在严格的时间限制内响应，最好能够实时响应计算结果，一般要求响应时间在秒级以内。

实时计算有以下两种应用场景。

- 连续计算：主要用于流式数据处理。数据流是一系列数据记录的集合体。常见的数据流有网站的访问 PV/UV、搜索关键字等。
- 实时分析：用于特定场合下的数据分析和处理。当数据量很大时，可将部分计算或全部计算过程推迟到查询阶段进行，但要求能够实时响应。

图 5-1 为批量处理与实时计算模型的比较，从中可以看出实时流数据计算与批量静态数据处理计算的区别与联系，这两种计算对应两种截然不同的计算模式。

批处理要求有充裕的时间处理静态数据，如 Hadoop；流数据则不适合采用批处理方式，更适合采用实时计算，响应时间为秒级甚至更少。

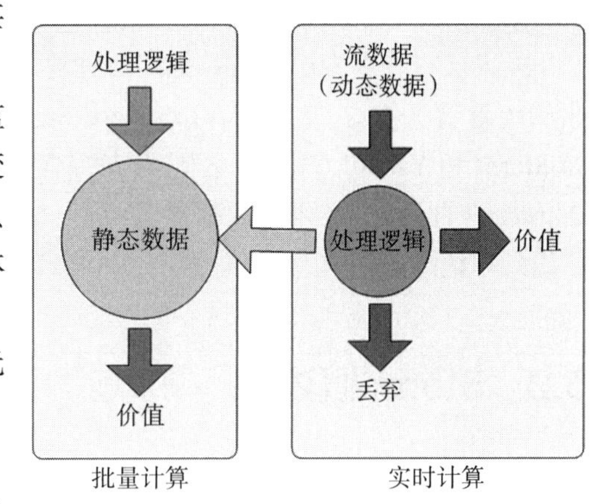

图 5-1　批量计算与实时计算模型

流数据在 Web 应用、网络监控、传感监测等领域广泛存在，数据以大量、快速、时变的流形式持续到达。例如，PM2.5 检测数据、电子商务网站用户点击流等都是流数据。总体来讲，流数据具有如下特征：

- ❑ 数据快速、持续到达，大小也许是无穷无尽的。
- ❑ 数据来源众多，格式复杂。
- ❑ 数据量大，但是不太关注存储，一旦经过处理，要么被丢弃，要么被归档存储。
- ❑ 用户更注重数据的整体价值，不过分关注个别数据。
- ❑ 数据顺序颠倒或者不完整，系统无法控制将要处理的新到达的数据元素的顺序。

因此，流计算是指实时获取来自不同数据源的海量数据，经过实时分析处理，从而获得有价值的信息。流计算的过程如图 5-2 所示。

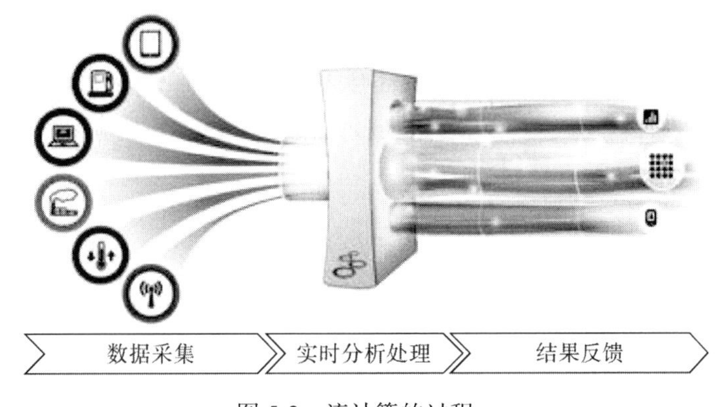

图 5-2　流计算的过程

流计算秉承一个基本理念，即数据的价值随着时间的流逝而降低，如用户点击流。因此，当事件出现时就应该立即进行处理，而不是缓存起来进行批量处理。要处理流数据，就需要一个低延迟、可扩展、高可靠的处理引擎。对于一个流计算系统来说，它应该满足如下需求：

- ❑ 高性能：能达到处理大数据的基本要求，如每秒处理几十万条数据。
- ❑ 可扩展：支持 TB 级甚至 PB 级的数据规模。
- ❑ 实时性：保证较低的延迟时间。延迟时间达到秒级，甚至是毫秒级。
- ❑ 分布式：支持大数据的基本架构，必须能够平滑扩展。

❑ 易用性：能够快速进行开发和部署。

❑ 可靠性：能可靠地处理流数据。

业界已有许多专门的流数据实时计算系统。目前有 3 类常用的流计算框架和平台：商业的流计算平台，如 IBM InfoSphere Streams 和 IBM StreamBase 等；开源流计算框架，如 Storm 和 Yahoo! S4 等；公司为支持自身业务开发的流计算框架，如 Facebook Puma、Dstream（百度）、银河流数据处理平台（淘宝）等。Storm 作为一个优秀的流计算框架，已得到广泛应用。

5.2 Storm 概述

5.2.1 什么是 Storm

Storm 最初应用在 Twitter 的社交网络上，并获得极大的成功。Twitter 开源后，Storm 也成为处理大数据实时计算的工具之一。Storm 使用 Clojure 与 Java 语言编写，是由 Nathan Marz 带领 Backtype 公司的团队创建的。Storm 最初的版本在 2011 年 9 月发行，版本号为 0.5.0。

2013 年 9 月，Apache 基金会接管并开始孵化 Storm 项目。Apache Storm 是在 Eclipse Public License 下进行开发的。2014 年 9 月，Storm 项目成为 Apache 的顶级项目。

Storm 是一个免费、开源的分布式实时计算系统，它能轻松、可靠地处理数据流。开发人员可以使用任何编程语言对它进行操作，进而得到满意的结果。

Storm 集成了已有的消息队列和数据库技术。Storm 的拓扑机制能够消耗数据流并以任意复杂的方式处理这些流，然后在计算的每个阶段之间重新划分流，如图 5-3 所示（摘自 http://storm.apache.org）。

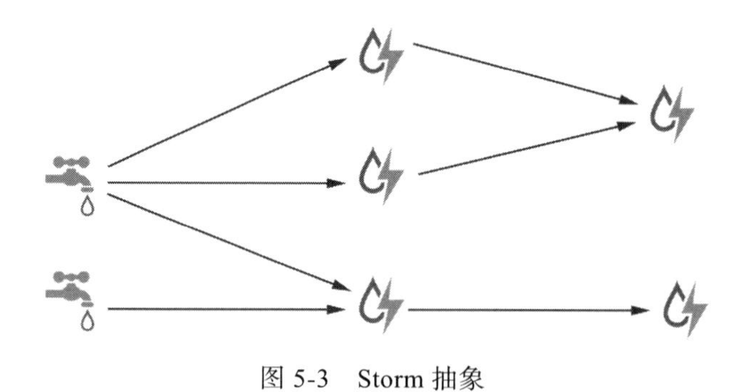

图 5-3 Storm 抽象

5.2.2 Storm 的特征

Storm 具有以下特征。

1）开源、免费。Storm 在其官网（http://storm.apache.org）提供免费的 Storm 框架的源码及编译工具供用户下载，同时提供开发文档、版本说明等信息。用户可以利用这些资源快速地学习 Storm，针对一些特殊业务，可在 Storm 源码的基础上进行补充、编译，从而满足企业的各种业务需求。

2）实时性。Storm 框架满足实时计算的定义，并进行了较好的封装。Storm 框架每秒可以处理上百万条数据，也可以处理实时消息和流式数据库，完成流式数据的持续查询、处理，并把处理结果流传送至客户端。

3）易用性。Storm 的封装透明性好，用户仅需要做少量的配置工作就能完成 Storm 的部署和使用。同时，Storm 框架面向用户设计了易于学习和使用的 API。

4）可扩展性。Storm 采用拓扑式结构设计，其固有的并行性意味着它可以以非常低的延迟处理非常高的消息吞吐量。Storm 同时满足可横向扩展的需求，用户能够方便地基于拓扑结构在集群中添加或减少主机、处理拓扑的并行设置。对于拓扑的不同部分，可以通过调整其并行性进行缩放。Storm 支持 ZooKeeper 进行集群资源的协调工作，使其可以方便地扩展到更大的集群规模。

5）容错性。Storm 能够保证每条消息被完整、可靠地处理。同时，针对程序运行时错误，Storm 可以进行自动故障检测，或在节点故障时进行任务的重新分配，保证计算持续运行，直到用户结束计算进程。

6）编程语言无关性。Storm 的核心是用于定义和提交拓扑的 Thrift 定义。由于 Thrift 可以用于任何编程语言，因此可以使用任何编程语言来定义和提交拓扑。

Storm 来源于 Twitter 的处理实时海量大数据的需求。面对 Twitter 上几十亿用户的信息搜索、转发和评论需求，Storm 表现不俗。在 Storm 发布第一个版本后，淘宝、阿里巴巴实时流引擎也应用 Storm 来处理相关工作。

5.3　Storm 开发环境的搭建

5.3.1　Storm 环境的配置

Storm 集群只需要稍加设置和配置就可以启动、运行，Storm 集群的部署也比较简单，具体部署方式可参阅 http://storm.apache.org/releases/current/Setting-up-a-Storm-cluster.html。Storm 开箱即用的配置方式很适合生产环境，如果用户使用的是 EC2，那么只需单击“开始安装”按钮，storm-deploy 项目就可以配置和安装 Storm 集群。

此外，Storm 一旦部署完毕就很容易操作。Storm 的功能非常强大，能够确保集群持续、稳定地运行。

1. 下载 Storm 安装包

Storm 安装包可在 Storm 官网上下载获得。Storm 工具下载页面如图 5-4 所示。

2. Storm 的环境配置

1）将下载至本地的 Storm 压缩包解压至 /opt 目录下，假设本地目录为 /root/experiment/file，其参考解压命令如下：

```
[root@master ~]# tar xf /root/experiment/file/apache-storm-0.9.6.tar.gz -C /opt/
```

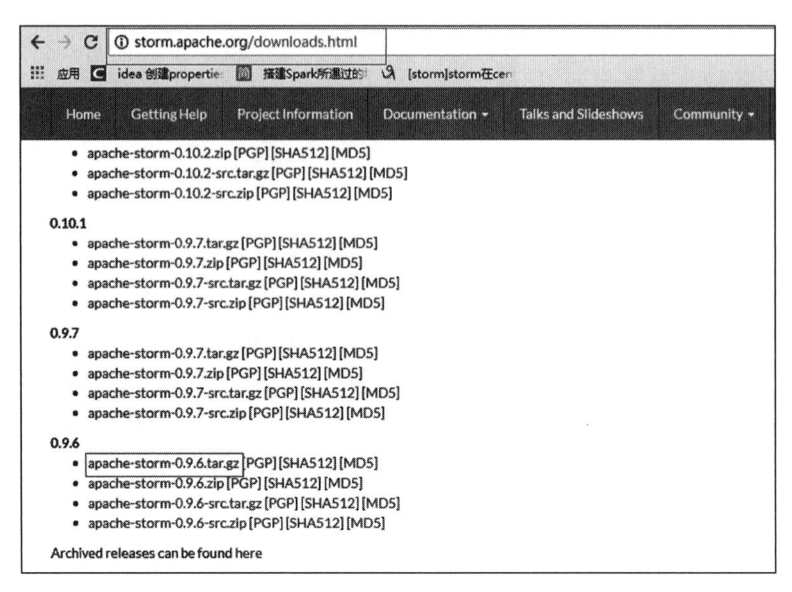

图 5-4 Storm 工具下载页面

2）进入 /opt 目录，将解压后的“apache-storm-0.9.6”文件夹更名为“storm”，参考命令如下：

```
[root@master ~]# cd /opt/
[root@master ~]# mv apache-storm-0.9.6 storm
```

3）设置“{$STORM_HOME}/conf/storm.yaml”参数，配置 Storm 的环境参数，至少要修改两项：一项是 ZooKeeper 的地址 storm.zookeeper.servers，另一项是 nimbus 的地址 nimbus.host。具体做法如下：将光标下移，去掉 storm.zookeeper.servers 和 nimbus.host 属性前的“#”号，将其值设置为“master”。当然，因为本例基于单机运行环境，所以都设置为本机 IP。读者也可以根据自己的环境要求进行设置，参考设置如图 5-5 所示。

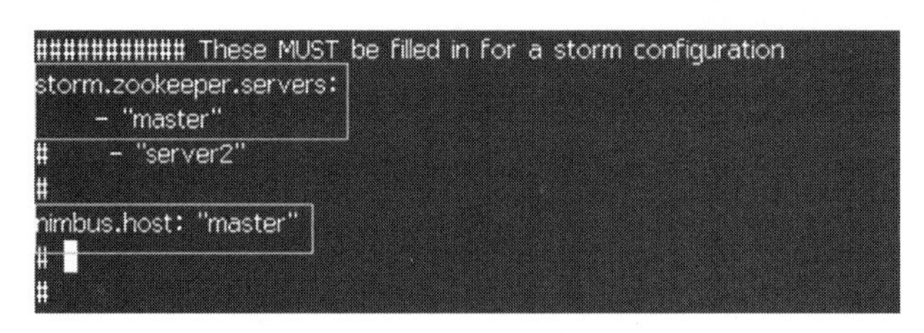

图 5-5 Storm 的环境参考设置

按 <Esc> 键，输入“:wq!”命令，保存对文件 example-conf.properties 的内容更改并退出当前文件内容窗口，回到客户端命令窗口。

3. Storm 服务的启动

1）启动 ZooKeeper 服务。

① 由于 Storm 应用了 ZooKeeper 服务，故在启动 Storm 服务前，需要先启动 ZooKeeper 服务。启动 ZooKeeper 的参考命令如下：

```
[root@master ~]# /opt/zookeeper/bin/zkServer.sh start
```

② 通过“jps”命令查看 ZooKeeper 启动进程。由于是单机配置，因此只要 Quorumpeer-Main 守护进程存在，就证明 ZooKeeper 启动成功，如图 5-6 所示。

```
[root@master ~]# /opt/zookeeper/bin/zkServer.sh start
ZooKeeper JMX enabled by default
Using config: /opt/zookeeper/bin/../conf/zoo.cfg
Starting zookeeper ... STARTED
[root@master ~]# jps
13733 QuorumPeerMain
13805 Jps
[root@master ~]#
```

图 5-6　ZooKeeper 启动成功界面

2）启动 Storm 服务。

① 切换至 Storm 下的 bin 目录，以便通过该目录下的相应命令启动 Storm 服务。参考命令如下：

```
[root@master ~]# cd /opt/storm/bin/
```

② 启动 nimbus 后台进程，参考命令如下：

```
[root@master ~]# ./storm nimbus &
[1] 14588
[root@master bin]#Running:/usr/lib/java-1.8/bin/java-server-Dstorm.options=
-Dstorm.home=/opt/storm-Dstorm.log.dir=/opt/storm/logs-Djava.library.path=
/usr/local/lib:/opt/local/lib:/usr/lib-Dstorm.conf.file=-cp/opt/storm/lib/
clojure-1.5.1.jar:/opt/storm/lib/tools.logging-0.2.3.jar:/opt/storm/lib/
chill-java-0.3.5.jar:/opt/storm/lob/ring-jetty-adapter-0.3.11.jar:/opt/
storm/lib/commons-io-2.4.jar:/opt/storm/lib/compojure-1.1.3.jar:/opt/storm/
lib/log4j-over-slf4j-1.6.6.jar:/opt/storm/lib/clj-time-0.4.1.jar:opt/storm/
lib/reflectasm-1.07-shaded.jar:/opt/storm/lib/clj-stacktrace-0.2.2.jar:opt/
storm/lib/tools.macro-0.1.0.jar:/opt/storm/lib/joda-time-2.0.jar:/opt/storm/
lib/json-simple-1.1.jar:/otp/storm/lib/tools.cli-0.2.4.jar:/opt/storm/lib/
ring-core-1.1.5.jar:/opt/storm/lib/ring-servlet-0.3.11.jar:/opt/storm/lib/
ring-devel-0.3.11.jar:/opt/storm/lib/minlog-1.2.jar:/opt/storm/lib/math.
nueric-tower-0.0.1.jar:/opt/storm/lib/core.incubator-0.1.0.jar:/opt/storm/
lib/logback-classic-1.0.13.jar:/opt/storm/lib/jetty-6.1.26.jar:/opt/storm/lib/
servlet-api-2.5.jar:/opt/storm/lib/jgrapht-core-0.9.0.jar:/opt/storm/lib/slf4j-
api-1.7.5.jar:/opt/storm/lib/asm-4.0.jar:/opt/storm/lib/kryo-2.21.jar:/opt/storm/
lib/commons-fileupload-1.2.1.jar:/opt/storm/lib/commons-logging-1.1.3.jar:/opt/
storm/lib/carbonite-1.4.0.jar:/opt/storm/lib/jline-2.11.jar:/opt/storm/lib/
commons-lang-2.5.jar:/opt/storm/lib/snakeyaml-1.11.jar:/opt/storm/lib/objenesis-
1.2.jar:/opt/storm/lib/commons-codec-1.6.jar:/opt/storm/lib/strom-core-0.9.6.jar:/
opt/storm/lib/hiccup-0.3.6.jar:/opt/storm/lib/commons-exec-1.1.jar:/opt/storm/lib/
jetty-util-6.1.26.jar:/opt/storm/lib/logback-core-1.0.13.jar:/opt/storm/lib/disruptor-
2.10.4.jar:/opt/storm/lib/clout-1.0.1.jar:/opt/storm/conf-Xmx1024m -Dlogfile.name=
nimbus.log-Dlogback.configurationFile=/opt/storm/logback/cluster.xml backtype.storm.
daemon.nimbus
```

3）启动 supervisor 后台进程，终端被该进程占用。因此，打开另一个命令行终端，然后执行如下命令启动 supervisor 后台进程：

```
[root@master ~]# /opt/storm/bin/storm supervisor &
[1]14960
[root@master ~]# Running:/usr/lib/java-1.8/bin/java-server-Dstorm.options=
```

```
-Dstorm.home=/opt/storm-Dstorm.log.dir=/opt/storm/logs-D java.library.path=/
usr/local/lib:/opt/local/lib:/usr/lib-Dstorm.conf.file=-cp/opt/storm/lib/
clojure-1.5.1.jar:/opt/storm/lib/tools.logging-0.2.3.jar:/opt/storm/log/chill-
java-0.3.5.jar:/opt/storm/lib/ring-jetty-adapter-0.3.11.jar:/opt/storm/lib/
commons-io-2.4.jar:/opt/storm/lib/compojure-1.1.3.jar:/opt/storm/lib/log4j-over-
slf4j-1.6.6.jar:/opt/storm/lib/clj-time-0.4.1.jar:/opt/storm/lib/reflectasm-1.07-
shaded.jar:/opt/storm/lib/clj-stacktrace-0.2.2.jar:/opt/storm/lib/tools.macro-
0.1.0.jar:/opt/storm/lib/joda-time-2.0.jar:/opt/storm/lib/json-simple-1.1.jar:/
opt/storm/lib/tools.cli-0.2.4.jar:/opt/storm/lib/ring-core-1.1.5.jar:/opt/storm/
lib/ring-servlet-0.3.11.jar:/opt/storm/lib/ring-devel-0.3.11.jar:/opt/storm/lib/
minlog-1.2.jar:/opt/storm/lib/math.numerc-tower-0.0.1.jar:/opt.storm/lig/core.
incubator-0.1.0.jar:/opt/storm/lib/logback-classic-1.0.13.jar:/opt/storm/lib/
jetty-6.1.26.jar:/opt/storm/lib/servlet-api-2.5.jar:/opt/storm/lib/jarapht-
core-0.9.0.jar:/opt/storm/lib/slf4j-api-1.7.5.jar:/opt/storm/lib/asm-4.0.jar:/
opt/storm/lib/kryo-2.21.jar:/opt/storm/lib/commons-fileupload-1.2.1.jar:/opt/
storm/lib/commons-logging-1.1.3.jar:/opt/storm/lib/carbonite-1.4.0.jar:/opt/
storm/lib/jline-2.11.jar:/opt/storm/lib/commons-lang-2.5.jar:/opt/storm/lib/
snakeyaml-1.11.jar:/opt/storm/lib/objenesis-1.2.jar:/opt/storm/lib/commons-codec-
1.6.jar:/opt/storm/lib/storm-core-0.9.6.jar:/opt/storm/lib/hiccup-0.3.6.jar:/
opt/storm/lib/jetty-util-6.1.26.jar:/opt/storm/lib/logback-core-1.0.13.jar:/opt/
logback-core-1.0.13.jar:/opt/storm/lib/disruptor-2.10.4.jar:/opt/storm/lib/clout-
1.0.1.jar:/opt/storm/conf-Xmx256m-Dlogfile.name=supervisor.log-Dlogback.
configurationFile=/opt/storm/logback/cluster.xml backtype.storm.daemon.supervisor
```

4）打开另一个命令行终端，通过“jps”命令查看当前开启的进程。（注意：平台如果还在运行其他应用程序，则实际页面与截图可能有差异，只要 nimbus、QuorumPeerMain、supervisor 进程存在，就表示所需的进程启动成功。）可通过“kill -9”命令停止 nimbus 和 superviser 已经启动的进程。注意，进程前的数字（如 4730）不是每次都一样，所以在停止进程时，需先用“jps”命令查看当前启动的进程对应的数字。例如，在图 5-7 中，supervisor 进程前的数字为 4822，那么停止这个进程所用的命令就是“kill -9 4822”。

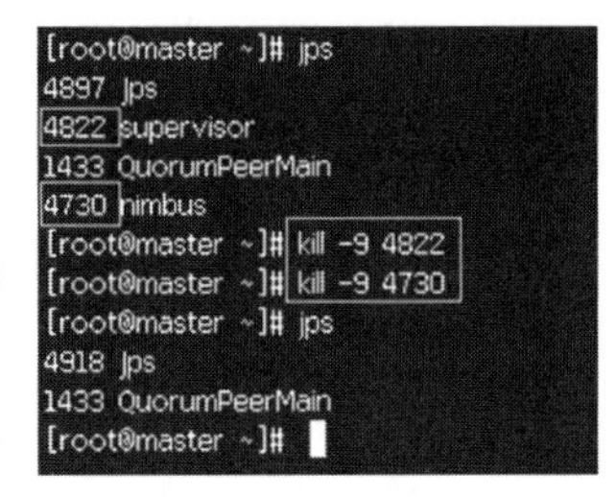

图 5-7　停止进程

5.3.2　命令行客户端

与 Hadoop、Spark 一样，Storm 提供了相应的命令行客户端供用户使用。本节主要介绍 Storm 常用的命令。

1. jar

【语法】storm jar topology-jar-path class

【描述】使用指定的参数运行类的 main 方法。

【注意】Storm 的 Jar 包和在 ~/.storm 中的配置存放在类路径（classpath）中。配置该进程，可在提交拓扑时，由 StormSubmitter 上传 topology-jar-path 的 Jar 文件。

如果要传输未包含在应用程序 Jar 中的其他 Jar 文件，可以使用逗号分隔的字符串将它们传递给“-jars”选项。例如，“-jars your-local-jar.jar，your-local-jar2.jar”将加载 your-local-jar.jar 和 your-local-jar2.jar。

当要加载 Maven 配置项及依赖项时，可以使用逗号分隔的字符串将它们传递给

“--artifacts”选项；还可以排除某些依赖关系，例如 maven pom 中的配置，此时应在配置项后添加带有“^”分隔字符串的排除加载项。例如，--artifacts“redis.clients:jedis:2.9.0,org.apache.kafka:kafka_2.10:0.8.2.2^org.slf4j:slf4j-log4j12”将加载 Jedis 和 Kafka 组件以及所有加载依赖项，但从 Kafka 中排除 slf4j-log4j12。

当需要从 Maven Central 以外的地方提取配置项时，可以使用逗号分隔的字符串将远程存储库传递到“--artifactRepositories”选项。存储库格式为“^”。“^”被视为分隔符，因此 URL 允许各种字符。例如：

- articleIpositories“jboss-repository^http：//repository.jboss.com/maven2，HDPRepo^http：//repo.hortonworks.com/content/groups/public/”

将添加 JBoss 和 HDP 存储库以实现依赖关系解析器。

【实例】storm jar /export/servers/storm/examples/storm-starter/storm-starter-topologies-1.0.3.jar org.apache.storm.starter.WordCountTopology wordcount

2. SQL

【语法】storm sql sql-file topology-name

【描述】将 SQL 语句编译为 Trident 拓扑并将其提交给 Storm。

【注意】可用的 Jar 选项 --jars、--artifacts 和 --artifactRepositories 也适用于 SQL 命令。

【实例】storm sql data.mdf workstation

3. kill

【语法】storm kill topology-name [-w wait-time-secs]

【描述】终止集群中正在运行的名为“topology-name”的拓扑。

【注意】Storm 在拓扑的消息超时期间先停用拓扑的 spouts，以便完成当前正在处理的所有消息。Storm 将关闭 Worker 并清理它们的状态。用户可以使用“-w”标志覆盖 Storm 在停用和关闭之间等待的时间长度。

【实例】storm kill workstation -w 10

4. activate

【语法】storm activate topology-name

【描述】激活指定的名为“topology-name”拓扑的 spouts。

【实例】storm activate workstation

5. deactivate

【语法】storm deactivate topology-name

【描述】停用指定的名为“topology-name”拓扑的 spouts。

【实例】storm deactive workstation

6. rebalance

【语法】storm rebalance topology-name [-w wait-time-secs] [-n new-num-workers] [-e component = parallelism] *

【描述】有时用户希望分散拓扑 Worker 所在的位置。例如，假设用户有一个 10 节点集群，每个节点运行 4 个工作线程，然后要向集群添加另外 10 个节点。用户希望分散正在运行的拓扑中的 Worker，让每个节点运行 2 个 Worker。一种方法是终止拓扑并重新提交它，但使用 Storm 提供的“rebalance”命令就可以用一种更简单的方法来执行此操作。

rebalance 首先在消息超时期间停用拓扑（使用“ -w”标志覆盖），在集群周围均匀地重新分配 Worker 线程。然后，拓扑返回其先前的激活状态（停用的拓扑仍被停用，激活的拓扑恢复为激活状态）。

rebalance 命令还可用于更改正在运行的拓扑的并行性。使用“ -n”和“ -e”可分别更改组件的 Worker 和 Executor 的数量。

【实例】storm rebalance workstation -w 10 -n 2

7. repl

【语法】storm repl

【描述】打开一个包含路径（classpath）中的 Jar 文件和配置的 Clojure repl，以便调试时使用。Clojure 可以作为一种脚本语言内嵌到 Java 中，但是 Clojure 的首选编程方式是使用 repl，repl 是一个简单的命令行接口。可以输入“repl”命令并执行，然后查看结果。

8. classpath

【语法】storm classpath

【描述】在 Storm 客户端运行命令时打印使用的类路径。

9. localconfvalue

【语法】storm localconfvalue conf-name

【描述】在本地 Storm 配置中输出 conf-name 的值。本地 Storm 配置是 ~/.storm/storm.yaml 与 defaults.yaml 中的配置合并的配置。

【实例】storm localconfvalue myconf

10. remoteconfvalue

【语法】storm remoteconfvalue conf-name

【描述】在集群的 Storm 配置中输出 conf-name 的值。集群的 Storm 配置是 $STORM-PATH/conf/storm.yaml 与 defaults.yaml 中的配置合并的配置。注意，必须在计算机集群上运行此命令。

【实例】storm remoteconfvalue myconf

11. nimbus

【语法】storm nimbus

【描述】启动 nimbus 守护进程。该命令应该使用 daemontools 或者 monit 工具监控运行。

12. supervisor

【语法】storm supervisor

【描述】启动 supervisor 守护程序。该命令应该使用 daemontools 或者 monit 工具监控运行。

13. ui

【语法】storm ui

【描述】启动 UI 守护程序。UI 为 Storm 集群提供 Web 界面，并显示有关运行拓扑的详细统计信息。该命令应该使用 daemontools 或者 monit 工具监控运行。

14. drpc

【语法】storm drpc

【描述】启动 DRPC 守护程序。该命令应该使用 daemontools 或者 monit 工具监控运行。

15. drpc-client

【语法】storm drpc-client [options] ([function argument]*)|(argument*)

【描述】提供发送 DRPC 请求的一种简单的方法。如果提供了 -f 参数，则要设置函数名称，所有参数都将被视为函数的参数。如果没有给出函数，则参数必须是函数参数对。但这不会真正用于生产，因为解析结果可能会很复杂。在实际生产中可使用如下程序：

```
Config conf = new Config();
try (DRPCClient drpc = DRPCClient.getConfiguredClient(conf)) {
    //使用 DRPC 客户端
    String result = drpc.execute(function, argument);
}
```

16. bolbstore

【语法】storm blobstore cmd

【描述】

- list [KEY ...]：列出 blobstore 中的当前 blob。
- cat [-f FILE] KEY：读取 blob，然后将其写入文件或 STDOUT（需要读取访问权限）。
- create [-f FILE] [-a ACL ...] [--replication-factor NUMBER] KEY：创建一个新的 blob，内容来自 FILE 或 STDIN。ACL 的格式为 [uo]:[username]:[r-][w-][a-]，可以是逗号分隔列表。
- update [-f FILE] KEY：更新 blob 的内容，内容来自 FILE 或 STDIN（需要写访问权限）。
- delete KEY：从 blobstore 中删除一个条目（需要写访问权限）。
- set-acl [-s ACL] KEY：ACL 的格式为 [uo]:[username]:[r-][w-][a-]，可以是逗号分隔列表（需要管理员访问权限）。
- replication --read KEY：用于读取 blob 的复制因子。
- replication --update --replication-factor NUMBER KEY：NUMBER> 0，它用于更新 blob 的复制因子。

【实例】storm blobstore list[KEY1...]

17. dev- zookeeper

【语法】storm dev-zookeeper

【描述】使用 dev.zookeeper.path 作为本地的目录并使用 storm.zookeeper.port 作为端口，启动一个新的 ZooKeeper 服务器。这仅用于开发和测试，启动的 ZooKeeper 实例未配置为在生产中使用。

18. get-errors

【语法】storm get-errors topology-name

【描述】从正在运行的拓扑中获取最新错误，以 json 格式返回结果，结果包含组件名称的键值对和错误组件的错误信息。

【实例】storm get-errors workstation

19. heartbeats

【语法】storm heartbeats [cmd]

【描述】

- list PATH：列出当前位于 ClusterState 中 PATH 下的心跳节点。
- Get PATH：获取 PATH 的心跳数据。

【实例】storm heartbeats list /export/servers/storm/examples/storm-starter/

20. kill_workers

【语法】storm kill_workers

【描述】停止运行当前 supervisor 上的 worker 进程。该命令应在超级用户节点上运行。如果集群以安全模式运行，则用户需要拥有该节点的管理员权限才能成功终止所有 worker 进程运行。

21. list

【语法】storm list

【描述】列出正在运行的拓扑及其状态。

22. logviewer

【语法】storm logviewer

【描述】启动 Logviewer 守护程序。logviewer 提供一个 Web 接口，用于查看 Storm 日志文件。该命令应该使用 daemontools 或者 monit 工具监控运行。

23. monitor

【语法】storm monitor topology-name [-i interval-secs] [-m component-id] [-s stream-id] [-w [emitted | transferred]]

【描述】以交互方式监视给定拓扑的吞吐量。在默认情况下，可以指定 poll-interval 为 4s，component-id 为 list, stream-id 为 'default', watch-item 为 'emitted'。

【实例】storm monitor workstation -i 10 -w emitted

24. node-health-check

【语法】storm node-health-check

【描述】在本地 supervisor 检查运行状况。

25. pacemaker

【语法】storm pacemaker

【描述】启动 pacemaker 守护程序。该命令应该使用 daemontools 或者 monit 工具监控运行。

26. set_log_level

【语法】storm set_log_level -l [logger name]=[log level][:optional timeout] -r [logger name] topology-name

【描述】动态更改拓扑日志级别。其中，日志级别是以下之一：ALL、TRACE、DEBUG、INFO、WARN、ERROR、FATAL、OFF，timeout 是整数秒。

【实例】./bin/storm set_log_level -l ROOT=DEBUG:30 topology-name

上例表示将根记录器的级别设置为 DEBUG 30s。

27. shell

【语法】storm shell resourcesdir command args

【描述】构建 jar 并加载至使用非 JVM 语言的 nimbus 中。

【实例】storm shell resources/ python topology.py arg1 arg2

28. upload-credentials

【语法】storm upload_credentials topology-name [credkey credvalue]*

【描述】将一组新凭据上传至正在运行的拓扑中。

【实例】storm upload_credentials workstation [mykey myvalue]

29. version

【语法】storm version

【描述】输出此 Storm 的版本号。

30. help

【语法】storm help [command]

【描述】输出一条帮助消息或可用命令列表。

5.3.3 IDEA 下建立 Storm 的 Maven 项目

除了通过命令行调用 Storm 之外，更多的情况是基于 Storm 进行项目开发。本节将介绍基于 Storm 的项目开发环境搭建，这里的集成开发环境和项目管理工具仍然是 IDEA 和 Maven。

1. 建立新的 Maven 项目

1）打开 IDEA 工具。第一次使用时，会弹出“Welcome IntelliJ IDEA”窗口，用户应选择“Create New Project”，建立新项目。

2）确定要建立的项目类型。在弹出的“New Project”窗口中，选择要建立的项目类型“Maven”，单击“Next”按钮。

3）填入工程信息。在弹出的“New Project”窗口中，在 GroupId 对应的文本框中输入“stormId”，在 ArtifactId 对应的文本框中输入“project”，然后单击“Next”按钮。

4）确认项目信息，完成项目创建。在弹出的“New Project”窗口中，会显示新建立的项目名称（name）和项目的存储位置（location）。单击“Finish”按钮，完成项目的创建。

5）此时进入 IDEA 的开发界面。如果在开发界面的上方弹出“Tip of the Day”窗口，则单击“Close”按钮关闭该窗口。

6）显示 IDEA 开发环境的主窗口。在窗口左边可以看到新建立的“project”项目。其中，pom.xml 里记录了 Maven 项目的依赖包等，如图 5-8 所示。

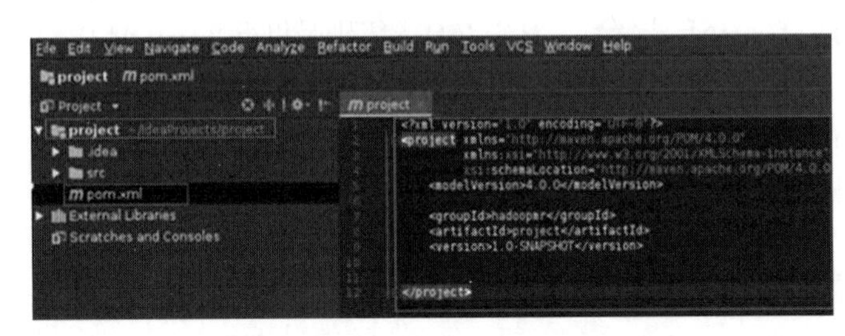

图 5-8　IDEA Maven 的项目页面

2. 配置 pom.xml 文件

1）配置 pom.xml 文件的参考程序如下：

```
<?xml version="1.0" encoding="UTF-8"?>
<project xmlns="http://maven.apache.org/POM/4.0.0"
xmlns:xsi="http://www.w3.org/2001/XMLSchema-instance"
xsi:schemaLocation="http://maven.apache.org/POM/4.0.0 http://maven.apache.
    org/xsd/maven-4.0.0.xsd">
<modelVersion>4.0.0</modelVersion>
<groupId>storm</groupId>
<artifactId>project</artifactId>
<version>1.0-SNAPSHOT</version>
<packaging>jar</packaging>
<name>storm</name>
<url>http://maven.apache.org</url>
<properties>
    <project.build.sourceEncoding>UTF-8</project.build.sourceEncoding>
</properties>
<dependencies>
    <dependency>
        <groupId>junit</groupId>
        <artifactId>junit</artifactId>
        <version>4.12</version>
        <scope>test</scope>
    </dependency>
    <dependency>
        <groupId>org.apache.storm</groupId>
        <artifactId>storm-core</artifactId>
        <version>0.9.6</version>
    </dependency>
    <dependency>
        <groupId>log4j</groupId>
        <artifactId>log4j</artifactId>
        <versio>1.2.17</version>
    </dependency>
</dependencies>
</project>
```

2）查看导入依赖包。导入依赖包后，就能在 IDEA 的左侧窗口中看到新导入的依赖包，完成基于 Storm 的 Maven 项目的开发环境的准备工作。

注意：

如果上面的 Maven 项目依赖包导入失败，则可以在配置好 pom.xml 文件内容后，选中项目名"project"，右击选择"Maven"下的"ReImport"项目，开始 Maven 项目依赖包的导入。

5.4　Storm 编程

5.4.1　可以与 Storm 集成的系统

Storm 集成了常见的消息系统队列和数据库系统，它的 spout 抽象使集成新的消息队列系统变得很容易。目前，Storm 集成的消息队列主要包括 Kestrel、RabbitMQ / AMQP、Kafka、JMS 和 Amazon Kinesis。

同样，将 Storm 与数据库系统集成也很容易，只需打开与数据库的连接，就可以像平常一样进行读 / 写操作。Storm 将在必要时处理并行化、分区，并在失败时进行重试连接等操作。

5.4.2　计算模型

Storm 中只有 3 个抽象：spout、bolt 和 topology（拓扑）。spout 是计算中流的来源。通常，spout 从 Kestrel、RabbitMQ 或 Kafka 之类的消息队列中读取，但是 spout 也可以生成自己的流或从 Twitter 流、API 等地方读取。spout 实现了大多数消息队列系统。Storm 的拓扑计算模型如图 5-9 所示。

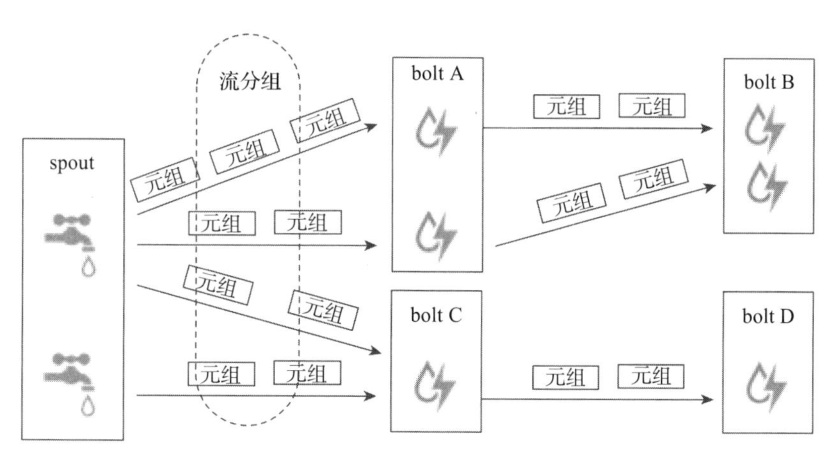

图 5-9　Storm 的拓扑计算模型

图 5-9 是一个由多个 spout 和 bolt 组成的网络所抽象出来的拓扑计算模型，符合 DAG 计算模型的概念，也可以说拓扑是由 spout 和 bolt 组成的网络。网络中的每条边代表一个订阅其他 spout 或 bolt 的输出流。拓扑是任意复杂的多级流计算，在部署时无限期

运行。该计算模型涉及元组、stream、spout 和 bolt 的概念以及流分组功能。

1）元组：数据处理单元，一个元组由多个 Field 组成。

2）stream：应用中的持续元组流。

3）spout：从外部获取流的数据，以元组形式持续发出，它输出原始的元组。

4）bolt：处理任意数量的输入流并产生任意数量的新输出流。它既可以处理元组，也可以将处理后的元组作为新的 stream 发送给其他 bolt，如图 5-9 中的 bolt A → bolt B、bolt C → bolt D。在应用的拓扑计算模型中，大多数计算逻辑（如函数、过滤器、流连接、流聚合、与数据库通信等）都涉及 bolt。

5）流分组：指元组从上游到某个下游的多个并发 task 的分组方式，如 spout 与 bolt 之间或不同 bolt 之间的元组的传送方式。

5.4.3　可以使用任何语言

Storm 在设计之初就可用于任何编程语言，它的核心是用于定义和提交拓扑的 Thrift 定义。由于 Thrift 可以用于任何语言，因此可以使用任何语言定义和提交拓扑。

同样，Storm 可以用任何语言定义 spout 和 bolt。非 JVM 的 spout 和 bolt 可通过 stdin / stdout 基于 JSON 的交互协议与 Storm 通信。实现此协议的适配器适用于 Ruby、Python、JavaScript、Perl。

5.4.4　简单的 API

Storm 有一套简单的 API。在 Storm 上编程时，可以通过 API 操作和转换元组流，元组是一个命名的值列表。元组可以包含任何类型的对象，如果用户想使用一种 Storm 不知道的类型，可以很容易地通过序列化注册该类型。

Storm 的“本地模式”可用于模拟一个 Storm 集群，这对开发和测试很有用。准备好在实际集群上提交拓扑并执行时，可以使用 storm 命令行客户端。

5.5　Storm 编程示例——单词计数

5.5.1　实现目标

在本节中，我们将使用 Storm 编程来实现单词的计数。我们将以 {$STORM_HOME/NOTIC} 文件为例，进行单词计数的编程。其中，NOTIC 文件的内容如下：

```
Apache Storm
Copyright 2014 The Apache Software Foundation

This product includes software developed at
The Apache Software Foundation (http://www.apache.org/).

This product includes software developed by Yahoo! Inc. (www.yahoo.com)
Copyright (c) 2012-2014 Yahoo! Inc.
```

```
YAML support provided by snakeyaml (http://code.google.com/p/snakeyaml/).
Copyright (c) 2008-2010 Andrey Somov

The Netty transport uses Netty
(https://netty.io/)
Copyright (C) 2011 The Netty Project

This product uses LMAX Disruptor
(http://lmax-exchange.github.io/disruptor/)
Copyright 2011 LMAX Ltd.

This product includes the Jetty HTTP server
(http://jetty.codehaus.org/jetty/).
Copyright 1995-2006 Mort Bay Consulting Pty Ltd

JSON (de)serialization by json-simple from
(http://code.google.com/p/json-simple).
Copyright (C) 2009 Fang Yidong and Chris Nokleberg

Alternative collection types provided by google-collections from
http://code.google.com/p/google-collections/.
Copyright (C) 2007 Google Inc.
```

依据 Storm 计算模型，拟建立业务的计算模型如图 5-10 所示。

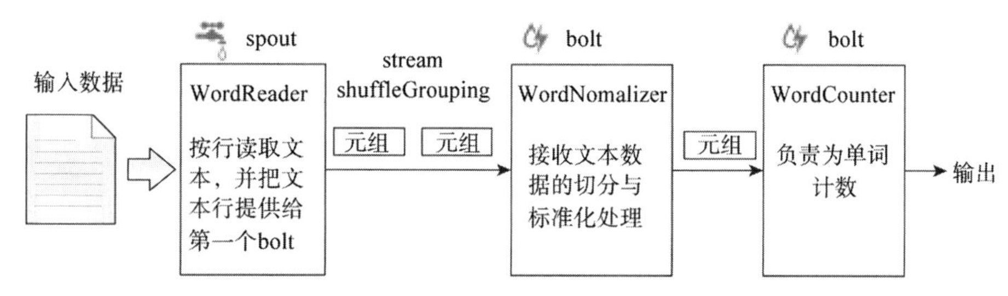

图 5-10 Storm 下 WordCounter 的拓扑计算模型

在图 5-10 中，建立了一个 spout 文件 WordReader 和两个 bolt 文件 WordNormalizer、WordCounter。其中，WordReader 负责读取文本数据并发给 WordNormalizer 进行接收文本数据的切分与标准化处理，然后传给 bolt 文件 WordCounter 进行单词计数。

其中，一个 spout 发布一个定义域列表，不同的 bolt 可以从同一个 spout 流读取数据，它们的输出也可作为其他 bolt 的定义域。bolt 中重要的方法是 void execute(Tuple input)，每次接收到元组时都会被调用一次，还会发布若干个元组。必要时，bolt 或 spout 会发布若干元组。当调用 nextTuple 或 execute 方法时，它们可能会发布 0 到多个元组。

5.5.2 建立编写程序的包名

打开 IDEA，在新建立的“project”项目下，建立“experiment”包，在该包下编写相应的 Storm 程序。具体操作步骤如下：

1）选中 project 下的 Java 选项，依次选择它的子项 New → Package。

2）在弹出的“New Package”窗口中的文本框里输入包名“experiment”，单击

“OK”按钮，完成包名创建。此时，在 IDEA 工具左侧窗口中的 project 项目下，可以看到新创建的“experiment”包，如图 5-11 所示。

至此，包名建立完毕。

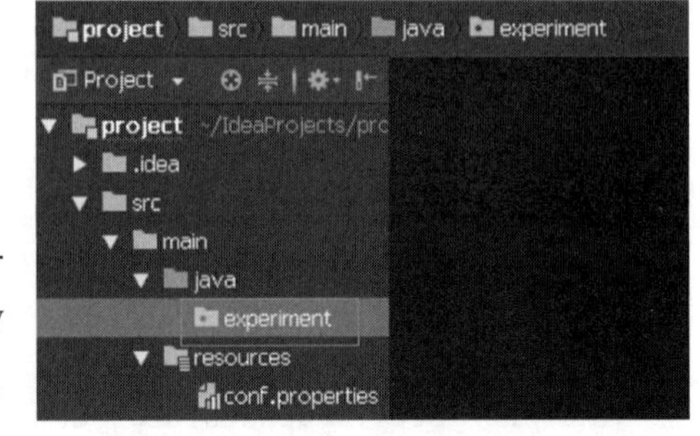

图 5-11　新创建的“experiment”包

5.5.3　编写 spouts 文件 WordReader

1）建立“spout”包。选中新建立的“experiment”包，依次选择 New→Package，弹出“New Package”窗口，在文本框中写上包名“spouts”，单击“OK”按钮，完成包名的创建。

2）在“spouts”包下建立 WordReader 类文件。

① 选中新创建的“spouts”包，选择它的子项“New”下的“Java Class”选项。

② 在弹出的窗口“Create New Class”中输入要建立的文件名“WordReader”和类型“Class”，然后单击“OK”按钮，完成类文件的创建。

此时，在 IDEA 工具左侧窗口中 Project 项目的“spouts”包下会看到新建立的类文件 WordReader，并且在 IDEA 工具的中央窗口中可以看到新建立的类文件的内容。

3）在 WordReader 类的程序编辑窗口中编写程序，如下所示：

```
package experiment.spouts;

import java.io.BufferedReader;
import java.io.FileNotFoundException;
import java.io.FileReader;
import java.util.Map;

import backtype.storm.spout.SpoutOutputCollector;
import backtype.storm.task.TopologyContext;
import backtype.storm.topology.OutputFieldsDeclarer;
import backtype.storm.topology.base.BaseRichSpout;
import backtype.storm.tuple.Fields;
import backtype.storm.tuple.Values;

public class WordReader extends BaseRichSpout {
    private SpoutOutputCollector collector;
    private FileReader fileReader;
    private boolean completed = false;

    public void ack(Object msgId) {
        System.out.println("OK:" + msgId);
    }

    public void close() {
    }

    public void fail(Object msgId) {
        System.out.println("FAIL:" + msgId);
    }
/**
 * 分发文件中的文本行，向 bolt 发布待处理的数据
 * 读取文件并逐行发布数据
 * 当没有任务时，它必须释放对线程的控制，其他方法才有机会执行
```

```
    * 因此，nextTuple 的第一行要检查是否已处理完成
    * 如果处理完成，为了降低处理器负载，会在返回前休眠 1ms
    * 如果任务完成，文件中的每一行都已被读出并分发了
    */
       public void nextTuple() {
        // 文件读完之前一直被调用
           if (completed) {
               try {
                   Thread.sleep(1000);
               } catch (InterruptedException e) {
                   //Do nothing
               }
               return;
           }
           String str;
           // 创建 reader
           BufferedReader reader = new BufferedReader
                   (fileReader);
           try {
               // 读所有行
               while ((str = reader.readLine()) != null) {
                   // 每一行发布一个新的值
                   this.collector.emit(new Values(str), str);
               }
           } catch (Exception e) {
               throw new RuntimeException("Error reading tuple", e);
           } finally {
               completed = true;
           }
       }

   /**
   * 我们将创建一个文件并获取指定的 collector 对象
   * 第一个被调用的 spout 方法
   * Map conf: 配置对象，在定义 topology 对象时创建
   * TopologyContext context: TopologyContext 对象，包含所有拓扑数据
   * SpoutOutputCollector collector: SpoutOutputCollector 对象，实现发布给 bolt 处理的数据
   */
       public void open(Map conf, TopologyContext context, SpoutOutputCollector
           collector) {
           try {
               // 创建了一个 FileReader 对象，用来读取文件
               this.fileReader = new FileReader(conf.get("wordsFile").toString());
           } catch (FileNotFoundException e) {
               throw new RuntimeException("Error reading file [" + conf.get
                   ("wordFile") + "]");
           }
           this.collector = collector;
       }

       // 声明输出域 "word"
       public void declareOutputFields(OutputFieldsDeclarer declarer) {
           declarer.declare(new Fields("line"));
       }
   }
```

代码编写完成后，按 <Ctrl+S> 组合键保存文件内容。建立的类文件 WordReader 继承自 BaseRichSpout 类，该类继承自类文件 BaseComponent，并且实现了 IRichSpout 接口，

IRichSpout 是 spout 必须实现的接口。WordReader 负责从文件按行读取文本，并把文本行提供给第一个 bolt。

5.5.4 编写 bolts 文件 WordNormalizer

1）在“experiment”包下，建立新的名为“bolts”的包。

2）建立类文件 WordNormalizer。方法是：选中新创建的“bolts”包，选择它的子目录“New”下的“Java Class”，在弹出的窗口“Create New Class”中输入 Name 对应的文本框，输入要建立的文件的名字“WordNormalizer”，并在 Kind 对应的下拉菜单中选择类型“Class”，然后单击“OK”按钮，完成类文件的创建。此时，在 IDEA 工具左侧窗口的 Project 项目“bolts”包下会看到新建立的类文件“WordNormalizer”，并且在 IDEA 工具的中央窗口中可以看到新建立的类文件的内容。

3）在 WordNormalizer 类的代码编写窗口编写如下程序：

```
package experiment.bolts;

import backtype.storm.topology.BasicOutputCollector;
import backtype.storm.topology.OutputFieldsDeclarer;
import backtype.storm.topology.base.BaseBasicBolt;
import backtype.storm.tuple.Fields;
import backtype.storm.tuple.Tuple;
import backtype.storm.tuple.Values;

public class WordNormalizer extends BaseBasicBolt {
    public void cleanup() {
    }

/**
* bolt 从单词文件接收到文本行，并对其标准化
*/
    public void execute(Tuple input, BasicOutputCollector collector) {
        String sentence = input.getString(0);
        String[] words = sentence.split(" ");  // 文本行按空格切分成单词数组
        for (String word : words) {
            word = word.trim();                // 去除单词两边的空格
            // if (!word.isEmpty()) {
            word = word.toLowerCase();         // 将单词转化成小写
            collector.emit(new Values(word));  // 发布这个单词
            //}
        }
    }

/**
 * 发布“word”域
 * @declarer: 声明 bolt 的出参
*/
    public void declareOutputFields(OutputFieldsDeclarer declarer) {
        declarer.declare(new Fields("word"));    // 声明 bolt 将发布一个名为 "word" 的域
    }
}
```

代码编写完成后，按 <Ctrl+S> 组合键保存文件内容。

5.5.5 编写 bolts 文件 WordCounter

1）在“bolts”包中，建立类文件 WordCounter。方法是：选中新创建的“bolts”包，选择它的子目录“New”下的“Java Class”。在弹出的“Create New Class”窗口中输入 Name 对应的文本框后，输入要建立的文件名“WordCounter”，并在 Kind 对应的下拉菜单中选择类型“Class”，然后单击“OK”按钮，完成类文件的创建。

2）在类文件 WordCounter 的程序编写窗口中编写如下程序：

```
package experiment.bolts;

import backtype.storm.task.TopologyContext;
import backtype.storm.topology.BasicOutputCollector;
import backtype.storm.topology.OutputFieldsDeclarer;
import backtype.storm.topology.base.BaseBasicBolt;
import backtype.storm.tuple.Tuple;

import java.util.HashMap;
import java.util.Map;

public class WordCounter extends BaseBasicBolt {
    Integer id;
    String name;
    Map<String, Integer> counters;

    /**
     * spout 结束时（当集群关闭时），将显示单词的数量
     */
    @Override
    public void cleanup() {
        System.out.println("-- Word Counter [" + name + "-" + id + "] --");
        for (Map.Entry<String, Integer> entry : counters.entrySet()) {
            System.out.println(entry.getKey() + ": " + entry.getValue());
        }
    }

    /**
     * 初始化声明
     */
    @Override
    public void prepare(Map stormConf, TopologyContext context) {
        this.counters = new HashMap<String, Integer>();
        this.name = context.getThisComponentId();
        this.id = context.getThisTaskId();
    }

    public void declareOutputFields(OutputFieldsDeclarer declarer) {
    }

    /**
     * 为每一个单词计数
     */
    public void execute(Tuple input, BasicOutputCollector collector) {
        String str = input.getString(0);
       // 如果单词不存在，创建一个 map，否则，该单词计数加 1
        if (!counters.containsKey(str)) {
            counters.put(str, 1);
```

```
        } else {
            Integer c = counters.get(str) + 1;
            counters.put(str, c);
        }
    }
}
```

代码编写完成后，按 <Ctrl+S> 组合键保存文件内容。

其中，execute 方法使用一个 map 收集单词并计数。在拓扑结束时，调用 clearup() 方法打印输出计数器 map。通常情况下，当拓扑关闭时，建议使用 cleanup() 方法关闭活动的连接和其他资源。

5.5.6　编写主函数文件 TopologoyMain

1）建立类文件 TopologoyMain。方法是：选中新创建的“experiment”包，选择它的子目录“New”下的“Java Class”。在弹出的窗口“Create New Class”中输入 Name 对应的文本框后，输入要建立的文件名“TopologoyMain”，并且在 Kind 对应的下拉菜单中选择类型“Class”，然后单击“OK”按钮，完成类文件的创建。

2）编写 TopologoyMain 类文件的内容，代码如下：

```
package experiment;

import backtype.storm.Config;
import backtype.storm.LocalCluster;
import backtype.storm.topology.TopologyBuilder;
import backtype.storm.tuple.Fields;
import experiment.bolts.WordCounter;
import experiment.bolts.WordNormalizer;
import experiment.spouts.WordReader;

public class TopologoyMain {
    public static void main(String[] args) throws InterruptedException {
        // 定义拓扑
        TopologyBuilder builder = new TopologyBuilder();
        builder.setSpout("word-reader", new WordReader());
        // 在 spout 和 bolt 之间通过 shuffleGrouping 方法连接
        // 这种分组方式决定了 Storm 会以随机分配方式从源节点向目标节点发送消息
        builder.setBolt("word-normalizer", new WordNormalizer()).
            shuffleGrouping("word-reader");
        builder.setBolt("word-counter", new WordCounter(), 1).
                fieldsGrouping("word-normalizer", new Fields("word"));
        // 创建一个包含拓扑配置的 Config 对象
        // 它在运行时与集群配置合并，并通过 prepare 方法发送给所有节点
        Config conf = new Config();
        // 由 spout 读取文件的文件名，赋值给 wordFile 属性
        conf.put("wordsFile", "{$STORM_HOME/NOTICE");
        conf.setDebug(false);
        conf.put(Config.TOPOLOGY_MAX_SPOUT_PENDING, 1);
        // 用一个 LocalCluster 对象运行这个拓扑
        LocalCluster cluster = new LocalCluster();
        // 运行拓扑
        cluster.submitTopology("Getting-Started-Toplogie", conf, builder.
            createTopology());
        Thread.sleep(10000);    // 休眠 1s（拓扑在另外的线程运行）
```

```
        cluster.shutdown();     // 关闭集群
    }
}
```

代码编写完成后，按 <Ctrl+S> 组合键保存文件内容。

5.5.7 通过主函数文件 TopologoyMain 运行程序

在 TopologoyMain 文件窗口的空白处单击鼠标右键，在弹出的菜单中选择“Run TopologoyMain .main()”选项，程序开始运行。在 IDEA 工具窗口下面的控制台会看到程序运行的过程及结果，如图 5-12 所示。

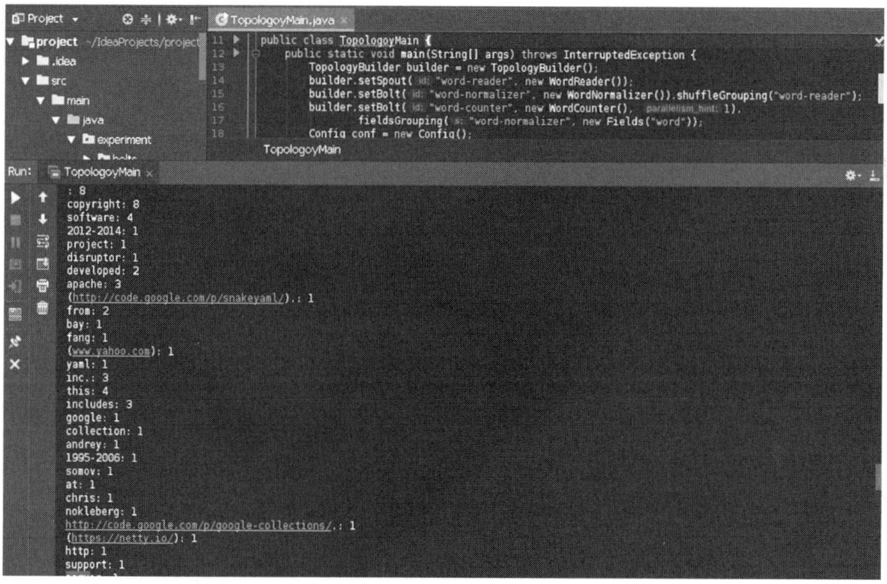

图 5-12 主函数文件 TopologoyMain 的运行过程及结果

以结果中的 this 为例，NOTIC 文件中共出现过 4 次 this，所以这里的结果是“this：4”。

习题 5

1. 请简述你对 Storm 的理解。
2. 请简述 Storm 的特征。
3. 试着独立搭建 Storm 环境。
4. 试着独立搭建 Storm 的 Maven 开发环境。
5. 请简述你对 Storm 计算模型的理解。
6. 试着独立编写一个 Storm 的单词计数程序。

第 6 章 GraphX 及其应用

事物之间存在联系，因此可以将事物及其联系建模成图，将事物看作图的顶点，事物间的联系看作图的边。现实世界的很多联系都可以表达为图，如社交网络、道路网络、互联网等，针对图数据的计算就是图计算。图计算是一类应用非常广泛的计算形式，但有一些特殊的要求。本章以 GraphX 为例从系统的角度介绍图计算，首先对图计算进行概述，接着介绍 GraphX 编程，最后通过两个实例介绍 GraphX 程序设计。

6.1 图计算概述

6.1.1 图

参照维基百科的定义：图（Graph）用于表示事物与事物之间的关系，是图论的基本研究对象。图由一些圆点（称为顶点或节点）和连接这些圆点的直线或曲线（称为边）组成。

图分为有向图和无向图。有向图是指给图的每条边规定一个方向，其边称为有向边。在有向图中，与一个点关联的边有出边和入边之分，与一个有向边关联的两个点也有始点和终点之分。边没有方向的图称为无向图。

其中，出边是指从当前顶点指向其他顶点的边，入边表示其他顶点指向当前顶点的边。度表示一个顶点的所有边的数量。出度是一个顶点出边的数量，入度是一个顶点入边的数量。

简单的有向图和无向图都可以使用二元组的定义，但形如 (x, x) 的序对不属于 E。而无向图的边集必须是对称的，即如果 $(x, y) \in E$，那么 $(y, x) \in E$。

若允许两顶点间的边数多于一条，又允许顶点通过同一条边和自己关联，则该图称为多重图（简称多图）。它只能使用“三元组”的定义。

二元组的定义：图 G 是一个二元组 (V, E)，其中 V 称为顶点集，E 称为边集。它们也可写成 $V(G)$ 和 $E(G)$。E 的元素是一个二元组，用 (x, y) 表示，其中 $x, y \in V$。

三元组的定义：图 G 是一个三元组（V, E, I），其中 V 称为顶点集，E 称为边集，E 与 V 两两不相交；I 称为关联函数，I 将 E 中的每一个元素映射到 $V \times V$ 中。如果 $I(e)=(u, v)$（$e \in E$, u, $v \in V$），那么称边 e 连接顶点 u 和 v，u 和 v 称作 e 的端点，u 和 v 此时关于 e 相邻。同时，若两条边 i 和 j 有一个公共顶点 u，则称 i 和 j 关于 u 相邻。

6.1.2　属性图

属性图是由顶点、边、标签、关系类型和属性组成的有向多图。其中，顶点也称为节点，边也称为关系。在图中，节点和关系是最重要的实体，所有节点是独立存在的，如果为节点设置标签，那么拥有相同标签的节点属于一个集合。关系通过关系类型来分组，类型相同的关系属于同一个集合。关系是有向的，关系的两端是起始节点和结束节点，可以通过有向的箭头来标识方向，节点之间的双向关系通过两个方向相反的关系来标识。节点可有 0 个、1 个或多个标签，关系必须设置关系类型，并且只能设置一个关系类型。

在属性图中，用户定义的对象附加到每个顶点和边。其有向多图的模型允许多个平行边共享相同的源顶点和目标顶点，这种性质简化了复杂场景的建模，比如在相同顶点之间存在多个关系（例如，同事和朋友）的场景的建模。

6.1.3　图计算

图计算是以图作为数据模型来表达问题并解决该问题的过程。以高效解决图计算问题为目标的系统称为图计算系统。

图计算已有广泛的应用，下面是图计算的一些典型应用。

- 在金融风控中，将多种变量（如账号、交易、资金）之间的关系通过图联系在一起，分析其对金融安全的影响，典型的金融异构系统都能建模为特定的图结构。例如，在大图上做环路检测可以有效识别循环转账，帮助预防信用卡诈骗。
- 在社交网络上分析可疑人物的近邻好友或基于属性图的社团发现可以挖掘出诈骗团伙或者僵尸账号。
- 知识图谱通过图来建立知识之间的联系，并在此基础上设计推理算法，从语义层面理解用户意图，改进搜索质量。

图计算具有如下一些区别于其他类型计算任务的挑战与特点。

- 随机访问多：图计算围绕图的拓扑结构展开，计算过程会访问边和关联的两个顶点，但由于实际图数据的稀疏性（通常平均为几度到几百度），不可避免地会产生大量随机访问。
- 迭代计算多：图计算中的很多算法都是迭代算法且迭代的轮数很大，如最小生成树、最短路径等的迭代轮数和图中顶点数的数量级相同，而 Hadoop 这样的大数据计算框架在每一轮迭代中都要引入 HDFS 的读写，因此不适用于这样的图计算任务。
- 计算不规则：对于很多实际中的图（如社交网络、引用网络），其顶点的度具有幂律分布的特性，即大多数顶点的度数很小，极少部分顶点的度数很大（如社交网络中明星用户的粉丝），这使得计算任务的划分较为困难，容易导致负载不均衡。

6.1.4　支持图计算的 GraphX

GraphX 是 Spark 中用于图并行计算的组件。GraphX 通过引入属性图来扩展 Spark RDD。为了支持图计算，GraphX 使用一组基本运算符（如 subgraph、joinVertices 和 aggregateMessages），以及 Pregel API 的优化变体。此外，GraphX 包含大量图算法和构建器，以简化图的分析任务。

6.2　GraphX 编程

6.2.1　GraphX 项目的导入

首先，需要将 Spark 和 GraphX 导入项目，其程序如下：

```
import org.apache.spark._
import org.apache.spark.graphx._
// 为了使一些例子有效，可能需要 RDD
import org.apache.spark.rdd.RDD
```

如果用户不使用 Spark Shell，则需要一个 SparkContext。

6.2.2　GraphX 中属性图的表达

GraphX 组件实现了属性图的基本功能，每个顶点由唯一的 64 位的标识符（VertexId）表示。GraphX 不对顶点标识符施加任何排序约束。类似地，边具有对应的源顶点和目标顶点标识符。属性图在顶点（VD）和边（ED）类型上进行参数化。这些类型分别是与每个顶点和边关联的对象的类型。

当 GraphX 中的数据是原始数据类型（如 int、double 等）时，GraphX 会优化顶点和边类型的表示，通过将它们存储在专用数组中来减少内存占用。

在某些情况下，同一个图中可能具有不同属性类型的顶点，这可以通过继承来实现。例如，将用户和产品建模为二分图，其程序如下：

```
class VertexProperty()
case class UserProperty(val name: String) extends VertexProperty
case class ProductProperty(val name: String, val price: Double) extends VertexProperty
// 图可能拥有的类型
var graph: Graph[VertexProperty, String] = null
```

与 RDD 一样，属性图是不可变的、分布式的和容错的。通过生成按业务需要更改的新图来完成对图的值或结构的更改。注意，原始图的大部分（未受影响的结构、属性和索引）会在新图中被重用。使用一系列顶点分区启发法可将图划分为执行程序。与 RDD 一样，图的每个分区都可以在发生故障时在不同的机器上重新创建。

逻辑上，属性图对应于一对编码每个顶点和边的属性的类型集合（RDD）。因此，图类包含访问图的顶点和边的成员，其程序如下：

```
class Graph[VD, ED] {
    val vertices: VertexRDD[VD]
    val edges: EdgeRDD[ED]
}
```

VertexRDD[VD] 和 EdgeRDD[ED] 类扩展分别是 RDD[(VertexId, VD)] 和 RDD [Edge[ED]] 的优化版本。VertexRDD[VD] 和 EdgeRDD[ED] 都提供了围绕图计算构建的附加功能，并利用了内部优化。

GraphX 还包含三元组视图。三元组视图在逻辑上连接顶点和边属性，产生包含 EdgeTriplet 类实例的 RDD[EdgeTriplet[VD,ED]]。此连接可以用以下 SQL 表达式表示：

```
SELECT src.id, dst.id, src.attr, e.attr, dst.attr
FROM edges AS e LEFT JOIN vertices AS src, vertices AS dst
ON e.srcId = src.Id AND e.dstId = dst.Id
```

GraphX 三元组视图也可以通过图 6-1 来表示。

图 6-1 GraphX 三元组视图

其中，EdgeTriplet 类继承于 Edge 类，并且加入了 srcAttr 和 dstAttr 成员，这两个成员分别包含源和目标属性。用户可以使用图的三元组视图来呈现描述用户之间关系的字符串集合。使用三元组视图创建 RDD 的程序如下：

```
val graph: Graph[(String, String), String] // Constructed from above
//使用三元组视图创建 RDD
val facts: RDD[String] =
  graph.triplets.map(triplet =>
    triplet.srcAttr._1 + " is the " + triplet.attr + " of " + triplet.dstAttr._1)
facts.collect.foreach(println(_))
```

6.2.3 图操作符

正如 RDD 具有 map、filter 和 reduceByKey 等基本操作一样，属性图也有一组基本运算符，它们采用用户定义的函数并生成具有转换属性和结构的新图。

在 Graph 中定义了具有优化实现的核心运算符，其组合的便捷运算符在 GraphOps 中定义。但是，因为有 Scala 的隐式转换，在 GraphOps 中定义的操作可以作为 Graph 的成员自动使用。例如，可以通过以下方式计算每个顶点的入度（在 GraphOps 中定义）：

```
val graph: Graph[(String, String), String]
// 使用隐式 GraphOps.inDegrees 运算符
val inDegrees: VertexRDD[Int] = graph.inDegrees
```

区分核心图操作和 GraphOps 是为了在将来支持不同的图表示。每个图表示必须提供核心操作的实现，并重用 GraphOps 中定义的许多有用的操作。

1. 属性操作

和 RDD 的 map 操作一样，属性图包含下面的操作：

```
class Graph[VD, ED] {
    def mapVertices[VD2](map: (VertexId, VD) => VD2): Graph[VD2, ED]
    def mapEdges[ED2](map: Edge[ED] => ED2): Graph[VD, ED2]
    def mapTriplets[ED2](map: EdgeTriplet[VD, ED] => ED2): Graph[VD, ED2]
}
```

这些运算符中的每个操作都生成一个新图，该新图包含通过用户自定义的 map 操作修改的顶点或边的属性。

注意：

这些操作的一个重要特征是允许得到的图重用原有图的结构索引。下面的两行代码在逻辑上是等价的，但第一个片段不保留结构索引，并且不会从 GraphX 系统优化中受益：

```
val newVertices = graph.vertices.map { case (id, attr) => (id, mapUdf(id, attr)) }
val newGraph = Graph(newVertices, graph.edges)
```

另一种方法是用 mapVertices 保存索引，命令如下：

```
val newGraph = graph.mapVertices((id, attr) => mapUdf(id, attr))
```

这些操作经常用来初始化图、处理特定计算或者项目不需要的属性。例如，给定一个图，这个图的顶点特征包含出度，用 PageRank 进行初始化，其程序如下：

```
// 给出一个顶点属性为出度的图
val inputGraph: Graph[Int, String] =
    graph.outerJoinVertices(graph.outDegrees)((vid, _, degOpt) => degOpt.getOrElse(0))
// 构造一个图，其中每条边都包含权重
// 每个顶点都是初始的 PageRank
val outputGraph: Graph[Double, Double] =
    inputGraph.mapTriplets(triplet => 1.0 / triplet.srcAttr).mapVertices((id, _) => 1.0)
```

2. 结构性操作

当前的 GraphX 仅支持一组简单的常用结构性操作。下面是基本的结构性操作列表。

```
class Graph[VD, ED] {
    def reverse: Graph[VD, ED]
    def subgraph(epred: EdgeTriplet[VD,ED] => Boolean, vpred: (VertexId, VD)
       => Boolean): Graph[VD, ED]
    def mask[VD2, ED2](other: Graph[VD2, ED2]): Graph[VD, ED]
    def groupEdges(merge: (ED, ED) => ED): Graph[VD,ED]
}
```

reverse 操作返回一个新的图，这个新生成的图是由原图中每条边反转方向得到的。例如，这个操作可以用来计算反转的 PageRank。因为反转操作没有修改顶点、边的属性或者改变边的数量，所以可以在不移动或者复制数据的情况下有效地实现它。

subgraph 操作利用了顶点和边的谓词（predicate），返回的图仅包含满足顶点谓词的顶点、满足边谓词的边以及满足顶点谓词的连接顶点（connect vertice）。subgraph 操作可以用于很多场景，如获取感兴趣的顶点和边组成的图或者清除断开连接后的图。

3. 连接操作

在许多情况下，有必要将外部数据加入图中。例如，有额外的用户属性需要合并到已有的图中或者需要从一个图中取出顶点特征加入另外一个图中，这些任务可以用 join 操作完成。下面列出了主要的 join 操作。

```
class Graph[VD, ED] {
    def joinVertices[U](table: RDD[(VertexId, U)])(map: (VertexId, VD, U) => VD)
        : Graph[VD, ED]
    def outerJoinVertices[U, VD2](table: RDD[(VertexId, U)])(map: (VertexId, VD,
       Option[U]) => VD2)
        : Graph[VD2, ED]
}
```

joinVertices 操作将输入 RDD 和顶点相结合，返回一个新的带有顶点特征的图。这些特征是通过在连接顶点的结果上使用用户定义的 map 函数获得的。在 RDD 中，没有匹配值的顶点保留其原始值。

注意：

对于给定的顶点，如果 RDD 中的匹配值超过 1 个，则只使用其中的一个。建议用下面的方法保证输入 RDD 的唯一性。下面的方法也会预先索引返回的值以加快后续的 join 操作：

```
val nonUniqueCosts: RDD[(VertexID, Double)]
val uniqueCosts: VertexRDD[Double] =
  graph.vertices.aggregateUsingIndex(nonUnique, (a,b) => a + b)
val joinedGraph = graph.joinVertices(uniqueCosts)(
  (id, oldCost, extraCost) => oldCost + extraCost)
```

除了将用户自定义的 map 函数用到所有顶点和改变顶点属性类型外，更一般的类 outerJoinVertices 与 joinVertices 类似。因为并不是所有顶点在输入 RDD 中都拥有匹配的值，所以 map 函数采用 Option 类型。

```
val outDegrees: VertexRDD[Int] = graph.outDegrees
val degreeGraph = graph.outerJoinVertices(outDegrees) { (id, oldAttr, outDegOpt) =>
  outDegOpt match {
    case Some(outDeg) => outDeg
    case None => 0 // No outDegree means zero outDegree
  }
}
```

上面的例子中用到了 curry 函数的多参数列表。虽然可以将 $f(a)(b)$ 写成 $f(a, b)$，但是 $f(a, b)$ 意味着 b 的类型推断不会依赖于 a。因此，用户需要为定义的函数提供类型标注：

```
val joinedGraph = graph.joinVertices(uniqueCosts,
  (id: VertexID, oldCost: Double, extraCost: Double) => oldCost + extraCost)
```

---

4. 邻域聚合

图分析任务的一个关键步骤是汇总每个顶点邻域的信息。例如，查找每个用户的粉丝数量或者每个用户的粉丝的平均年龄。许多迭代的图算法（如 PageRank、最短路径和连通分量计算）具有多次聚合相邻顶点的特点。

为了提高性能，主要的聚合操作从 graph.mapReduceTriplets 改为新的 graph.Aggregate-Messages。

5. 聚合消息

GraphX 中的核心聚合操作是 aggregateMessages。这个操作将用户定义的 sendMsg 函数应用到图的每个边三元组中，然后应用 mergeMsg 函数在其目的顶点聚合这些消息。程序如下：

```
class Graph[VD, ED] {
    def aggregateMessages[Msg: ClassTag](
        sendMsg: EdgeContext[VD, ED, Msg] => Unit,
        mergeMsg: (Msg, Msg) => Msg,
        tripletFields: TripletFields = TripletFields.All)
        : VertexRDD[Msg]
}
```

用户自定义的 sendMsg 函数为 EdgeContext 类型。它暴露源和目的属性以及边缘属性，并且给源和目的属性的函数（sendToSrc 和 sendToDst）发送消息。可将 sendMsg 函数看作 map-reduce 过程中的 map 函数。用户自定义的 mergeMsg 函数指定两个消息到相同的顶点并保存为一个消息。可以将 mergeMsg 函数看作 map-reduce 过程中的 reduce 函数。aggregateMessages 操作返回一个包含聚合消息（目的地为每个顶点）的 VertexRDD[Msg]。没有接收到消息的顶点不包含在返回的 VertexRDD 中。

另外，aggregateMessages 有一个可选的 tripletFields 参数，它指出 EdgeContext 中被访问的数据（如源顶点特征）。tripletFields 可能的选项定义在 TripletFields 中。tripletFields 参数用来通知 GraphX，只需要 EdgeContext 的一部分信息，GraphX 就可以选择一个优化的连接策略。例如，如果我们想计算每个用户的粉丝的平均年龄，则仅需要源字段，故可用 TripletFields.Src 表示。

6. MapReduce 三元组过渡

早期版本的 GraphX 使用 mapReduceTriplets 运算符完成邻域聚合，程序如下：

```
class Graph[VD, ED] {
    def mapReduceTriplets[Msg](
        map: EdgeTriplet[VD, ED] => Iterator[(VertexId, Msg)],
        reduce: (Msg, Msg) => Msg)
        : VertexRDD[Msg]
}
```

mapReduceTriplets 运算符采用用户定义的 map 函数，该函数应用于三元组，并且可以生成使用用户定义的 reduce 函数聚合的消息。但是，用户返回的迭代器代价高，并且会妨碍用户应用其他优化的能力（如本地顶点重新编号）。aggregateMessages 引入了 EdgeContext，它包含三元组字段，而且函数显式地将消息发送到源和目标顶点。此外，EdgeContext 删除了字节码检测环节，从而需要用户指明三元组中实际需要的字段。

下面的代码用到了 mapReduceTriplets：

```
val graph: Graph[Int, Float] = ...
def msgFun(triplet: Triplet[Int, Float]): Iterator[(Int, String)] = {
  Iterator((triplet.dstId, "Hi"))
}
def reduceFun(a: String, b: String): String = a + " " + b
val result = graph.mapReduceTriplets[String](msgFun, reduceFun)
```

可以使用 aggregateMessages 重写为如下代码：

```
val graph: Graph[Int, Float] = ...
def msgFun(triplet: EdgeContext[Int, Float, String]) {
  triplet.sendToDst("Hi")
}
def reduceFun(a: String, b: String): String = a + " " + b
val result = graph.aggregateMessages[String](msgFun, reduceFun)
```

7. 计算度信息

一般地，聚合任务就是计算顶点的度，即顶点相邻边的数量。在有向图中，需要知道顶点的入度、出度和总度。GraphOps 类包含一个操作集合，用来计算每个顶点的度。

例如，定义 reduce 操作以计算度最高的顶点的程序如下：

```
// 定义一个 reduce 操作，计算度最高的顶点
def max(a: (VertexId, Int), b: (VertexId, Int)): (VertexId, Int) = {
  if (a._2 > b._2) a else b
}
// 计算度
val maxInDegree: (VertexId, Int)  = graph.inDegrees.reduce(max)
val maxOutDegree: (VertexId, Int) = graph.outDegrees.reduce(max)
val maxDegrees: (VertexId, Int)   = graph.degrees.reduce(max)
```

8. 相邻顶点收集

在某些情况下，用户可以通过收集每个顶点相邻的顶点及其属性来完成计算，也可以通过 collectNeighborIds 和 collectNeighbors 操作来完成收集工作。其程序如下：

```
class GraphOps[VD, ED] {
  def collectNeighborIds(edgeDirection: EdgeDirection): VertexRDD[Array[VertexId]]
  def collectNeighbors(edgeDirection: EdgeDirection): VertexRDD[ Array[(VertexId, VD)] ]
}
```

以上操作需要重复的信息和大量的通信，所以用户应尽量使用 aggregateMessages 操作来表示相同的计算。

9. 缓存和不缓存

在 Spark 中，RDD 默认是不缓存的。为了避免重复计算，当需要多次利用 RDD 时，必须显式地缓存它们。GraphX 中的图也类似，当需要多次利用同一个图时，应确保先访问了 Graph.cache() 方法。

在迭代计算中，为了获得最佳的性能，一般不缓存。在默认情况下，缓存的 RDD 和图会一直保留在内存中，直到因为内存压力以 LRU 的顺序删除它们为止。对于迭代计算，先前迭代的中间结果将填充到缓存中。虽然它们最终会被删除，但是在内存中保存不需要的数据会减慢垃圾回收的速度。对于不需要的中间结果，不缓存它们会更高效。这涉及在每次迭代中物化一个图或者 RDD，但不缓存不需要的其他数据集，在将来的迭代中

仅使用物化的数据集。然而，因为图是由多个 RDD 组成的，正确地对不需要的数据集进行非持久化设置是件困难的事情。对于迭代计算，建议使用 Pregel API，它可以正确地对中间结果进行非持久化设置。

6.3　GraphX 编程示例

GraphX 自带一系列图算法来简化分析任务。GraphX 有许多内置算法的 API，包含在 "org.apache.spark.graphx.lib" 包中，Graph 可通过 GraphOps 直接访问这些包。下面通过图构建和信息打印输出、子图发现与 PageRank 这 3 个示例演示 GraphX 算法的开发过程。

6.3.1　一个简单的 GraphX 示例

首先通过一个简单的示例说明 GraphX 程序的编写和配置过程。该示例的任务是建立一个简单的图并打印输出图中满足某些属性的顶点、边或者统计信息。图中有 4 个人，每个人有名字和职业，这些人根据社会关系形成 4 条边，每条边有其属性，如图 6-2 所示。

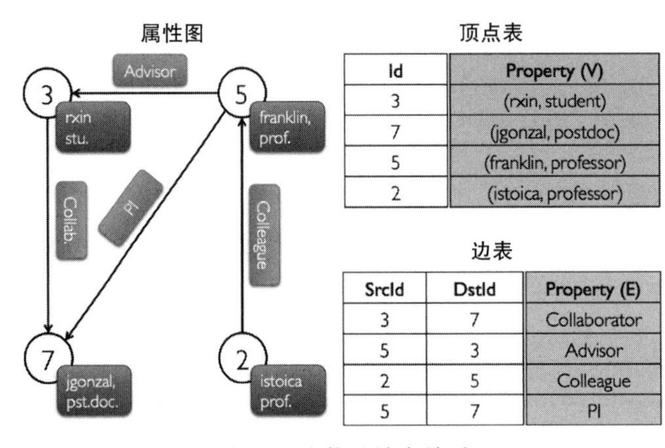

Id	Property (V)
3	(rxin, student)
7	(jgonzal, postdoc)
5	(franklin, professor)
2	(istoica, professor)

SrcId	DstId	Property (E)
3	7	Collaborator
5	3	Advisor
2	5	Colleague
5	7	PI

图 6-2　人物及社会关系

该 GraphX 程序编写和配置的过程如下：

1）启动 Spark 运行环境。

2）创建 Scala 工程。双击 "IDEA" 图标，打开 IDEA 集成开发工具，选择 "Create New Project" 菜单，创建一个新的项目工程，在这个项目工程中选择窗口左侧的 "Maven" 菜单，单击 "Next" 按钮。在弹出的 "New Project" 窗口中输入 GroupId，如 experiment，在 ArtifactId 对应的文本框中输入 Id，如 spark，单击 "Next" 按钮，再单击 Finish 按钮，完成项目的创建。

3）配置 pom.xml 文件，参考程序如下：

```
<?xml version="1.0" encoding="UTF-8"?>
<project xmlns="http://maven.apache.org/POM/4.0.0"
```

```
        xmlns:xsi="http://www.w3.org/2001/XMLSchema-instance"
        xsi:schemaLocation="http://maven.apache.org/POM/4.0.0 http://maven.
            apache.org/xsd/maven-4.0.0.xsd">
    <modelVersion>4.0.0</modelVersion>
    <groupId>com.sudy</groupId>
    <artifactId>SparkStudy</artifactId>
    <version>1.0-SNAPSHOT</version>
    <properties>
        <spark.version>2.2.0</spark.version>
        <scala.version>2.11</scala.version>
    </properties>
    <dependencies>
        <dependency>
            <groupId>org.apache.spark</groupId>
            <artifactId>spark-core_${scala.version}</artifactId>
            <version>${spark.version}</version>
        </dependency>
    </dependencies>
    <build>
        <plugins>
            <plugin>
                <groupId>org.scala-tools</groupId>
                <artifactId>maven-scala-plugin</artifactId>
                <version>2.15.2</version>
                <executions>
                    <execution>
                        <goals>
                            <goal>compile</goal>
                            <goal>testCompile</goal>
                        </goals>
                    </execution>
                </executions>
            </plugin>
            <plugin>
                <artifactId>maven-compiler-plugin</artifactId>
                <version>3.6.0</version>
                <configuration>
                    <source>1.8</source>
                    <target>1.8</target>
                </configuration>
            </plugin>
            <plugin>
                <groupId>org.apache.maven.plugins</groupId>
                <artifactId>maven-surefire-plugin</artifactId>
                <configuration>
                    <skip>true</skip>
                </configuration>
            </plugin>
        </plugins>
    </build>
</project>
```

4）建立新文件夹“scala”。单击项目中的 main 文件夹，选择“New”选项，在子菜单中选择“Directory”选项，在弹出的“New Directory”对话框中填写创建的文件夹名“scala”，单击“OK”按钮。在新建立的 scala 文件夹上右击，选择“Mark Directory as”中的“Sources Root”选项，完成文件夹的创建。

5）建立编程的类文件 GraphxExample。在 scala 文件夹上右击，选择 New → Scala Class 选项，在弹出的“Create New Scala Class”窗口的 Name 对应的文本框中填写类名“GraphxExample”，在 kind 对应的下拉框中选择“Object”选项，单击“确定”按钮，完成类文件的创建。此时，在项目 main → scala 下，可以看到新建立的文件。

6）编写代码。打开新建立的文件 GraphxExample，在文件中编写如下程序：

```
import org.apache.log4j.{Level, Logger}
import org.apache.spark.{SparkContext, SparkConf}
import org.apache.spark.graphx._
import org.apache.spark.rdd.RDD
object GraphXDemo {
    def main(args: Array[String]) {
        //屏蔽日志
        Logger.getLogger("org.apache.spark").setLevel(Level.WARN)
        Logger.getLogger("org.eclipse.jetty.server").setLevel(Level.OFF)
        //设置运行环境
        val conf = new SparkConf().setAppName("GraphXDemo").setMaster("local")
        val sc = new SparkContext(conf)
        // 创建顶点的RDD,顶点的类型为name:String profession:String
        val users: RDD[(VertexId, (String, String))] =
        sc.parallelize(Array((3L, ("rxin", "student")), (7L, ("jgonzal",
            "postdoc")), (5L, ("franklin", "prof")), (2L, ("istoica", "prof"))))
    // 创建边的RDD,边的类型为relation:String
    val relationships: RDD[Edge[String]] =
    sc.parallelize(Array(Edge(3L, 7L, "collab"),    Edge(5L, 3L, "advisor"),
                         Edge(2L, 5L, "colleague"), Edge(5L, 7L, "pi")))
    // 如果关系缺失，定义一个默认的用户
    val defaultUser = ("John Doe", "Missing")
    // 构建图
    val graph = Graph(users, relationships, defaultUser)
    // 计算职业是博士后的人员的数量
    val postdocCount=graph.vertices.filter { case (id, (name, pos)) => pos ==
       "postdoc" }.count
    println("========================================")
    println("职业是博士后人员的数量为: "+postdocCount);
    // 计算边(源ID大于目的ID)的数量
    val edgesCount= graph.edges.filter(e => e.srcId > e.dstId).count
    println("========================================")
    println("边的源ID大于目的ID的数量为: +"edgesCount);
    // 打印每个人名(顶点的属性)及关系(边的属性)((srcId, srcAttr), (dstId, dstAttr), attr)
    val facts: RDD[String] = graph.triplets.map(triplet =>
    triplet.srcAttr._1 + " is the " + triplet.attr + " of " + triplet.dstAttr._1)
    println("==========================================")
    println("人物之间的关系如下所示: ");
    facts.collect.foreach(println(_))
    println("==========================================")
    sc.stop()
    }
}
```

7）运行编写的程序，查看运行结果。在窗口中右击选择“Run‘GraphxDemo’”选项，执行结果如图 6-3 所示。

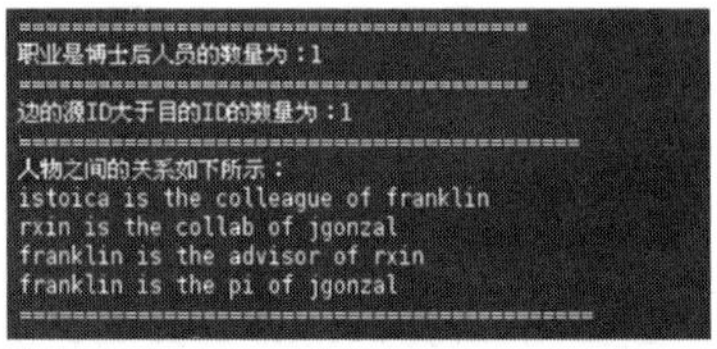

```
========================================
职业是博士后人员的数量为：1
========================================
边的源ID大于目的ID的数量为：1
==========================================
人物之间的关系如下所示：
istoica is the colleague of franklin
rxin is the collab of jgonzal
franklin is the advisor of rxin
franklin is the pi of jgonzal
==========================================
```

图 6-3　GraphX 程序的运行结果

6.3.2　GraphX 应用编程——子图发现

基于 6.3.1 节的示例，通过图计算组件计算图中最大的出度、入度、度数；找出职业是教授的子图，打印输出子图的顶点和边。完成该任务的主要过程是首先通过 sc.parallelize() 函数创建顶点和边，构建图 Graph，然后打印输出图的顶点和边，继而找出图中最大的出度、入度、度数，最后利用函数 graph.subgraph() 发现并打印输出职业是教授的子图。程序及其说明如下：

```
import org.apache.log4j.{Level, Logger}
import org.apache.spark.{SparkContext, SparkConf}
import org.apache.spark.graphx._
import org.apache.spark.rdd.RDD
object GraphXDemo {
    def main(args: Array[String]) {
        //屏蔽日志
        Logger.getLogger("org.apache.spark").setLevel(Level.WARN)
        Logger.getLogger("org.eclipse.jetty.server").setLevel(Level.OFF)
        //设置运行环境
        val conf = new SparkConf().setAppName("GraphXDemo").setMaster("local")
        val sc = new SparkContext(conf)
        // 创建顶点的RDD,顶点的类型为name:String profession:String
        val users: RDD[(VertexId, (String, String))] =
        sc.parallelize(Array((3L, ("rxin", "student")), (7L, ("jgonzal",
            "postdoc")),(5L, ("franklin", "prof")), (2L, ("istoica", "prof"))))
    // 创建边的RDD,边的类型为relation:String
    val relationships: RDD[Edge[String]] =
    sc.parallelize(Array(Edge(3L, 7L, "collab"), Edge(5L, 3L, "advisor"), Edge(2L,
        5L, "colleague"), Edge(5L, 7L, "pi")))
    // 如果关系缺失，定义一个默认的用户
    val defaultUser = ("John Doe", "Missing")
    // 构建图
    val graph = Graph(users, relationships, defaultUser)
    // 打印每个人名(顶点的属性)及关系(边的属性)((srcId, srcAttr), (dstId, dstAttr), attr)
    val facts: RDD[String] = graph.triplets.map(triplet =>
    triplet.srcAttr._1 + " is the " + triplet.attr + " of " + triplet.dstAttr._1)
    println("人物之间的关系如下所示：");
    facts.collect.foreach(println(_))
    println("==========================================")
        //Degrees操作
        println("找出图中最大的出度、入度、度数：")
        def max(a: (VertexId, Int), b: (VertexId, Int)): (VertexId, Int) = {
            if (a._2 > b._2) a else b
        }
        println("最大出度顶点为:" + graph.outDegrees.reduce(max) +
            " 最大入度顶点为:" + graph.inDegrees.reduce(max) +
            " 最大度数顶点为:" + graph.degrees.reduce(max))
        println("==========================================")
        println("职业是教授的子图：")
        val subGraph = graph.subgraph(vpred = (id, vd) => vd._2 =="prof")
        println("子图所有顶点：")
        subGraph.vertices.collect.foreach(v => println(s"${v._2._1} is ${v._2._2}"))
        println("==========================================")
        println("子图所有边：")
        subGraph.edges.collect.foreach(e => println(s"${e.srcId} to ${e.dstId}
            att ${e.attr}"))
        println("==========================================")
```

```
        sc.stop()
      }
}
```

运行结果如图 6-4 所示。

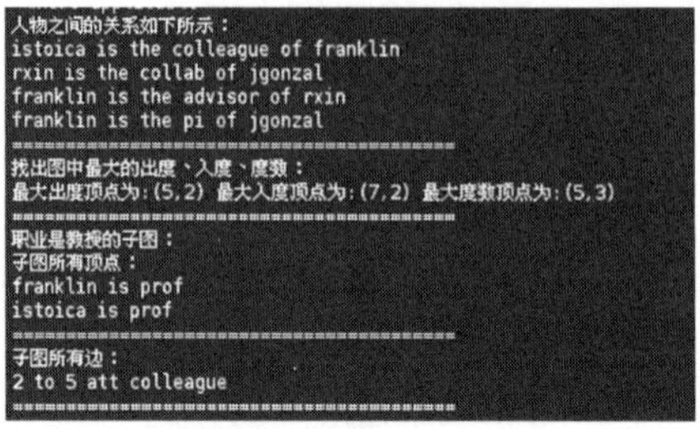

```
人物之间的关系如下所示：
istoica is the colleague of franklin
rxin is the collab of jgonzal
franklin is the advisor of rxin
franklin is the pi of jgonzal
==========================================
找出图中最大的出度、入度、度数：
最大出度顶点为:(5,2) 最大入度顶点为:(7,2) 最大度数顶点为:(5,3)
==========================================
职业是教授的子图：
子图所有顶点：
franklin is prof
istoica is prof
==========================================
子图所有边：
2 to 5 att colleague
==========================================
```

图 6-4　程序运行结果

6.3.3　GraphX 应用编程——PageRank

PageRank 可以测量图中顶点的重要性，在图（比如 Web 图）中，一个顶点被越多的点指向，说明这个点越重要。下面通过 GraphX 工具中的 PageRank 算法计算排名前 10 位的网站。

本示例采用 graphx-wiki-edges.txt 文件，该文件共有 31 312 行，由于篇幅关系，下面只展示部分数据，详细数据参见本书程序包[⊖]。每行包括 2 个网站 ID，每一行数据记录的是第一个网站到第二个网站的边：

```
36359329835505530       6843358505416683693
1684374009311449O3      961421098734626813
168437400931144903      1367968407401217879
168437400931144903      2270437664547777682
168437400931144903      2381426201672413470
------- 省略中间数据部分 ------
8589995999605805797     3175068602901539358
8589995999605805797     3247583314396995563
8589995999605805797     5513532493763395516
8727160105366051249     1746517089350976281
8747253217392170016     8830299306937918434
```

本示例采用的另一个文件是 graphx-wiki-vertices.txt，该文件共有 22 424 行，每一行记录一个网站的 ID 及对应的网站主题：

```
6598434222544540151     Adelaide Hanscom Leeson
7814958205460279317     David Dodge (novelist)
3858831448322232257     Howard League for Penal Reform
1778261942684788432     Chelsea Quinn Yarbro
4201849915685975228     Dominick Montiglio
------ 省略中间数据部分 ------
975975361912532756      Habitat for Humanity
8553177714048424367     Norman conquest of England
5569596042541207400     McClymonds High School
7691880648752215629     List of 1516 English incumbents
7096547112150917632     Coopr
```

程序首先读入并解析文件，继而根据解析出来的数据装载顶点和边。为了计算方便，利用 persist() 函数缓存了一些数据。接下来，观察其中的 5 个元素信息，然后利用 GraphX 的 PageRank 函数计算 pagerank。GraphX 带有 PageRank 的静态和动态实现，作为 PageRank 对象上的方法。静态 PageRank 运行固定的迭代次数，动态 PageRank 则会一直运行，直到排名收敛（变化小于指定的阈值）。本例使用的是动态 PageRank，其阈值是 0.001(graph.pageRank(0.001).)。接下来，函数 graph.outerJoinVertices() 连接网站主题和

⊖　读者可登录机工教育服务网获取。

PageRank，生成同时包含题目和 PageRank 的图 titleAndPrGraph，最后打印输出排名前十(titleAndPrGraph.vertices.top(10)) 的网站。PageRank 程序如下：

```
import org.apache.log4j.{Level, Logger}
import org.apache.spark.{SparkContext, SparkConf}
import org.apache.spark.graphx._
import org.apache.spark.rdd.RDD
object PageRank {
    def main(args: Array[String]) {
        //屏蔽日志
        Logger.getLogger("org.apache.spark").setLevel(Level.OFF)
        Logger.getLogger("org.eclipse.jetty.server").setLevel(Level.OFF)
        //设置运行环境
        val conf = new SparkConf().setAppName("PageRank").setMaster("local")
        val sc = new SparkContext(conf)
        //读入数据文件
        val articles: RDD[String] = sc.textFile("file:///root/experiment/datas/
            spark-scala/graphx/data/graphx-wiki-vertices.txt")
        val links: RDD[String] = sc.textFile("file:///root/experiment/datas/
            spark-scala/graphx/data/graphx-wiki-edges.txt")

        //装载顶点和边
        val vertices = articles.map { line =>
            val fields = line.split('\t')
            (fields(0).toLong, fields(1))
        }
        val edges = links.map { line =>
            val fields = line.split('\t')
            Edge(fields(0).toLong, fields(1).toLong, 0)
        }
        //缓存操作
        //val graph = Graph(vertices, edges, "").persist(StorageLevel.MEMORY_ONLY_SER)
        val graph = Graph(vertices, edges, "").persist()
        //graph.unpersistVertices(false)
        //测试
        println("**********************************************************")
        println("获取 5 个 triplet 信息")
        println("**********************************************************")
        graph.triplets.take(5).foreach(println(_))
        //PageRank 算法里面使用了 cache()，故前面 persist 的时候只能使用 MEMORY_ONLY
        println("**********************************************************")
        println("PageRank 计算，获取最有价值的数据")
        println("**********************************************************")
        val prGraph = graph.pageRank(0.001).cache()
        val titleAndPrGraph = graph.outerJoinVertices(prGraph.vertices) {
            (v, title, rank) => (rank.getOrElse(0.0), title)
        }
        titleAndPrGraph.vertices.top(10) {
            Ordering.by((entry: (VertexId, (Double, String))) => entry._2._1)
        }.foreach(t => println(t._2._2 + ": " + t._2._1))
        sc.stop()
    }
}
```

运行结果如图 6-5 所示。

```
**********************************************************
获取5个triplet信息
**********************************************************
((146271392968588,Computer Consoles Inc.),(7097126743572404313,Berkeley Software Distribution),0)
((146271392968588,Computer Consoles Inc.),(8830299306937918434,University of California, Berkeley),0)
((625290464179456,List of Penguin Classics),(1735121673437871410,George Berkeley),0)
((1342848262636510,List of college swimming and diving teams),(8830299306937918434,University of California, Berkeley),0)
((1889887370673623,Anthony Pawson),(8830299306937918434,University of California, Berkeley),0)
**********************************************************
PageRank计算，获取最有价值的数据
**********************************************************
University of California, Berkeley: 3123.4746671024877
Berkeley, California: 1571.970684059983
Uc berkeley: 384.19821635365753
Berkeley Software Distribution: 213.91651858878257
Lawrence Berkeley National Laboratory: 193.6438931739239
George Berkeley: 193.52145147494764
Busby Berkeley: 113.18268360682215
Berkeley Hills: 105.83467866767349
Xander Berkeley: 71.69452610001198
Berkeley County, South Carolina: 68.34732669679417

Process finished with exit code 0
```

图 6-5　打印输出排名前十的网站和 PageRank

习题 6

1. 请简述你对 GraphX 的理解。
2. 请简述你对图的理解。
3. 请简述你对属性图的理解。
4. 试着独立编写 GraphX 程序实现社区发现的功能。
5. 试着独立编写 GraphX 程序实现 PageRank 的功能。

第三部分
原　　理

第二部分概述了典型的大数据计算系统及其使用方法，在此基础上，本部分介绍这些典型大数据计算系统的内部结构和设计思想。为和第一部分中的基本原理以及第二部分中各类系统的特征相呼应，本部分一方面介绍大数据计算系统的设计思想和设计技术如何应用在具体的系统上，另一方面会通过剖析系统运行原理来帮助读者加深对系统的理解，从而更高效地应用系统。

第 7 章　Hadoop 的原理
第 8 章　HDFS 的原理
第 9 章　Spark 的原理
第 10 章　Storm 的原理
第 11 章　GraphX 的原理

第 7 章

Hadoop 的原理

Hadoop 的设计思想是为用户提供尽可能简单的编程界面，把计算任务的划分和调度、数据的分布式存储和划分、数据处理与计算任务的同步、结果数据的收集整理、系统通信、负载平衡、计算性能优化、系统节点出错检测和失效恢复这一系列复杂的工作都交给框架完成。本章将介绍 Hadoop 框架如何完成这些工作，首先介绍 Hadoop 的体系结构，然后介绍其关键组件 MapReduce 的工作机制，接下来深入剖析 MapReduce 的作业运行机制，最后介绍作业的调度、任务的执行和 Shuffle 的工作原理。

7.1 Hadoop 的体系结构

设计 Hadoop 是为了提供一款易用、稳定、可扩展的、可用于分布式批处理的计算框架。它的软件类库是一个允许使用简单编程模型实现跨越计算机集群对大型数据集进行分布式处理的框架。它的设计可以从单台服务器扩展到数千台机器，每台机器都具有本地计算和存储功能。Hadoop 类库本身不依赖硬件来提供高可用性，而是在自身设计上增加了检测和处理应用程序故障的能力。例如，负责 Hadoop 平台运行的主节点宕机时，处于待机状态的另一台主机会成为新的主节点，从而保障 Hadoop 平台处于正常工作状态，即它在集群之上提供高可用性服务。同时，从节点出现故障会被认为是常态，故障节点上的任务会由其他可用节点执行，每个节点都易于探测故障。

Hadoop 项目的早期版本更新很快，每隔半个月、一个月、一个季度就可能产生一个新的版本。但实际上，Hadoop 项目从宏观上只经历了两个时代：Hadoop 1.0 时代和 Hadoop 2.0 时代。这两个时代最重要的区别就是 Hadoop 2.0 时代多了一层资源管理器 YARN，使 Hadoop 分布式文件系统（Hadoop Distributed File System, HDFS）上存储的内容可供更多框架使用，提高了资源利用率，节省了项目成本。Hadoop 架构的变化如图 7-1 所示。

在 Apache Hadoop 项目中，Common（公共）模块为架构提供了基础支持。在 Hadoop 1.0 时代，Apache Hadoop 项目核心模块主要由 HDFS、MapReduce 两大部分组成，这两个模块相互配合完成用户提交的数据处理请求；在 Hadoop 2.0 时代，由于 YARN 的引入，整体框架由支持 NameNode 横向扩展的 HDFS、YARN 和运行在 YARN 上的离线计算框架 MapReduce 这 3 个模块组成。其中，HDFS 实现多台机器上的数据存储，MapReduce 实现多台机器上的数据计算，YARN 实现资源调度与管理。

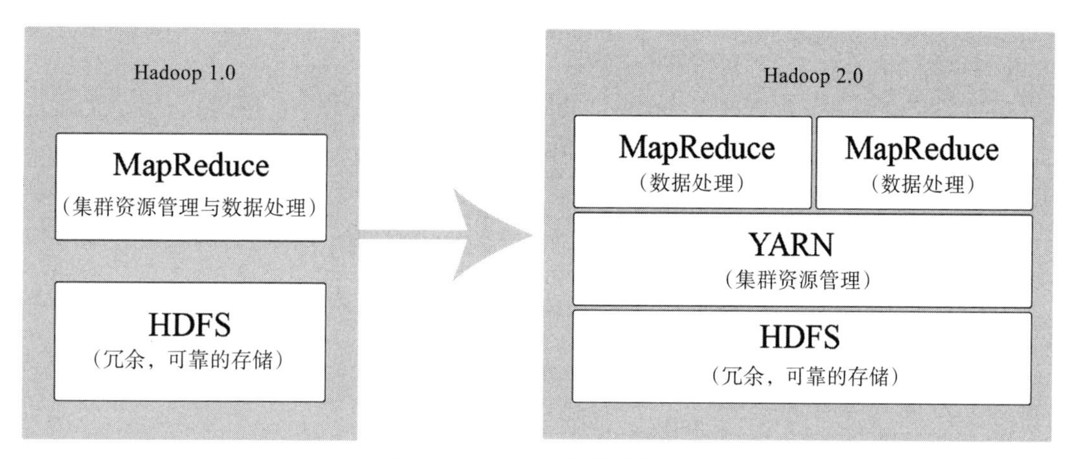

图 7-1　Hadoop 架构的变化

7.2　MapReduce 的工作机制

7.2.1　背景

MapReduce 可用于快速编写分布式程序，使其能够在上千台机器组成的集群上进行大规模并发处理，从而加快开发和原型设计。另外，采用 MapReduce，可以让完全没有分布式和并行系统开发经验的程序员更容易地利用大量资源，开发出分布式或并行处理的应用。图 7-2 展示了 MapReduce 的工作过程。当用户调用 MapReduce 函数时，将发生如下所示的一系列动作（下面的序号和图 7-2 中的序号一一对应）。

①用户程序首先调用 MapReduce 库将输入文件分成 *M* 个数据片段，每个数据片段的大小为 16 MB 到 64 MB（可以通过可选的参数来控制每个数据片段的大小）。然后，用户程序在集群中创建大量的程序副本。

②这些程序副本中有一个特殊的程序——Master，其他的程序都是 Worker 程序，由 Master 分配任务。有 *M* 个 map 任务和 *R* 个 reduce 任务将被分配，Master 将一个 map 任务或 reduce 任务分配给一个空闲的 Worker。

③被分配了 map 任务的 Worker 程序读取相关的输入数据片段，从输入数据片段中解析出 key/value 对，然后把 key/value 对传递给用户自定义的 map 函数，由 map 函数生成并输出中间的 key/value 对，再缓存在内存中。

④缓存中的 key/value 对通过分区函数分成 *R* 个区域，之后周期性地被写入本地磁盘。缓存的 key/value 对在本地磁盘上的存储位置将被回传给 Master，由 Master 负责把这

些存储位置传送给 Reduce Worker。

⑤当 Reduce Worker 程序接收到 Master 程序发来的数据存储位置信息后，使用 RPC 从 Map Worker 所在主机的磁盘上读取这些缓存数据。当 Reduce Worker 读取了所有的中间数据后，对 key 进行排序，将具有相同 key 值的数据聚合在一起。由于许多不同的 key 值会映射到相同的 Reduce 任务上，因此必须对 key 值进行排序。如果中间数据太大无法在内存中完成排序，就要在外部进行排序。

⑥ Reduce Worker 程序遍历排序后的中间数据，对于每个唯一的中间 key 值，Reduce Worker 程序将这个 key 值和与它相关的中间 value 值的集合传递给用户自定义的 reduce 函数。reduce 函数的输出被追加到所属分区的输出文件。

当所有的 map 和 reduce 任务都完成之后，Master 唤醒用户程序。这时，用户程序对 MapReduce 库的调用才结束。

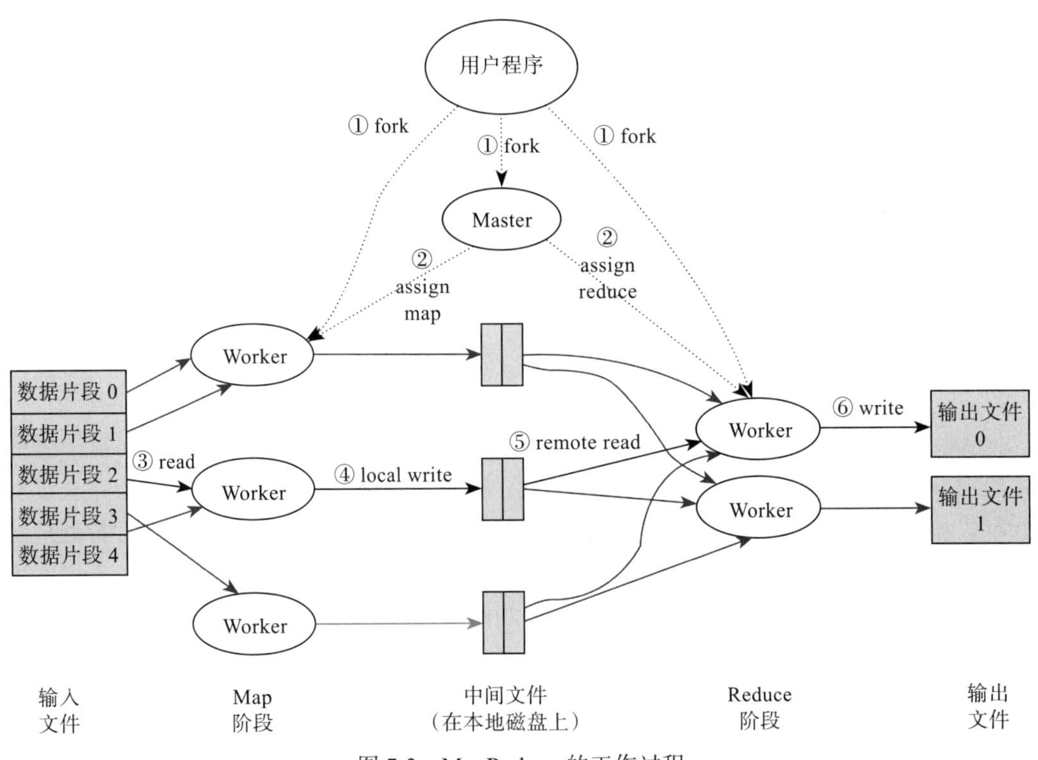

图 7-2　MapReduce 的工作过程

在完成任务后，MapReduce 的输出存放在 *R* 个输出文件中（每个 reduce 任务产生一个输出文件，文件名由用户指定）。一般情况下，用户不需要将这 *R* 个输出文件合并成一个文件（他们经常把这些文件作为另外一个 MapReduce 的输入，或者在另外一个可以处理多个分割文件的分布式应用中使用）。

从上述过程可知，在 MapReduce 计算的过程中，大量数据需要经过 Map 到 Reduce 端的传送，故在进行一些计算（如二张表或多张表的 Join）时，通过 map 任务分别将两个表文件的记录处理成（Join key，value），然后按照 Join key 进行散列分区后，送到不同的

reduce 任务里去处理，故做不到像 MySQL 一样在毫秒或者秒级内返回结果。由于工作机制有延时性，因此 MapReduce 适合处理静态数据，不适合动态数据。

7.2.2 计算的执行流程

MapReduce 编程框架适用于大数据计算，包括大数据管理、大数据分析和大数据清洗等大数据预处理操作。通俗来讲，MapReduce 就是在 HDFS 将一个大文件切分成众多小文件并分别存储于不同节点的基础上，尽量在数据所在的节点上完成小任务计算，并合并成最终结果的过程。大任务分解为小任务再合并的过程是一个典型的合并计算过程，这样可以快速地完成海量数据计算的任务。

宏观上讲，MapReduce 包括 Map 与 Reduce 两个阶段。项目中涉及的众多大数据文件以多副本的形式存储于 HDFS 中，经过 Job 启动后，这些存储的大数据内容被分成若干个小任务，每个小任务由一个 map 任务来计算，计算的结果由 reduce 任务取走并进行全局的汇总计算，得到最终结果。MapReduce 程序运行在一个分布式集群中，能够合理利用集群中的资源，发挥分布式集群中各个节点的处理能力。MapReduce 框架把分布式计算中的网络处理、不同节点的资源调配和任务协同变得简单、透明。

微观上讲，HDFS 上的数据块经过输入和分片处理后会传送给 Map，再经过 Shuffle 实现对 Map 输出数据的分区、分组和排序处理，由 Reduce 汇总计算出最终结果。其中，MapReduce 框架实现指定的 map（映射）函数，把一组 key/value 对映射成一组新的 key/value 对，即经 Map 计算后传出的数据以 key/value 对的形式存在，而其中的 key 和 value 的类型就是 Writable 类型。然后，指定并行的 reduce（归约）函数，保证所有 Map 的每一个 key/value 对都共享相同的 key（键）组，并将计算的结果经过输出写入指定的位置（如 HDFS）。

Job 执行 MapReduce 作业的过程可以分为输入、提交与输出 3 个部分。

1. Job 提交的过程

JobClient 是用户提交 Job 给 ResourceManager（Hadoop 1.0 时代是 JobTracker）交互的主要接口。JobClient 具有提交作业、追踪进程、访问子任务的日志记录和获得 MapReduce 集群状态信息等功能。

在 Hadoop 1.0 时代，Job 提交的过程如下：

1）检查 Job 输入、输出的样式。

2）为 Job 计算 InputSplit 值。

3）如果需要的话，为 Job 的 DistributedCache 建立必须的统计信息。

4）将 Job 的 Jar 包和配置文件复制到 FileSystem 的 MapReduce 系统目录下。

5）将 Job 提交到 JobTracker 并且监控它的状态。

到了 Hadoop 2.0 时代，Job 提交过程的第 5 个步骤发生了变化，Job 要提交到 Resource-Manager 并且监控它的状态。

2. Job 的输入

InputFormat 描述 MapReduce Job 的输入规范，MapReduce 框架根据 Job 的 InputFormat

做如下工作：

1）检查 Job 输入的有效性。

2）把输入文件切分成多个逻辑 InputSplit 实例，并分发给一个 Mapper。

3）提供 RecordReader 的实现，RecordReader 从逻辑 InputSplit 中获得输入记录，这些记录将由 Mapper 处理。

3. Job 的输出

OutputFormat 描述 MapReduce Job 的输出样式，MapReduce 框架根据 Job 的 OutputFormat 做如下工作：

1）检验 Job 的输出，如检查输出路径是否已经存在。

2）提供一个 RecordWriter 的实现，用来输出 Job 结果，输出文件保存在 FileSystem 上。

7.2.3　计算的本地性

在 MapReduce 的计算过程中，map 任务的执行遵循就近原则，而 reduce 任务的执行不具备这样的策略。

map 任务会优先选择在存储 HDFS 数据的服务器上执行，其次在同机架的服务器上执行，最后在其他机架服务器上执行。

reduce 任务执行时不具备就近原则，它存在一个 Shuffle 阶段，会通过网络将 map 任务的执行结果传输到 reduce 处理程序所在的服务器中，再进行计算。

在 YARN 中，MapReduce 的任务调度分为 3 个优先级，分别是失败的 map 任务、达到启动要求的 reduce 任务和一般 map 任务。根据这样的调度策略，仅在进行优先级最低的一般 map 任务的调度时才会考虑数据本地性。对等待调度的 map 任务，YARN 会按照输入数据与 Container 在同一节点、输入数据与 Container 在同一机架，以及输入数据与 Container 在不同机架 3 个优先级进行调度。对于 reduce 任务，YARN 仅从队列中取出第一个任务，而不考虑 map 任务之后中间数据的分布。因此，可能导致数据混洗阶段因为拉取数据而产生大量网络通信开销，既加重系统负载也降低了系统的效率。YARN 中 reduce 任务的调度情况如图 7-3 所示。

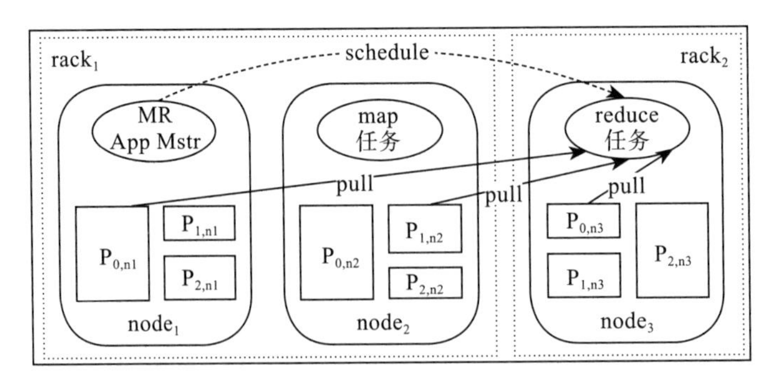

图 7-3　YARN 中 reduce 任务的调度情况

如图 7-3 所示，集群中有 3 个节点（$node_1$、$node_2$、$node_3$），分别属于 2 个机架，每个

节点上的 map 任务生成了若干已分区的中间文件。当进行 reduce 任务调度时，在默认的 YARN 调度策略中，如果调度器获取的 Container 的优先级为执行 reduce 任务，则仅从 reduce 任务队列中取出第一个等待调度的任务，从而导致当该 Container 位于 $node_3$ 上时，reduce 任务队列中的当前任务为分区 P_0，调度器按默认调度策略在 $node_3$ 上执行了分区 P_0 的 reduce 任务，导致 $node_3$ 不得不通过网络从其他节点拉取较大的分区文件。显然，不考虑数据本地性的调度策略增加了网络负载，降低了集群效率。

7.3 MapReduce 作业的运行机制

7.3.1 经典的 MapReduce

1. MapReduce 的组件

MapReduce 包括以下组件：

1）JobClient：基于 MapReduce 接口库编写的客户端程序，负责提交 MapReduce Job。

2）JobTracker：MapReduce 模块之间的控制协调者，负责协调 MapReduce Job 的执行，即当一个 MapReduce Job 提交到集群中时，JobTracker 负责确定后续的执行计划，包括需要处理哪些文件、分配任务的 Map 和 Reduce 执行节点、监控任务的执行、重新分配失败的任务等。注意：每个 Hadoop 集群中只有一个 JobTracker。

3）TaskTracker：负责执行由 JobTracker 分配的任务，每个 TaskTracker 可以启动一个或多个 map 或 reduce 任务。同时，TaskTracker 与 JobTracker 之间通过心跳（HeartBeat）机制保持通信，以维护整个集群的运行状态。

4）Map Task、Reduce Task：Map Task 和 Reduce Task 是由 TaskTracker 启动、负责执行 map 任务和 reduce 任务的程序。

2. Hadoop 的运行机制

Hadoop 的运行机制如图 7-4 所示，从中可以看到 MapReduce 与 HDFS 协调工作的过程，具体描述如下（下面的序号与图中的序号一一对应）。

①在客户端，MapReduce 程序启动一个 JobClient 实例，以启动整个 MapReduce 的 Job。

② JobClient 通过 getNew JobID() 接口向 JobTracker 发出请求，以获得一个新的 Job ID。

③ JobClient 根据 Job 请求指定的输入文件，计算数据块的划分，并将完成 Job 需要的资源（包括 Jar 文件、配置文件、数据块）存放到 HDFS 中属于 JobTracker 且以 Job ID 命名的目录下，一些文件（如 Jar 文件）可能会以冗余备份的形式存放在多个节点上。

④完成上述准备工作后，JobClient 通过调用 JobTracker 的 SubmitJob() 接口提交此 Job。

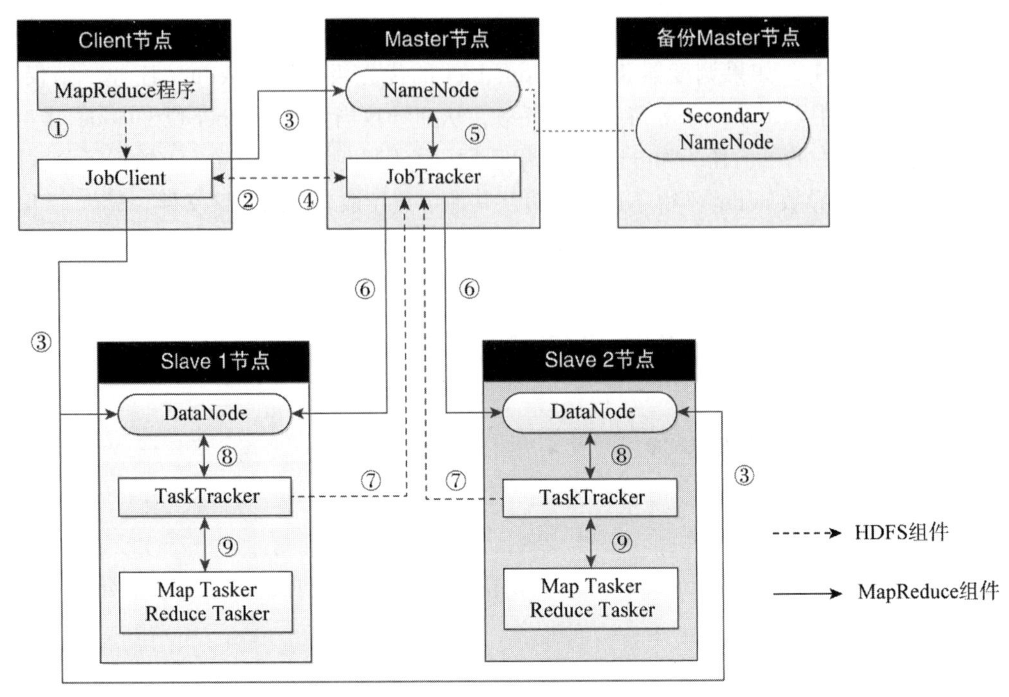

图 7-4　Hadoop 的运行机制

⑤ JobTracker 将提交的 Job 放入 Job 队列中，等待进行 Job 调度以完成作业初始化工作。作业初始化主要是创建一个代表此 Job 的运行对象，Job 运行对象中封装了 Job 包含的任务和任务运行状态记录的信息，用于跟踪相关任务的状态和执行进度。

⑥ JobTracker 还需要从 HDFS 中取出 JobClient 存放的输入数据，并根据输入数据创建对应数据量的 map 任务，同时根据 JobConf 配置文件中定义的数量生成 reduce 任务。

⑦在 TaskTracker 和 JobTracker 间通过心跳机制维持通信，TaskTracker 发送的心跳消息中包含当前是否可执行新任务的信息，根据该信息，JobTracker 将 map 任务和 reduce 任务分配到空闲的 TaskTracker 节点上。

⑧被分配了任务的 TaskTracker 从 HDFS 中取出所需要的文件（包括 Jar 程序文件和任务对应的数据文件），存入本地磁盘，并启动一个 TaskRunner 程序实例准备运行任务。

⑨ TaskRunner 在一个新的 JVM 中根据任务类别创建 Map Task 或 Reduce Task 进行运算。在新的 JVM 中运行 Map Task 和 Reduce Task 是为了避免这些任务的运行异常影响 TaskTracker 的正常运行。Map Task 和 Reduce Task 会定时与 TaskRunner 进行通信，报告进度，直到任务完成。

3. MapReduce 作业流程

在图 7-5 中，详细展示了 MapReduce 1 的运行过程（图中的序号与下面说明的序号一一对应）。

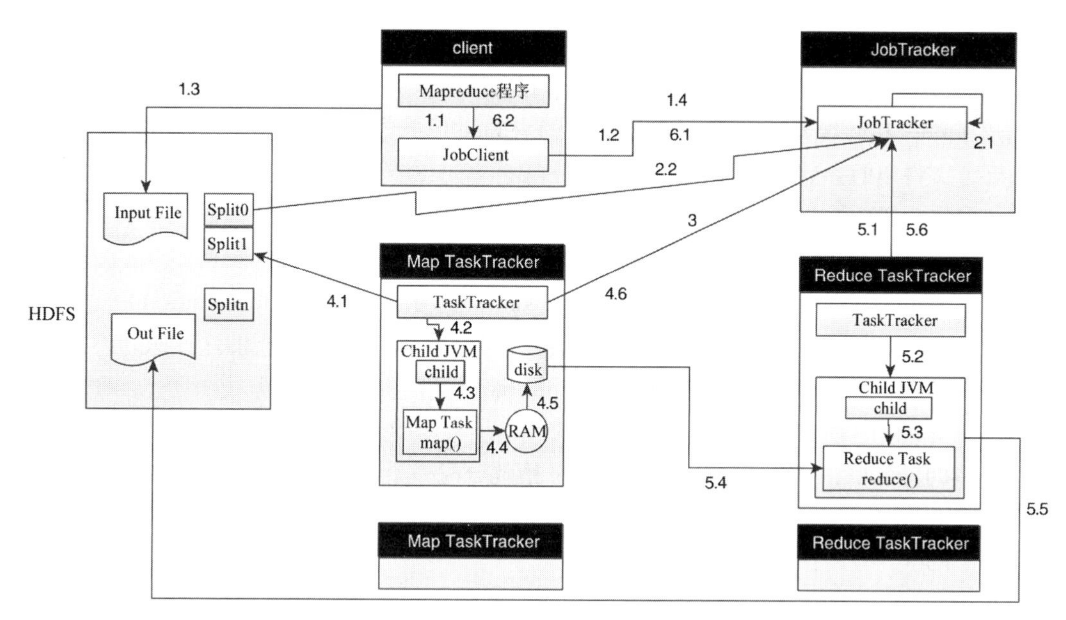

图 7-5　MapReduce 1 的运行机制

（1）Job 提交

1.1　用户编写 MapReduce 程序创建新的 JobClient 实例。

1.2　创建 JobClient 实例后，向 JobTracker 请求获得一个新的 Job ID，用于标识本次 MapReduce Job。

1.3　JobClient 检查本次 Job 指定的输入数据和输出目录是否正确。若无误，JobClient 将运行 Job 需要的相关资源，包括本次 Job 相关的配置文件、输入数据分片的数量，以及包含 Mapper 和 Reducer 类的 Jar 文件存入 HDFS 中，其中 Jar 文件将以多个备份的形式存放。

1.4　完成以上工作后，JobClient 向 JobTracker 发出 Job 提交请求。

（2）Job 初始化

2.1　作为主控节点，JobTracker 会收到多个 JobClient 发出的 Job 请求，因此 JobTracker 实现了一个队列机制处理多个请求的功能。收到的请求会放入一个内部队列，由 Job 调度器进行调度。JobTracker 对 Job 进行初始化。初始化的内容是创建一个代表此 Job 的 JobInProgress 实例，用于后续跟踪和调度此 Job。

Hadoop Job 调度由调度器控制，它的功能是将集群中空闲的计算资源按一定策略分配给 Job。Hadoop 的 3 种调度器为：先进先出（FIFO）调度器、公平（Fair）调度器和容量（Capacity）调度器，其中 FIFO 是默认的调度器。Hadoop 也支持用户扩展自己的调度器。

- FIFO：可设优先级别，不提供资源抢占，只要开始任务，不论优先级高低，都不会被未执行的 Job 打断。
- Fair：支持系统的所有用户公平地共享集群的计算能力，而不会被某个用户独占。
- Capacity：采用多队列形式组织集群中的计算资源，且采用支持优先级的先进先出调度方式。

调度是影响 Job 运行效率和系统吞吐量的关键组件。

2.2　分片信息用于决定需要创建的 map 任务数量，并创建对应的一批 TaskInProgress 实例用于监控和调度 map 任务。需要创建的 reduce 任务数量和对应的 TaskInProgress 实例由配置文件中的参数决定。

（3）作业任务的分配

3　MapReduce 框架中的任务分配是采用“拉”（Pull）机制实现的。在任务分配之前，负责执行 map 任务或 reduce 任务的 TaskTracker 节点均已经启动。TaskTracker 一直通过 PRC 向 JobTracker 发送心跳消息，询问是否有任务。如果 JobTracker 的作业队列不为空，则 TaskTracker 发送的心跳消息将会获得 JobTracker 给它派发的任务。由于 TaskTracker 节点的计算能力（由内核数量和内存大小决定）是有限的，因此每个 TaskTracker 有两个固定数量的任务槽，只要有空闲的 map 任务槽就分配一个 map 任务，直到 map 任务槽满了才分配 reduce 任务。

（4）map 任务的执行

在 Map TaskTracker 节点收到 JobTracker 分配的 map 任务后，将执行一系列操作以执行此任务。

4.1　创建一个 TaskInProgress 对象实例以调度和监控任务，然后将 Job 的 Jar 文件和作业的相关配置文件从 HDFS 中取出，并复制到本地工作目录下（Jar 文件中的内容需要解压）。

4.2　完成准备工作后，TaskTracker 新建一个 TaskRunner 实例来运行此 map 任务。

4.3　TaskRunner 启动一个单独的 JVM，并在其中启动 Map Task 执行用户指定的 map 函数。

4.4　使用单独的 JVM 运行 Map Task 是为了避免 Map Task 的异常影响 TaskTracker 的正常运行。

4.5　Map Task 计算获得的数据，定期存入缓存中，并在缓存满的情况下存入本地磁盘。

4.6　在任务执行时，Map Task 定时与 TaskTracker 通信，报告任务进度，直到任务全部完成，此时所有的计算结果会存入本地磁盘。

（5）Reduce 任务的执行

5.1　在部分 map 任务执行完成后，JobTracker 将按照上面第 3 步中的机制将 reduce 任务分配到 Reduce TaskTracker 节点中。

5.2、5.3　与 map 任务的启动过程类似，Reduce TaskTracker 同样会生成在单独 JVM 中执行的 Reduce Task 以执行用户指定的 reduce() 函数。

5.4　Reduce Task 从对应的 Map TaskTracker 节点远程下载中间结果的数据文件，此时，Reduce 任务还没有真正开始执行，只是做好了运行环境和数据的准备工作。只有当所有 Map 任务执行完成后，JobTracker 才会通知所有 Reduce TaskTracker 节点开始执行 reduce 任务。

5.5　在 Reduce 阶段的执行过程中，每个 Reduce 任务会将计算结果输出到 HDFS

中，当全部 Reduce 任务完成后，这些临时文件会合并为一个最终的输出文件。

5.6　Reduce Task 定时与 TaskTracker 通信，报告任务进度，直到任务全部完成。

（6）任务完成

6.1　JobTracker 在收到 Job 包含的全部任务完成的通知（通过每个 TaskTracker 与 JobTracker 间的心跳消息）后，会将此 Job 的状态设置为“完成”。此后，JobClient 的第一个状态轮询请求到达时，将会获知此 Job 已经完成。

6.2　JobClient 通知用户程序整个 Job 完成，显示必要的信息。

4. 常见的 MapReduce 1.0 的失败

在 MapReduce 1.0 运行时，会出现用户代码错误、进程崩溃、机器故障等失败情况。使用 Hadoop 的好处之一是它能处理这些失败并完成 Job。Hadoop 主要考虑 3 种失败的模式：Job 运行失败、TaskTracker 失败以及 JobTracker 失败。

（1）Job 运行失败

首先考虑子 Job 运行失败。最常见的情况是 map 任务或 reduce 任务中的用户代码抛出运行异常。如果发生这种情况，子任务 JVM 进程会在退出之前向其父 TaskTracker 发送错误报告，错误报告被记入用户日志。TaskTracker 尝试将此次任务标记为 failed(失败)，释放任务槽运行另外一个任务。

对于 Streaming 任务而言，如果 Streaming 进程以非零状态码退出代码，则被标记为 failed。这种行为由 stream.non.zero.exit.is.failure 属性（默认值为 true）来控制。

另一种错误情况是子进程 JVM 突然退出，这可能是由于 JVM 的缺陷导致 MapReduce 用户代码出错造成的。在这种情况下，TaskTracker 会注意到进程已经退出并尝试将此次任务标记为 failed（失败）。

任务挂起的处理方式则不同。一旦 TaskTracker 注意到已经有一段时间没有收到进度的更新，便会将任务标记为 failed。在此之后，JVM 子进程将被停止。

任务失败的超时间隔通常为 10min，一般以 Job 为基础（或以集群为基础）将 mapred.task.timeout 属性设置为以 ms 为单位的值。

注意：

如果一个 Streaming 或 Pipes 进程被挂起，则 TaskTracker 在下面的情况中不会尝试终止它（即使运行它的 JVM 被终止）：mapred.task.tracker.task-controller 被设置为 org.apache.hadoop.mapred.LinuxTaskController 或者使用默认的任务控制器（org.apache.hadoop.mapred.DefaultTaskController)，并且系统上可以使用 setsid 命令（这样，JVM 和它启动的所有进程都在同一个进程群中）。对于其他情况，Streaming 或 Pipes 进程随着时间的推移堆积在系统上，这会影响系统的空间利用率。

超时（timeout）设置为 0 将关闭超时判定，所以长时间运行的任务永远不会被标记为 failed。在这种情况下，被挂起的任务永远不会释放它的任务槽，最终会降低整个集群的效率。因此，应尽量避免这种设置，同时确保每个任务能够定期汇报其进度。

JobTracker 被告知一个任务尝试失败后（通过 TaskTracker 的心跳调用)，将重新调度该任务的执行。JobTracker 会尝试避免重新调度以前失败的 TaskTracker 上的任务。此外，如果一个任务的失败次数超过 4 次，将不会再重试。失败次数的值是可以设置的：对于 map 任务而言，运行任务的最多尝试次数由 mapred.map.max.attempts 属性控制；对于 reduce 任务而言，最多尝试次数由 mapred.reduce.max.attempts 属性控制。在默认情况下，任何任务的失败次数大于 4（或最多尝试次数被配置为 4）时，整个 Job 都会失败。

对于一些应用程序，我们不希望少数几个任务失败就终止整个 Job 运行，因为即使有任务失败，Job 的一些结果还是可用的。在这种情况下，可以为 Job 设置在不触发 Job 失败的情况下允许任务失败的最大百分比。map 任务和 reduce 任务可以分别通过 mapred.max.map.failures.percent 和 mapred.max.reduce.failures.percent 属性来设置。

任务尝试也可以终止。任务尝试可以被终止是因为它是一个推测副本，或因为它所处的 TaskTracker 失败，导致 JobTracker 将它上面运行的所有任务尝试标记为 Killed。被终止的任务尝试不会被计入任务运行尝试次数（由 mapred .map.max.attempts 和 mapred.reduce.max.attempts 设置），因为任务尝试终止并不是任务的过错。

用户也可以使用 Web UI 或命令行方式（输入 Hadoop Job 查看相应的选项）来终止或取消任务尝试，也可以采用相同的方式来终止 Job。

（2）TaskTracker 失败

TaskTracker 失败是另一种失败模式。如果一个 TaskTracker 由于崩溃或运行过于缓慢而失败，则会停止向 JobTracker 发送心跳（或很少发送心跳）。JobTracker 会注意到已经停止发送心跳的 TaskTracker（假设它超过 10min 没有接收到心跳。这个值由 mapred.tasktracker.expiry.interval 属性设置，以毫秒为单位）并将它从等待任务调度的 tasktracker 池中移除。如果是未完成的 Job，JobTracker 会安排此 TaskTracker 上已经运行并成功完成的 map 任务重新运行，因为 reduce 任务无法访问它们的中间输出结果（都存放在失败的 TaskTracker 的本地文件系统上）。任何正在进行的任务都会被重新调度。

即使 TaskTracker 没有失败，也可能被 JobTracker 列入黑名单。如果在一个特定的 TaskTracker 上有超过 4 个（通过 mapred.max.tracker.failures 设置）来自同一个 Job 的任务失败，JobTracker 就会将此情况记录为出错。如果 TaskTracker 上的失败任务数超过最小阈值（默认值为 4，由 mapred.max.tracker.blacklists 设置）并远远高于集群中 TaskTracker 的平均失败任务数，则该 TaskTracker 就会被列入黑名单。

列入黑名单的 TaskTracker 不再被分配任务，但会继续和 JobTracker 通信。随着错误期满（每天一次的比率），TaskTracker 有机会再次运行作业。另外，如果有可修复的潜在错误（如替换硬件），则在 TaskTracker 重启并重新加入集群后，它将从 JobTracker 的黑名单中移除。

（3）JobTracker 失败

在所有失败中，JobTracker 失败是最严重的。目前，Hadoop 没有处理 JobTracker 失败的机制——它是单点故障。在这种情况下，Job 的执行注定是失败的。然而，这种失败发生的概率很小，因为某台机器失败的概率很小。YARN 改善了这种情况，它的设计目标之一就是消除 MapReduce 中单点故障的可能性。

JobTracker 重启后，它停止时运行的所有作业都需要再次提交。配置选项 mapred.jotracker.restart.recover（默认为关闭）可尝试恢复所有运行作业，但这仍不可靠，因此不建议使用。

7.3.2 YARN

MapReduce 1.0 很好地解决了基于 HDFS 平台的大数据计算功能，但它在模式设计上还不够灵活。例如，TaskTracker 每次会把 Map 和 Reduce 作业作为一个整体并分成 map 任务槽和 reduce 任务槽，如果当前只有 map 任务，那么为 Reduce 分配的槽就会被浪费。在大多数 MapReduce 作业执行过程中，map 任务通常多于 reduce 任务，这样就会造成大量 reduce 任务槽闲置，且 map 任务槽与 reduce 任务槽不能交换使用，进而造成资源的浪费。再比如，在 MapReduce 1.0 时代，JobTracker 负责作业调度和任务进度监视，完成追踪任务、重启失败或过慢的任务、进行任务登记等工作。JobTracker 也存在单点故障问题，故当同时执行的作业数量过大时，就会造成内存消耗过大，增加任务失败的概率。所以，MapReduce 1.0 时代面临着扩展瓶颈的问题。Hadoop 1.0 时代的集群规模只能达到 4000 台左右，影响了 Hadoop 的可扩展性和稳定性。YARN 取消了任务槽的概念，把 JobTracker 由一个守护进程分为 ResourceManager 和 ApplicationMaster 两个守护进程，将 JobTracker 负责的资源管理与作业调度分开进行管理。其中，ResourceManager 负责管理原来 JobTracker 负责的所有应用程序计算资源的分配、监控和管理；ApplicationMaster 负责每个应用程序的调度和协调。

1. YARN 的组件

YARN 的工作原理和重要组件如图 7-6 所示。

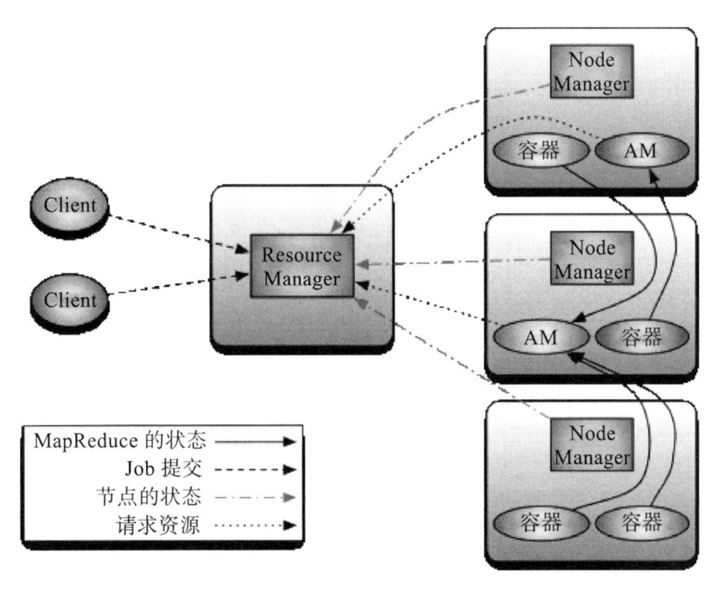

图 7-6　YARN 工作原理和重要组件

下面介绍一下 YARN 中的重要组件。

1）ResourceManager：简写为 RM，负责管理所有应用程序的计算资源的分配，是一个全局的资源管理系统。它定期接收 NodeManager 通过心跳机制汇报的关于本机的资源使用情况，具体的资源处理则交给 NodeManager 完成。

2）ApplicationMaster：简写为 AM，每次提交一个应用程序便产生一个用于跟踪和管理这个应用程序的 AM。该 AM 负责向 ResourceManager 申请资源，由 AMLaucher 与对应的 NodeManager 联系并启动常驻在 NodeManager 中的 AM，该 AM 将获得资源的容器（Container），每个任务对应一个容器，用于任务的运行和监控。如果任务运行失败，则会重新为其申请资源和启动任务。由于不同的 ApplicationMaster 分布在不同的节点上，因此它们之间不会相互影响。

3）NodeManager：简写为 NM，相当于管理所在机器的代理，负责本机程序的运行、资源管理和监控。集群中的每个节点都拥有一个 NM 的守护进程，负责定时向 RM 汇报本节点上的资源（如内存、CPU 等）使用情况和容器的运行状态。如果判定 RM 通信失败（如出现宕机），NM 会立即连接备用 RM 进行后续工作。

2. YARN 的运行机制和工作流程

YARN 的运行机制和工作流程如图 7-7 所示。

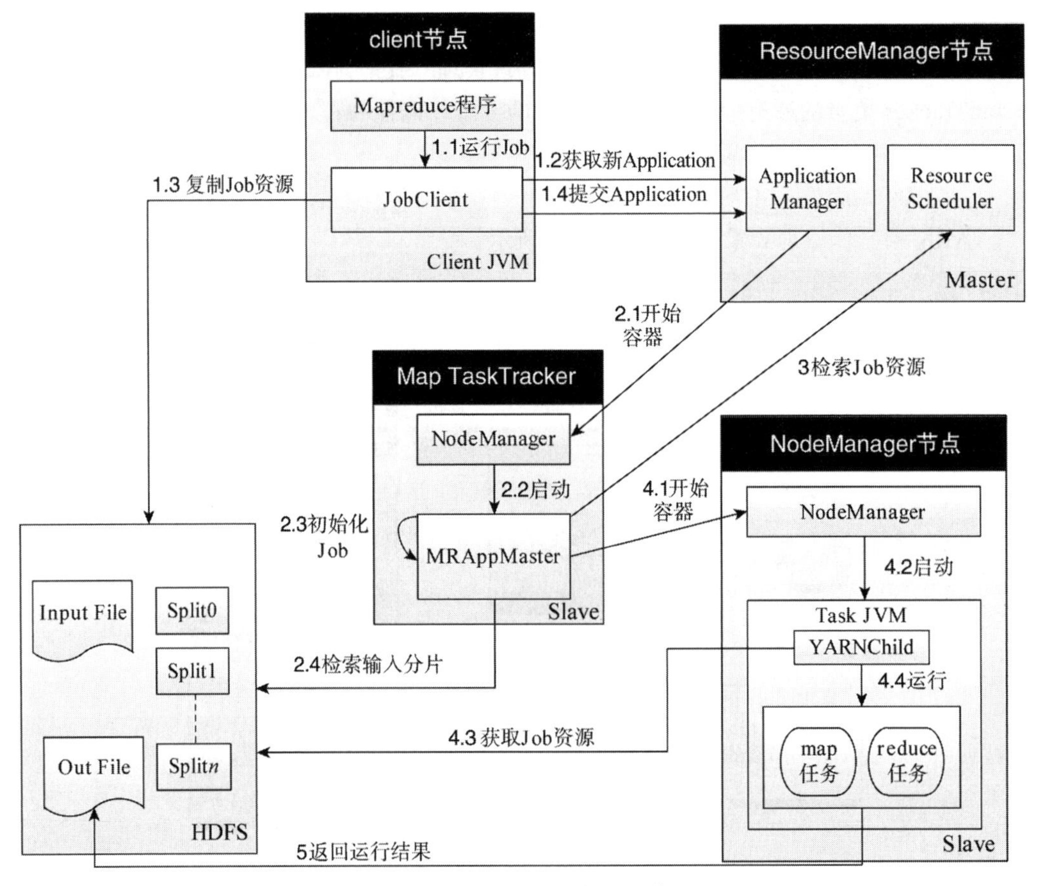

图 7-7　YARN 的运行机制和工作流程

下面结合图 7-7 来说明 MapReduce Job 在 YARN 上的运行机制（图中序号与下面说明中的序号一一对应）。

（1）Job 的提交

1.1、1.2　运行 Job 的过程与 MapReduce 1.0 一样，只是在 MapReduce YARN 中，当 mapreduce.framework.name 设置为 YARN 时，提交的过程与 MapReduce 1.0 相似，获取新的 Job ID 的途径是通过 RM 而不是 JobTracker。之后，由 JobClient 检查作业的输出，并计算输入分片的情况。

1.3　检查无误后，将 Job 的资源，包括本次 Job 相关的配置文件、输入数据分片的数量，以及包含 Mapper 和 Reducer 类的 Jar 文件复制到 HDFS 上。

1.4　完成上述准备工作后，JobClient 通过调用 RM 上的 submitApplication() 方法发出 Job 提交的请求。

（2）Job 初始化

2.1、2.2　RM 收到调用它的 submitApplication() 消息后，将请求传递给调度器。调度器分配一个容器，NM 中的 ContainerManager 组件触发 AMLauncherEventTye.Launch 事件，并被 RM 中的 ApplicationMasterLauncher 捕获，创建新的 AMLuncher 实例，通过该实例调用 AMLuncher.launch() 方法，在其内部调用 ContainerManager.startContainer() 方法启动该容器，进而在 Container 中启动应用程序的 master 进程。

2.3　MRAppMaster 是 MapReduce Job 中的 AM 主类，由它对 Job 进行初始化。它将接收任务的进度和完成报告，通过创建多个簿记对象来跟踪作业进度，以便后续跟踪相关任务的状态和执行进度。

2.4　接收共享文件系统在客户端计算输入分片的信息，依据分片数量确定创建 map 任务数量。一般情况下，一个分片对应一个 map 任务。reduce 任务的数量可由 mapreduce.job.reduces 属性值确定。

（3）任务的分配

3　如果 Job 不是 uber 任务运行模式，那么 AM 会为该 Job 中所有的 map 任务和 reduce 任务向 RM 请求容器。YARN 的调度器依据请求中每个 map 任务的数据本地化信息（如分片所在的主机和相应机架的信息）进行调度决策，确定任务分配模式（理想情况下，任务分配到数据本地化的节点，否则调度器就会优先使用机架本地化的分配），并为任务指定内存需求。在默认情况下，map 任务和 reduce 任务都会分配到 1024 MB 的内存，内存可以通过参数 mapreduce.map.memory.mb 和参数 mapreduce.reduce.memory.mb 来设置。这与 MapReduce1.0 中 TaskTracker 配置的固定数据槽不同，它可以按应用程序的需求请求最小到最大范围的任意最小值倍数的内存容量，使集群中的内存资源得到合理应用。

（4）作业任务的执行

4.1、4.2　RM 的调度器为任务分配容器后，AM 通过与 NM 定时通信来启动容器。

4.3　容器启动后，需要资源本地化，然后由主类的 YARNChild 的 Java 应用程序执行任务。

4.4 运行 map 任务和 reduce 任务。

（5）作业的完成

5 客户端在第 5 秒时对 AM 检查任务执行进度，同时通过调用 waitForCompletion() 方法检查 Job 是否完成。查询的间隔可以通过 mapreduce.client.completion.pollinterval 属性进行设置。Job 完成后，AM 和任务容器会清理工作状态。作业历史服务器保存 Job 的信息供用户使用。任务执行的结果也可保存于 HDFS 指定的存储位置。

综上，YARN 在执行 Job 过程中，将一个 Job 分解为若干个 Task 来执行，执行的载体在 YARN 内部称为容器，物理上是一个动态运行的 JVM 进程。在 Task 完成后，YARN 会停止容器，并重新分配容器，进行初始化，再运行新的任务。

3. YARN 中的失败

在 YARN 中运行的 MapReduce 程序会出现任务运行失败、Application Master 运行失败、节点管理器运行失败和资源管理器运行失败的情况。

（1）任务运行失败

JVM 的运行时异常和突然退出会反馈给 Application Master，该任务尝试被标记为失败。类似地，通过检测到 Ping 缺失（由 mapreduce.task.time 设定超时值），Application Master 会注意到挂起的任务，任务尝试再次被标记为失败。

确定任务什么时候失败的配置属性和经典情况一样：4 次尝试后任务标记为失败（map 任务由 mapreduce.map.maxattemps 设置，reduce 任务由 mapreduce.reduce.maxattempts 设置）。如果一个 Job 中超过 mapreduce.map.failures.maxpercent 的 map 任务或超过 mapreduce.reduce.failures.maxpercent 的 reduce 任务运行失败，那么整个 Job 就失败了。

（2）Application Master 运行失败

Application Master 有多次尝试机会，就像 MapReduce 任务在遇到硬件或网络故障时要进行多次尝试一样。在默认情况下，Application Master 运行失败一次就会被标记为失败，但可以设置 yarn.resourcemanager.am.max-retries 属性来增加允许失败的次数。

Application Master 向资源管理器发送周期性的心跳信息，当 Application Master 发生故障时，资源管理器将检测到该故障并在一个新的容器（由节点管理器管理）中开始一个新的 Master 实例。MapReduce Application Master 可以恢复故障应用程序所运行任务的状态，使其不必重新运行。默认情况下是不能恢复的，因此故障 Application Master 将重新运行它们的所有任务，可以通过设置 yarn.app.mapreduce.am.job. recovery.enable 为 True 来启用这个功能。

客户端向 Application Master 轮询进度报告，如果它的 Application Master 运行失败，客户端就需要定位新的实例。在 Job 初始化期间，客户端向资源管理器询问并缓存 Application Master 的地址，使其每次需要向 Application Master 查询时不必重载资源管理器。但是，如果 Application Master 运行失败，客户端就会在发出状态更新请求时超时，这时客户端会返回资源管理器请求新的 Application Master 地址。

（3）节点管理器运行失败

如果节点管理器运行失败，就会停止向资源管理器发送心跳信息并被移出可用节点资源管理器池。属性 yarn.resourcemanager.nm.liveness-monitor.expiry-interval-ms 的默认值为 600 000（10min），它决定资源管理器确定节点管理器失败之前的等待时间。

在故障节点管理器上运行的所有任务或 Application Master 都用前面描述的机制进行恢复。

如果应用程序的运行失败次数过多，那么节点管理器就可能被拉进黑名单。由 Application Master 管理黑名单，对于 MapReduce，如果一个节点管理器上超过三个任务失败，那么 Application Master 就会尽量将任务调度到不同的节点上。用户可以通过 mapreduce.job.maxtaskfailures.per.tracker 设置该阈值。

注意：

资源管理器节点不执行拉入黑名单操作，因此新 Job 中的任务可能被调度到故障节点上，即使这些故障节点已经被运行早期作业的 Application Master 拉入黑名单。

（4）资源管理器运行失败

资源管理器运行失败是非常严重的问题，没有资源管理器，作业和任务容器将无法启动。设计资源管理器的目的就是通过使用检查点机制将其状态保存到持久性存储，从而实现从失败中恢复。

在资源管理器运行失败后，由管理员启动一个新的资源管理器实例并恢复保存的状态。状态由系统中的节点管理器和运行的应用程序组成。

注意：

任务并非资源管理器状态的组成部分，它们由 Application Master 管理。因此，存储的状态量比 JobTracker 中的状态量更好管理。

资源管理器使用的存储容量通过 yarn.resourcemanager.store.class 属性进行配置，默认值为 org.apache.hadoop.yarn.server.resourcemanager.recovery.MemStore。它保存在内存中，因此可操作性不高。然而，基于 ZooKeeper 的存储，YARN 会支持从资源管理器运行失败中进行可靠的恢复。

7.4 作业的调度

理想情况下，YARN 应用发出的资源请求应该立刻被满足。然而，现实中资源是有限的，在一个繁忙的集群上，一个应用经常需要等待一段时间才能得到所需的资源。YARN 调度器的工作就是根据既定策略为应用分配资源。调度通常是一个难题，并且没有“最好”的策略，这也是 YARN 提供了多种调度器和可配置策略供用户选择的原因。

7.4.1 调度选项

YARN 中有 3 种调度器：FIFO 调度器（FIFO Scheduler）、容量调度器（Capacity Scheduler）和公平调度器（Fair Scheduler）。FIFO 调度器将应用放置在一个队列中，然后按照提交的顺序（先进先出）运行应用，即先为队列中第一个应用的请求分配资源，第一个应用的请求被满足后再为队列中的下一个应用服务。

FIFO 调度器简单易懂，不需要做任何配置，但是不适合共享集群。大的应用会占用集群中的所有资源，所以每个应用必须等待直至轮到自己运行。在一个共享集群中，更适合使用容量调度器或公平调度器。这两种调度器使长时间运行的作业能及时完成，同时允许正在进行较小的临时查询的用户能够在合理的时间内得到结果。

3 种调度器运行大作业和小作业时集群的利用率如图 7-8 所示。由图可知，当使用 FIFO 调度器时，小作业一直被阻塞，直至大作业完成。

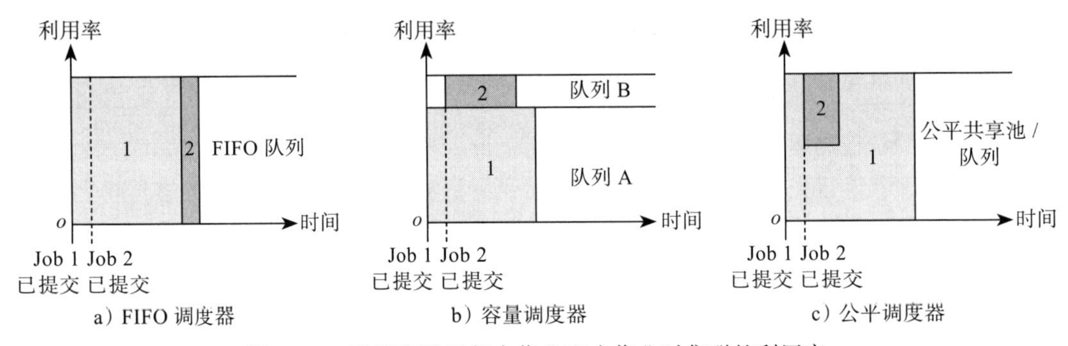

图 7-8　3 种调度器运行大作业和小作业时集群的利用率

当使用容量调度器时，有一个独立的专门队列保证小作业一提交就可以启动。由于队列容量是为队列中的作业保留的，因此这种策略是以整个集群的利用率为代价的。这意味着与 FIFO 调度器相比，大作业执行的时间更长。

使用公平调度器时，不需要预留一定量的资源，因为调度器会在所有运行的作业之间动态地平衡资源。当第一个（大）作业启动时，它是唯一运行的作业，因而获得集群中所有的资源。当第二个（小）作业启动时，它被分配到集群的一半资源，这样每个作业都能公平地共享资源。

注意：

从第二个（小）作业的启动到获得公平共享资源会有时间滞后，因为它必须等待第一个作业使用的容器用完并释放资源后才能启动。当小作业结束且不再申请资源后，大作业将再次使用全部的集群资源。最终的效果是既获得了较高的集群利用率，又保证了小作业能及时完成。

7.4.2　FIFO 调度器

Hadoop1.0 使用的默认调度器是 FIFO。FIFO 采用队列方式按照时间先后顺序对 Job 进行服务。例如，排在最前面的 Job 需要若干 MapTask 和若干 ReduceTask，当发现有空闲的服务器节点就分配给这个 Job，直到 Job 执行完毕。FIFO 调度器的工作过程如图 7-9

所示。FIFO 调度器的优点是简单，不需要配置，缺点是不适合共享集群。如果有大的应用需要很多资源，那么其他应用可能要一直等待。

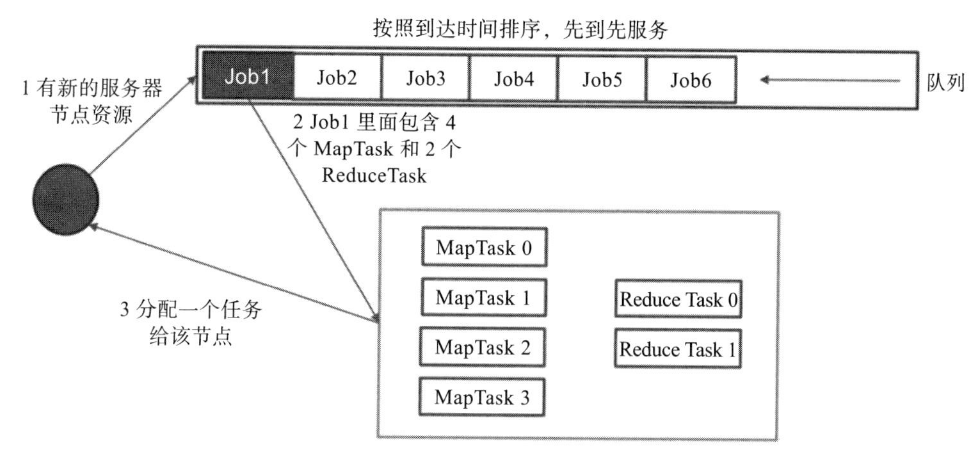

图 7-9 FIFO 调度器工作过程

7.4.3 容量调度器

容量调度器允许多个组织共享一个 Hadoop 集群，每个组织可以分配到全部集群资源的一部分。每个组织配置一个专门的队列，每个队列可以使用一部分集群资源。队列可以进一步按层次划分，这样每个组织内的不同用户就能够共享该组织队列所分配到的资源。队列使用 FIFO 调度策略对应用进行调度。

如图 7-8 所示，单个作业使用的资源不会超过其队列容量。然而，如果队列中有多个作业，并且队列资源不够用，这时如果有可用的空闲资源，那么容量调度器会将空余的资源分配给队列中的作业，即使这样会超出队列容量（这称为弹性队列）。

正常操作时，容量调度器不会通过强行终止来抢占容器。因此，如果一个队列开始时资源够用，随着需求增长，资源变得不够用时，这个队列只能等待其他队列释放容器资源。解决这种情况的方法是，为队列设置一个最大容量限制，这样这个队列就不会侵占其他队列的容量了。当然，这样做是以牺牲队列弹性为代价的，因此，需要通过不断尝试来找到一个合理的最大容量限制值。

用户可以通过设置 capacity-scheduler.xml 文件中的属性值，进行容量调度器的配置。

7.4.4 公平调度器

公平调度器为所有运行的应用公平地分配资源。图 7-10 展示了同一个队列中的应用是如何实现资源的公平共享的。实际上，公平共享也可以在多个队列间实现，后续会对此进行分析。

注意：

术语队列（queue）和 pool 在公平调度器的上下文中会交替使用。

假设有两个用户 A 和 B，它们分别拥有自己的队列，用户队列间的公平共享如图 7-10 所示。

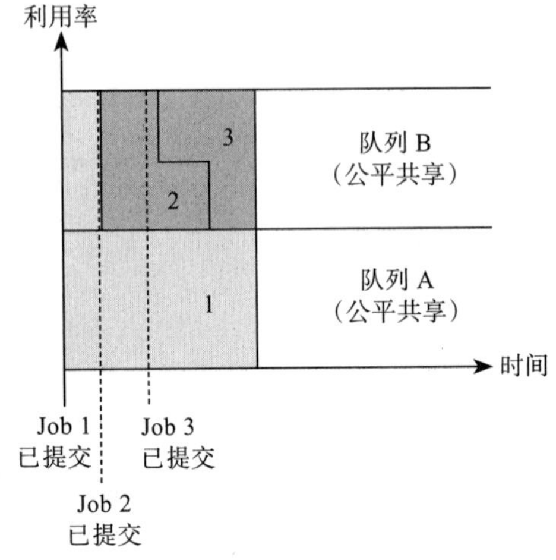

图 7-10　用户队列间的公平共享

在图 7-10 中，A 启动一个作业，在 B 没有需求时，A 会得到全部可用资源；当 A 的作业仍在运行时，B 启动一个作业，一段时间后，每个作业都用到了一半的集群资源。这时，如果 B 启动第二个作业且其他作业仍在运行，那么第二个作业将和 B 的第一个作业共享资源。因此，B 的每个作业都将占用四分之一的集群资源，而 A 仍占用一半的集群资源。最终的结果就是资源在用户之间实现了公平共享。

公平调度器通过设定 yarn-site.xml 文件中的 yarn.resourcemanager.scheduler.class 属性进行配置，默认采用 Capacity Scheduler。如果要使用公平调度器，需要配置该类全名，如 org.apache.hadoop.yarn.server.resourcemanager.sche-duler.fair.FairScheduler。

公平调度器本身的属性（如队列的配置）可通过配置 fair-scheduler.xml 文件中的属性和值来设置。

7.4.5　延迟调度

所有的 YARN 调度器都以本地请求为重。在一个繁忙的集群上，如果一个应用请求某个节点，那么此时极有可能其他容器也在该节点上运行。处理方法是，立刻放宽本地性需求，在同一机架中分配一个容器。然而，实践发现，此时如果等待几秒，就能够增加在所请求的节点上分配到一个容器的机会，从而提高集群的效率。这个特性称为延迟调度。容量调度器和公平调度器都支持延迟调度。

YARN 中的每个节点管理器周期性地（默认每秒一次）向资源管理器发送心跳消息。心跳中携带了节点管理器中正运行的容器、新容器可用的资源等信息，对于一个计划运行容器的应用而言，每个心跳都是一个潜在的调度机会。

当使用延迟调度时，调度器不会直接使用它得到的第一个调度机会，而是等待设定的最大数目的调度机会发生，然后放松本地性限制并接收下一个调度机会。

对于容量调度器，可以通过设置 yarn.scheduler.capacity.node-locality-delay 的值来配置延迟调度。当该值设置为正整数时，表示调度器在放松节点限制、改为匹配同一机架上的其他节点前准备错过的调度机会的数量。

公平调度器也使用调度机会的数量来决定延迟时间，一般是使用集群规模的比例来表示这个值。例如，将 yarn.scheduler.fair.locality.threshold.node 设置为 0.5，表示应用程序在请求某个节点上的资源时，它可以接受跳过最多一半的节点。当按照分配策略可将一个节点上的资源分配给某个应用程序时，如果该节点不是应用程序期望的节点，可选择跳过该分配机会，暂时将资源分配给其他应用程序，直到满足该应用程序需求的节点资源出现。0.5 表示这个过程最多跳过一半的节点。另一个相关的属性 yarn.scheduler.fair.locality.threshold.rack 表示在接受另一个机架替代所申请的机架之前需要等待的时长的阈值。

7.4.6 主导资源的公平性

对于单一类型资源，内存的调度、容量或公平性的概念很容易确定。例如，两个用户正在运行应用，可以通过度量每个应用使用的内存来进行比较。当有多种资源类型需要调度时，事情就会变得复杂。例如，如果一个用户的应用对 CPU 的需求量很大，但对内存的需求量很少，而另一个用户需要的 CPU 很少，但对内存的需求量很大，那么如何比较这两个应用呢?

YARN 中的调度器解决这个问题的思路是，观察每个用户的主导资源，并将其作为对集群资源使用的一个度量。这个方法称为主导资源公平性（Dominant Resource Fairness，DRF)。假设有一个具有 100 个 CPU 和 10 TB 内存的集群。应用 A 请求的每份容器资源为 2 个 CPU 和 300 GB 内存，应用 B 请求的每份容器资源为 6 个 CPU 和 100 GB 内存。A 请求的 CPU 和内存资源在集群资源中的占比分别为 2% 和 3%，由于内存占比（3%）大于 CPU 占比（2%)，所以内存是 A 的主导资源。B 请求的 CPU 和内存资源在集群资源中的占比分别为 6% 和 1%，所以 CPU 是 B 的主导资源。B 申请的资源是 A 的 2 倍（6% 是 3% 的 2 倍)，在公平调度下，B 将分到一半的容器数。

在默认情况下，一般不使用 DRF，因此在资源计算期间，只需要考虑内存，不必考虑 CPU。对容量调度器进行配置后，可以使用 DRF，将 capacity-scheduler.xml 文件中的 org.apache.hadoop.yarn.util.resource.DominantResourceCalculator 设为 yarn.scheduler.capacity.resource-calculator。

公平调度器要使用 DRF，只需将分配文件中的顶层元素 defaultQueueSchedulingPolicy 设为 drf 即可。

7.5 任务的执行

7.5.1 任务执行的环境

Hadoop 框架的设计为 map 任务或 reduce 任务提供了可参考的运行环境的信息。例如，MRAppMaster 在单独的 JVM 中将 Mapper/Reducer 任务作为一个子进程执行。子任务继承了父 MRAppMaster 的环境。用户可以通过 mapreduce.{map|reduce}.java.opts 来设置容器启动的 JVM 相关参数，通过 Xmx 来设置 Map Task 或者 Reduce Task 的最大堆内存。如果 {map|reduce}.java.opts parameters 参数包含 @taskid@，则使用 MapReduce 任务的 taskid 值进行设定。

下面是一个带有多个参数的示例，显示了 JVM GC 日志记录，以及免密码 JVM JMX 代理的启动，以便它可以与 jconsole 及类似的用户连接，完成查看子内存、线程和获取线程转储的功能。该例分别将 map 和 reduce 子 JVM 的最大堆内存设置为 512 MB 和 1024 MB，还在 child-jvm 的 java.library.path 参数中添加了一条额外的路径。其具体程序如下：

```
<property>
  <name>mapreduce.map.java.opts</name>
  <value>
  -Xmx512M -Djava.library.path=/home/mycompany/lib -verbose:gc -Xloggc:/
    tmp/@taskid@.gc
  -Dcom.sun.management.jmxremote.authenticate=false -Dcom.sun.management.
    jmxremote.ssl=false
  </value>
</property>

<property>
  <name>mapreduce.reduce.java.opts</name>
  <value>
  -Xmx1024M -Djava.library.path=/home/mycompany/lib -verbose:gc -Xloggc:/
    tmp/@taskid@.gc
  -Dcom.sun.management.jmxremote.authenticate=false -Dcom.sun.management.
    jmxremote.ssl=false
  </value>
</property>
```

在内存管理方面，用户或管理员可以使用 mapreduce.{map|reduce}.memory.mb 指定已启动的子任务的最大虚拟内存，以及它以递归方式启动的任何子进程。此处设置的值是每个进程的限制，且该值应以兆字节（MB）为单位，设置的值必须大于或等于传递给 JVM 的 -Xmx，否则 JVM 可能无法启动。

Hadoop 为 map、shuffle 和 configure 任务提供相应的执行环境属性，具体情况如表 7-1、表 7-2 和表 7-3 所示。

表 7-1　map 任务的执行环境属性

属性名称	类型	说　明
mapreduce.task.io.sort.mb	int	Map Task 缓冲区所占内存大小，以兆字节为单位
mapreduce.map.sort.spill.percent	float	排序缓冲区大小的百分比。一旦到达设定值，线程就开始在后台将内容溢出到磁盘

表 7-2　shuffle 任务的执行环境属性

属性名称	类型	说　明
mapreduce.task.io.soft.factor	int	指定要同时合并的磁盘上的段数。它限制了合并期间打开的文件和压缩编解码器的数量。如果文件数超过此限制，则合并将在多个阶段进行。虽然这个限定同样适用于 map 任务，但是大多数作业的配置应该确保 map 任务小于这个限制
mapreduce.reduce.merge.inmem.thresholds	int	在合并到磁盘之前，获取内存中已排序 map 输出的数量。这不是定义分区单位，而是定义启动 merge 的触发器。实际上，由于在段内存中 merge 的开销比在磁盘中 merge 的开销小得多，因此这个值往往设置得很高（1000）或被设置为禁用（0）。该阈值仅影响 Shuffle 阶段在内存中 merge 的频率

（续）

属性名称	类型	说　明
mapreduce.reduce.shuffle.merge.percent	float	在内存合并之前，启动阈值 map 抓取结果的阈值用分配给 map 结果的内存所占的百分比来表示。由于没有被装入内存的 map 结果会被阻塞，因此该参数设置得高，会降低抓取 map 结果和合并之间的并发。相反，如果一个 reduce 的输入可以全部装入内存，那么该参数设置为 1.0 可有效提高 reduce 的效率。这只影响 Shuffle 阶段在内存中合并的频率
mapreduce.reduce.shuffle.input.buffer.percent	float	可分配给用于存储 map 结果的内存所占百分比，一般是由 mapreduce.reduce.java.opts 指定的，这个数值和堆内存的最大值有关。虽然应该预留一些内存给 MapReduce 框架，但将其设置得足够大有利于存储大而多的 map 结果
mapreduce.reduce.input.buffer.percent	float	与堆内存最大值相关的内存空间会保留到 reduce 期间。当 reduce 开始后，map 结果会被 merge 到磁盘，直到剩下的量在该参数定义的阈值以下。在默认情况下，在 reduce 开始之前，所有的 map 结果会 merge 到磁盘，以便给 reduce 腾出内存空间。对内存开销不大的 reduce 而言，应该调大这个参数来避免写磁盘过程中的卡顿

表 7-3　configure 任务的执行环境属性

属性名称	类型	说　明
mapreduce.job.id	String	作业 ID
mapreduce.job.jar	String	作业目录中的 job.jar 位置
mapreduce.job.local.dir	String	指定作业的共享临时空间
mapreduce.task.id	String	任务 ID
mapreduce.task.attempt.id	String	任务尝试 ID
mapreduce.task.is.map	boolean	判断是否为一个 map 任务
mapreduce.task.partition	int	作业中任务的 ID
mapreduce.map.input.file	String	map 正在读取的文件名
mapreduce.map.input.start	long	map 输入分片开始的偏移量
mapreduce.map.input.length	long	map 输入分片中的字节数
mapreduce.task.output.dir	String	任务的临时输出目录

7.5.2　任务的 JVM 重用

在 Hadoop 1.0 时代，对于一些小文件的场景，为了避免 JVM 启动过程中可能造成的开销，允许用户在 mapred-site.xml 文件中设置 mapred.job.reuse.jvm.num.tasks 属性的值，从而指定 TaskTracker 在同一个 JVM 里最多可以累积执行任务的数量（默认值是 1）。这样做的好处是减少了 JVM 启动、退出的次数，从而达到提高任务执行效率的目的，也可以确定同一个 JVM 中最多能执行的 Task 的数量。如果该值设置成 10，则表示 JVM 实例在同一个 Job 中重新使用 10 次。此时，JVM 重用会一直占用任务使用的槽，直到任务完成后才能释放。如果出现不平衡的 Job，那么保留的任务槽即使空着也无法被其他 Job 使用，直到所有的任务都结束才会释放这些任务槽。

进入 Hadoop 2.0 时代，在 YARN 环境下，由于取消了任务槽的概念，不支持 mapred.job.reuse.jvm.num.task，JVM 重用就无法使用了。Hadoop 2.0 提供了 Uber，它的使用方式类似 JVM 重用，由于 YARN 的结构不同于 Hadoop 1.0，故 Uber 的原理和配置都与之前的 JVM 重用机制大不相同。

YARN 在默认环境下禁用 Uber 组件，也不会发生 JVM 重用。在 YARN 默认环境下执行 MapReduce 作业的过程如下：首先，ResourceManager 里的 ApplicationMaster 会为每个 Application（如用户提交的 MapReduce 作业）在 NodeManager 中申请一个 Container，然后在该 Container 中启动一个 ApplicationMaster。Container 在 YARN 中是分配资源的容器（内存、CPU、硬盘等），它启动时便会相应启动一个 JVM。此时，ApplicationMaster 陆续为 Application 包含的每个任务（Map 任务或 Reduce 任务）向 ResourceManager 申请一个 Container。每得到一个 Container，该 Container 所属的 NodeManager 便启动此 Container，执行相应的任务。任务结束后，该 Container 被 NodeManager 收回，而 Container 所拥有的 JVM 也相应地退出。在整个过程中，每个 JVM 仅会依次执行一个任务，JVM 并未被重用。

用户可通过在 {$HADOOP_HOME}/etc/Hadoop/mapred-site.xml 中配置对应的参数，启用 Uber 组件来达到在同一个 Container 里依次执行多个任务的目的。其程序如下：

```
<property>
    <name>mapreduce.job.ubertask.enable</name>
    <value>true</value>
</property>
```

Uber 组件启用后，会对小作业进行优化，不会给每个任务分别分配 Container 资源，这些小任务将统一在一个 Container 中按照先执行 map 任务后执行 reduce 任务的顺序依次执行。

小任务可通过下面 3 个参数来确定。

- mapreduce.job.ubertask.maxmaps：设置 map 任务的最大数量，默认值是 9。如果一个 Application 包含的 map 任务数不大于该值，那么该 Application 被认为是小任务。
- mapreduce.job.ubertask.maxreduces：设置 reduce 任务的最大数量，默认值是 1。如果一个 Application 包含的 Reduce 任务数不大于该值，那么该 Application 就被认为是一个小任务。当设置该值时，建议在官网查阅当前使用的 Hadoop 版本是否支持大于 1 的情况。
- mapreduce.job.ubertask.maxbytes：设置任务输入大小的阈值，默认为 dfs.block.size 的值。当实际的输入大小未超过该值时，便认为该 Application 是一个小任务。

Uber 功能被启用后，在 NodeManager 里面申请的 Container 中为 Application 启动 ApplicationMaster 时，同时启动一个 JVM。此时如果 Application 符合小任务的条件，那么 ApplicationMaster 会将该 Application 包含的每一个任务依次在这个 Container 的 JVM 里顺序执行，直到所有任务被执行完毕。这样，ApplicationMaster 便不用为每一个任务向 ResourceManager 申请一个单独的 Container，最终达到了 JVM 重用（资源重用）的目的。

7.6 Shuffle 的工作原理

Shuffle 的本义是洗牌、混洗，即把一组有一定规律的数据尽量转换成一组无规律的数据，越随机越好。MapReduce 中的 Shuffle 更像是洗牌的逆过程，即把一组无规律的数据尽量转换成一组具有一定规律的数据。

MapReduce 计算模型一般包括两个重要的阶段：Map 是映射，负责数据的过滤分发；Reduce 是归约，负责数据的计算归并。Reduce 的数据来源于 Map，Map 的输出是 Reduce 的输入，Reduce 需要通过 Shuffle 来获取数据。从 Map 输出到 Reduce 输入的整个过程可以广义地称为 Shuffle。Shuffle 横跨 Map 端和 Reduce 端，在 Map 端包括溢写（spill）过程，在 Reduce 端包括复制（copy）和排序（sort）过程，如图 7-11 所示。

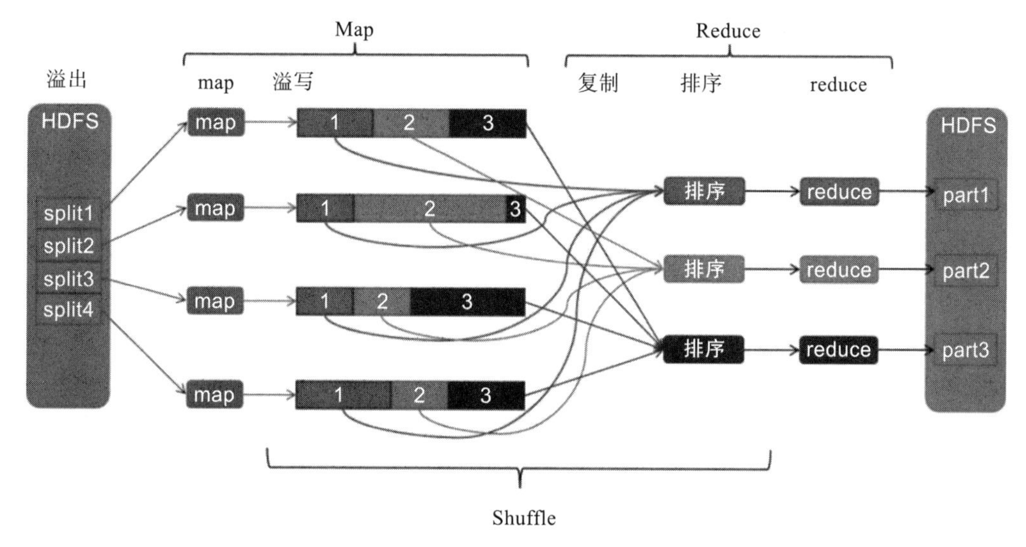

图 7-11 Shuffle 的工作原理

7.6.1 Map 端

1. 溢出

溢出包括收集（collect）、排序（sort）、溢写（spill）、合并（merge）等步骤，如图 7-12 所示。

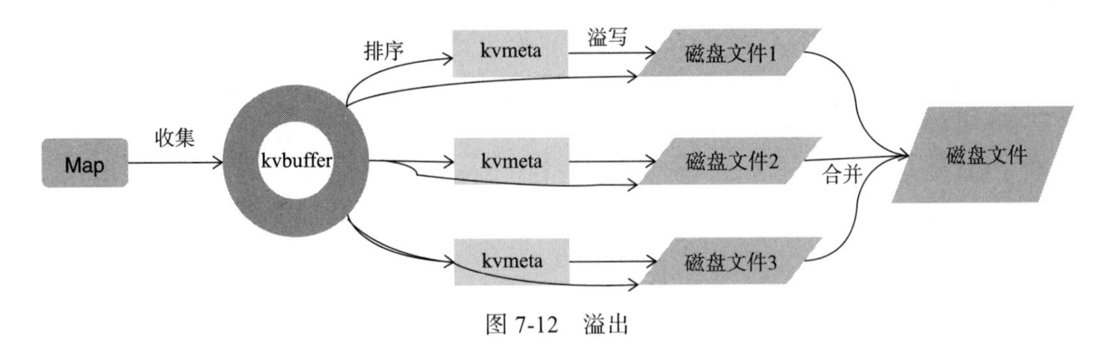

图 7-12　溢出

2. 分区

每个 map 任务不断地以键值对的形式把数据输出到位于内存中的一个环形数据结构中。使用环形数据结构是为了更有效地利用内存空间，在内存空间中放置尽可能多的数据。

这个数据结构其实就是字节数组，称为 kvbuffer。在该数组中不光放置了数据，还放置了一些索引数据。放置索引数据的区域也称为 kvmeta，kvbuffer 的一块区域对应着 IntBuffer，其字节序采用的是平台自身的字节序。数据区域和索引数据区域在 kvbuffer 中是相邻但不重叠的两个区域，用一个分界点来划分，分界点不是不变的，而是每次溢写之后都会更新一次。初始的分界点是 0，数据的存储方向是向上增长的，索引数据的存储方向是向下增长的，分区过程如图 7-13 所示。

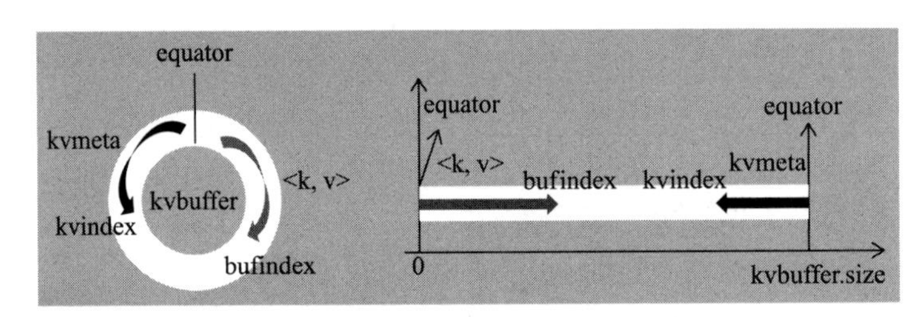

图 7-13　分区过程

kvbuffer 的指针 bufindex 一直向上增长，如 bufindex 初始值为 0，一个 int 型的 key 写完之后，bufindex 增长为 4，一个 int 型的 value 写完之后，bufindex 增长为 8。

kvbuffer 中的索引是四元组，包括 value 的起始位置、key 的起始位置、partition 值、value 的长度，占用 4 个 int 字符长度。kvmeta 中存放指针的 kvindex 每次首先向下移动 4 个位置，然后向上逐个填充这个四元组。例如，kvindex 的初始位置是 –4，当第一个值写完之后，（kvindex+0）的位置存放 value 的起始位置、（kvindex+1）的位置存放 key 的起始位置、（kvindex+2）的位置存放 partition 的值、（kvindex+3）的位置存放 value 的长度，然后 kvindex 跳到 –8 位置；第二个四元组和索引写完之后，kvindex 跳到 –32 的位置。

kvbuffer 的大小虽然可以通过参数设置，但是其大小有限，而索引在不断地增加，如果 kvbuffer 不够用了，则把数据从内存刷到磁盘上，然后接着往内存写数据。把 kvbuffer 中的数据存入磁盘的过程就称为溢写（spill），内存中的数据满了就自动地溢写到具有更大空间的磁盘。

如果等 kvbuffer 快被占用完才开始溢写，那么 map 任务就需要等溢写完成之后才能继续写数据；如果 kvbuffer 占用到一定程度（如 80%）的时候就开始溢写，那在溢写的同时，map 任务还能继续写数据。如果溢写速度够快，则 map 任务可能就不需要为空闲空间而发愁。两利相衡取其大，一般选择后者。

溢写过程由 Spill 线程负责，Spill 线程从 map 任务接到“命令”之后就开始正式工作，工作内容称为 SortAndSpill。

3. 排序

map 函数开始产生的输出并不是简单地写到磁盘，而是利用缓冲的方式写到内存，并出于效率的考虑对其进行预排序，这个过程称为 Shuffle。图 7-14 展示了这个过程。

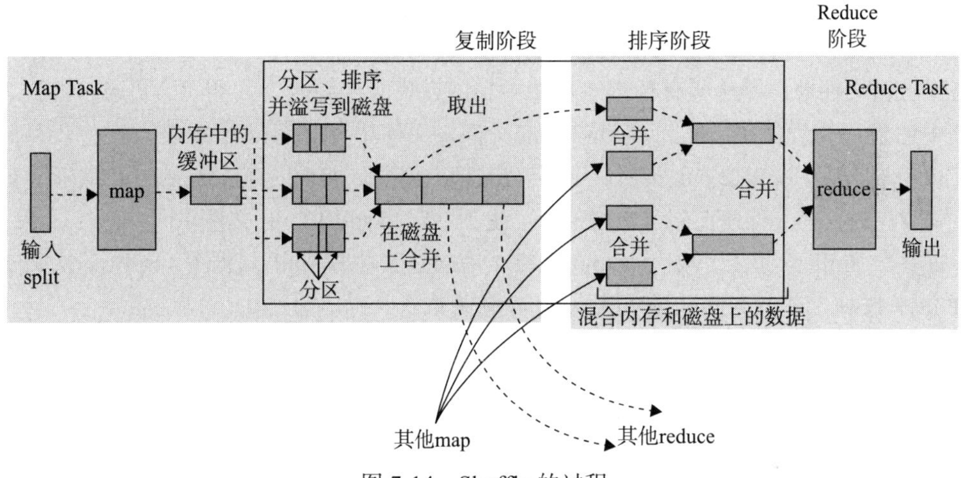

图 7-14　Shuffle 的过程

每个 map 任务都有一个环形内存缓冲区，用于存储任务的输出。在默认情况下，缓冲区的大小为 100 MB，该值可以通过 io.sort.mb 属性来调整。一旦缓冲区内容达到阈值（io.sort.spill.percent，默认值为 0.80 或 80%），一个后台线程便开始把内容写到磁盘。在写磁盘的过程中，map 任务输出继续被写到缓冲区，但如果在此期间缓冲区被填满，则 map 任务会被阻塞，直到写磁盘过程完成。

写磁盘的过程是按照轮询方式将数据写到 mapred.local.dir 属性指定的目录中。

在写磁盘之前，线程首先根据最终的 Reducer 把数据划分成相应的分区。在每个分区中，后台线程按键进行内排序，如果有一个 Combiner，它会在排序后的输出上运行。

一旦内存缓冲区达到溢写的阈值，就会新建一个溢写文件。因此，在 map 任务写完最后一个输出记录后，会有几个溢写文件，在任务完成之前，溢写文件被合并成一个已分区且已排序的输出文件。属性 io.sort.factor 可控制一次最多能合并多少流，该属性默认值是 10。

如果已经指定 Combiner，并且溢写次数至少为 3（min.num.spills.for.combine 属性的值），则 Combiner 就会在输出文件写到磁盘之前运行，因为 Combiner 可以在输入上反复运行，但并不影响最终结果。运行 Combiner 的意义在于使 map 任务输出更紧凑，写到本地磁盘和传给 Reducer 的数据更少。

写磁盘时压缩 map 任务输出会让写磁盘的速度更快，并且节约磁盘空间，减少传给

Reducer 的数据量。在默认情况下，输出是不压缩的，但只要将 mapred.compress.map.output 设置为 True，就可以启用此功能。

4. 溢写

Spill 线程创建一个磁盘文件：从所有的本地目录中轮询查找能存储的目录，在其中创建一个类似于 spill12.out 的文件。Spill 线程根据已经排序的 kvmeta 依次把 partition 的数据写到 spill12.out 文件中。当一个 partition 对应的数据写完之后，依照顺序继续写下一个 partition，直到遍历完所有的 partition。一个 partition 在文件中对应的数据也称为段（Segment）。

所有 partition 对应的数据都放在这个文件里，虽然是按顺序存放的，但是要想知道某个 partition 在这个文件中存放的起始位置，就要依靠强大的索引。一般用一个三元组来记录某个 partition 对应的数据在这个文件中的索引（包括起始位置、原始数据长度、压缩之后的数据长度）。这些索引信息存放在内存中，如果内存中放不下，则后续的索引信息就需要写到磁盘文件中，即从所有的本地目录中轮询查找能存储这么大空间的目录，找到之后在其中创建一个类似于 spill12.out.index 的文件，文件中不光存储了索引数据，还存储了 CRC32 校验数据。spill12.out.index 不一定在磁盘上创建，如果内存（默认 1 MB 空间）能放得下就放在内存中，即使在磁盘上创建了，也不一定和 spill12.out 文件在同一个目录下。

每一次 Spill 至少会生成一个 .out 文件，有时还会生成 .index 文件，Spill 的次数也存储在文件名中。索引文件和数据文件的对应关系如图 7-15 所示。

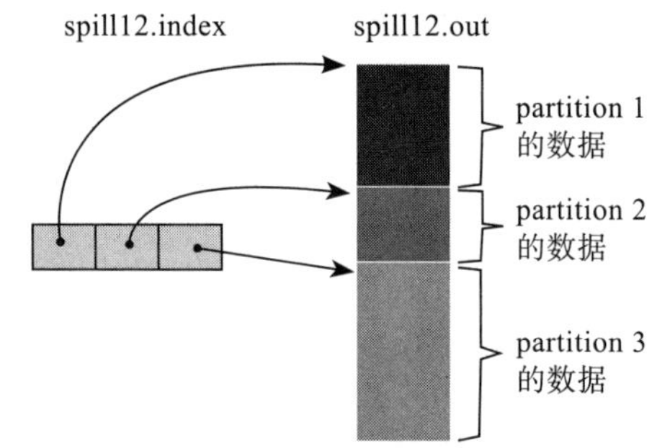

图 7-15　索引文件和数据文件的对应关系

在 Spill 线程如火如荼地进行 SortAndSpill 工作时，map 任务不会停顿，而是断续进行数据输出。map 任务还把数据写到 kvbuffer 中，那问题出现了：如果一直沿着 bufindex 指针向上增长，而 kvmeta 沿着 kvindex 向下增长，那么 bufindex 和 kvindex 相等以后再重新开始或者移动内存的代价都比较大。map 任务取 kvbuffer 中剩余空间的中间位置，把这个位置设置为新的分界点，bufindex 指针移动到这个分界点，kvindex 移动到这个分界点的 –16 位置，然后两者就可以按照自己既定的轨迹放置数据了，当 Spill 完成，空间腾出之后，不需要做任何改动就可以继续前进。分界点的转换如图 7-16 所示。

map 任务总要把输出的数据写到磁盘上，即使输出的数据量能全部容纳在内存中。

5. 合并

如果 map 任务输出的数据量很大，则可能要进行几次 Spill，生成多个 .out 文件和 .index 文件，并分布在不同的磁盘上，最后要把这些文件进行合并，即 Merge 过程。

Merge 过程识别 Spill 文件的方法是：从本地目录上扫描得到产生的 Spill 文件，然后把路径存储在一个数组里。Merge 过程获得 Spill 索引信息的方法也是从本地目录上扫描得到 Index 文件，然后把索引信息存储在一个列表里。到这里，又遇到了一个问题：在之前的 Spill 过程中为什么不直接把这些信息存储在内存中，而是使用扫描的操作呢？特别是 Spill 的索引数据，之前当内存超限后把数据写到磁盘，现在又要把这些数据从磁盘中读出来，还是需要更多的内存。之所以这么做，是因为这时 kvbuffer 这个内存大户已经不再使用，可以回收空间用于存储这些数据了。如果内存空间较大，也可以使用内存来省去这两个 I/O 步骤。

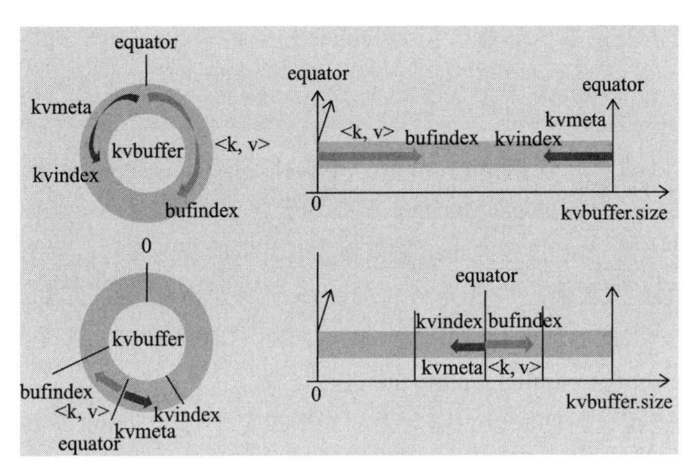

图 7-16　分界点转换

然后，为 Merge 过程创建 file.out 文件和 file.out.Index 文件，用来存储最终的输出和索引。

接下来，将 partition 逐个合并输出。从索引列表中查询每个 partition 对应的所有索引信息，每个索引信息对应一个段，插入到段列表中。也就是说，这个 partition 对应一个段列表，记录所有 Spill 文件中对应的 partition 的文件名、起始位置、长度等。之后，将这个 partition 对应的所有段合并成一个段。当这个 partition 对应多个段时，就分批地进行合并：先从段列表中把第一批段取出来，以 key 为关键字放置成最小堆，然后从最小堆中依次取出堆顶元素输出到临时文件中，这样就把这一批段合并成一个临时段，并加回到段列表中；再从段列表中把第二批段取出来，合并输出到一个临时段，并加入到列表中；这样往复执行，直到只剩一个段，将这个段输出到最终的文件中。

最终的索引数据仍然输出到 Index 文件中。合并过程如图 7-17 所示。

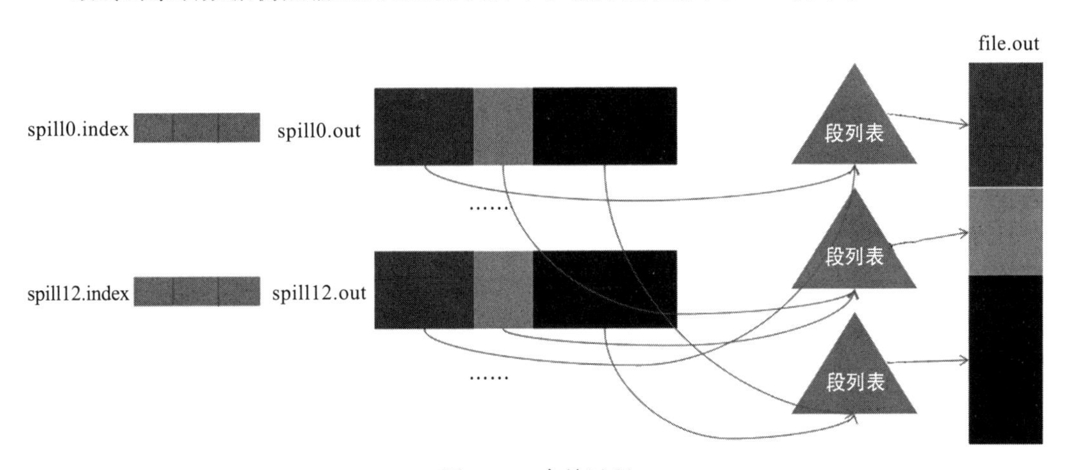

图 7-17　合并过程

7.6.2 Reduce 端

Reduce 端的 Shuffle 主要包括 3 个阶段，即复制、排序（合并）和分组。map 任务的输出文件放置在运行 MapTask 的 NodeManager 的本地磁盘上，它是运行 reduce 任务的 TaskTracker 所需要的输入数据，但是 reduce 任务的输出一般写到 HDFS 中（Reduce 阶段）。

1. 复制

Reduce 进程启动一些数据 copy 线程，通过 HTTP 方式请求 map 任务所在的 NodeManager 以获取输出文件。NodeManager 需要为分区文件运行 reduce 任务，并且 reduce 任务需要集群上若干个 map 任务的 map 输出作为其特殊的分区文件。每个 map 任务的完成时间可能不同，因此只要有一个任务完成，reduce 任务就开始复制其输出。reduce 任务有少量的 copy 线程，因此能够并行取得 map 输出。默认线程数为 5，这个默认值可以通过 mapreduce.reduce.shuffle.parallelcopies 属性进行设置。

因为 Map 端进行分区的时候，实际上相当于指定了每个 Reducer 要处理的数据（分区就对应了 Reducer），所以 Reducer 在复制数据的时候只需要复制对应的分区中的数据即可。每个 Reducer 会处理一个或者多个分区。

map 任务完成后，会使用心跳机制通知它们的 ApplicationMaster，因此对于指定作业，ApplicationMaster 知道 map 任务输出和主机位置之间的映射关系。Reducer 中的一个线程定期询问 master 以便获取 map 任务输出主机的位置和所有输出位置。

由于 Reducer 可能失败，因此 TaskTracker 并没有在第一个 Reducer 检索到 map 任务输出时就立即从磁盘上删除它们。相反，TaskTracker 会等待，直到 JobTracker 告知它可以删除 map 任务输出，这是在作业完成后执行的。Job 的每一个 map 任务都会根据 reduce(n) 将数据按 map 任务输出结果分成 n 个 partition。

map 任务的中间结果中有可能包含每个 reduce 任务需要处理的部分数据。为了优化 reduce 任务的执行时间，会等 Job 的第一个 map 任务结束后，所有的 reduce 任务才开始尝试从完成的 map 任务中下载该 reduce 任务对应的分区数据，因此 map 任务和 reduce 任务是交叉进行的（即 Shuffle）。reduce 任务通过 HTTP 向各个 map 任务拖取（下载）它所需要的数据（网络传输），Reducer 如何知道从哪些机器上取数据呢？ map 任务完成之后，就会通过常规心跳通知应用程序的 Application Master。reduce 的一个线程会周期性地询问 master，直到提取完所有数据为止。这时，map 任务不会立刻删除数据，这是为了避免 reduce 任务失败需要重做。因此，map 任务输出数据是在整个作业完成之后才被删除的。

reduce 进程启动数据 copy 线程（Fetcher），通过 HTTP 方式请求 map 任务所在的 TaskTracker 来获取 map 任务的输出文件。由于通常有许多个 map 任务，因此对一个 reduce 任务来说，可以并行地从多个 map 任务下载，Mapper 下载数据的并行度可以通过 mapreduce.reduce.shuffle.parallelcopies(default5）进行调整。在默认情况下，每个 Reducer 只有 5 个 Map 端并行的下载线程从 map 下载数据。如果一个时间段内 Job 完成的 map 有 100 个或者更多，那么 reduce 最多只能同时下载 5 个 map 的数据，所以这个参数比较适合在 map 很多并且完成比较快的情况下调大，这有利于 reduce 更快地获取属于自己的数据。在 Reducer 内存和网络都比较好的情况下，可以调大该参数。

reduce 的每一个下载线程在下载某个 map 数据的时候，有可能因为该 map 中间结果所在机器发生错误、中间结果的文件丢失，或者网络瞬断等情况，导致 reduce 的下载失败，所以 reduce 的下载线程不会无休止地等待下去。如果一定时间后下载仍然失败，下载线程就会放弃这次下载，随后尝试从另一个地方下载（因为这段时间 map 可能重新运行）。reduce 下载线程的最大下载时间可以通过 mapreduce.reduce.shuffle.read.timeout（默认值 180 000s）来调整。如果集群环境的网络本身是瓶颈，那么用户可以通过调大这个参数来避免 reduce 下载线程被误判为失败的情况。一般情况下都会调大这个参数，这是企业级最佳实践。

2. 排序（合并）

Map 的输出合并与溢出过程如图 7-18 所示。

在图 7-18 中，Map 端复制过来的数据先放入内存缓冲区中。如果 map 输出太小，则会被复制到 reduce 任务的 JVM 内存中，否则 map 输出被复制到磁盘。任务占用的缓存空间在堆栈空间中的比例由 mapreduce.reduce.shuffle.input.buffer.percent 属性设置（默认值为 0.70）。

一旦内存缓冲区达到缓存溢出到磁盘的阈值（由 mapreduce.reduce.shuffle.merge.percent 决定，默认值为 0.66），或达到 map 任务在缓存溢出前能够保留在内存中的输出个数的阈值（由 mapreduce.reduce.merge.inmem.threshold 控制，默认值为 1000），则合并后溢出写到磁盘中。如果指定 Combiner，则在合并期间运行它，以降低写入硬盘的数据量。

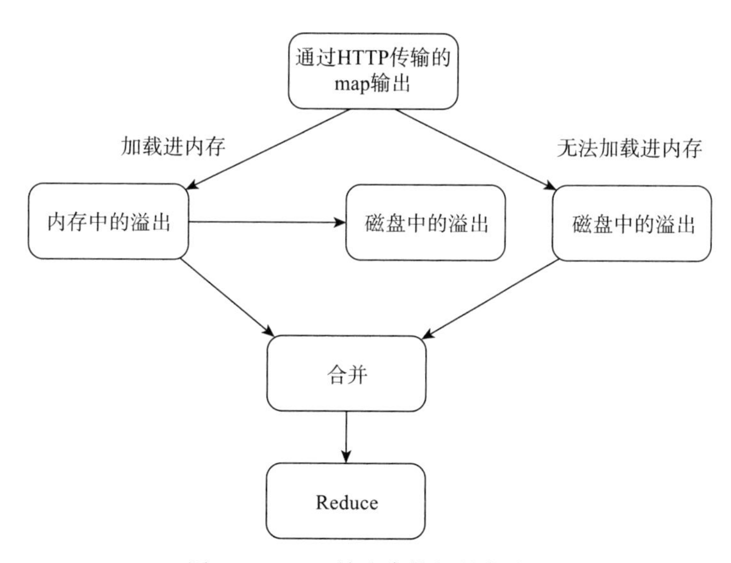

图 7-18　Map 输出合并与溢出过程

随着磁盘上副本增多，后台线程会将它们合并为更大的已排序文件，这会为后面的合并节省一些时间。复制完所有的 map 输出后，reduce 任务进入排序阶段（更恰当的说法是合并阶段，因为这个阶段的主要工作是执行归并排序），循环进行归并排序（维持其顺序）。合并的文件流数量由 mapreduce.task.io.sort.factor 属性决定（默认值为 10）。例如，如果有 40 个 map 输出，合并因子是 10（10 为默认值，由 mapreduce.task.io.sort.factor 属性设置，与 map 的合并类似），合并将进行 4 趟，最后有 4 个中间文件。其中，每趟合并的文件数实际上不是 10 个，而是第一趟只合并 4 个文件，随后 3 趟合并完整的 10 个文件。在最后一趟中，将 4 个已合并的文件和余下的 6 个（未合并）文件合并，目标是合并最小数量的文件来满足最后一趟的合并系数。这并没有改变合并次数，它只是一个优化措施，目的是尽量减少写到磁盘的数据量，因为最后一趟总是直接将数据输入 reduce 函数中，从而节省了一次磁盘往返过程。

这里的合并和 Map 端的合并类似，只是数组中存放的是不同 Map 端复制来的数据。复制过来的数据会先放入内存缓冲区中，当使用的内存达到一定量的时候才 Spill 磁盘。这里的缓冲区大小要比 Map 端更为灵活，它基于 JVM 的 heapsize 设置。

内存大小不像 Map 端一样可以通过 io.sort.mb 来设定，而是通过另外一个参数 mapreduce.reduce.shuffle.input.buffer.percent（default 0.7f 源码中已固定）来设置，这个参数其实是一个百分比，即 Shuffile 在 Reduce 内存中的数据最多使用的内存量为 0.7 × reduce 任务的 maxHeap，也就是 JVM 的 heapsize 的 70%。内存到磁盘 merge 的启动阈值可以通过 mapreduce.reduce.shuffle.merge.percent（默认值 0.66）配置。

也就是说，可以按照 reduce 任务的最大 heap 使用量的一定比例来缓存数据，该参数通过 mapreduce.admin.reduce.child.java.opts 来设置。在默认情况下，reduce 会使用其 heapsize 的 70% 在内存中缓存数据。假设 mapreduce.reduce.shuffle.input.buffer.percent 为 0.7，reducetask 的 max heapsize 为 1GB，那么用来下载数据缓存的内存大约为 700 MB。与 Map 端一样，也不是要等到这 700 MB 的内存全部写满才往磁盘刷数据的，而是当这些内存被使用到了一定的比例（通常是一个百分比），就开始往磁盘刷数据（刷数据前会先做合并操作）。

与 map 端类似，这也是溢写的过程，如果设置了 Combiner，就会启用该 Combiner，然后在磁盘中生成众多的溢写文件。这种合并一直运行，直到没有 Map 端的数据时才结束，然后启动磁盘到磁盘的合并形式生成最终的文件。

合并的三种形式为内存到内存（memToMemMerger）、内存中合并（inMemoryMerger）和磁盘上的合并（onDiskMerger）。其中，磁盘上的合并包括复制过程中磁盘上的合并、最终磁盘中的合并。

（1）内存到内存合并

Hadoop 定义了一种内存到内存的合并形式，这种合并将内存中的 Map 输出合并，然后写入内存。这种合并默认是关闭的，可以通过 mapreduce.reduce.merge.memtomem.enabled (default:false) 打开，当 map 任务输出文件达到 mapreduce.reduce.merge.memtomem.threshold 时，触发这种合并。

（2）内存中合并

当缓冲中的数据达到配置的阈值时，这些数据在内存中被合并并写入磁盘。阈值有如下 2 种配置方式。

1）配置内存比例。前面提到，reduce JVM 堆内存的一部分用于存放来自 map 任务的输入，可在此基础上配置一个开始合并数据的比例。假设用于存放 map 任务输出的内存为 500 MB，mapreduce.reduce.shuffle.merge.percent 设置为 0.66，则当内存中的数据达到 330 MB 的时候，会触发合并写入。

2）配置 map 输出的数量。可以通过 mapreduce.reduce.merge.inmem.threshold 来配置 map 输出的数量。在合并的过程中，会对被合并的文件做全局排序。如果作业配置了 Combiner，则会运行 combine 函数，减少写入磁盘的数据量。

（3）磁盘上的合并

1）复制过程中磁盘上的合并：在复制的数据不断写入磁盘的过程中，一个后台线程会把这些文件合并为更大的有序文件。如果 map 任务的输出结果进行了压缩，则在合并过程中，需要在内存中解压后才能进行合并。这里的合并只是为了减少最终合并的工作量，也就是 map 输出还在复制时就开始进行一部分合并工作。合并的过程也会进行全局排序。

2）最终磁盘中的合并：当所有 map 输出都复制完之后，所有的数据最终合并成一个整体有序的文件，作为 reduce 任务的输入。这个合并过程是一轮一轮进行的，最后一轮的合并结果直接推送给 reduce 任务作为输入，节省了一趟磁盘操作。最终进行合并的 map 输出可能来自合并后写入磁盘的文件，也可能来自内存缓冲，最后写入内存的 map 输出可能没有达到阈值而触发合并，所以还留在内存中。

每一轮合并不一定合并平均数量的文件，原则是使整个合并过程中写入磁盘的数据量最小。为了达到这个目的，需要在最终一轮合并中合并尽可能多的数据，因为最后一轮的数据直接作为 reduce 的输入，无须写入磁盘再读出。通过配置 mapreduce.task.io.sort.factor（默认值是 10）最大化最终一轮合并的文件数，即合并因子。

以 Reduce 阶段中一个 Reduce 过程可能的合并方式为例解释上述过程。假设现在有 20 个 map 输出文件，合并因子配置为 5，则需要 4 次合并。最终一轮确保合并 5 个文件，其中包括 2 个来自前 2 轮的合并结果，因此原始的 20 个输出文件中，再留出 3 个输出文件给最终的一轮合并。

3. 分组

在 Reduce 阶段，对已排序的输出中的每个键都要调用 reduce 函数。此阶段的输出直接写到输出文件系统，一般为 HDFS。如果采用 HDFS，由于 NodeManager 也运行数据节点，因此第一个块副本将被写到本地磁盘。

- 当 Reducer 将所有的 Mapper 上对应分区的数据下载完成后，ReduceTask 进入 reduce 函数的计算阶段。Reducer 计算时同样需要内存作为 buffer，可以用 mapreduce.reduce.input.buffer.percent（默认值 0.0）（源代码 MergeManagerImpl.java：674 行）来设置 Reducer 的缓存。这个参数默认情况下为 0，也就是说，Reducer 从磁盘开始读处理数据。如果这个参数大于 0，那么就会有一部分数据被缓存在内存并传送给 Reducer，当 Reducer 计算逻辑消耗的内存很小时，可以用一部分内存来缓存数据，从而提升计算的速度。所以，默认情况下都是从磁盘读取数据，如果内存足够大的话，务必设置该参数让 Reducer 直接从缓存中读数据。

- 在 Reduce 阶段，框架为已分组的输入数据中的每个键值对调用一次 Reduce(WritableComparable,Iterator, OutputCollector, Reporter) 方法。Reduce 任务的输出通常是通过调用 OutputCollector.collect(WritableComparable,Writable) 写入文件系统的。Reducer 的输出是没有排序的。

习题 7

1. 请简述你对 Hadoop 体系结构的理解。
2. 请简述你对 Hadoop Common 的理解。
3. 请简述 MapReduce 计算的执行流程。
4. 请简述 MapReduce 计算的本地性。
5. 请简述 MapReduce 的经典模型与 YARN 作业运行机制的异同。
6. 请简述你对 Hadoop 作业调度的理解。
7. 请简述 Hadoop 任务执行的过程。
8. 请简述你对 Shuffle 的理解。

第 8 章
HDFS 的原理

HDFS 的设计目标是对大规模数据进行分布式存储，其对存储数据的操作通常为只读或者追加，但不常更新。为了保持系统的效率，HDFS 将大文件分块，在其他机器上进行多重备份。本章首先介绍 HDFS 的体系结构，然后在介绍其核心操作，即数据访问，最后介绍 HDFS 的安全机制、容错机制以及和 YARN 的协作。

8.1 HDFS 的体系结构

HDFS 采用 Master/Slave 架构。一个 HDFS 集群由一个 NameNode 和一定数目的 DataNode 组成。NameNode 是一个中心服务器（Mater），负责管理文件系统的命名空间（NameSpace）和客户端对文件的访问。DataNode 一般是集群中的一台服务器（Slave），可以启动一个 DataNode 的守护进程，负责管理它所在节点上的存储。HDFS 公开了文件系统的命名空间，用户能够以文件的形式在其上存储数据。HDFS 的体系结构如图 8-1 所示。

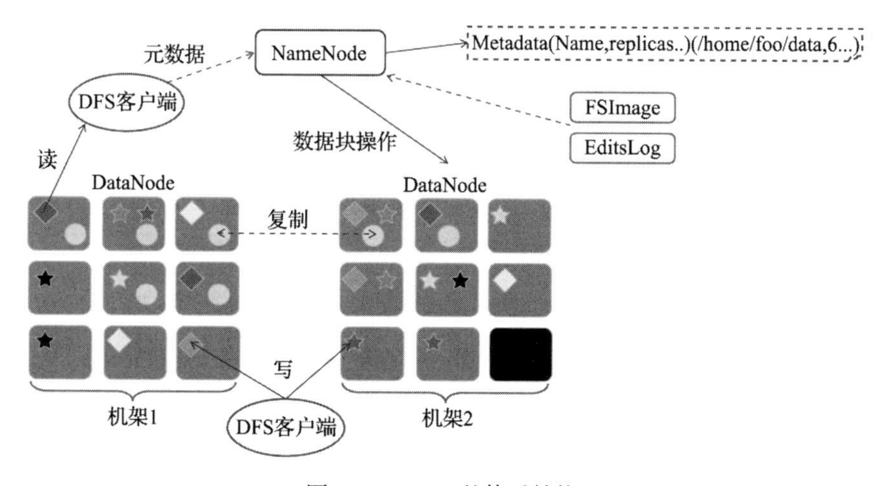

图 8-1　HDFS 的体系结构

图中的关键名词及其运行原理如下。

1)MetaData(元数据):方便管理集群及文件，存储文件系统的目录树信息（如文件名、目录名、文件和目录的从属关系、文件和目录的大小、创建及最后访问时间、权限)、文件和块的对应关系及文件的组成信息（如块的存放位置、机器名、块 ID)。元数据存储在一台指定的 NameNode 上，实际数据一般存储在集群中其他 DataNode 的本地文件系统中。

2）Client（客户端)：需要访问 HDFS 的用户或应用，如命令行、API 应用。

3）NameNode（命名节点)：集群中的管理者，用于存储 HDFS 的元数据（MetaData)，维护文件系统命名空间，执行文件系统的命名空间操作（命名空间支持对 HDFS 中的目录、文件和块做类似文件系统的创建、修改、删除等基本操作)，如打开、关闭、重命名文件或目录等，维护 HDFS 的状态镜像文件 FSImage 和日志文件 EditLog 等。

4）DataNode（数据节点）：文件系统的工作节点，用于存储实际的数据。受客户端或 NameNode 的调度存储和检索数据，并定期向 NameNode 发送它们所存储的块的列表。在 DataNode 的复制过程中提供同步发送 / 接收操作。

5）Block（块）：文件系统读写的最小数据单元。在 HDFS 中，考虑到元数据大小、大数据的工作效率和整个集群的吞吐量问题，将块默认设置为较大值。早期版本的默认值为 64 MB，后来是 128 MB，也可通过配置参数或者 Java 程序指定块的大小。块会按设定大小进行切分，不足设定值时单独成块。例如，一个文件大小为 150 MB，块设定值为 120 MB，那么这个文件被切分成 2 块，分别为 120 MB 和 30 MB。

6）Rack（机架）：大型 Hadoop 集群是以机架的形式来组织的，同一个机架上不同节点间的网络状况优于不同机架之间的网络状况。在 Hadoop 中，NameNode 设法将 Block 副本保存在不同的机架上以提高容错性。Hadoop 允许集群的管理员通过配置 dfs.network.script 参数来确定节点所处的机架。配置完毕后，每个节点都会运行这个脚本来获取它的机架 ID。

7）EditsLog：该文件存放的是 NameNode 已经启动的情况下 Hadoop 文件系统的所有更新操作的记录，HDFS 客户端执行的所有写操作都会被记录到 EditsLog 文件中。

8）FSImage：该文件是 Hadoop 文件系统元数据的一个永久性的检查点，它包含整个 HDFS 文件系统的所有目录和文件 inode 的序列化信息。对于文件来说，它包括数据块描述信息、修改时间、访问时间等；对于目录来说，它包括修改时间、访问权限控制信息（目录所属用户，所在组等）等。

9）Read（读)：HDFS 不同节点间数据读取的过程。

10）Write（写)：HDFS 不同节点间数据写入的过程。

HDFS 的基本工作过程如下：当读写一个文件的时候，首先访问 NameNode 获得文件所在的 DataNode 信息，继而访问 DataNode 获取所需的数据。接下来就详细介绍系统关键组件的实现，HDFS 中的数据访问将在 8.2 节中介绍。

8.1.1　NameNode 的工作原理

NameNode 主要用来保存 HDFS 的元数据信息，如命名空间信息、块信息等。当它运行的时候，这些信息是存储在内存中的，也可以持久化到磁盘上。NameNode 将对文件系统的修改追加存储到本机文件系统的日志中。当 NameNode 启动时，它从镜像文件（FSImage）中读取 HDFS 状态，然后在编辑日志文件中进行编辑，最后它将新的 HDFS 状态写入 FSImage 并使用空的 EditsLog 文件开始常规操作。

NameNode 的工作过程如图 8-2 所示。

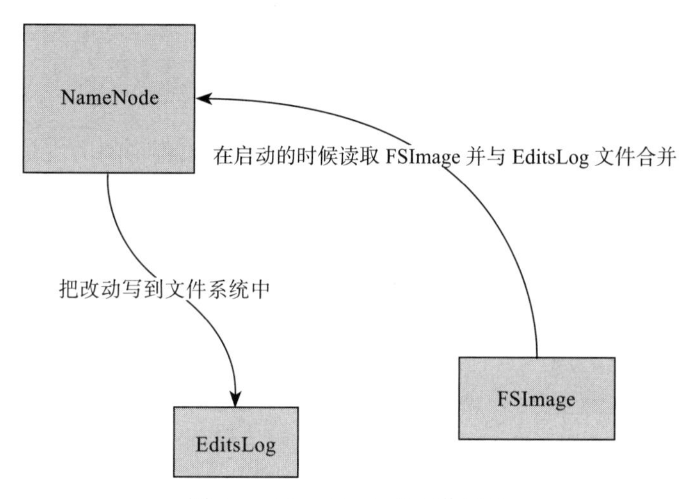

图 8-2　NameNode 的工作过程

图 8-2 中有如下两个不同的文件：

1）FSImage——NameNode 启动时对整个文件系统的快照；

2）EditsLog——NameNode 启动后，文件系统的改动序列。

NameNode 仅在启动期间合并 FSImage 和 EditsLog 文件，从而得到一个文件系统的最新快照。但是在产品集群中，NameNode 是很少重启的，这也意味着当 NameNode 运行一段时间后，会出现下面的问题：

1）EditsLog 文件会变得很大。

2）NameNode 重启会花费很长时间，因为在 EditsLog 中有很多改动要合并到 FSImage 文件上。

3）如果 NameNode 宕机，会丢失很多改动，因为此时的 FSImage 文件未更新。

为了克服这个问题，需要一个易于管理的机制来减小 EditsLog 文件并得到一个最新的 FSImage 文件，这样做也可以减轻 NameNode 上的压力。这和 Windows 系统的恢复点类似，Windows 的恢复点机制用于对操作系统进行快照，这样当系统发生问题时，就能够回滚到最新一次的恢复点上。

8.1.2　次级 NameNode

次级 NameNode 的作用是在 HDFS 中提供一个检查点，它是 NameNode 的一个助手节点。

定期合并 FSImage 和 EditsLog 文件的工作就是由次级 NameNode 完成的，它使 Edit-

Logs 文件的大小保持在限定的范围内。次级 NameNode 通常在与主 NameNode 不同的机器上运行，它的内存要求与主 NameNode 相同。

次级 NameNode 上检查点进程的启动由以下两个配置参数控制。

- dfs.namenode.checkpoint.period：默认设置为 1h，指定两个连续的检查点之间的最大延迟。
- dfs.namenode.checkpoint.txns：默认设置为 100 万，定义 NameNode 上允许未经检查的事务数量，这将强制紧急检查点周期，若检查事务数达到这个值，触发一次检查点。

次级 NameNode 将最新的检查点存储在一个目录中，该目录的结构与主 NameNode 相同。因此，如果需要，可以检查镜像是否始终可以由主 NameNode 读取。次级 NameNode 的工作过程如图 8-3 所示。

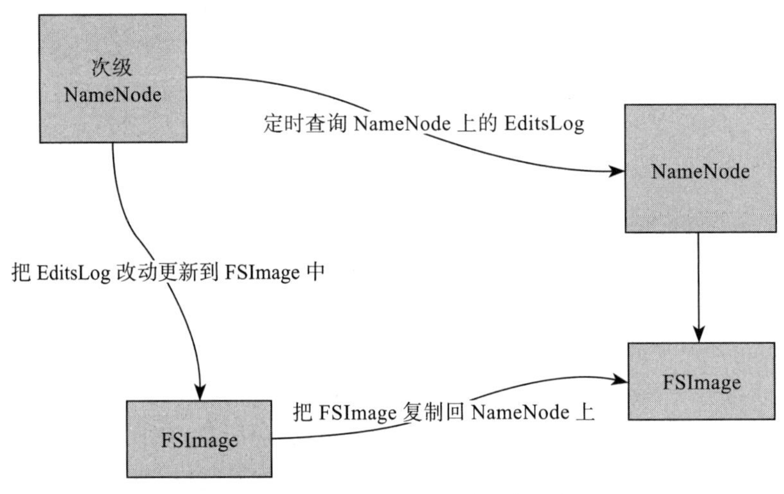

图 8-3　次级 NameNode 的工作过程

1）次级 NameNode 定时到 NameNode 中获取 EditsLog，并更新到自己的 FSImage 上。

2）在获得新的 FSImage 文件后，次级 NameNode 将其复制回 NameNode 中。

3）NameNode 在下次重启时会使用这个新的 FSImage 文件，从而减少重启的时间。

8.1.3　DataNode 的工作原理

HDFS 首先把大文件切分成若干个小的数据块，再把这些数据块写入不同的节点，这个负责保存文件数据的节点就是 DataNode 节点（即数据节点）。

DataNode 节点负责存储数据，把数据块（Block）以 Linux 文件的形式保存在磁盘上，并根据数据块标识和字节范围来读写数据。

DataNode 有以下三个功能。

1）保存数据块，一个数据块会在多个 DataNode 上进行冗余备份（在某一个 DataNode 上最多只有一个备份）。

2）负责客户端对数据块的 I/O 请求。在客户端执行写操作时，DataNode 之间会相互通信，保证写操作的一致性。

3）定期和 NameNode 进行心跳通信，接受 NameNode 的指令。

如果 NameNode 节点在 10 分钟内没有收到 DataNode 的心跳信息，就会将其上的数据块复制到其他 DataNode 节点。也就是说，NameNode 节点并不会永久保存 DataNode 节点的数据块信息，而是与 DataNode 节点通过心跳的方式联系，更新节点上的映射表，从而减轻负担。

DataNode 启动时，每个 DataNode 对本地磁盘进行扫描，将自己保存的信息汇报给 NameNode。NameNode 将接收到的数据块信息以及该数据块所在的 DataNode 信息等保存在内存中。

DataNode 启动后向 NameNode 注册，注册通过，后周期性（1 小时）地向 NameNode 上报所有的块信息。通过向 NameNode 发送心跳（3 秒一次）保持与 NameNode 的联系，心跳返回结果带有 NameNode 的命令，如块的复制、删除某个数据块等。

如果在 10 分钟内没有收到 DataNode 的心跳，NameNode 认为其已经失效，会将其上的数据块复制到其他 DataNode 上。DataNode 在其文件创建后三周内验证其校验和的值是否和文件创建时的检验和的值一致。DataNode 之间还会相互通信，执行数据块复制任务。同时，在客户端执行写操作的时候，DataNode 之间需要相互配合，以保证写操作的一致性。DataNode 与 NameNode 的工作过程如图 8-4 所示。

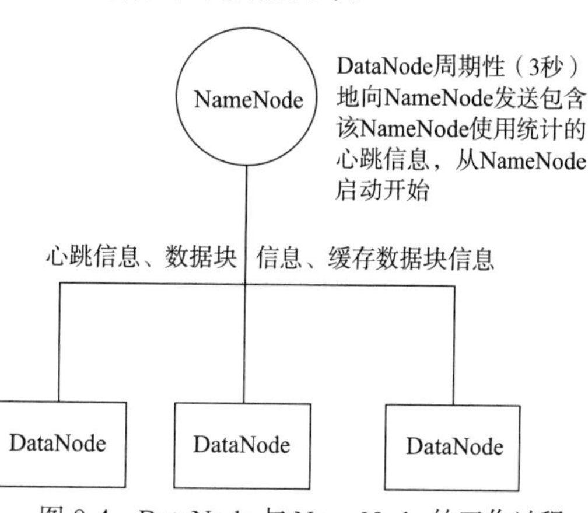

图 8-4 DataNode 与 NameNode 的工作过程

8.1.4 NameNode 与 DataNode 的关系

1. 从 NameNode 与 DataNode 的体系结构来理解

从内部看，一个文件被分成一个或多个数据块，这些数据块存储在一组 DataNode 上。NameNode 执行文件系统的命名空间操作，如打开、关闭、重命名文件或目录。它也负责确定数据块到 DataNode 节点的映射。DataNode 负责处理文件系统客户端的读写请求，并在 NameNode 的统一调度下进行数据块的创建、删除和复制。

NameNode 和 DataNode 是可在商用机器上运行的软件。这些机器通常运行 GNU / Linux 操作系统。HDFS 是采用 Java 语言开发的，故任何支持 Java 的机器都可以运行 NameNode 或 DataNode 软件。使用高度可移植的 Java 语言意味着 HDFS 的可移植性强。典型的部署是有一台专用机器仅运行 NameNode，集群中的任何一台计算机都可以运行 DataNode 的一个实例。在该架构中，也可以在同一台机器上运行多个 DataNode，但在实际中很少这样部署。集群中单个 NameNode 的配置方式简化了系统架构。NameNode 是 HDFS 元数据的管理者，但不会接触用户数据。

2. 从 NameNode 的启动过程来看 NameNode 与 DataNode 的关系

在 HDFS 中，任何一个文件目录和数据块都会被表示为一个 object 存储在 NameNode 的内存中，每个 object 占用 150B 的内存空间。当 NameNode 启动时，首先会将 FSImage 里的所有内容复制到内存中，然后逐条执行 EditsLog 中的记录，等待各个 DataNode 汇报块的信息来组装 BlockMap，从而离开安全模式。BlockMap 数据结构用于记录数据块的元数据（加载在 NameNode 的内存中）和其对应的实际数据（存储在各个 DataNode 中）的映射关系。每个数据块对应的 DataNode 列表的信息在 Hadoop 中并没有进行持久化存储，而是在 DataNode 启动时由每个 DataNode 对本地磁盘进行扫描，将本 DataNode 上保存的数据块信息汇报给 NameNode，NameNode 接收到每个 DataNode 的数据块信息汇报后，将接收到的数据块信息以及所在的 DataNode 信息等保存在内存中。HDFS 通过这种数据块信息汇报的方式来构建从数据块到 DataNode 列表的映射。DataNode 向 NameNode 汇报数据块信息的过程称为 BlockReport，而 NameNode 将数据块到 DataNodes 列表的映射信息保存在 BlocksMap 数据结构中。因此，可以得出一个非常重要的结论：NameNode 不会定期地向各个 DataNode“索取”数据块的信息，而是由各个 DataNode 定期向 NameNode 汇报数据块的信息。当组装完 NameNode 和 BlockMap 的信息后，HDFS 的启动就完成了，可以顺利地离开安全模式。因此，HDFS 的启动速度的决定因素是：执行各个 EditsLog 文件的速度和各个 DataNode 向 NameNode 汇报块信息的进度。

8.1.5　复制

为了在集群中可靠地存储超大文件，要先将大文件切分成相等大小的数据块，然后将它们以多副本的形式存储于集群中，这涉及数据块在节点间复制的问题。整个复制过程如图 8-5 所示。

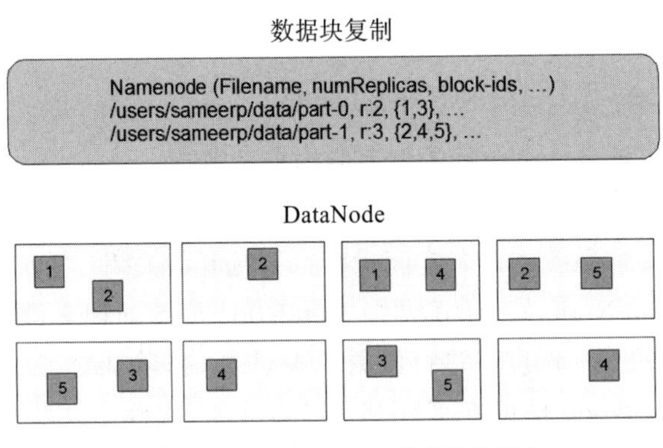

图 8-5　HDFS Block 的复制过程

图 8-5 中的 NameNode 节点的两个文件 part-0（对应块 {1,3}）和文件 part-1（对应块 {2,4,5}）在 8 个 DataNode 中以多副本的形式存储。HDFS 中的文件都是一次性写入的，并且在任何时候只能有一个写入者。NameNode 全权管理数据块的复制，它周期性地从集群中的每个 DataNode 接收心跳信号和块状态报告（BlockReport）。接收到心跳

信号意味着该 DataNode 节点工作正常。块状态报告包含该 DataNode 上所有数据块的列表。

数据读写事务在存在数据复制的分布式系统中的实现过程如下。

客户端的单一请求操作对象如果存在一系列副本，则这个事务在有副本和无副本的场景下表现应当是一样的。这个属性称为 one-copy serializability，而且每个 RM 提供了一定的并发控制能力和恢复对象的能力。one-copy serializability 的实现依靠的是 read-one 和 write-all。

read-one 指的是读操作只会在一个单一的副本管理器 RM 上执行；而 write-all 则要在每个 RM 上应用，所以它的体系结构要求当一个写请求到来时，所有的 RM 都要执行一遍，至于请求怎么传达到各个副本管理器，不需要客户端逐个请求，RM 之间可以相互交流，传播消息。

副本管理器的复制可防止 RM 发生宕机或通信失败，其中需要复制一个和其相同的 RM，以便能够独立进行操作。

网络的分区会导致副本管理器的组分成 2 个或者 2 个以上的子组，而子组之间无法通信，这会造成数据的不一致性。解决这个问题的办法称为可用复制算法（available copies algorithm），它应用在每个分区中，当分区已经被修复的时候，再进行冲突的验证。冲突的验证可以用版本向量标记写操作来完成。

8.1.6 心跳机制

HDFS 采用 Master/Slave 结构，Master 包括 NameNode 和 ResourceManager，Slave 包括 DataNode 和 NodeManager。这些进程之间要进行通信检测，心跳机制在其中起到了不可忽视的作用，心跳机制的原理如图 8-6 所示。

Master（NameNode 进程所在的节点）启动时会开启一个 IPC 服务，等待 Slave（DataNode 进程所在的节点）连接。Slave 启动后，会主动连接 IPC 服务，并且每隔 3s 连接一次，间隔时间是可以调整的，即设置 HeartBeat（心跳），这个每隔一段时间连接一次的机制就称为心跳机制。Slave 通过心跳向 Master 汇报自己的信息，Master 通过心跳下达命令。心跳机制的职能如下。

1）NameNode 周期性地从 DataNode 接收心跳信号和块报告（每 3s 一次），从而获取 DataNode 的状态。

2）ResourceManager 通过心跳获取 NodeManager 的状态。

3）DataNode 根据块报告验证元数据。

4）NameNode 将最近没有心跳的 DataNode 标识为死机，并且不再向其派发新的 I/O 请求。如果 NameNode 在 10min 内没有收到 DataNode 的心跳，则认为其状态为 lost。

5）由于死机的 DataNode 上的数据对 HDFS 不再可用，因此 DataNode 死机可能造成某些块的复制因子降低到设定值之下。

6）NameNode 随时跟踪需要重新复制的块，并在必要时启动复制操作，即复制死机 DataNode 上的 Block 到其他 DataNode。

7）引发重新复制的原因还包括数据副本本身被损坏、磁盘错误、复制因子增大等。

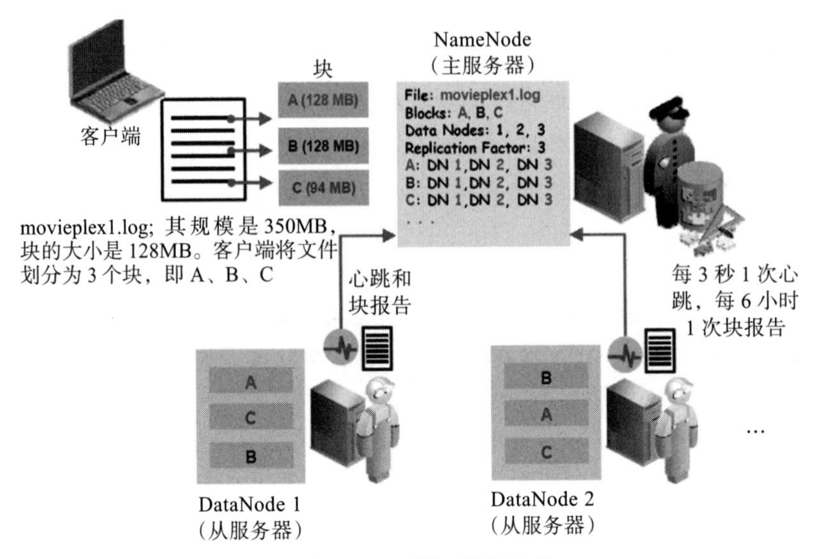

图 8-6　心跳机制的原理

8.2　HDFS中的数据访问

8.2.1　HDFS的写流程

文件上传并写入HDFS的过程是比较复杂的，它需要考虑集群的负载均衡，还需要考虑文件的存储格式。HDFS的写流程如图8-7所示。

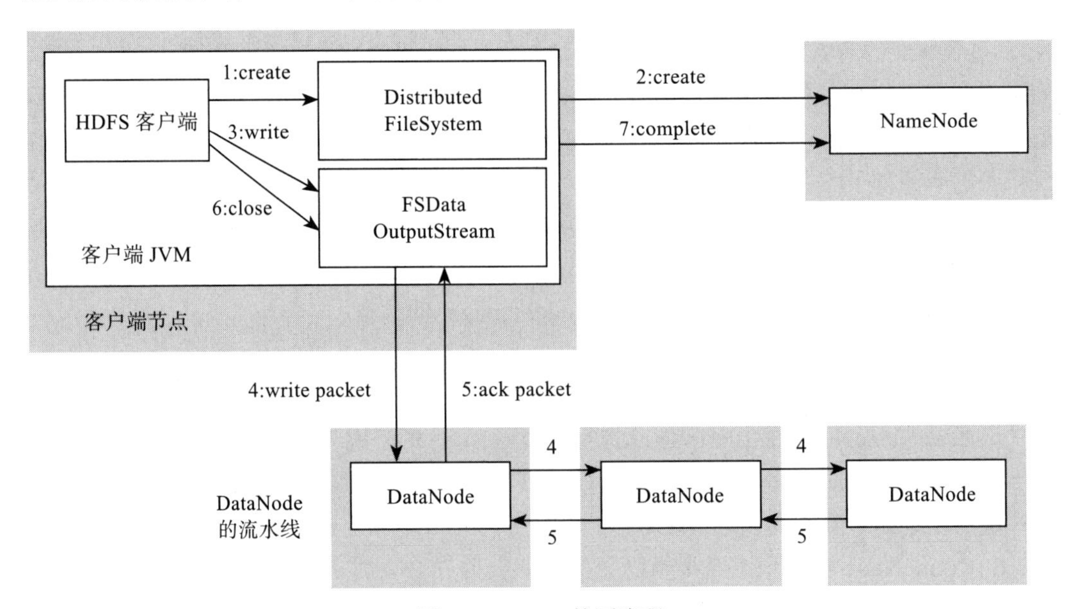

图 8-7　HDFS的写流程

HDFS 写数据的过程如下。

1）HDFS 客户端创建 DistributedFileSystem 对象，通过 RPC 调用 NameNode 去创建一个没有 Blocks 关联的新文件。创建前，NameNode 会检查当前要写入的文件是否存在、客户端是否有权限创建等。检查通过后，NameNode 会记录新文件，否则会抛出 I/O 异常。

2）检查通过后，NameNode 在自己的元数据中为新文件分配文件名，同时为此文件分配数据块的备份数（此备份数可以在搭建时的参数文件中设定，也可以在后面修改，系统默认为 3 份），并为不同的备份副本分配不同的 DataNode，并生成列表，将列表返回客户端。

3）HDFS 客户端调用 DistributedFileSystem 对象的 create 方法，创建一个（FSDataOutputStream）文件输出流对象，协调 NameNode 和 DataNode，开始写数据到 DFSOutputStream 对象内部的 Buffer 中。然后，数据被分割成多个 packet（数据在向 DataNode 传递时以 packet 为最小单位），并排成队列。DataStreamer 会处理接受队列的工作，它先询问 NameNode 这个新的 Block 适合存储在哪几个 DataNode 里，并把它们排成一个序列。

4）DataStreamer 把 packet 按队列输出到流水线的第一个 DataNode 中，同时把 NameNode 生成的列表带给第一个 DataNode。当第 1 个 packet 传递完成时，第一个 DataNode 开始把传递完成的 packet 以流水线的形式传递给第二个 DataNode，同时把除掉第一个 DataNode 节点信息的列表传给第二个 DataNode，依此类推，直至传递到最后一个 DataNode，它会返回 ack 到前一个 DataNode，最终由流水线中的第一个 DataNode 将 Pipeline ack 发送给 HDFS 客户端。

完成向文件写入数据后，HDFS 客户端在文件输出流（FSDataOutputStream）对象上调用 close 方法关闭流，调用 DistributedFileSystem 对象的 complete 方法来通知 NameNode 文件写入成功。

8.2.2 HDFS 的读流程

在 HDFS 中，文件被切分成大小相等的数据块，以多副本的形式存储在集群中。客户端通过应用程序或工具读取集群中的数据，对数据进行进一步的计算。HDFS 的读流程如图 8-8 所示。

HDFS 读数据的过程如下。

1）调用 FileSystem 对象的 open 方法，它是一个 DistributedFileSystem 类的实例。

2）DistributedFileSystem 类通过 rpc 获得文件的第一批 Block 的 location，同一 Block 按照重复数会返回多个 location，这些 location 按照 Hadoop 结构拓扑排序，距离客户端近的排在前面。

3）前两步会返回一个 FSDataInputStream 对象，该对象被封装成 DFSInputStream 对象。DFSInputStream 可以方便地管理 DataNode 和 NameNode 数据流。客户端调用 read 方法，DFSInputStream 会找出离客户端最近的 DataNode 并连接。

4）数据从 DataNode 源源不断地流向客户端。

5）第一块数据读完之后，就会关闭指向第一块数据的 DataNode 连接，接着读取下一块。这些操作对客户端来说是透明的，从客户端的角度看只是读一个持续不断的流。

6）如果第一批 Block 读取完毕，DFSInputStream 会去 NameNode 取下一批 Block 的 location，然后继续读。当所有的块都读完时，就会关闭所有的流。

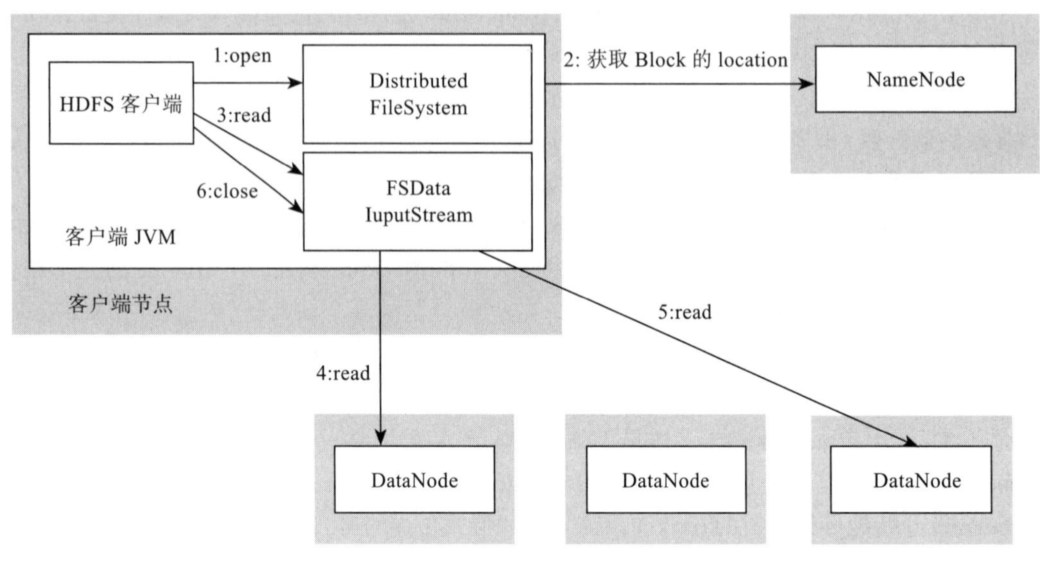

图 8-8　HDFS 读的流程

如果在读数据的时候，DFSInputStream 和 DataNode 的通信发生异常，就会尝试正在读的 Block 的次近的 DataNode，并且记录哪个 DataNode 发生错误，剩余的 Block 在读的时候就会跳过该 DataNode。DFSInputStream 也会检查 Block 的数据校验和，如果发现坏的 Block，就会先报告给 NameNode 节点，然后 DFSInputStream 在其他 DataNode 上读该 Block 的镜像。

这种设计的主要思想是通过客户端直接连接 DataNode 来检索数据，并且由 NameNode 负责为每一个 Block 提供最优的 DataNode，NameNode 只处理 Block location 的请求。这些信息都加载在 NameNode 的内存中，HDFS 通过 DataNode 集群可以承受大量客户端的并发访问。

8.2.3　HDFS 的数据删除流程

在 HDFS 中，数据的删除流程与传统方法区别很大。传统硬件文件的删除过程是用户首先找到要删除文件所在的位置，然后删除文件。在 HDFS 中，由于一个大文件被切割成若干个小的 Block，而这些 Block 以多副本的形式存储在不同的 DataNode 中，文件与对应 Block 存储位置的映射关系存储在 NameNode 中，如果找到该文件所有映射的位置，启动多线程进行删除时，就会给 NameNode 带来很大压力，用户的等待时间也很长。HDFS 在这方面做了改进，把删除任务分解成不同的工作线程，从而减轻 NameNode 的工作负载，提高用户体验。

当文件被用户或应用程序删除时，不会立即从 HDFS 中删除。相反，HDFS 首先将其重命名为 / trash 目录中的文件。只要文件保存在 /trash 目录中，文件就可以快速恢复。文件保存在 / trash 中的时间是可配置的，当超过这个时间时，NameNode 就会将该文件从名字空间中删除，并释放该文件相关的数据块。因此，从用户删除文件到 HDFS 空闲空间的增加之间会有一定的延迟。

用户可以在删除文件后取消删除文件，只要它保留在 /trash 目录中就可以恢复。如果用户想取消删除文件，可以浏览垃圾目录并检索文件。/trash 目录中仅包含已删除文件的最新副本。/trash 目录与其他目录的区别在于，在该目录上，HDFS 会应用一个特殊策略来自动删除文件。当前默认的垃圾桶时间间隔设置为 0（删除文件不存储在 /trash 中）。该值可通过 core-site.xml 文件中的可配置参数 fs.trash.interval 进行设定。

8.3　安全机制

早期版本的 Hadoop 假定 HDFS 和 MapReduce 集群运行在安全环境中，由一组相互合作的用户操作，因而其访问控制措施的目标是防止偶然的数据丢失，而不是阻止非授权的数据访问。例如，HDFS 中的文件许可模块会阻止由于程序漏洞而毁坏整个文件系统，也会阻止运行不小心输入的 hadoop fs -rmr / 指令，但无法阻止某个恶意用户假冒 root 身份来访问或删除集群中的数据。

从安全角度分析，Hadoop 缺乏一个安全的认证机制，以确保操作集群的用户是声称的安全用户。Hadoop 的文件许可模块只提供一种简单的认证机制来决定各个用户对特定文件的访问权限。例如，某个文件的读权限仅开放给某一组用户，不允许其他用户组的成员读取该文件。然而，这种认证机制远远不够，恶意用户只要能够通过网络访问集群，就有可能伪造合法身份来攻击系统。

包含个人身份信息的数据（如终端用户的全名或 IP 地址）非常敏感。在一般情况下，需要严格限制组织内部能够访问这类信息的员工人数。相比之下，敏感性不强（或匿名化）的数据可以开放给更多用户。如果把同一集群上的数据划分为不同的安全级别，在管理上就会方便很多，而且低安全级别的数据能够被广泛共享。然而，为了满足数据保护的常规需求，共享集群的安全认证是不可或缺的。

2009 年，雅虎公司的工程师团队实现了 Hadoop 的安全认证。该团队提出了一个方案：用 Kerberos（一个成熟的开源网络认证协议）实现用户认证，Hadoop 不直接管理用户隐私，Kerberos 也不用关心用户的授权细节。换句话说，Kerberos 的职责在于鉴定登录账号是否就是所声称的用户，Hadoop 则决定该用户的权限。

1. Kerberos 和 Hadoop

从宏观角度来看，当使用 Kerberos 时，一个客户端要经过 3 个步骤才可以获得服务，且客户端需要和一个服务器交换报文。

1）认证。客户端向认证服务器发送一条报文，并获取一个含时间戳的票据授予票据（Ticket-Granting Ticket, TGT）。

2）授权。客户端使用 TGT 向票据授予服务器（Ticket-Granting Server, TGS）请求一个服务票据。

3）服务请求。客户端向服务器出示服务票据，以证实自己的合法性。该服务器提供客户端所需的服务。在 Hadoop 应用中，服务器可以是 NameNode 或资源管理器。

同时，认证服务器和票据授予服务器构成了密钥分配中心（Key Distribution Center，KDC）。Kerberos 票据交换协议的 3 个步骤如图 8-9 所示。

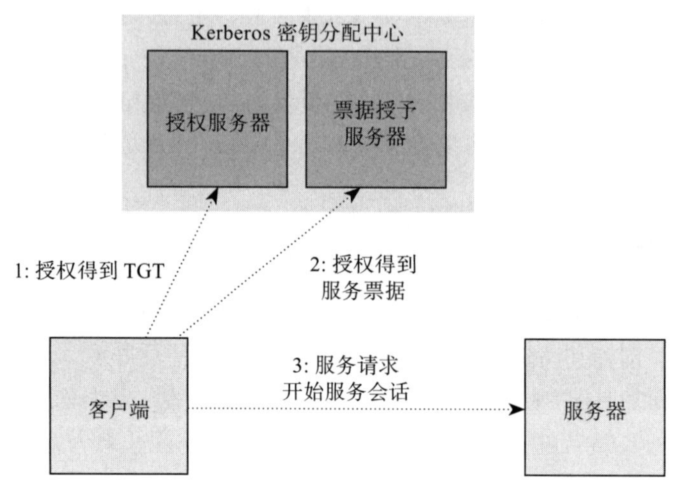

图 8-9 Kerberos 票据交换协议的 3 个步骤

授权和服务请求并非用户级别的行为，因为客户端系统会代替用户来执行这些步骤。但是，认证步骤通常需要由用户调用 kinit 命令来执行，该过程会提示用户输入密码。需要指出的是，这并不意味着每次运行一个作业或访问 HDFS 的时候都要求用户键入密码，因为用户所申请的 TGT 具有一定的有效期。TGT 有效期的默认值是 10h（可以更新至 1 周）。更通用的做法是采用自动认证，即在登录操作系统的时候自动执行认证操作，从而只需单次登录到 Hadoop。

如果用户不希望每次都被提示输入密码（如运行一个无人值守的 MapReduce 作业），那么可以使用 ktutil 命令创建一个 Kerberos 的 keytab 文件，该文件保存了用户密码并且可以通过 -t 选项应用于 kinit 命令。

2. 委托令牌

在 HDFS 和 MapReduce 等分布式系统中，客户端和服务器之间的交互频繁，且每次交互均需要认证。例如，一个 HDFS 读操作不仅会与 NameNode 多次交互，还会与一个或多个 DataNode 交互。如果在一个高负载集群上采用 Kerberos 票据交换协议来认证每次交互，则会给 KDC 带来很大压力。因此，Hadoop 使用委托令牌来支持后续的认证访问，避免多次访问 KDC。委托令牌的创建和使用过程均由 Hadoop 代表用户透明地进行，因此用户执行 kinit 命令登录之后，无须做额外的操作。当然，仍有必要了解委托令牌的基本用法。

委托令牌由服务器创建（在这里是指 NameNode），可以将其视为客户端和服务器之间共享的一个密文。当客户端首次通过 RPC 访问 NameNode 时，客户端并没有委托令牌，因此需要利用 Kerberos 进行认证。之后，客户端从 NameNode 取得一个委托令牌。在后续的 RPC 调用中，客户端只需出示委托令牌，NameNode 就能验证委托令牌的真伪（该令牌是由 NameNode 使用密钥创建的），并向服务器认证客户端的身份。

客户端需要使用一种特殊类型的委托令牌来执行 HDFS 的块操作，该令牌称为块访问令牌。当客户端向 NameNode 发出元数据请求时，NameNode 创建相应的块访问令牌并发送回客户端。客户端使用块访问令牌向 DataNode 认证自己的访问权限。由于 NameNode 会和 DataNode 分享它创建块访问令牌时使用的密钥（通过心跳消息传送），DataNode 也能验证这些块访问令牌，因此，只有当客户端已经从 NameNode 获取了针对某一个 HDFS 块的块访问令牌时，才可以访问该块。相比之下，在不安全的 Hadoop 系统中，客户端只需要知道块 ID 就能够访问一个块了。通过将 dfs.block.access.token.enable 的值设置为 True 可以启用块访问令牌特性。

在 MapReduce 中，ApplicationMaster 共享 HDFS 中的作业资源和元数据（如 Jar 文件、输入分片和配置文件）。用户代码运行在节点管理器上，还可以访问 HDFS 上的文件。在作业运行的过程中，这些组件使用委托令牌访问 HDFS。作业结束时，委托令牌失效。

默认的 HDFS 实例会自动获得委托令牌。但是，若一个作业试图访问其他 HDFS 集群，那么用户必须将 mapreduce.job.hdfs-servers 作业属性设置为一个由逗号隔开的 HDFS URI 列表，才能够获取相应的委托令牌。

8.4 容错机制

HDFS 具备较为完善的冗余备份和故障恢复机制，可以在集群中可靠地存储海量文件。在大规模分布式系统中，检测和避免所有可能发生的故障（包括硬件故障、软件故障或不可抗力，如停电等）往往是不太现实的。在设计分布式系统的过程中，通常把容错性作为开发系统的首要目标。HDFS 提供了一个具有高度容错性和高吞吐量的海量数据存储解决方案，非常适合在大规模数据集上应用。这样大的集群出现宕机、硬件故障、某一节点上程序运行缓慢的情况并不奇怪。对于 HDFS 来说，由于 Hadoop 是 Master/Slave 结构，当主节点 NameNode 出现问题时，很可能导致整个集群不可用；当某个参与计算的数据块中的数据损坏时，可能会导致整体结果不正确；当某个 DataNode 宕机时，可能会导致该节点承担的众多 MapReduce 计算任务不能执行；当集群中某部分网络出现故障时，可能会导致该部分故障网络中的所有机器不可用。

8.4.1 HDFS 异常处理

1. 读异常与恢复

HDFS 在读取数据时可能会发生异常，节点故障、文件 I/O 异常和网络等因素都会导致文件读取失败。

HDFS 读异常的异常模式包括：

1）客户端通过 DFSClient 读取数据时，客户端通过 Request 请求协议获取数据块中的数据失败，将会尝试多次，达到重试次数上限后，如果还是无法获取数据，那么客户端将报告异常。

2）如果服务器端的 NameNode 无法正确检测出数据块的位置，将会尝试多次，达到重试次数上限后，客户端将报告异常。

3）数据块传输失败时，由于网络阻塞或者存储设备的故障，将会出现文件读写异常，客户端将报告异常。

恢复流程主要有两种：

1）在客户端读取异常的模式下，客户端将尝试重试，直到重试次数达到上限。如果重试仍然失败，则需要确定错误的原因，检查 NameNode 日志和网络状态。如果找不到错误原因，则可以考虑重启 NameNode、DataNode，或者重新加载 BlockMap 以重新检索该数据块。

2）在服务器端读取异常的模式下，NameNode 节点将尽可能地重试，若重试次数达到上限仍然无法完成读取任务，则应该确认错误的原因，检查 NameNode 日志和网络状态。如果原因是 DataNode 不可用，则可以考虑通过可用的 DataNode 重新加载 BlockMap，以重新检索该数据块。

2. 写异常与恢复

HDFS 写异常有 3 种模式。

（1）客户端在写入过程中宕机

客户端在写文件时要申请租约，并需要定期续约。若客户端宕机，租约会超时，HDFS 就会释放该文件的租约并关闭该文件来避免其他人无法写入，这个过程称为租约恢复。

当发起租约恢复时，若多个文件数据块副本在多个 DataNode 上处于不一致的状态，则需要将其恢复到一致的状态。这个过程称为数据块恢复。这个过程只能在租约恢复过程中发起。

（2）客户端在写入过程中 DataNode 宕机

客户端在写入过程中有 DataNode 宕机时，写入过程不会立刻终止（如果立刻终止，会影响易用性和可用性），HDFS 会尝试从流水线中去除宕机的 DataNode 并恢复写入，这个过程称为流水线恢复。

（3）客户端在写入过程中 NameNode 宕机

如果客户端还未完成数据写入，NameNode 就出现宕机，那么整个 HDFS 系统将不可用，此时数据会被保存在 DataNode 上，但是必须手动才能恢复文件状态。在流水线数据写入模式下，当客户端将一个数据块写完后，就需要向 NameNode 发出状态报告，哪怕 NameNode 已经宕机。DataNode 的流水线工作会继续进行，只有到最后一步，即客户端尝试向 NameNode 请求关闭文件时，才会出现异常。

在描述详细的恢复步骤之前，先来解释一下文件块及其对应的副本在 NameNode 与 DataNode 中所处的各种状态。HDFS 文件至少由一个或多个块组成，NameNode 管理文件的元数据，而块本身则被存储在 DataNode 上，其中每个块都有相应的状态，同时每个块有一些副本。由于副本实际上存储在 DataNode 上，因此会使用 Replica 来指代 DataNode 上块的复制，Block 则指 NameNode 上文件块的元数据信息。只有在这个限定下，一个 Block 才能实际对应多个 Replica，并且每个 Replica 都有不同的数据状态。

3. Replica 的状态

Replica 在 DataNode 中有 5 种状态。

1）FINALIZED：表明 Replica 的写入已经完成，长度已确定，除非该 Replica 被重新打开并追加写入。

2）RBW：该状态是 Replica Being Written 的缩写，表明该 Replica 正在被写入，正在被写入的 Replica 总是打开文件的最后一个块。

3）RWR：该状态是 Replica Waiting to be Recovered 的缩写。如果在写入过程中 DataNode 宕机重启，则其上处于 RBW 状态的 Replica 将被变更为 RWR 状态，这个状态说明相关数据需要恢复，因为在 DataNode 宕机期间，数据可能过时了。

4）RUR：该状态是 Replica Under Recovery 的缩写，表明该 Replica 正处于恢复过程中。

5）TEMPORARY：一个临时状态的 Replica 因为复制或者集群平衡需要创建，若复制失败或其所在的 DataNode 发生重启，则所有临时状态的 Replica 都会被删除。临时状态的 Replica 对外部客户端来说是不可见的。

DataNode 会持久化存储 Replica 的状态，每个数据目录都包含 3 个子目录。

1）current：包含 FINALIZED 状态的 Replica。

2）tmp：包含 TEMPORARY 状态的 Replica。

3）rbw：包含 RBW、RWR 和 RUR 状态的 Replica，从该目录下加载的 Replica 默认处于 RWR 状态。从目录来看，实际上只持久化了 3 种状态，而在内存中则有 5 种状态。

Replica 的状态变迁如图 8-10 所示。

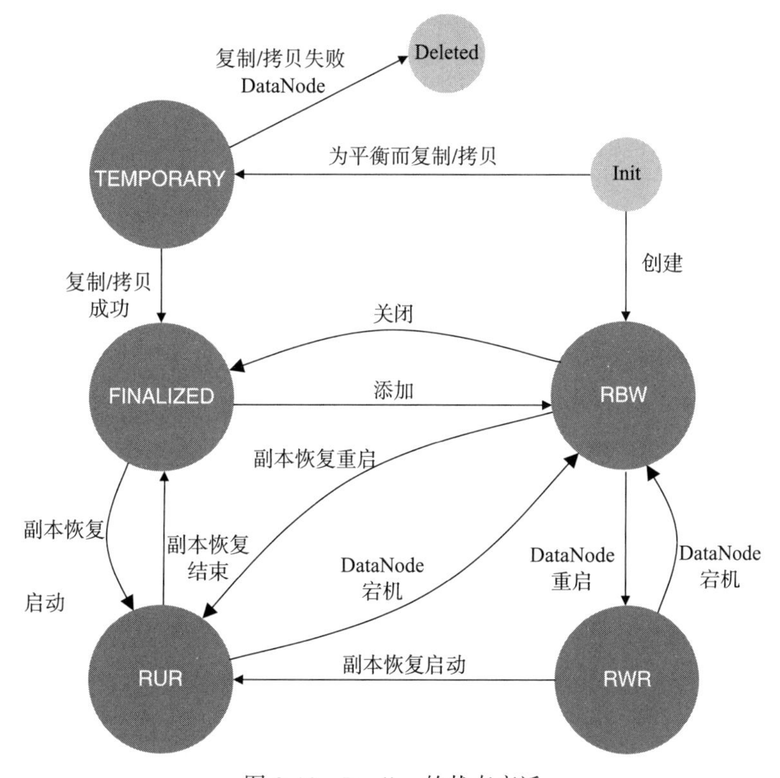

图 8-10 Replica 的状态变迁

1）从 Init 出发，一个新创建的 Replica 初始化为 2 种状态：

① 客户端请求新建的 Replica（用于写入），状态为 RBW。

② NameNode 请求新建的 Replica（用于复制或集群间再平衡复制），状态为 TEMPORARY。

2）从 RBW 出发，有 3 种情况：

① 客户端写完并关闭文件后，切换到 FINALIZED 状态。

② Replica 所在的 DataNode 发生重启，切换到 RWR 状态。重启期间数据可能过时，可以丢弃这些数据。

③ Replica 参与块恢复过程，切换到 RUR 状态。

3）从 TEMPORARY 出发，有 2 种情况：

① 复制或集群间再平衡复制成功后，切换到 FINALIZED 状态。

② 复制或集群间再平衡复制失败或者所在 DataNode 发生重启，该状态下的 Replica 将被删除。

4）从 RWR 出发，有 2 种情况：

① 所在 DataNode 宕机，就变回 RBW 状态，因为持久化目录 RBW 包含了 3 种状态，重启后又回到 RWR 状态。

② Replica 参与块恢复过程，切换到 RUR 状态。

5）从 RUR 出发，有 2 种情况：

① 所在 DataNode 宕机，就变回 RBW 状态。重启后只会回到 RWR 状态，要判断是否有必要参与恢复，还是直接丢弃过时的数据。

② 恢复完成，切换到 FINALIZED 状态。

6）从 FINALIZED 出发，有两种情况：

①文件重新打开并追加写入，文件的最后一个数据块对应的所有 Replica 切换到 RBW 状态。

② Replica 参与块恢复过程，切换到 RUR 状态。

4. Block 的状态

Block 在 NameNode 中有 4 种状态。

1）UNDER_CONSTRUCTION：当新创建一个 Block 或一个旧的 Block 被重新打开并追加内容时处于该状态。处于该状态的总是打开的文件的最后一个 Block。

2）UNDER_RECOVERY：如果文件租约超时，则处于 UNDER_CONSTRUCTION 状态下的 Block 在块恢复过程开始后会变更为该状态。

3）COMMITTED：Block 不会发生变化，但向 NameNode 报告处于 FINALIZED 状态的 Replica 数量少于最小副本数要求。

4）COMPLETE：如果 NameNode 收到处于 FINALIZED 状态的 Replica 数量达到最小副本数要求，则切换到该状态。只有当文件的所有 Block 处于该状态才可被关闭。

NameNode 不会持久化存储这些状态，一旦 NameNode 发生重启，它将所有打开文件的最后一个 Block 设置为 UNDER_CONSTRUCTION 状态，其他 Block 全部设置为 COMPLETE 状态。

Block 的状态变化过程如图 8-11 所示。

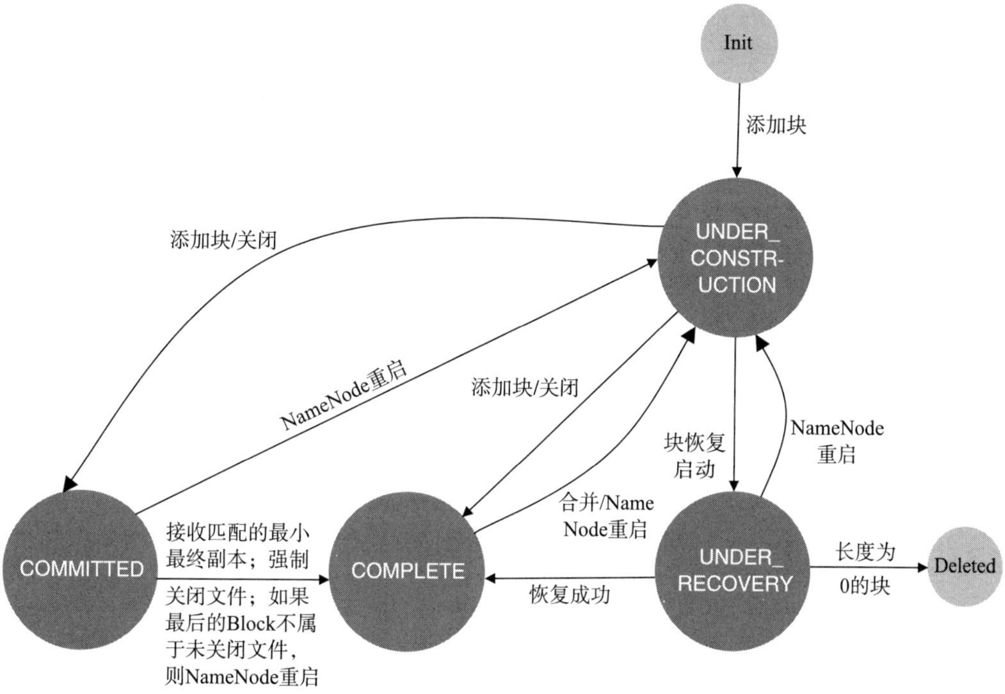

图 8-11　Block 的状态变化过程

1）从 Init 出发，只有当客户端新建或追加文件写入时，新创建的 Block 处于 UNDER_CONSTRUCTION 状态。

2）从 UNDER_CONSTRUCTION 出发，有 3 种情况。

① 当客户端发起 add block 或 close 请求时，若处于 FINALIZED 状态的 Replica 数量少于最小副本数要求，则切换到 COMMITTED 状态。

这里 add block 操作影响的是文件的倒数第 2 个 Block 的状态，而 close 则影响文件最后一个 Block 的状态。

②当客户端发起 add block 或 close 请求时，若处于 FINALIZED 状态的 Replica 数量达到最小副本数要求，则切换到 COMPLETE 状态。

③ 若发生块恢复，则状态切换到 UNDER_RECOVERY。

3）从 UNDER_RECOVERY 出发，有 3 种情况：

①长度为 0 的 Replica 将直接被删除。

② 恢复成功，切换到 COMPLETE 状态。

③ NameNode 重启，所有打开的文件的最后一个 Block 会恢复到 UNDER_CONSTRUCTION 状态。

4）从 COMMITTED 出发，有 2 种情况：

① 若处于 FINALIZED 状态的 Replica 数量达到最小副本数要求、文件被强制关闭或者 NameNode 重启且不是最后一个 Block，则直接切换到 COMPLETE 状态。

② NameNode 重启，所有打开的文件的最后一个 Block 会恢复到 UNDER_CONSTRUCTION 状态。

5）从 COMPLETE 出发，只有在 NameNode 重启，其打开的文件的最后一个 Block 会恢复到 UNDER_CONSTRUCTION 状态。

在这种情况下，若客户端依然存活，则由客户端关闭文件，否则通过租约恢复过程来恢复。

5. 租约恢复和块恢复

由于 HDFS 文件是"一次写入，多次读取"，并且不支持客户端的并行写操作，所以需要一种机制来保证对 HDFS 文件的互斥操作，HDFS 提供了租约（Lease）机制来实现这个功能。租约是 NameNode 给予租约持有者在规定时间内拥有文件权限（写文件）的合同。

在 HDFS 中，客户端写文件时需要先向租约管理器（LeaseManager）申请一个租约，成功申请租约之后，客户端就成为租约持有者，也就拥有了对该 HDFS 文件的独占权限，其他客户端在该租约有效时无法打开这个 HDFS 文件进行操作。NameNode 的租约管理器保存了 HDFS 文件与租约、租约与租约持有者的对应关系，租约管理器还会定期检查它维护的所有租约是否过期。租约管理器会强制收回过期的租约，所以租约持有者需要定期更新租约，维护对该文件的独占锁定。当客户端完成对文件的写操作并关闭文件时，必须在租约管理器中释放租约。

一般来说有三种方式会触发租约恢复：

1）Monitor 线程监控租约超过硬限制时间。这种情况主要是由于客户端打开文件之后出现故障，客户端不能更新租约，因此导致超时。

2）客户端远程方法发起租约恢复，这时会将 force 字段置为 true，也就是强制关闭文件并释放租约，而不用判断租约是否超过软限制时间。

3）客户端在打开一个文件进行写操作之前，会检查是否有别的客户端打开了这个文件，以防止多个客户端同时写这个文件。如果有其他客户端打开了这个文件，会抛出 AlreadyBeingCreatedException 异常。这时会将 force 字段设置为 false。系统会判断原租约持有者是否已经超过软限制时间，如果超时则进行租约恢复操作，释放租约并关闭文件，为文件写操作做准备。

下面介绍一下租约恢复的过程。首先，在需要进行租约恢复的数据块上调用 initializeBlockRecovery() 方法，该方法会遍历所有保存副本的数据节点，选取一个最近一次进行汇报的数据节点作为主恢复节点。之后，向这个数据节点发送租约恢复指令，NameNode 会通过心跳将租约恢复的 NameNode 指令下发给该恢复节点。

主恢复数据节点接收到指令后，会调用 Datanode.recoverBlock() 方法启动租约恢复，这个方法首先会向数据流管道中参与租约恢复的数据节点收集副本信息，副本信息会以 ReplicaRecoveryInfo 对象的形式返回给主恢复节点。之后，从该数据块的所有副本中选取一个最好的状态作为所有副本恢复的目标状态（多个副本中选择最小长度作为最终更新一致的标准）。主恢复节点会同步所有 DataNode 上该数据块副本至目标状态。同步结束后，这些数据节点上的副本长度和时间戳将一致。最后，主恢复节点会向 NameNode 报告这次租约恢复的结果。NameNode 更新文件 Block 元数据信息，收回该文件租约，并关闭文件。

8.4.2 流水线恢复

1. 流水线写入

流水线写入的 3 个阶段如图 8-12 所示。

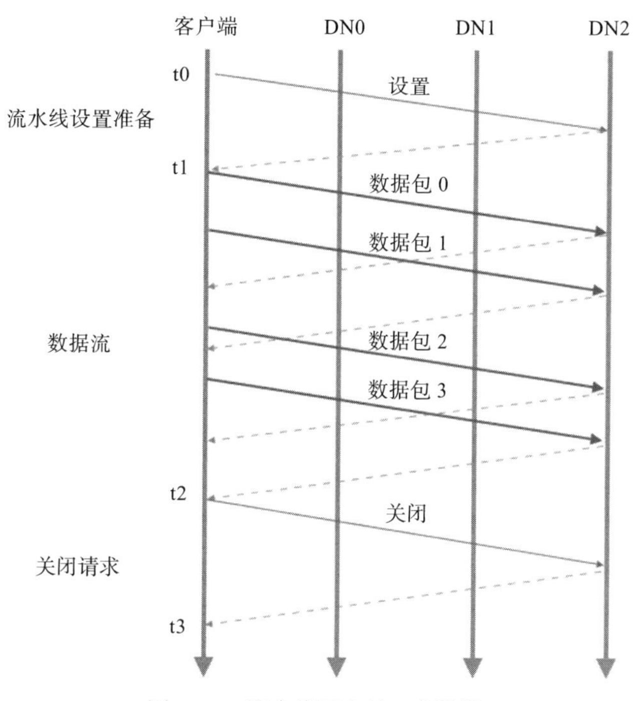

图 8-12 流水线写入的 3 个阶段

1）流水线设置准备：客户端发送一个写请求沿流水线传递，最后一个 DataNode 收到请求后发回一个确认消息。客户端收到确认后，流水线设置准备完毕，就可以向其发送数据了。

2）数据流：客户端将一个 Block 拆分为多个数据包并发送（默认一个 Block 为 64 MB）。客户端持续向流水线发送数据包，在收到数据包之前允许发送 n 个数据包，n 是客户端的发送窗口大小（类似 TCP 滑动窗口）。

3）关闭请求：客户端在所有发出的数据包都收到确认后发送一个关闭请求，流水线上的 DataNode 收到关闭请求后将相应副本修改为 FINALIZED 状态，并向 NameNode 发送 Block 报告。NameNode 将根据报告的 FINALIZED 状态的副本数量是否达到最小副本要求来将相应的 Block 的状态改为 COMPLETE。

如果在写入过程中有一个或多个 DataNode 遭遇网络或自身故障，流水线恢复可以发生在这 3 个阶段中的任意一个阶段。

2. 从流水线设置准备错误中恢复

若流水线设置准备阶段发生错误，分如下 2 种情况。

1）新写文件：客户端重新请求 NameNode 分配 Block 和 DataNode，重新设置流水线。

2）追加文件：客户端从流水线中移除出错的 DataNode，然后继续执行。

3. 从数据流错误中恢复

1）流水线中的某个 DataNode 检测到写入磁盘出错（可能是磁盘故障），它自动退出流水线，关闭相关的 TCP 连接。

2）当客户端检测到流水线中的某个 DataNode 出错，先停止发送数据，并基于剩下的正常 DataNode 重新构建流水线，再继续发送数据。

3）客户端恢复发送数据后，从没有收到确认的数据包开始重发，若有些数据包前面的 DataNode 已经接收，则忽略存储过程直接传递到下游节点。

4. 从关闭错误中恢复

若关闭阶段出错，此时实际数据已经全部写入 DataNode 中，所以造成的影响很小。客户端依然根据剩下的正常 DataNode 重建流水线，让这些 DataNode 继续完成关闭阶段需要做的工作。

以上就是流水线恢复 3 个阶段的处理过程。当流水线中的一个 DataNode 宕机，客户端重建流水线时，可以移除宕机的 DataNode，也可以使用新的 DataNode 来替换。这里有策略是可配置的，称为 DataNode 的失败时替换策略，包括下面 4 种情况。

1）NEVER：从不替换，针对客户端的行为。

2）DISABLE：禁止替换，DataNode 服务端抛出异常，表现类似客户端的 NEVER 策略。

3）DEFAULT：默认根据副本数的要求来决定，如果配置的副本数为 3，且有 2 个 DataNode 损坏，则会替换，否则不替换。

4）ALWAYS：总是替换。

8.4.3　故障检测

在进行容错处理前，故障检测是关键。本节主要从节点（NameNode 和 DataNode）失败检测、通信故障检测和存储数据块错误检测 3 个方面进行说明。

1. 节点失败检测

NameNode 是整个 HDFS 的管理者，也是 HDFS 运行时的唯一存储点。当 NameNode 出现故障时，整个集群会出现瘫痪状态。在 HDFS 1.0 中，用户可手工将 SecondaryNameNode 保存的元数据快照恢复到重新启动的 NameNode 中，从而降低数据丢失的风险。在 HDFS2 中，HDFS 允许建立多 NameNode 或 HA，当处于 Active（激活）状态的 NameNode 宕机时，可自动启动处于 StandBy（待机）状态的 NameNode，从而保障集群正常运行。

DataNode 是存储实际数据的地方，它会以固定的周期（默认 3s）向 NameNode 发送心跳消息，并汇报 DataNode 的情况。如果在规定时间内（默认为 10min，可通过设定属性来指定）没有收到 DataNode 心跳消息，则 DataNode 被标识为死机，并且不再向其派发新的 I/O 请求。同时，对于该数据节点上已经承担工作（如参与 Mapper 计算）的数据块，找到该数据块的其他副本进行计算，保证计算结果的正确性。

2. 通信故障检测

如果通信成功（发送数据成功），则接收方在接收到数据后会返回确认码。如果几次重试后仍然没有收到确认码，则发送方会认为该机器处于故障状态或网络出现问题。

3. 存储数据块错误检测

HDFS 在传输数据时会同时发送总和校验码。当存储数据到硬盘时，也会存储总和校验码，所有 DataNode 都会定期向 NameNode 发送数据块的存储情况。在发送数据块报告之前，会先检查总和检验码是否正确，如果数据存在错误，则不发送该数据块的信息。

8.4.4　NameNode 节点容错

HDFS 是典型的 Master/Slave 结构，它是负责大数据存储的分布式系统。主节点 NameNode 出现故障对整个 Hadoop 集群来说是致命的。

在 HDFS 1.0 中，当主节点 NameNode 出现故障时，用户可以通过手工方式将保存的元数据快照恢复到重新启动的 NameNode 中，从而降低数据丢失的风险（具体内容可参见 8.5.1 节）。

在 HDFS 2.0 中，采用 HA（具体参见 8.5.3 节）的方式，当主节点 NameNode 出现故障时，系统可自动启用待机状态的 NameNode，使集群继续正常运行。

8.5　HDFS on YARN

HDFS 1.0 中存在单点故障等问题，为了解决这些问题，在 HDFS 2.0 中，HDFS 的 NameNode 以集群的方式部署，增强了 NameNode 的水平扩展能力和高可用性。

8.5.1　NameNode 单点故障

HDFS 典型的 Master/Slave 架构如图 8-13 所示，客户端、NameNode 和 DataNode 之间进行交互，从而完成 Hadoop 集群数据的存储与读取等操作。

在 HDFS 1.0 中，Secondary NameNode 的节点在保证集群数据安全方面具有至关重要的作用。它与 NameNode 保持通信，并按照一定的时间间隔保存文件系统元数据的快照。当 NameNode 发生故障时，需要手动将保存的元数据快照恢复到重新启动的 NameNode 中，从而降低数据丢失的风险。但由于次级 NameNode 与 NameNode 进行数据同步备份时，总存在一定的延时，因此如果 NameNode 失效时有部分数据还没有同步到次级 NameNode 上，那么极有可能出现数据丢失。出现这种问题与 HDFS 1.0 的结构有关，如图 8-14 所示，HDFS 1.0 的架构可以分为两层：NameSpace 层和 Block Storage Service 层，其中 NameNode 只可能有一个。

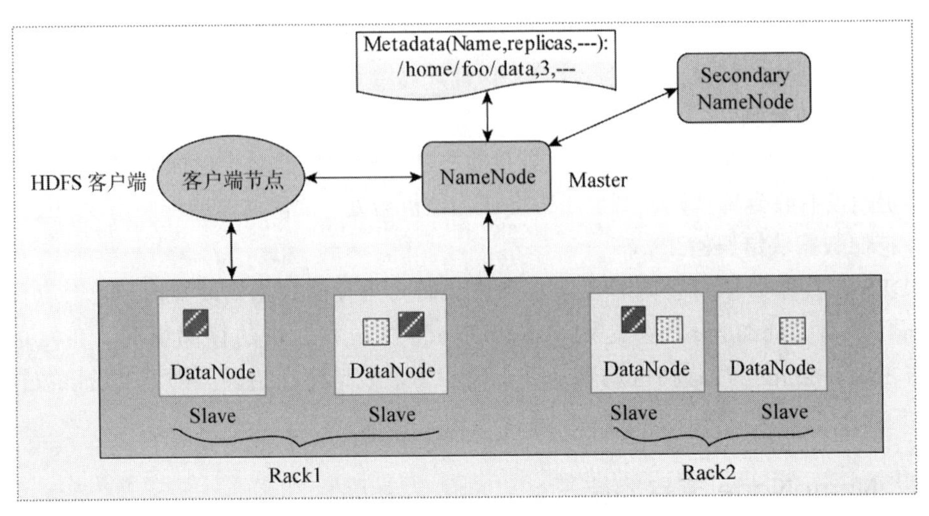

图 8-13　HDFS 典型的 Master/Slave 架构

在图 8-14 中，NameSpace 层包含目录、文件和块的信息，它包含所有 NameSpace 相关的文件系统的操作，如创建、删除、修改以及文件和目录的列举。

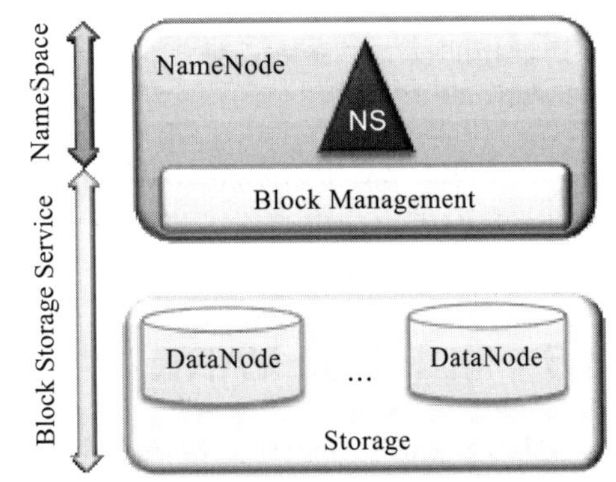

图 8-14　HDFS 的两层架构

Block Storage Service 层包含以下两个部分。

1）Block Management（块管理）：在 NameNode 中完成。

通过处理注册和心跳机制来维护集群中 DataNode 的基本成员关系。它支持数据块相关的操作，如创建、删除、修改和获取块的位置。同时，它会管理副本的复制和存放。

2）Storage（存储）：存储实际的数据块并提供针对数据块的读写服务。

HDFS 1.0 架构只允许整个集群中存在单个的 NameSpace，该节点管理这个 NameSpace。在该结构下，Block Storage 和 NameSpace 高度耦合，HDFS 中的 DataNode 可以解决集群的横向扩展问题，即机器增加和减少的问题，但 NameNode 不能解决这个问题。当前的 NameSpace 只能存放在单个 NameNode 上，而 NameNode 在内存中存储了整个分布式文件系统的元数据信息，这限制了集群中数据块、文件和目录的数目。从性能上来讲，单个 NameNode 上的资源有限，进而限制了文件操作过程的吞吐量和元数据的数目。从业务的独立性来讲，单个 NameNode 也难以做到业务隔离，使得集群难以共享。

8.5.2　HDFS Federation

HDFS Federation 在现有的 HDFS 基础上添加了对多个 NameNode/NameSpace 的支持，可以同时部署多个 NameNode。这些 NameNode 之间是相互独立的，彼此之间不需要相互协调。DataNode 同时在所有 NameNode 中注册，作为它们公共存储节点，并定时向所有 NameNode 发送心跳块使用情况的报告，处理所有 NameNode 向其发送的指令。Hadoop 2.0 的 HDFS 架构如图 8-15 所示。

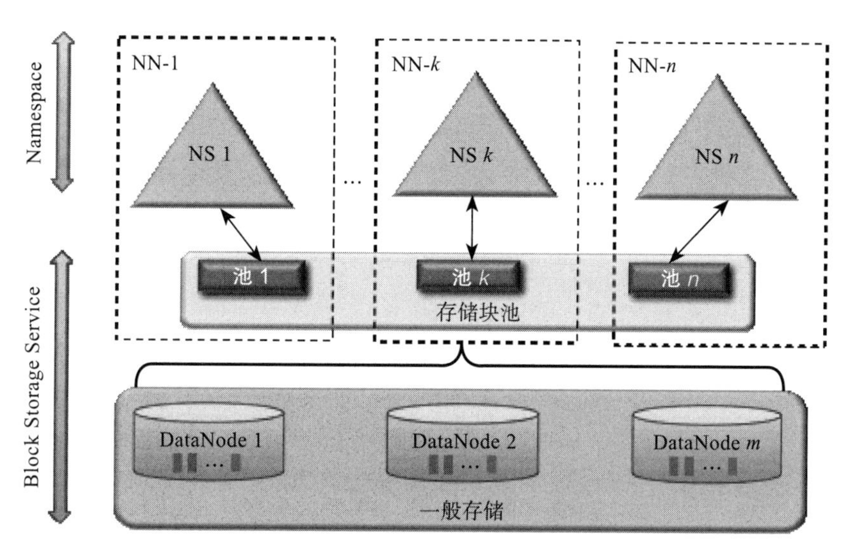

图 8-15 Hadoop 2.0 的 HDFS 架构

该架构引入了存储块池（Block Pool）和集群 ID（ClusterID）的概念。

存储块池是一个属于单个 NameSpace 块的集合。DataNode 存储集群中所有的存储块池。存储块池之间是独立的，这意味着一个 NameSpace 可以独立为新 Block 生成块 ID，不需要与其他 NameSpace 协调。一个 NameNode 失败不会导致 DataNode 失败，这些 DataNode 还可以服务其他 NameNode。一个 NameSpace 和它的存储块池一起被称为命名空间卷。这是一个独立的管理单元。当一个 NameNode/NameSpace 删除时，对应的存储块池也会被删除。当集群升级时，每个命名空间卷也作为一个单元进行升级。

集群 ID 是集群的唯一标识，新集群加入时，赋予新的集群 ID，用来标识其中所有的节点。当 NameNode 格式化时，该标识会自动创建集群 ID，这个 ID 用来区分集群中的 NameNode。

HDFS Federation 的优势如下。

1）扩展了命名空间，这改进了集群 HDFS 上数据量增加时仍采用一个 NameNode 进行管理的弊端。横向扩展可以把一些大的目录分离出来，使得每个 NameNode 下的数据更加精简。

2）当 NameNode 中的数据量达到一个非常大的规模时（如超过 1 亿个文件），单个 NameNode 的处理压力很大，容易陷入繁忙状态，进而影响集群整体的吞吐量。HDFS Federation 下的多 NameNode 工作机制可以缓解这种压力。

3）多个命名空间可以很好地隔离各自命名空间内的任务，除处理一些必要的关键任务外，许多本地特性的普通任务被屏蔽，从而实现互不干扰。

8.5.3 高可用性

HDFS Federation 通过多个 NameNode/NameSpace 把元数据的存储和管理分散到多个节点中，使得 NameNode/NameSpace 可以通过增加机器来进行水平扩展。所有 NameNode 共享 DataNode 存储资源，在一定程度上解决了节点资源有限的（如内存受限）问题。高可用性（High Availability, HA）存在的意义就是通过主备 NameNode 解决单点故障的问题。在 Hadoop HA 中，可以同时启动 2 个 NameNode。其中一个处于活跃（Active）状态，另一个处于待机（Standby）状态。这样，当一个 NameNode 所在的服务器宕机时，可以在数据基本不丢失的情况下，手动或者自动切换到另一个 NameNode 继续提供服务。HA 机制如图 8-16 所示。

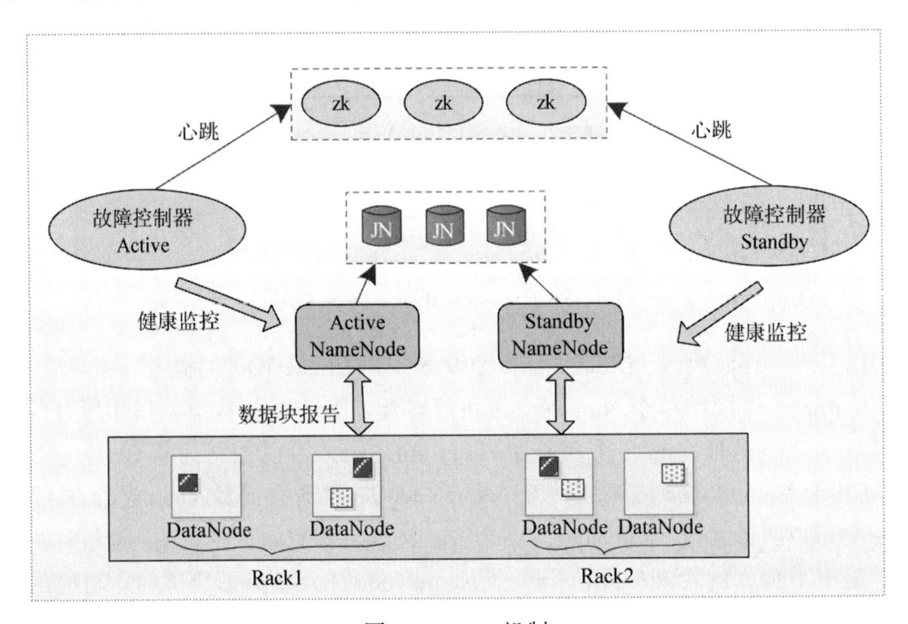

图 8-16　HA 机制

图 8-16 中有 2 个 NameNode，一个处于活跃（Active）状态，另一个处于待机（Standby）状态，这 2 个 NameNode 通过共享存储同步信息，保证数据的状态一致性。NameNode 之间通过 Network File System（NFS）或者 Quorum Journal Node（JN）共享数据。其中，NFS 是通过 Linux 共享的文件系统，属于操作系统层面的配置；JN 是 Hadoop 自身的机制，属于软件层面的配置。DataNode 同时向 2 个 NameNode 汇报数据块信息，是待机 NameNode 获取集群最新状态的必要步骤。同时，使用 ZooKeeper 进行心跳监测，当心跳不正常时，活跃的 NameNode 判断失效并自动将待机 NameNode 切换为 Active 状态。这样就完成了 2 个 NameNode 之间发生故障时的热切换操作。

习题 8

1. 请简述你对元数据和命名空间的理解。

2. 请简述 NameNode 的工作原理。
3. 请简述 DataNode 的工作原理。
4. 请简述你对 EditsLog 与 FSImage 的理解。
5. 请简述你对 RPC 通信的理解。
6. 请简述 HDFS 的读写流程。
7. 请简述你对 Hadoop 安全机制的理解。
8. 请简述你对 Hadoop 容错机制的理解。
9. 请简述你对 HDFS on YARN 的理解。

第 9 章

Spark 的原理

本章首先对 Spark 的运行原理进行概述，接下来介绍其核心结构 RDD 的概念与实现，最后介绍 RDD 特性、Spark 任务执行与提交以及 Spark 的容错原理。

9.1 Spark 的原理概述

Hadoop 的工作机制满足了大数据在普通商业服务器的分布式集群中进行存储和并行计算的需求。MapReduce 计算框架基于磁盘存储，降低了对机器的要求，但在进行较复杂的计算（如交互式或迭代计算）时，要基于磁盘反复读取，不仅速度慢，还会对磁盘、网络等造成不必要的资源消耗。

Spark 在借鉴 MapReduce 计算框架的同时，继承了其分布式并行计算的优点，抛弃了其中只有 Map 与 Reduce 操作的模型结构。它将计算的大数据集操作分成多种操作类型，支持 DAG 执行引擎，也支持在内存中对数据进行迭代计算。虽然 Spark 比 MapReduce 对机器内存等的要求高，但减少了迭代过程中数据的存储，使迭代等业务编译过程更加合理，大大提高了处理效率。

当用户使用 spark-submit 提交应用程序的时候，提交 Spark 的机器会通过反射的方式创建和构造一个 Driver 进程。Driver 进程执行 Application，根据 sparkConf 中的配置初始化 SparkContext，在这个过程中会启动 DAGScheduler 和 TaskScheduler 两个调度模块。同时，TaskScheduler 通过后台进程向 Master 注册 Application，Master 接到 Application 的注册请求之后，会使用自己的资源调度算法在 Spark 集群上通知 Worker，为 Application 启动多个 Executor。之后，Executor 会向 TaskScheduler 反向注册。Driver 完成 SparkContext 初始化，并继续执行 Application，当执行到 Action 时，就会创建 Job，并且由 DAGScheduler 将 Job 划分为多个 Stage，每个 Stage 由 TaskSet 组成，TaskSet 被提交给 TaskScheduler，由 TaskScheduler 把 TaskSet 中的 Task 依次提交给 Executor。Executor 在接收到 Task 之后，会使用 TaskRunner 来封装 Task（TaskRuner 主要将程序进行复制和反序列化），然后从 Executor 的线程池中取出一个线程来执行 Task。这样，Spark 的每个 Stage 被作为 TaskSet

提交给 Executor 执行，每个 Task 对应一个 RDD 的分区，执行程序，直到所有操作执行完为止。Spark 的运行原理如图 9-1 所示。

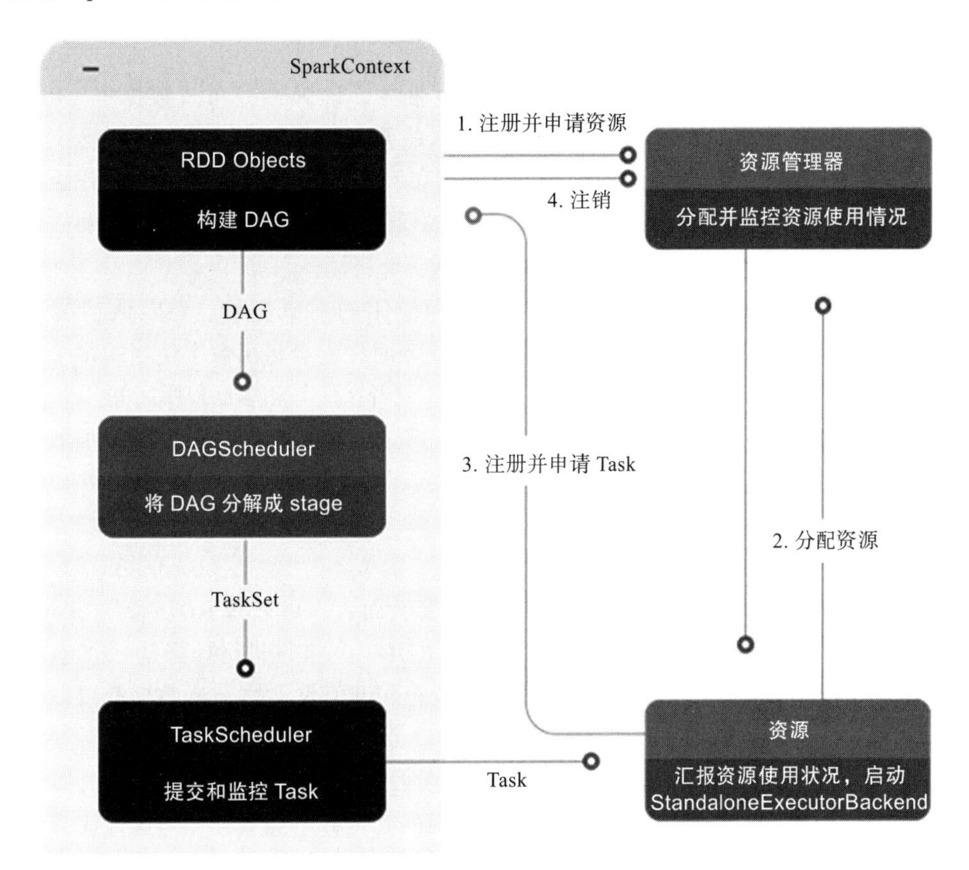

图 9-1　Spark 的运行原理

从图 9-1 中，可以看出 Spark 的运行原理如下。

1）构建 Spark Application 的运行环境（启动 SparkContext）。

2）SparkContext 在初始化过程中分别创建 DAGScheduler 作业调度和 TaskScheduler 任务调度两级调度模块。其中，DAGScheduler 根据 Job 构建基于 Stage 的 DAG（有向无环任务图），并将 Stage 提交给 TaskScheduler；TaskScheduler 将 Stage 提交给 Worker（集群）运行，并在此分配每个 Executor 运行的内容。

3）SparkContext 向资源管理器（可以是独立运行、Mesas、YARN 模式）申请运行 Executor 资源。

4）由资源管理器分配资源并启动 StandaloneExecutorBackend 和 Executor，之后向 SparkContext 申请 Task。

5）DAGScheduler 将 Job 划分为多个 Stage，并将 Stage 提交给 TaskScheduler。

6）Task 在 Executor 上运行，运行完毕释放所有资源。

9.2 Spark的RDD

在较高的层次上，每个Spark应用程序都包含一个驱动程序，驱动程序运行用户的主要功能并在集群上执行各种并行操作。

Spark中数据抽象的主要形式是分布式内存抽象，即弹性分布式数据集（Resilient Distributed Dataset，RDD），它是跨集群节点分区的元素集合，可以进行并行操作。RDD是从HDFS（或任何其他文件系统）中的文件或驱动程序中现有的Scala集合开始并对其进行转换而创建的。用户可以要求Spark在内存中保留RDD，允许它在并行操作中有效地重用。最后，RDD会自动从节点故障中恢复。

Spark中的第二个抽象是可以在并行操作中使用的共享变量。在默认情况下，当Spark并行运行一个函数作为不同节点上的一组任务时，它会将函数中使用的每个变量的副本发送给每个任务。有时变量需要跨任务共享，或者在任务和驱动程序之间共享。Spark支持两种类型的共享变量：广播变量，可用于缓存所有节点的内存中的值；累加器，它们是仅可以增加的变量，如计数器的总和。

9.2.1 什么是RDD

RDD是分布式内存的一个抽象概念。对开发者而言，可以将RDD看作Spark的一个对象，它本身运行于内存中，如读文件是一个RDD、对文件进行计算是一个RDD、结果集也是一个RDD，不同的分片、数据之间的依赖、键值类型的map数据都可以被看作RDD。

RDD具备MapReduce等数据流模型的容错特性，并且允许开发人员在大型集群上执行基于内存的计算。Hadoop等系统对两种应用的处理并不高效：一是迭代式算法，这在图应用和机器学习领域很常见；二是交互式数据挖掘工具。在这两种情况下，将数据保存在内存中能够极大地提高性能。为了有效地实现容错，RDD提供了一种高度受限的共享内存，即RDD是只读的，并且只能通过其他RDD上的批量操作来创建。尽管如此，RDD仍然能够表示很多类型的计算，包括MapReduce和专用的迭代编程模型（如Pregel）等。

RDD是只读的、分区记录的集合，它只能基于稳定物理存储中的数据集和在其他已有的RDD上执行确定性操作来创建。这些确定性操作称为转换，如map、filter、groupBy、join（转换不是程序开发人员在RDD上执行的操作）。

RDD不需要物化。RDD含有从其他RDD衍生（即计算）本RDD的相关信息（即Lineage），据此可以从物理存储的数据计算出相应的RDD分区。

从数据结构的角度看，RDD本质上是一个只读的分区记录集合。一个RDD可以包含多个分区，每个分区是一个数据集合的片段。RDD可能存在依赖关系，如果RDD的每个分区最多只能被一个子RDD的一个分区使用，则称为窄依赖。若多个子RDD分区都可以依赖，则称为宽依赖。不同的操作依据其特性会产生不同的依赖，如map操作会产生窄依赖，而join操作则产生宽依赖。

9.2.2 RDD的操作

Spark的工作围绕RDD的概念展开，RDD是可以并行操作的容错集合。创建RDD有两种方法：并行化驱动程序中的现有集合或引用外部存储系统中的数据集，如共享文件系统、HDFS、HBase或提供HadoopInputFormat的任何数据源。

1. 并行化集合

通过在驱动程序中的现有集合上调用SparkContext的parallelize方法来创建并行化集合，复制集合的元素以形成可以并行操作的分布式数据集。

【例9-1】创建包含数字1～5的并行化集合。程序如下：

```
val data = Array(1, 2, 3, 4, 5)
val distData = sc.parallelize(data)
```

一旦创建，分布式数据集（distData）就可以并行操作。例如，可以调用distData.reduce（(a，b）=>a+b）来添加数组的元素。

并行化集合的一个重要参数是切割数据集得到的分区数。Spark为集群的每个分区运行一个任务。通常，用户希望集群中的每个CPU有2～4个分区，而Spark会尝试根据用户的集群自动设置分区数。用户也可以对其进行手动设置，将其作为第二个参数传递给并行化集合。

注意：

代码中的某些位置使用术语“切片”(分区的同义词）来保持向后兼容性。

---

2. 外部数据集

Spark可以从Hadoop支持的任何存储源创建分布式数据集，包括本地文件系统、HDFS、Cassandra、HBase、Amazon S3等。Spark支持文本文件、SequenceFiles和其他Hadoop InputFormat数据集。

可以使用SparkContext的textFile方法创建文本文件RDD，获取文件的URI（计算机上的本地路径、hdfs://或s3a://）并将其作为行集合读取。

【例9-2】一个示例调用。程序如下：

```
scala> val distFile = sc.textFile("data.txt")
distFile: org.apache.spark.rdd.RDD[String] = data.txt MapPartitionsRDD[10]
    at textFile at <console>:26
```

创建后，distFile可以由数据集操作执行。例如，可以使用map和reduce操作添加所有行的大小，程序如下：

```
distFile.map(s => s.length).reduce((a, b) => a + b)
```

使用Spark读取文件的一些注意事项：

- 如果在本地文件系统上使用路径，则必须可以在工作节点的相同路径上访问该文件。将文件复制到所有Worker中的文件系统或使用网络安装的共享文件系统中。
- Spark的所有基于文件的输入方法（包括textFile）都支持在目录、压缩文件和通配符上运行。例如，用户可以使用textFile("/my/directory")、textFile("/my/

directory/*.txt") 和 textFile("/my/directory/*.gz")。

- textFile 方法还采用可选的第二个参数来控制文件的分区数。在默认情况下，Spark 为文件的每个块创建一个分区（HDFS 中默认为 128MB），用户也可以通过传递更大的值来请求更多的分区。注意，用户拥有的分区不能比块少。

除文本文件外，Spark 的 Scala API 还支持其他 4 种数据格式。

- SparkContext.wholeTextFiles 允许用户读取包含多个小文本文件的目录，并将每个文件作为（文件名，内容）对返回。这与 textFile 不同，textFile 在每个文件中的每行返回一条记录。分区由数据局部性决定，在某些情况下，可能分区很少。对此，wholeTextFiles 提供了可选的第二个参数，用于控制分区的最小数量。
- 对于 SequenceFiles，使用 SparkContext 的 sequenceFile[K,V] 方法，其中 K 和 V 是文件中键和值的类型。这些是 Hadoop 的 Writable 接口的子类，如 IntWritable 和 Text。此外，Spark 允许用户为一些常见的 Writable 接口指定本机类型，如 sequenceFile[Int,String] 将自动读取 IntWritables 和 Text。
- 对于其他 Hadoop InputFormat，用户可以使用 SparkContext.hadoopRDD 方法，该方法采用任意 JobConf 和输入格式（input format）类、键类和值类。设置这些类与使用输入源的 Hadoop 作业相同。用户还可以基于新的 MapReduce API（包 org.apache.hadoop.mapreduce）将 SparkContext.newAPIHadoopRDD 用于 InputFormat。
- RDD.saveAsObjectFile 和 SparkContext.objectFile 支持以包含序列化 Java 对象的简单格式保存 RDD。虽然这不像指定的格式（如 Avro）那样有效，但它提供了一种对任意 RDD 进行保存的简单方法。

3. RDD 的操作

RDD 支持两种类型的操作：转换（transformation，由现有数据集创建新数据集）和行动（action，在数据集上进行计算后将值返回给驱动程序）。例如，map 是一个转换，它通过函数传递每个数据集元素，并返回一个表示结果的新 RDD；reduce 是一个使用某个函数聚合 RDD 的所有元素的操作，并将最终结果返回给驱动程序（还有一个并行 reduceByKey 返回分布式数据集）。

Spark 中的所有转换不会立即计算结果。相反，它们只记得应用于某些基础数据集（如文件）的转换。仅当操作需要将结果返回驱动程序时才会计算转换。这种设计使 Spark 能够更高效地运行。例如，通过 map 创建的数据集可以用于 reduce，并仅将 reduce 的结果返回驱动程序，而不是返回更大的映射数据集。

在默认情况下，每次对 RDD 执行 action 时，都可以重新计算每次转换后的 RDD。用户也可以使用持久化（或缓存）方法在内存中保留 RDD。在这种情况下，Spark 会在集群上保留元素，以便下次查询时更快地访问。Spark 还支持在磁盘上保留 RDD，或在多个节点之间复制。

（1）基本操作

考虑以下程序：

```
val lines = sc.textFile("data.txt")
val lineLengths = lines.map(s => s.length)
val totalLength = lineLengths.reduce((a, b) => a + b)
```

第一行通过一个外部文件 data.txt 定义了一个基础 RDD。该数据集未加载到内存中或进行过其他操作，这里的 lines 仅仅是指向文件的指针。第二行将 lineLengths 定义为 map 转换的结果。同样，lineLengths 不会立即计算。最后，运行 reduce，这是一个 action 操作。此时，Spark 将计算分解到不同机器上运行，且每台机器都运行部分 map 和本地 reduce，仅返回其对驱动程序的计算结果。

如果想再次使用 lineLengths，可以添加如下代码：

```
lineLengths.persist()
```

在 reduce 操作之前，这将使 lineLengths 在第一次计算之后将结果保存在内存中。

（2）将函数传递给 Spark

Spark 的 API 在很大程度上依赖于驱动程序中的传递函数以便在集群上运行，有两种方法可以做到这一点。

- 匿名函数，可用于短片段代码。
- 全局单例对象中的静态方法。例如，用户可以定义 object MyFunctions，然后传递 MyFunctions.func1，其程序代码如下：

```
object MyFunctions {
    def func1(s: String): String = { ... }
}

myRdd.map(MyFunctions.func1)
```

虽然也可以将引用传递给类实例中的方法（而不是单例对象），但需要发送包含该类的对象以及方法。例如：

```
class MyClass {
    def func1(s: String): String = { ... }
    def doStuff(rdd: RDD[String]): RDD[String] = { rdd.map(func1) }
}
```

如果创建一个新的 MyClass 实例，并在其上调用 doStuff，则 map 会引用该 MyClass 实例的 func1 方法，因此需要将整个对象发送到集群。

采用类似的方式，访问外部对象的字段将引用整个对象，其程序如下：

```
class MyClass {
    val field = "Hello"
    def doStuff(rdd: RDD[String]): RDD[String] = { rdd.map(x => field + x) }
}
```

这相当于编写 rdd.map(x => this.field + x)，它引用了所有远程数据。要避免此问题，最简单的方法是将字段复制到本地，而不是从外部访问它，其程序如下：

```
def doStuff(rdd: RDD[String]): RDD[String] = {
    val field_ = this.field
    rdd.map(x => field_ + x)
}
```

（3）闭包

Spark 的一个难点是在跨集群执行代码时解析变量和方法的范围与生命周期，修改其范围之外的变量的 RDD 操作经常引起混淆。例 9-3 查看使用 foreach() 递增计数器的代码，其他操作也可能出现类似问题。

【例 9-3】考虑 RDD 元素总和，根据执行是否在同一 JVM 中发生，它可能表现不同。一个常见的例子是在本地模式下运行 Spark（--master = local[n]），而不是将 Spark 应用程序部署到集群（如通过 spark-submit to YARN）。其程序如下：

```
var counter = 0
var rdd = sc.parallelize(data)

// Wrong: Don't do this!!
rdd.foreach(x => counter += x)

println("Counter value: " + counter)
```

上述程序的行为未定义，可能无法按预期工作。为了执行作业，Spark 将 RDD 操作分解为任务，每个任务由执行程序执行。在执行之前，Spark 计算任务关闭。闭包是那些变量和方法，它们必须是可见的，以便执行程序在 RDD 上执行计算（如 foreach()）。该闭包被序列化并发送给每个执行程序。

发送给每个执行程序的闭包内的变量是副本，因此，当在 foreach 函数内引用的计数器不再是驱动程序节点上的计数器，而在驱动程序节点的内存中仍然有一个执行程序不可见的计数器时，执行程序只能看到序列化闭包中的副本。因此，计数器的最终值仍然为 0，因为计数器上的所有操作都需要引用序列化的闭包内的值。

在本地模式的某些情况下，该 foreach 函数实际上将在与驱动程序相同的 JVM 中执行，引用相同的原始计数器并且更新它。

为了确保在这些场景中明确定义的行为，应该使用累加器。Spark 中的累加器提供了一种机制，用于在跨集群的工作节点拆分执行时安全地更新变量。

通常，闭包是一类类似循环或本地定义的方法的构造，不用于改变全局状态。Spark 没有定义或保证从闭包外部引用的对象的突变行为。执行此操作的某些代码可能在本地模式下工作，但这只是偶然的，并且此类代码在分布式模式下不会按预期运行。如果需要某些全局聚合，就要使用累加器。

另一个常见的用法是尝试使用 rdd.foreach(println) 或打印输出 RDD 的元素 rdd.map(println)。在单机上，这将生成预期的输出并打印所有 RDD 的元素。但是，在 cluster 模式下，stdout 执行程序调用的输出写入 stdout 执行程序，而不是驱动程序上的输出，因此 stdout 驱动程序不会显示这些输出。要打印驱动程序上的所有元素，可以使用 collect() 方法将 RDD 带到驱动程序节点 rdd.collect().foreach(println)。但是，这会导致驱动程序内存不足，因为 collect() 将整个 RDD 提取到一台机器上。如果用户只需要打印 RDD 的一些元素，更安全的方法是使用 take() 方法：rdd.take(100).foreach(println)。

（4）使用键值对

虽然大多数 Spark 操作都适合包含任何类型对象的 RDD，但有一些特殊操作仅适用于键值对的 RDD。最常见的是分布式 shuffle 操作，如通过密钥对元素进行分组或聚合。

在 Scala 中，这些操作在包含 Tuple2 对象（语言中的内置元组，通过简单 writing(a,b) 创建）的 RDD 上自动可用。PairRDDFunctions 类中提供了键值对操作，它自动包装元组的 RDD。

【例 9-4】 使用 reduceByKey 键值对上的操作来计算文件中每行文本出现的次数。程序如下：

```
val lines = sc.textFile("data.txt")
val pairs = lines.map(s => (s, 1))
val counts = pairs.reduceByKey((a, b) => a + b)
```

也可以使用 counts.sortByKey() 方法。例如，按字母顺序对键值对进行排序，最后 counts.collect() 将它们作为对象数组返回驱动程序。

注意：

当在键值对操作中使用自定义对象作为键时，必须确保自定义的 equals() 方法匹配 hashCode() 方法。

（5）转换

Spark 支持的常见转换如表 9-1 所示。

表 9-1　Spark 支持的常见转换

转　换	含　义
map（func）	返回通过函数 func 传递源的每个元素形成的新分布式数据集
filter（func）	返回通过函数 func 得到 true 的传递源元素形成的新数据集
flatMap（func）	与 map 类似，但每个输入项可以映射到 0 个或更多输出项（因此 func 应该返回 Seq 而不是单个项）
mapPartitions（func）	与 map 类似，但在 RDD 的每个分区（块）上单独运行，因此当在类型 T 的 RDD 上运行时，func 必须是 Iterator <T> => Iterator <U> 类型
mapPartitionsWithIndex（func）	与 mapPartitions 类似，但也为 func 提供了表示分区索引的整数值。因此，当在类型 T 的 RDD 上运行时，func 必须是类型 (Int, Iterator<T>) => Iterator<U>
sample(withReplacement, fraction, seed)	使用给定的随机数生成器 seed，对数据 fraction 的一部分进行采样，参数 withReplacement 描述是否存在替换
union(otherDataset)	返回一个新数据集，其中包含源数据集和参数中元素的并集
intersection(otherDataset)	返回包含源数据集和参数中元素交集的新 RDD
distinct([numPartitions])	返回包含源数据集的不同元素的新数据集
groupByKey([numPartitions])	当调用（K, V）的数据集时，返回（K, Iterable<V>）的数据集。 如果要对每个键执行聚合（如 sum 或 average）来进行分组，则使用 reduceByKey 或 aggregateByKey 将会产生更好的性能。 在默认情况下，输出中的并行级别取决于父 RDD 的分区数。用户可以传递可选的 numPartitions 参数来设置不同数量的任务

（续）

转　换	含　义
reduceByKey(func, [numPartitions])	当调用（K, V）的数据集时，返回（K, V）的数据集，其中使用给定的 reduce 函数 func 聚合每个键的值，该函数类型必须是 (V, V) => V。和 groupByKey 类似，可通过可选的第二个参数配置 reduce 任务的数量
aggregateByKey(zeroValue)(seqOp, combOp, [numPartitions])	当调用（K, V）的数据集时，返回（K, U）的数据集，其中使用给定的组合函数和“zero”值聚合每个键的值。允许与输入值类型不同的聚合值类型，同时避免不必要的分配。和 groupByKey 类似，可通过可选的第二个参数配置 reduce 任务的数量
sortByKey([ascending], [numPartitions])	当在依据 K 排序的（K,V）的集合上调用此函数时，返回按键升序或降序排序的（K, V）的数据集，由布尔参数 ascending 指定
join(otherDataset, [numPartitions])	当调用类型（K,V）和（K,W）的数据集时，返回（K,(V,W)）的数据集以及每个键的所有元素对。外连接的类型包括 leftOuterJoin、rightOuterJoin 和 fullOuterJoin
cogroup(otherDataset, [numPartitions])	当调用类型（K,V）和（K,W）的数据集时，返回（K,(Iterable<V>, Iterable<W>)）元组的数据集，此操作也可以由 groupWith 调用
cartesian(otherDataset)	当调用类型 T 和 U 的数据集时，返回（T,U）对的数据集（所有元素对）
pipe(command, [envVars])	通过 shell 命令（如 Perl 或 bash 脚本）对 RDD 的每个分区进行管道操作。RDD 元素被写入进程的 stdin，并且输出到其 stdout 的行将作为字符串的 RDD 返回
coalesce(numPartitions)	将 RDD 中的分区数减少到指定值 numPartitions。过滤大型数据集后，可以更有效地执行操作
repartition(numPartitions)	随机重新调整 RDD 中的数据来创建更多（或更少）的分区，并在它们之间进行平衡
repartitionAndSortWithinPartitions (partitioner)	根据给定的分区重新划分 RDD，并在每个生成的分区中按键对记录进行排序。这比在每个分区中调用 repartition 然后排序更有效，因为它可以将排序推送到 Shuffle 中

（6）操作

Spark 支持的常见操作如表 9-2 所示。

表 9-2　Spark 支持的常见操作

行　动	含　义
reduce(func)	使用函数 func（它接受两个参数并返回一个）来聚合数据集的元素。该函数是可交换和关联的，可以并行计算
collect()	在驱动程序中将数据集的所有元素以数组的形式返回。通常在使用 filter 或者其他操作并返回一个足够小的数据子集后再使用会比较有用
count()	返回数据集中元素的个数
first()	返回数据集的第一个元素，类似于 take(1)
take(n)	返回包含数据集的前 *n* 个元素的数组

（续）

行　动	含　义
takeSample(withReplacement, num, [seed])	返回一个数组，由数据集中随机采样的 num 个元素组成，可以选择是否用随机数替换不足的部分，seed 用于指定随机数生成器的种子
takeOrdered(n, [ordering])	使用自然顺序或自定义顺序返回 RDD 的前 *n* 个元素
saveAsTextFile(path)	将数据集的元素以 textfile 的形式保存到本地文件系统、HDFS 或者其他 Hadoop 支持的文件系统。对于每个元素，Spark 会调用 toString 方法将它转换为文件中的文本行
saveAsSequenceFile(path) (Java and Scala)	将数据集的元素以 Hadoop SequenceFile 的格式写入本地文件系统、HDFS 或其他 Hadoop 支持的文件系统的给定 path 中。这可以在实现 Hadoop 的 Writable 接口的键值对的 RDD 上使用。在 Scala 中，它也可以在可隐式转换为 Writable 的类型上使用（Spark 包括基本类型的转换，如 Int、Double、String 等）
saveAsObjectFile(path) (Java and Scala)	使用 Java 序列化这种简单的格式编写数据集的元素，通过 SparkContext.objectFile() 加载到指定的 path 中
countByKey()	仅对（K,V）类型的 RDD 有效，返回一个（K,Int）对的 Map，表示每一个键对应的元素个数
foreach(func)	在数据集的每个元素上，运行函数 func 进行更新。这通常用于边缘效果（例如更新一个累加器），或者和外部存储系统进行交互（如 HBase）。 注意：修改除累加器之外的变量 foreach() 可能会导致未定义的行为

Spark RDD API 还公开了某些操作的异步版本，如 foreachAsyncfor foreach，它会立即将 FutureAction 返回给调用方而不是在操作时完成阻塞。这可用于管理或等待操作的异步执行。

（7）随机操作

Spark 中的某些操作会触发称为 shuffle（混洗）的事件。随机播放是 Spark 重新分配数据的机制，因此它可以跨分区进行不同的分组。这通常涉及跨分区执行程序和机器复制数据，因此混洗是复杂且昂贵的操作。

为了理解 shuffle 的过程，可以考虑 reduceByKey 操作的例子。reduceByKey 操作生成一个新的 RDD，其中单个键的所有值都组合成一个元组，这是对键和与该键关联的所有值执行 reduce 函数的结果。但是，并非单个密钥的所有值都必须位于同一个分区，甚至是同一个机器上，它们必须位于同一位置才能计算结果。

在 Spark 中，数据通常不跨分区分布在特定操作的位置，也就是说，通常情况下数据不会提前按照特定操作的需要分布在相应的位置（如同一个机器里）。而在计算过程中，单个任务将在单个分区上运行。因此，为了组织 reduceByKey 操作中执行单个 reduce 任务需要的所有数据，Spark 需要执行全部操作。它必须从所有分区读取，以查找所有键的所有值，然后将各个值组合在一起，计算每个键的最终结果。

在每一个分区中，新的 shuffle 数据的元素集很重要，分区的顺序也很重要，而元素之间的顺序则没那么重要。如果想要预测一个 shuffle 中的数据，可以考虑如下方法：

- mapPartitions：排序每一个分区，比如 .sorted。
- repartitionAndSortWithinPartitions：有效分区同时同步重新分区。
- sortB：创造一个全局有序的 RDD。

可以触发 shuffle 的操作包括 repartition 和 coalesce 操作、除了计数之外的 ByKey 操作（如 groupByKey 和 reduceByKey）以及 join 操作，比如 cogroup 和 join。随机 shuffle 是代价昂贵的操作，因为它涉及磁盘 I/O、数据序列化和网络 I/O。为了组织 shuffle 相关的数据，Spark 生成多组任务，包括映射任务，以及一组 reduce 任务。各个 map 任务的结果会保留在内存中，直到内存无法容纳为止。然后，基于目标分区对数据进行排序并写入单个文件。在 reduce 方面，任务读取相关的排序块。某些 shuffle 操作会消耗大量堆内存，因为它们使用内存中的数据结构在传输记录之前或之后组织记录。具体而言，reduceByKey 和 aggregateByKey 在 map 时会创建这些数据结构，ByKey 操作在 reduce 时也会创建这些数据结构。当数据不适合内存时，Spark 会将这些表溢出到磁盘，导致磁盘 I/O 的额外开销和垃圾收集不断增加。

shuffle 还会在磁盘上生成大量的中间文件。从 Spark 1.3 开始，这些文件将被保留，直到不再使用相应的 RDD 并进行垃圾回收。这样做是为了在重新计算时不必重新创建 shuffle 文件。如果应用程序保留对这些 RDD 的引用或 GC 不经常启动，则垃圾收集可能在很长一段时间后才会发生。这意味着长时间运行的 Spark 作业可能会占用大量磁盘空间。通过 spark.local.dir 配置 Spark 上下文时，可以配置参数指定临时存储目录。可以通过调整各种配置参数来调整随机行为。

4. 持久化的 RDD

Spark 最重要的功能是可以在不同操作时，在内存中持久化（或缓存）数据集。当用户需要持久保存 RDD 时，每个节点都会存储它在内存中计算的分区，并在该数据集（或从中派生的数据集）的其他操作中重用它们，这使得未来的操作更快（通常会快 10 倍）。缓存是迭代算法和快速交互使用的关键工具。

用户可以使用 persist() 或 cache() 方法标记要保留的 RDD。第一次计算它时，它将保留在节点的内存中。Spark 的缓存是容错的，即如果 RDD 的任何分区丢失，它将使用最初创建它的过程自动重新计算。

此外，每个持久化的 RDD 可以使用不同的存储级别进行存储。例如，用户可以将数据集保留在磁盘上，同时将其保留在内存中，并可以作为序列化 Java 对象跨节点复制它。基于序列化 Java 对象复制的目的是节省空间。通过传递 StorageLevel 对象来设置这些级别。cache() 方法是使用默认存储级别的简写，即 StorageLevel.MEMORY_ONLY（在内存中存储反序列化的对象）。Spark 的存储级别如表 9-3 所示。

表 9-3　Spark 的存储级别

存储级别	含　义
MEMORY_ONLY	将 RDD 存储为 JVM 中的反序列化 Java 对象。如果 RDD 不适合内存，则某些分区将不会被缓存，并且每次需要时都会重新计算。这是默认级别

（续）

存储级别	含　义
MEMORY_AND_DISK	将 RDD 存储为 JVM 中的反序列化 Java 对象。尽量先存储到内存，如果内存放不下，则存储到外存中，并在需要时从相应的位置读取数据
MEMORY_ONLY_SER（Java and Scala）	将 RDD 存储为序列化 Java 对象（每个分区一个字节数组）。这通常比反序列化对象更节省空间，特别是在使用快速序列化器时，但读取 CPU 密集程度更高
MEMORY_AND_DISK_SER（Java and Scala）	与 MEMORY_ONLY_SER 类似，但会将不适合内存的分区溢出到磁盘，而不是每次需要时即时重新计算它们
DISK_ONLY	仅将 RDD 分区存储在磁盘上
MEMORY_ONLY_2, MEMORY_AND_DISK_2, etc	与 MEMORY_ONLY、MEMORY_AND_DISK 等对应的存储级别相同，但复制两个集群节点上的每个分区
OFF_HEAP (experimental)	与 MEMORY_ONLY_SER 类似，将数据存储在堆外内存中。这需要启用堆外内存

注意：

在 Python 中，存储对象始终使用 Pickle 库进行序列化，因此如何选择序列化级别无关紧要。Python 中的可用存储级别包括 MEMORY_ONLY、MEMORY_ONLY_2、MEMORY_AND_DISK、MEMORY_AND_DISK_2、DISK_ONLY 和 DISK_ONLY_2。

即使没有用户调用 reduceByKey，Spark 也会在 shuffle 操作中自动保留一些中间数据。这是为了避免在 shuffle 期间节点出现故障时重新计算整个输入。我们仍然建议用户的 persist 函数在计划重用 RDD 时调用生成的 RDD。

（1）选择哪种存储级别

选择 Spark 的存储级别时，应注意在内存使用和 CPU 效率之间进行折中。建议用户通过以下流程进行选择。

① 如果用户的 RDD 与默认存储级别（MEMORY_ONLY）保持一致，那么保持这种状态。这是 CPU 效率最高的选项，可使 RDD 上的操作尽可能快地运行。

② 如果用户 RDD 与默认存储级别不一致，需尝试使用 MEMORY_ONLY_SER 并选择快速序列化库，以使对象更加节省空间，但仍然可以快速访问。

③ 除非计算数据集的函数很昂贵，否则它们不会溢出到磁盘。它们也可能过滤大量数据，否则重新计算分区可能与从磁盘读取分区一样快。

④ 如果想快速从故障中恢复，需使用复制的存储级别（如使用 Spark 处理来自 Web 应用程序的请求）。所有存储级别通过重新计算丢失的数据来提供完全容错，但复制的存储级别支持用户继续在 RDD 上运行任务，无须重新计算丢失的分区。

（2）删除数据

Spark 会自动监视每个节点上的缓存使用情况，并以最近最少使用（LRU）的方式删除旧数据分区。如果用户想手动删除 RDD 而不是等待它退出缓存，需使用 RDD.unpersist() 方法。

5. 共享变量

通常，当在远程集群节点上执行传递给 Spark 操作（如 map 或 reduce）的函数时，它将在函数中使用的所有变量的副本上工作。这些变量被复制到每台计算机，并且远程计算机上的变量更新不会传回驱动程序。因为共享变量支持跨任务通用，故读写共享变量的效率较低。Spark 为常见的使用模式提供了两种有限类型的共享变量：广播变量和累加器。

（1）广播变量

广播变量支持程序员在每台机器上保留一个只读变量，而不是随副本一起发送。例如，广播变量可用于以有效的方式为每个节点提供输入数据集的副本。Spark 还尝试使用有效的广播算法来分发广播变量，以降低通信成本。

Spark 的动作通过一组阶段执行，这些阶段由分布式 shuffle 操作分隔，也就是说，每 2 个 Shuffle 操作的部分为一个阶段。Spark 自动广播每个阶段中任务所需的公共数据。通过这种方式广播的数据以序列化形式缓存并在运行每个任务之前反序列化，这意味着显式创建广播变量仅在跨多个阶段的任务需要相同数据或以反序列化形式缓存数据很重要时才有用。

广播变量 v 是通过调用函数 SparkContext.broadcast(v) 实现的，被广播的变量可以通过调用 value 方法来访问它的值，如下面的代码所示：

```
scala> val broadcastVar = sc.broadcast(Array(1, 2, 3))
broadcastVar: org.apache.spark.broadcast.Broadcast[Array[Int]] = Broadcast(0)

scala> broadcastVar.value
res0: Array[Int] = Array(1, 2, 3)
```

创建广播变量后，应该使用它来代替 v 集群上运行的任何函数中的值，这样 v 就不会多次传送到节点。此外，在 v 广播之后不应修改对象，以确保所有节点获得相同的广播变量值（如稍后将变量发送到新节点）。

（2）累加器

累加器是仅通过关联和交换操作添加的对象，该对象可以得到有效的并行支持。它们可用于实现计数器（如 MapReduce）或求总和。Spark 本身支持数值类型的累加器，程序员可以添加对新类型的支持。

用户可以创建已命名或未命名的累加器，已命名的累加器（在此实例中为 counter）将在 Web UI 中显示修改该累加器的阶段。Spark 显示“任务”表中任务修改的累加器的值，如图 9-2 所示。

跟踪 UI 中的累加器对于理解运行阶段的进度非常有用。用户可以通过调用 SparkContext.longAccumulator() 或 SparkContext.doubleAccumulator() 累积 long 或 double 型的值来创建数字累加器。然后，可以使用 add 方法将集群上运行的任务添加到集群中。但是，需要通过驱动程序使用其 value 方法读取累加器的值。

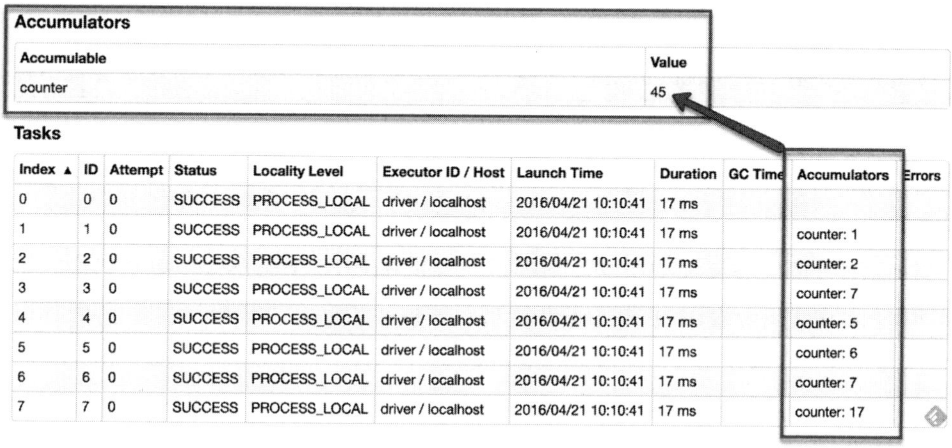

Accumulators

Accumulable	Value
counter	45

Tasks

Index ▲	ID	Attempt	Status	Locality Level	Executor ID / Host	Launch Time	Duration	GC Time	Accumulators	Errors
0	0	0	SUCCESS	PROCESS_LOCAL	driver / localhost	2016/04/21 10:10:41	17 ms			
1	1	0	SUCCESS	PROCESS_LOCAL	driver / localhost	2016/04/21 10:10:41	17 ms		counter: 1	
2	2	0	SUCCESS	PROCESS_LOCAL	driver / localhost	2016/04/21 10:10:41	17 ms		counter: 2	
3	3	0	SUCCESS	PROCESS_LOCAL	driver / localhost	2016/04/21 10:10:41	17 ms		counter: 7	
4	4	0	SUCCESS	PROCESS_LOCAL	driver / localhost	2016/04/21 10:10:41	17 ms		counter: 5	
5	5	0	SUCCESS	PROCESS_LOCAL	driver / localhost	2016/04/21 10:10:41	17 ms		counter: 6	
6	6	0	SUCCESS	PROCESS_LOCAL	driver / localhost	2016/04/21 10:10:41	17 ms		counter: 7	
7	7	0	SUCCESS	PROCESS_LOCAL	driver / localhost	2016/04/21 10:10:41	17 ms		counter: 17	

图 9-2　任务修改的累加器的值

累加器用于添加数组元素的程序如下：

```
scala> val accum = sc.longAccumulator("My Accumulator")
accum: org.apache.spark.util.LongAccumulator = LongAccumulator(id: 0, name:
    Some(My Accumulator), value: 0)

scala> sc.parallelize(Array(1, 2, 3, 4)).foreach(x => accum.add(x))
...
10/09/29 18:41:08 INFO SparkContext: Tasks finished in 0.317106 s

scala> accum.value
res2: Long = 10
```

虽然此程序使用了对 long 型累加器的内置支持，但用户也可以通过继承 AccumulatorV2 来创建自己的类型。AccumulatorV2 抽象类有几个必须覆盖的方法：reset 用于将累加器重置为 0，add 用于将另一个值添加到累加器中，merge 用于将另一个相同类型的累加器合并到现有的累加器中。其他必须覆盖的方法包含在 API 文档中。例如，假设有一个表示数学向量的类 MyVector，程序如下：

```
class VectorAccumulatorV2 extends AccumulatorV2[MyVector, MyVector] {

    private val myVector: MyVector = MyVector.createZeroVector

    def reset(): Unit = {
        myVector.reset()
    }

    def add(v: MyVector): Unit = {
        myVector.add(v)
    }
    ...
}

// Then, create an Accumulator of this type:
val myVectorAcc = new VectorAccumulatorV2
// Then, register it into spark context:
sc.register(myVectorAcc, "MyVectorAcc1")
```

注意：

当用户定义自己的 AccumulatorV2 类型时，结果类型可能与添加的元素类型不同。

若对仅在操作内执行的累加器更新，Spark 保证每个任务对累加器的更新仅应用一次，即重新启动的任务不会更新该值。在转换中，用户应该知道，如果重新执行任务或作业阶段，则可以多次应用每个任务的更新。

累加器不会改变 Spark 的惰性评估模型。如果在 RDD 上的操作中更新它们，则只有在 RDD 作为操作的一部分计算时才更新它们的值。因此，当执行一个惰性的转换操作（比如 map）时，不能保证对累加器值的更新被实际执行了。该属性的程序如下：

```
val accum = sc.longAccumulator
data.map { x => accum.add(x); x }
// Here, accum is still 0 because no actions have caused the map operation
    to be computed.
```

9.2.3　RDD 的特性

1. 分区列表

Spark RDD 是分区的，每一个分区都会被一个计算任务处理。分区数决定了并行计算的数量，RDD 的并行度默认从父 RDD 传给子 RDD。在默认情况下，一个 HDFS 上的数据分片就是一个分区，RDD 的分区数决定了并行计算的力度，可以在创建 RDD 时指定 RDD 分区的数量。如果不指定分区数量，那么当 RDD 是从集合创建时，默认分区数量为该程序分配到的资源的 CPU 核数（每个核可以承载 2～4 个分区）；如果是从 HDFS 文件中创建，则默认为文件的 Block 数。

2. 每个分区都有一个计算函数

每个分区都有计算函数，Spark 中 RDD 的计算函数是以分区为基本单位的。每个 RDD 都会实现 compute 函数，对具体的分区进行计算。RDD 中的分区是并行的，所以是分布式并行计算。由于 RDD 有前后依赖关系，故遇到宽依赖关系，如 reduceByKey 等操作时，会划分成 Stage。Stage 内部的操作都是通过流水线进行的，在处理数据时它会通过 BlockManager 来获取相关的数据，因为分区要从外界读数据，也要把计算结果写入外界，所以使用了一个管理器。具体的分区都会映射成 BlockManager 的 Block，而具体的分区会被函数处理，函数处理是以任务的形式进行的。

3. 依赖于其他 RDD 的列表

由于 RDD 每次转换都会生成新的 RDD，所以 RDD 会形成类似流水线的前后依赖关系。当然，宽依赖不像流水线，宽依赖后面的 RDD 的数据分区会依赖前面所有 RDD 的数据分区，这时数据分区不在内存中进行流水处理，而是进行跨机器处理。因为有前后的依赖关系，所以当有分区的数据丢失时，Spark 会通过依赖关系进行重新计算，而不是对 RDD 所有的分区进行重新计算。RDD 是 Spark 的核心数据结构，通过 RDD 的依赖关系形成调度关系。对 RDD 的操作形成整个 Spark 程序。

4. 键值数据类型的 RDD 分区器、控制分区策略和分区数

每个键值形式的 RDD 都有 Partitioner 属性，它决定了 RDD 的分区方式。当然，分区的个数还决定了每个 Stage 的任务个数。RDD 的分片函数可通过 Partitioner 传入相关的参数。例如 Hash Partitioner 和 Range Partitioner 针对键值的形式，如果对象不是 key-value 的形式，就不会有具体的 Partitioner。Partitioner 决定下一步会产生多少个并行的分片，同时决定当前并行 shuffle 输出的并行数据，使 Spark 能够控制数据在不同节点上的分区。用户可以自定义分区策略，如 Hash 分区等。Spark 提供了 Partition By 运算符，能通过集群对 RDD 进行数据再分配，从而创建一个新的 RDD。

5. 每个分区都有一个优先位置列表

优先位置列表会存储每个分区的优先位置，对 HDFS 来说，优先位置列表就是每个分区的位置。观察运行 Spark 集群的控制台会发现，Spark 在计算、分区以前，已经清楚地知道任务发生的节点。也就是说，任务本身是计算层面的、代码层面的，代码发生运算之前它就已经知道要运算的数据在什么地方（有具体节点的信息），这符合大数据中“数据不动代码动”的原则。“数据不动代码动”的最高境界是数据就在当前节点的内存中。这时候有可能是 Memory 级别或 Tachyon 级别[㊀]的（也就是说，可以是本机内存级别，也可以是分布式内存级别的），Spark 本身在进行任务调度时会尽可能将任务分配到处理数据的数据块所在的位置。

9.2.4 RDD 的实现原理

RDD 是一个分布式数据集，顾名思义，其数据应该存储于多台机器上。事实上，每个 RDD 的数据都以 Block 的形式存储于多台机器上，RDD 存储的原理如图 9-3 所示。

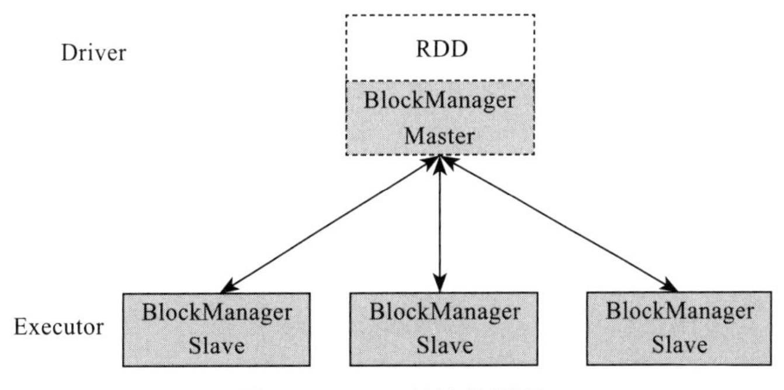

图 9-3 RDD 存储的原理

在图 9-3 中，每个 Executor 会启动一个 BlockManagerSlave，并管理一部分 Block；而 Block 的元数据由 Driver 节点的 BlockManagerMaster 保存。BlockManagerSlave 生成 Block 后，向 BlockManagerMaster 注册该 Block，BlockManagerMaster 管理 RDD 与 Block 的关系，当 RDD 不再需要存储的时候，BlockManagerMaster 向 BlockManagerSlave 发送指令删除相应的 Block。

㊀ Tachyon 是一种基于内存的分布式存储系统。

1. RDD Cache 的原理

在 RDD 的转换过程中，并不是每个 RDD 都会被存储，如果某个 RDD 会被重复使用或者计算代价很高，则可以通过显式调用 RDD 提供的 cache() 方法，把该 RDD 存储起来。

RDD 中提供的 cache() 方法只是把 RDD 放到 cache 列表中。当 RDD 的 iterator 被调用时，通过 CacheManager 把 RDD 计算出来，并存储到 BlockManager 中，下次获取该 RDD 的数据时便可直接通过 CacheManager 从 BlockManager 中读出。

2. RDD 依赖与 DAG

RDD 提供了许多转换操作，每个转换操作都会生成新的 RDD，这时新的 RDD 便依赖于原有的 RDD，这种 RDD 之间的依赖关系最终形成了有向无环图（Directed Acyclic Graph, DAG）。

RDD 之间的依赖关系分为两种：窄依赖（Narrow Dependency）与宽依赖（Shuffle Dependency）。其中，宽依赖为子 RDD 的每个分区都依赖父 RDD 的所有分区，而窄依赖只依赖一个或部分分区。图 9-4 描述了 RDD 依赖，其中 groupBy 与 join 操作是宽依赖，map 和 union 是窄依赖。

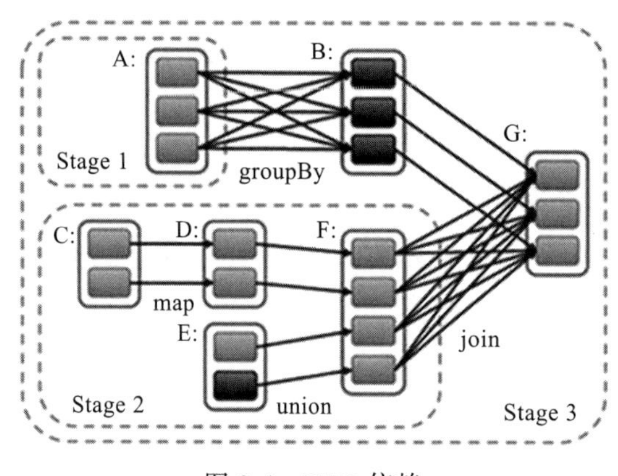

图 9-4　RDD 依赖

- 窄依赖：一个 RDD 对它的父 RDD 只有一对一的依赖关系。也就是说，RDD 的每个分区仅仅依赖于父 RDD 中的一个分区。父 RDD 的每一个分区最多被一个子 RDD 的分区所用，表现为一个父 RDD 的分区对应一个子 RDD 的分区，以及两个父 RDD 的分区对应于一个子 RDD 的分区。在图 9-4 中，map 和 union 属于第一类，对输入进行协同划分的 join 属于第二类。
- 宽依赖：每一个父 RDD 的分区中的部分数据都可能会传输到下一个 RDD 的每个分区中。此时就会出现父 RDD 和子 RDD 的分区之间具有错综复杂的交互关系。这种情况就是两个 RDD 之间出现宽依赖。

3. RDD Partitioner 属性与并行度

每个 RDD 都有 Partitioner 属性，它决定了该 RDD 的分区方式，分区的个数决定了每个 Stage 的任务个数。Spark 需要应用设置 Stage 的并行任务个数（配置项为 spark.default.parallelism），如果未设置，子 RDD 会根据父 RDD 的分区决定。例如，map 操作时子 RDD

的分区与父分区完全一致，union 操作时子 RDD 的分区个数为父分区的个数之和。

设置 spark.default.parallelism 对用户是一个挑战，它会在很大程度上决定 Spark 程序的性能。

9.3　Spark 的存储

RDD 的存储和管理都是由 Spark 的存储管理模块实现的。

9.3.1　概述

1. 架构角度

从架构角度来看，存储管理模块主要分为如下两层。

- 通信层：存储管理模块采用的是主从结构，主节点和从节点之间传输控制信息和状态信息。
- 存储层：存储管理模块需要把数据存储到硬盘或者内存中，必要时还需要复制到远端，这些操作由存储层来实现并提供相应接口。

（1）通信层

在存储管理模块的通信层，每个 Executor 上的 BlockManager 只负责管理其自身 Executor 所拥有的数据块元信息，而不会管理其他 Executor 上的数据块元信息；Driver 端的 BlockManager 拥有所有已注册的 BlockManager 信息和数据块元信息。因此，Executor 的 BlockManager 往往通过向 Driver 发送信息来获得所需要的非本地数据。

（2）存储层

RDD 是由不同的分区组成的，转换和执行操作都是在每一个独立的分区上各自进行的。在存储管理模块内部，RDD 又被视为由不同的数据块组成，对于 RDD 的存取是以数据块为单位的。本质上，分区和数据块是等价的，只是看待的角度不同。同时，在 Spark 存储管理模块中存取数据的最小单位是数据块，所有的操作都是以数据块为单位的。

（3）数据块

前面说过，存储管理模块以数据块为单位进行数据管理，数据块是存储管理模块中最小的操作单位。存储管理模块中管理着不同的数据块，这些数据块为 Spark 框架提供了不同的功能。Spark 存储管理模块所管理的主要数据块如下。

- RDD 数据块：用来存储所缓存的 RDD 数据。
- Shuffle 数据块：用来存储持久化的 Shuffle 数据。
- 广播变量数据块：用来存储广播变量数据。
- 任务返回结果数据块：用来存储存储管理模块内部的任务返回结果。通常情况下，任务返回结果随任务一起通过 Akka 返回 Driver 端。但是，当任务返回结果很大时，会引起 Akka 帧溢出，这时的另一种方案是将返回结果以块的形式放入存储管理模块，然后在 Driver 端获取该数据块。因为在存储管理模块内部，数据块的传输是通过 Socket 连接实现的，所以就不会出现 Akka 帧溢出了。

- 流式数据块：只用在 Spark Streaming 中，用来存储接收到的流式数据块。

2. 功能角度

从功能角度来看，存储管理模块分为以下两个部分。

- RDD 缓存：整个存储管理模块的作用是作为 RDD 的缓存，包括基于内存的缓存和基于磁盘的缓存。
- Shuffle 数据的持久化：Shuffle 的中间结果数据也是交由存储管理模块进行管理的。Shuffle 的性能好坏直接影响 Spark 应用程序的整体性能，因此存储管理模块中对 Shuffle 数据的处理有别于传统的 RDD 缓存。

9.3.2　RDD 的持久化

在了解了 RDD 缓存和 Shuffle 数据的持久化之后，接下来介绍存储管理模块如何从内存和磁盘两个方面对 RDD 进行缓存。

1. RDD 分区和数据块的关系

对于 RDD 的各种操作，如转换操作、执行操作，操作函数在 RDD 之上执行，而最终这些操作都将在每一个分区之上执行，因此，RDD 上的所有运算都是基于分区的。在存储管理模块内接触的往往是数据块的概念，数据的存取都是以数据块为单位进行的。分区是一个逻辑上的概念，而数据块是物理上的数据实体。

在 Spark 中，分区和数据块是一一对应的，RDD 中的一个分区对应着存储管理模块中的一个数据块，存储管理模块接触不到也不关心 RDD，它只关心数据块。数据块和分区之间的映射是通过名称上的约定实现的。

这种名称上的约定是按如下方式实现的：Spark 为每一个 RDD 在其内部维护独立的 ID。同时，RDD 的每一个分区也有一个独立的索引号，因此只要知道 ID 和索引号，就能找到 RDD 中的相应分区。也就是说，通过“ID+ 索引号”就能全局唯一地确定一个分区，以“ID+ 索引号”作为块的名称就自然地建立起了分区和块的映射。

在显示调用函数缓存所需的 RDD 时，Spark 在其内部建立了 RDD 分区和数据块之间的映射。当需要读取缓存的 RDD 时，根据上面提到的映射关系，就能从存储管理模块中取得分区对应的数据块。图 9-5 为 RDD 分区与数据块之间的映射关系。

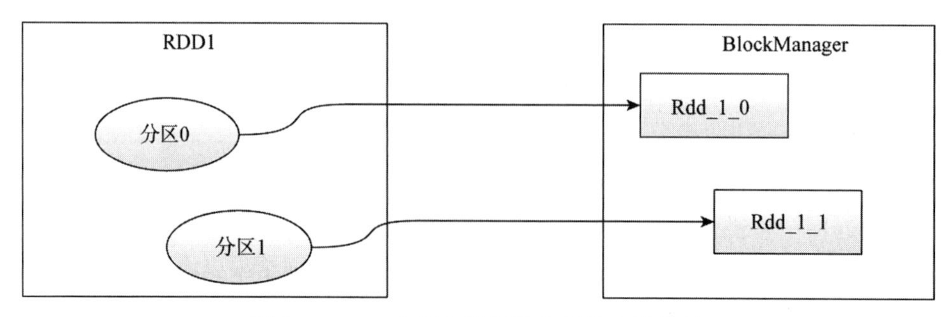

图 9-5　RDD 分区与数据块之间的映射关系

2. 内存缓存

当以默认方式或者基于内存的持久化方式缓存 RDD 时，RDD 中的每个分区对应的数据块由存储管理模块中的内存缓存管理。内存缓存在其内部维护了一个以数据块名为键，数据块内容为值的散列表。

内存缓存中的一个重要问题是，当内存已经达到所设置的阈值时应如何处理。在 Spark 中，内存缓存可使用的内存阈值用 spark.storage.memoryFraction 来配置。在默认情况下，该值是 0.6，也就是说，JVM 内存的 60% 可被内存缓存用来存储数据块。当存储的数据块占用的内存大于 60% 时，Spark 会采取一些策略释放内存缓存空间，如丢弃一些数据块或将一些数据块存储到磁盘上以释放内存缓存空间。是丢弃还是存储到磁盘上，依赖于进行操作的这些数据块的持久化选项，若持久化选项中包含了磁盘缓存，就将这些块写入磁盘进行缓存，反之则直接删除。

那么直接删除是否会影响 Spark 程序的错误恢复呢？这取决于依赖关系的可回溯性。若该 RDD 所依赖的祖先 RDD 是可回溯且可用的，那么删除该 RDD 对应的块是不会影响错误恢复的。反之，若该 RDD 已经是祖先 RDD，且数据已无法回溯，那么程序就会出错。

因此，内存缓存对于数据块的管理较为简单，本质上就是一个散列表加一些存取策略。

3. 磁盘缓存

磁盘缓存管理数据块的方式如下。

首先，数据块会被存放到磁盘中的特定目录下。当配置 spark.local.dir 时，就配置了存储管理模块的磁盘缓存来存放数据的目录。磁盘缓存初始化时会在这些目录下创建 Spark 磁盘缓存文件夹，文件夹的命名方式为 spark-local-yyyyMMddHHmmss-xxxx，其中 xxxx 是随机数，并且所有的块内容都会存储到这些目录中。

其次，在磁盘缓存中，一个数据块对应着文件系统中的一个文件，文件名和块名称的映射关系是通过散列算法计算得到的。

总而言之，数据块对应的文件路径为 dirId/subDirId/block_id，这样就建立了块和文件之间的对应关系，而存取块内容就变成了写入和读取相应的文件。

4. 持久化选项

被缓存的数据块是可容错并恢复的，若 RDD 的某一分区丢失，它可以通过继承关系自动重新获得。

对于 RDD 的持久化，Spark 提供了不同的选项，用于将 RDD 持久化到内存、磁盘或是以序列化的方式持久化到内存中。设置可以在集群的不同节点之间多次备份，不同的存储策略是通过不同的持久化选项来决定的。

9.3.3　Shuffle 数据的持久化

Spark 中 Shuffle 操作的流程如图 9-6 所示。

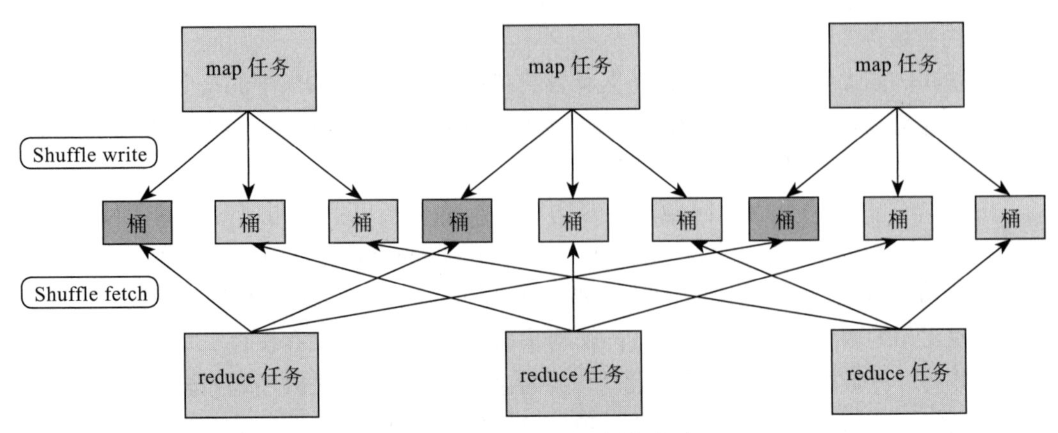

图 9-6　Spark 中 Shuffle 操作的流程

首先，每一个 map 任务会根据 reduce 任务的数据量创建相应的桶，桶的数量为 $M*R$，其中 M 是 map 任务的个数，R 是 reduce 任务的个数。

其次，map 任务产生的结果会根据设置的分区算法填充到每个桶中。这里的分区算法可自定义，默认的算法是根据键散列到不同的桶中。

当 reduce 任务启动时，它会根据自己的任务 ID 和所依赖的 map 任务的 ID 从远端或本地的存储管理模块中取得相应的桶作为任务的输入进行处理。

Shuffle 数据与 RDD 持久化的不同之处如下：

1）Shuffle 数据块必须在磁盘上缓存，而不能在内存中缓存。

2）在 RDD 基于磁盘的持久化中，每个数据块对应一个文件，而在 Shuffle 数据块的持久化中，Shuffle 数据块的存储方式有 2 种。

① 将 Shuffle 数据块映射成文件，这是默认的方式。

② 将 Shuffle 数据块映射成文件中的一段，但这种方式需要将 spark.shuffle.consolidateFiles 设置为 true。

默认的方式会产生大量的文件，如 1000 个 map 任务和 1000 个 reduce 任务会产生 1 000 000 个 Shuffle 文件，这会对磁盘和文件系统的性能造成极大的影响，因此有了第二种实现方式，即将分时运行的 map 任务所产生的 Shuffle 数据块合并到同一个文件中，以减少 Shuffle 文件的总数。

Shuffle 是将一组任务的输出结果重新组合作为下一组任务的输入的过程，由于任务分布在不同的节点上，因此为了将重组结果作为输入，必然涉及 Shuffle 数据的读取和传输。

在 Spark 的存储管理模块中，Shuffle 数据的读取和传输有如下 2 种方式：

1）基于 NIO 以 socket 连接去获取数据。

2）基于 OIO 通过 Netty 服务端获取数据。

第一种是默认的获取方式，通过配置 spark.shuffle.use.netty 为 true 可以启用第二种方式。之所以有 2 种 Shuffle 数据的获取方式，是因为默认的方式在一些情况下无法充分利用网络带宽。用户可以通过比较两种方式在性能上的差异来决定选用哪种 Shuffle 数据获取方式。

总的来说，在 Spark 的存储管理模块中，Shuffle 数据的持久化与 RDD 持久化有很多不同，包括存取 Shuffle 数据块的方式，以及读取和传输 Shuffle 数据块的方式，这些实现都是为了使 Shuffle 获得更好的性能并更好地容错。

9.4 Spark 任务的执行与提交

Spark 程序的执行依靠 Spark 框架内部的调度管理逻辑完成。例如，在集群模式中，每个 Spark 应用程序（SparkContext 的实例）都运行一组独立的执行程序进程。Spark 运行的集群管理器提供跨应用程序进行调度的工具。在每个 Spark 应用程序中，如果有多个作业（jobs）且 Spark 操作由不同的线程提交，则它们可以同时运行。如果应用程序通过网络提供请求，则这种情况很常见。Spark 包含一个公平的调度程序来调度每个 SparkContext 中的资源。

9.4.1 跨应用程序进行调度

当 Spark 集群启动时，需要主节点和从节点分别启动 Master 进程和 Worker 进程，对整个集群进行控制。在一个 Spark 应用的执行过程中，Driver 是应用的逻辑执行起点，运行 Application 的 main 函数并创建 SparkContext，DAGScheduler 把 Job 中的 RDD 有向无环图根据依赖关系划分为多个 Stage，每一个 Stage 是一个 TaskSet，TaskScheduler 把任务分发给 Worker 中的 Executor；Worker 启动 Executor，Executor 启动线程池用于执行任务。

在集群上运行时，每个 Spark 应用程序都会获得一组独立的执行程序 JVM，它们只运行任务，并为该应用程序存储数据。如果多个用户需要共享集群，则可以使用不同的选项来管理分配，具体操作取决于集群管理器。

所有集群管理器都可以使用的选项是静态分区资源。通过这种方法，每个应用程序都可以使用大量资源，并在持续时间内保留它们。这是 Spark 在独立模式、YARN 模式以及粗粒度 Mesos 模式中使用的方法。可以根据集群类型配置资源如下：

1）独立模式。在默认情况下，提交到独立模式集群的应用程序将以 FIFO 顺序运行，每个应用程序尝试使用所有的可用节点。用户可以通过设置 spark.cores.max 属性来限制应用程序使用的节点数，或者更改 spark.deploy.defaultCores 属性设置应用程序的默认值。除了控制核心外，用户还可以通过设置每个应用程序的 spark.executor.memory 属性来设置内存使用。

2）Mesos 模式。在 Mesos 上使用静态分区，可以通过设置 spark.mesos.coarse 属性为 true 实现，也可选择性地设置 spark.cores.max 属性，以限制每个应用程序的资源共享，就像在独立模式下一样。用户还应该设置 spark.executor.memory 属性来控制执行程序的内存。

3）YARN 模式。--num-executors 选项用于控制将在 Spark YARN 客户端的集群上分配的执行程序数，也可通过设置 spark.executor.instances 属性实现。--executor-memory（或属性 spark.executor.memory）和 --executor-cores（或属性 spark.executor.cores 属性）控制每个执行程序的资源。

注意：

目前没有一种模式可以跨应用程序提供内存共享。如果用户希望以这种方式共享数据，建议运行单个服务器应用程序，通过查询相同的 RDD 来提供多个请求。

9.4.2　Spark 作业调度

Spark 应用程序的关键在于它的调度管理逻辑。在 Spark 作业调度的过程中，系统需要在调度前判断作业中多个任务间的依赖关系，依据这些依赖关系，按调度算法执行，故任务之间并不存在直接或间接的循环依赖关系，符合有向无环图逻辑，可依据逻辑进行任务的调试和处理。可以说，从应用角度看，Spark 作业调度主要是指基于 RDD 的一系列操作构成一个作业，然后在 Executor 中执行。这些操作分为转换操作和行动操作，只有出现了行动操作才会触发作业的提交。概括地讲，在 Spark 调度中，最重要的就是 DAGScheduler 和 TaskScheduler 这两个调度器，Spark 的作业调度如图 9-7 所示。

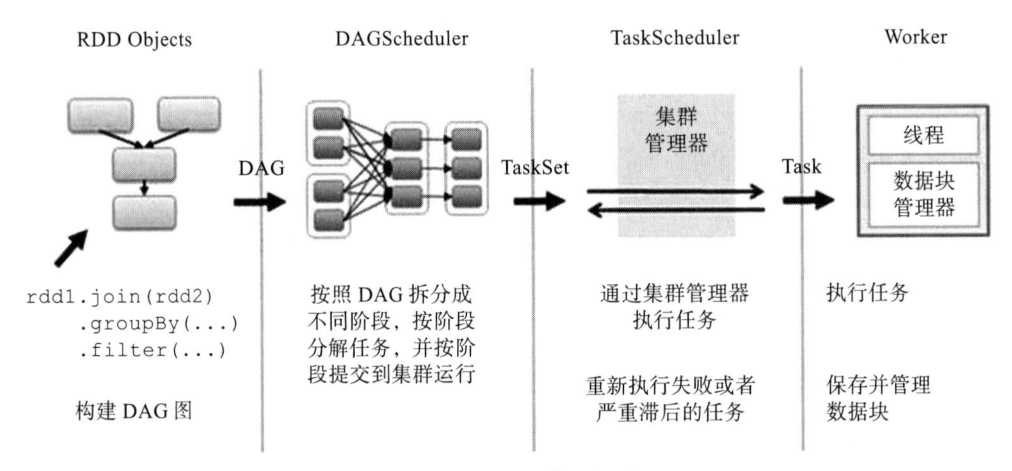

图 9-7　Spark 的作业调度

图 9-7 中 Spark 的作业调度的过程如下。

1. RDD Objects

RDD Objects 阶段主要完成 DAG 的构建。Spark 应用程序在执行过程中执行 RDD 的各种转换操作，通过 action 操作触发作业运行。提交之后根据 RDD 之间的依赖关系构建 DAG，然后提交给 DAGScheduler 进行解析。

2. DAGScheduler

DAGScheduler 负责任务的逻辑调度，将作业拆分成不同阶段的具有依赖关系的 TaskSet。它是一个高层级的面向阶段的调度器，接收 Job，并将 Job 按照 RDD 划分成若干个 TaskSet。在这个过程中，DAGScheduler 把 DAG 拆分成相互依赖的调度阶段，拆分的依据是 RDD 的依赖是否为宽依赖。当遇到宽依赖，就划分为新的调度阶段。每个调度阶段包含一个或多个任务，这些任务形成了 TaskSet，然后以 TaskSet 的形式提交给底层的调度器 TaskScheduler 进行调度运行，并寻求任务的最优调度等。同时，DAGScheduler 记录哪些 RDD 被存入磁盘等物化操作，同时寻求任务的最优化调度，如数据本地性等。DAGScheduler 监控运行调度阶段的整个过程，如果某个调度阶段运行失败，则需要重新提交该调度阶段。

3. TaskScheduler

TaskScheduler 负责具体任务的调度执行。每个 TaskScheduler 只为一个 SparkContext 实例服务，TaskScheduler 接收 DAGScheduler 发送过来的 TaskSet，并负责把 TaskSet 以任务的形式分发到集群的 Worker 节点的 Executor 中运行。如果某个任务运行失败，TaskScheduler 要负责重试。另外，如果 TaskScheduler 发现某个任务一直未运行完，可能会再启动同一个任务，哪个任务先运行完就使用其结果。

4. Worker

Worker 是计算资源的实际贡献者，它向 Master 汇报自身拥有的 CPU 核数（CPU core）和内存（memory），并在 Master 的指示下启动 Executor。Executor 是真正执行计算的部分，由 Master 来决定该进程拥有的 core 和 memory 的数值。Master 掌管整个集群的资源，但 Master 自身并不拥有这些资源，而 Driver 是资源的实际占用者，可能提交一到多个作业，每个作业拆分成多个任务，分发到各个 Executor 去执行。

Worker 中的 Executor 收到 TaskScheduler 发送过来的任务后，以多线程的方式运行，每一个线程负责一个任务。任务运行结束后要返回给 TaskScheduler，不同类型任务的返回方式也不同。

9.5　Spark 的容错原理

容错指的是一个系统在部分模块出现故障时还能持续地对外提供服务。一个高可用的系统应该具有很高的容错性。对于一个大的集群系统来说，机器故障、网络异常等都是常见的问题，Spark 提供了很多容错机制来提高整个系统的可用性。

一般来说，分布式数据集的容错机制有两种：数据检查和记录数据更新。

对于大规模数据分析，数据检查点操作的成本很高，需要通过数据中心的网络连接在机器之间复制庞大的数据集，而网络带宽往往比内存带宽低得多，同时需要消耗更多的存储资源。

因此，Spark 选择记录数据更新的方式。但是，如果数据更新粒度太细、数量太多，那么记录更新的成本就很高。基于此，RDD 只支持粗粒度转换，即只记录单个块上执行的单个操作，然后创建 RDD 的一系列变换序列（每个 RDD 都包含了它是如何由其他 RDD 变换过来的以及如何重建某一块数据的信息）。因此 RDD 的容错机制又称为血统（Lineage）容错，它将历史 RDD 保存下来（可以看成当前 RDD 的“血统”），以便恢复丢失的分区。

Lineage 类似于数据库中的重做日志（Redo Log），只不过这个重做日志粒度很大，是对全局数据重做，以便恢复数据。

9.5.1　Lineage 容错

相比其他系统中细粒度的内存数据备份或者日志机制，RDD 的 Lineage 记录的是粗粒度的特定数据转换操作（如 filter、map、join 等）。当 RDD 的部分分区数据丢失时，它可以通过 Lineage 获取足够的信息来重新运算和恢复丢失的数据分区。因为这种粗粒度的数据模型限制了 Spark 的应用场合，所以 Spark 并不适用于所有要求高性能的场景，但相比细粒度的数据模型，它具有更高的性能。

RDD 在 Lineage 依赖方面分为窄依赖和宽依赖，用来解决数据容错的高效性问题。

窄依赖可以在某个计算节点上直接通过计算父 RDD 的某块数据得到子 RDD 对应的数据块；宽依赖则要等到父 RDD 的所有数据都计算完成之后，并且父 RDD 的计算结果散列、传输到对应节点上之后才能计算子 RDD。

当数据丢失时，窄依赖只需要重新计算丢失的那一块数据，而宽依赖则要重新计算祖先 RDD 中的所有数据块。所以在长"血统"链，特别是有宽依赖的时候，需要在适当的时机设置数据检查点。这两个特性要求对于不同依赖关系采取不同的任务调度机制和容错恢复机制。

在容错机制中，如果一个节点宕机了，而且计算窄依赖，则只要重新计算丢失的父 RDD 分区即可，不依赖于其他节点。而宽依赖需要父 RDD 的所有分区，重算代价高昂。也就是说，在窄依赖中，当子 RDD 的分区丢失、重算父 RDD 分区时，父 RDD 相应分区的所有数据都是子 RDD 分区的数据，并不存在冗余计算。在宽依赖情况下，丢失一个子 RDD 分区时，需要重算的每个父 RDD 的所有数据并未全部丢失，会有一部分数据是未丢失的子 RDD 分区中的数据，就会产生冗余计算开销，这也是宽依赖开销更大的原因。

9.5.2　检查点容错

检查点技术可以把内存中的变化刷新到持久存储，如检查点把 RDD 保存在 HDFS 中。在 Spark 应用程序的计算过程中，如果 RDD 组成的 Lineage 过长，且该 Lineage 上的内容需要重算，则成本过高，这时就可以在中间阶段做检查点容错。如果之后有节点出现问题而丢失分区，则从做检查点容错的 RDD 开始重做 Lineage，就可以减少开销。在宽依赖上做检查点容错获得的收益更大。

由于 RDD 是只读的，因此 Spark 的 RDD 计算中的一致性并不是用户主要关心的内容，内存相对容易管理，这也是设计者很有远见的地方。这样可以减少框架的复杂性，提升性能和可扩展性，也为以后不断完善上层框架奠定了基础。

传统的设置检查点的方式有两种：通过冗余数据和日志记录更新操作。在 RDD 中，doCheckPoint 方法相当于通过冗余数据来缓存数据，而之前介绍的 Lineage 是通过相当于粗粒度的记录更新操作来实现容错的。

习题 9

1. 请简述 Spark 的运行原理。

2. 请简述你对 RDD 的理解。
3. 请简述你对 RDD 持久化的理解。
4. 请简述你对 Shuffle 数据持久化的理解。
5. 请简述 Spark 任务执行与提交的过程。
6. 请简述 Spark 的容错原理。

第 10 章

Storm 的原理

本章介绍流处理框架 Storm 的原理，首先介绍其系统架构，接下来介绍其运行原理，最后介绍 Storm 的并发机制、通信机制和容错机制。

10.1 Storm 的概念与系统架构

10.1.1 Storm 的基本概念

1. 拓扑

拓扑（Topology）是指 Storm 中对于一个 DAG 模型的实现，它是一个一直运行的 Job，它的生命周期只有在被终止时才会结束，否则会一直运行。

实时应用程序的逻辑被打包到 Storm 的一个拓扑中，拓扑类似于 MapReduce 作业。关键的区别是 MapReduce 作业最终会完成，而拓扑结构将永远运行，直到被终止。一个拓扑是多个 spout 和 bolt 通过流分组确定连接方式组成的图。

Java 通过类 TopologyBuilder 构建拓扑。拓扑分为在集群上运行和本地运行两种方式。其中，本地运行方式模拟正在运行的 Storm 集群，对于开发和测试拓扑非常有用。在本地模式下运行拓扑与在集群上运行拓扑类似。如果在本地模式下运行拓扑，用户有两个选择，常见的选择是使用 storm local 而不是 storm jar，这将打开一个本地模拟集群，并强制所有与 nimbus 的交互通过模拟集群实现而不是在单独的进程中实现。

2. 流

流（Stream）是 Storm 中的核心抽象，是由元组（Tuple）组成的无限序列，以分布式方式并行处理和创建。流定义了一种模式，该模式会命名流的元组中的字段。在默认情况下，元组可以包含整型（integer）数、长整型（long）数、短整型（short）数、字节（byte）数、字符串（string）、双精度数（double）、浮点数（float）、布尔值（boolean）和字节数组（byte array）。流还可以定义自己的序列化程序，以便在元组中使用自定义类型。

声明时，每个流都被赋予一个 ID。由于单流（single-stream）的 spout 和 bolt 非常常见，因此，OutputFieldsDeclarer 具有在不指定 ID 的情况下声明单个流的便捷方法。在这种情况下，流的默认 ID 为“default”。

3. Spout

Spout 是拓扑中流的来源。通常，Spout 从外部源读取元组并将它们发送到拓扑中（如 Kestrel 队列或 Twitter API）。Spout 可以是可靠的，也可以是不可靠的。如果一个元组无法被 Storm 处理，则可靠的 Spout 能够重放一个元组，而不可靠的 Spout 一旦发出就会略过元组。

Spout 可以发出多个流。为此，用户需要使用 OutputFieldsDeclarer 的 declareStream 方法声明多个流，并在 SpoutOutputCollector 上使用 emit 方法时指定要发出的流。

Spout 的主要方法是 nextTuple。nextTuple 要么在拓扑中发出新的元组，要么在没有要发出的新元组时返回。nextTuple 阻塞 Spout 的执行，因为 Storm 会在同一个线程上调用所有的 Spout 方法。

Spout 上的其他方法是 ack 和 fail。当 Storm 检测到从 Spout 发出的元组通过拓扑完成或未完成时，会调用这些元素。ack 和 fail 仅被可靠的 Spout 调用。

IRichSpout 是 Spout 必须实现的接口。

4. Bolt

拓扑中的所有处理都是在 Bolt 中完成的。Bolt 可以执行的操作包括过滤、函数、聚合、连接、与数据库交互等。

Bolt 可以进行简单的流转换。进行复杂的流转换通常需要多个步骤，因此需要多个 Bolt。例如，将推文流转换为趋势图像流至少需要两个步骤：一个 Bolt 用于为每个图像执行转推滚动计数，另一个或一组 Bolt 用于输出前若干个图片。

Bolt 可以发出多个流。为此，用户需使用 OutputFieldsDeclarer 的 declareStream 方法声明多个流，并使用 OutputCollector 类的 emit 方法指定要发出的流。

声明 Bolt 的输入流时，总是订阅另一个组件的特定流。如果要订阅另一个组件的所有流，则必须单独订阅每个组件。InputDeclarer 可用于订阅在默认流 ID 上声明的流。假设 declarer.shuffleGrouping（“1”）为订阅组件“1”上的默认流，它等同于 declarer.shuffleGrouping（“1”，DEFAULT_STREAM_ID）。

Bolt 中的主要方法是 execute 方法，它接收一个新的元组作为输入。Bolt 使用 OutputCollector 对象发出新元组。对于它们处理的每个元组，Bolt 必须在 OutputCollector 上调用 ack 方法，以便 Storm 知道元组何时完成（并且最终可以确认它安全地确定原始的 Spout 的元组）。对于处理输入元组，基于该元组发出 0 或更多元组，然后对输入元组进行调整的情况，Storm 提供了一个 IBasicBolt 接口，它自动执行确认。

在异步处理中，可以很方便地在 Bolt 中启动新的线程。OutputCollector 是线程安全的，可以随时调用。

IRichBolt 是 Bolt 的通用接口。IBasicBolt 是用于定义执行过滤或简单功能的一个接口。Bolt 使用 OutputCollector 类的实例将元组发送到其输出流。

5. 流分组

定义拓扑的一项重要工作是为每个 Bolt 指定它所接收的流作为输入。流分组定义了在 Bolt 的任务中对该流进行分发的方式。

Storm 中有 8 个内置的流分组，用户可以通过 CustomStreamGrouping 接口来实现自定义流分组。

1）随机分组：元组随机分布在 Bolt 的任务中，使得每个 Bolt 都能保证获得相同数量的元组。

2）字段分组：流按分组中指定的字段（field）进行分发。例如，如果流按“user-id”字段分组，则具有相同“user-id”的元组将始终执行相同的任务，具有不同“user-id”的元组可能会执行不同的任务。

3）部分 Key 分组：流按分组中指定的字段进行分发，如字段分组，需在两个下游 Bolt 之间进行负载平衡，这可在传入数据出现偏斜时提供更好的资源利用率。

4）所有分组：流被复制到所有 Bolt 任务中，应谨慎使用此分组。

5）全局分组：整个流转到了一个 Bolt 的任务。具体来说，它转到 ID 最低的任务。

6）无分组：此分组表示用户不需要关心流如何分组。目前，无分组相当于随机分组。但如果可能的话，Storm 将把无分组的 Bolt 放到订阅 Bolt 或 Spout 的同一线程去执行。

7）直接分组：这是一种特殊的分组。以这种方式分组意味着由元组的生产者决定消费者的哪个任务将接收该元组。直接分组只能在已声明为直接流的流上声明。一个 Bolt 可以通过使用 TopologyContext 或跟踪 OutputCollector 中的 emit 方法的输出（返回元组被发送到的任务 ID）来获取消费者的任务的 ID。

8）本地或随机分组：如果目标 Bolt 在同一工作进程中有一个或多个任务，则元组将被随机分布到那些进程内的任务，否则，这就是一个普通的随机分组。

使用 TopologyBuilder 类来定义拓扑，只要在 TopologyBuilder 上调用 setBolt，就会返回 InputDeclarer 对象，并用于声明 Bolt 的输入流及对这些流进行分组的方式。

6. 任务

Woker 中的每一个 Spout/Bolt 线程称为一个任务（Task），每个 Spout 和 Bolt 在整个集群中执行任意数量的任务。每个任务对应一个执行线程，流分组定义如何将元组从一组任务发送到另一组任务。可以通过 TopologyBuilder 类的 setSpout 和 setBolt 方法为每个 Spout 或 Bolt 设置并行度。

7. Worker

拓扑在一个或多个工作进程中执行。每个工作进程都是一个 JVM，并执行拓扑的所有任务的子集。例如，如果拓扑的组合并行度为 300 且分配了 50 个 Worker 的线程，则每个工作线程将执行 6 个任务（作为 Woker 内的线程）。Storm 尝试在所有 Woker 之间平均分配任务。

通过 Config.TOPOLOGY_WORKERS 属性来设置为执行拓扑时而分配的 Worker 的数量。

10.1.2　Storm 的系统架构

Storm 集群类似于 Hadoop 集群，也采用 Master/Slave 架构。在 Storm 集群中包含两类节点：主控节点（Master Node）和工作节点（Work Node）。其中，主控节点类似于 Hadoop 中的 Master，运行名为 Nimbus 的后台程序。它负责管理 Storm 集群，在集群内分发代码，将任务分配给工作机器，并监控集群的运行状态。每个工作节点上运行 Supervisor 的后台程序。Supervisor 负责启停 Worker，即监听从 Nimbus 分配给它执行的任务，据此启动或停止执行任务的 Worker 进程。每个 Worker 进程执行一个拓扑的子集，一个运行中的拓扑由分布在不同工作节点上的多个工作进程组成。Storm 系统的架构如图 10-1 所示。

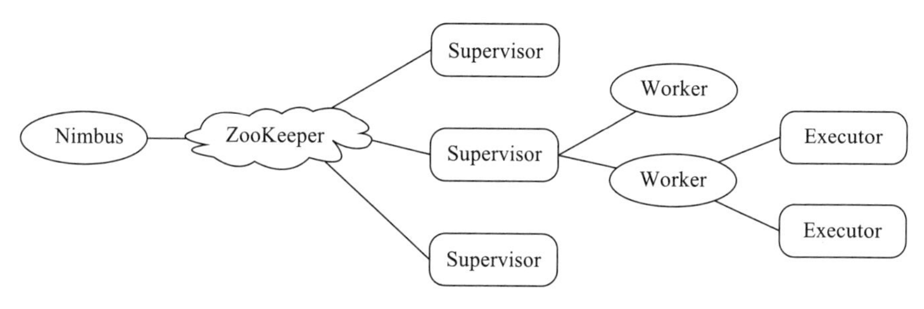

图 10-1　Storm 系统的架构

图 10-1 中涉及的 ZooKeeper、Nimbus、Supervisor、Worker 和 Executor 的解释如下：

1）ZooKeeper 进行可靠性调度，存储心跳、调度、错误等元数据信息。在 Storm 架构中，当 Nimbus 进程停止时，也会存在单点问题。Nimbus 节点和 Supervisor 都能针对失败的任务进行快速恢复，而且它们是无状态的，其间会利用存储在 ZooKeeper 中的元数据。

2）Nimbus 负责资源分配和任务调度，例如，调度拓扑任务，并将调度信息写入 ZooKeeper；检查 Supervisor/Worker 的心跳，进行异常处理；处理拓扑的 submit、kill、rebalance 等请求；提供集群或拓扑状态的 thrift 接口。此外，还可以提供文件的上传与下载服务。

3）Supervisor 负责接受 Nimbus 分配的任务，依据 ZooKeeper 调试信息来启动和停止自己管理的 Worker 进程；通过配置文件设置当前 Supervisor 上启动的 worker 数量；检查 Worker 的本地心跳，并处理 Worker 异常，以及定期在 ZooKeeper 中更新 Supervisor 相关的心跳信息。

4）Worker 运行处理组件逻辑的进程，一种是 Spout，另一种是 Bolt。它负责启动 Executor，在 Worker 之间建立网络连接，实现实际的 Tuple 收发，以及数据传输工作。同时，定期在本地文件系统和 ZooKeeper 中更新心跳信息。

5）Worker 中的每一个 Spout/Bolt 的线程称为一个任务，在 Storm 0.8 之后，任务不再与物理线程对应，同一个 Spout/Bolt 的任务可能会共享一个物理线程，该线程称为 Executor。Executor 创建 Spout/Bolt 对象，运行执行线程（如 nexTuple()/execute() 回调函数）和传输线程（如将新产生的元组放到 Worker 传输队列）两个关键的线程。

10.2　Storm 的运行原理

10.2.1　Storm 的工作流程

在 Storm 工作流中，当客户端将一个写好的拓扑提交到 Storm 集群时，Nimbus 调度资源，将任务的分布信息写入 ZooKeeper。Supervisor 从 ZooKeeper 处获取分配的任务，同时启动需要的 Worker 进程，最后由 Worker 来执行具体的任务。Storm 的工作流程如图 10-2 所示。

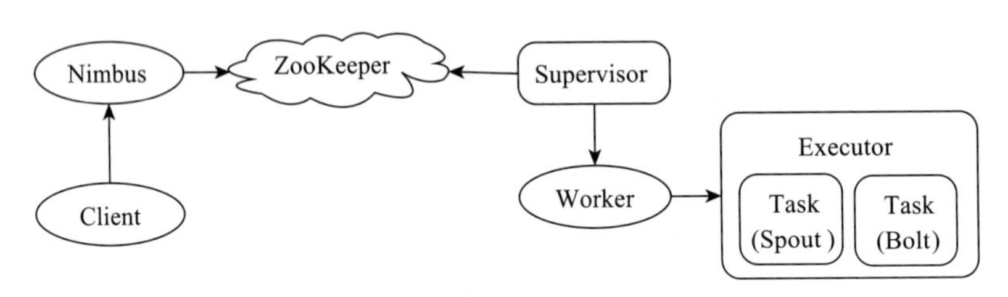

图 10-2　Storm 的工作流程

在图 10-2 中，首先，Nimbus 等待客户端将写好的“Storm 拓扑”提交给它，一旦提交，Nimbus 将处理拓扑并收集要执行的所有任务和任务的执行顺序。然后，Nimbus 将任务尽可能均匀地分配给所有可用的 Supervisor。在特定的时间间隔内，所有 Supervisor 向 Nimbus 发送心跳消息以表明它们仍然处于运行状态。当 Supervisor 终止并且不再向 Nimbus 发送心跳消息时，Nimbus 将任务分配给另一个 Supervisor。当 Nimbus 本身终止时，Supervisor 将在没有任何问题的情况下对已经分配的任务通过 Worker 进行处理。一旦所有的任务都完成，Supervisor 将等待新的任务进入。同时，终止的 Nimbus 将由服务监控工具自动重新启动。重新启动的网络将从停止的地方继续运行。同样，终止的 Supervisor 也可以自动重新启动。由于网络管理程序和 Supervisor 都可以自动重新启动，且会将像以前一样继续工作。因此，Storm 保证所有任务至少处理一次。一旦处理了所有拓扑，网络管理器就等待新的拓扑到达，类似地，管理程序等待新的任务。

在默认情况下，Storm 集群有两种模式：本地模式和生产模式。在本地模式下，Storm 拓扑在本地机器上的单个 JVM 中运行，此模式适用于开发、测试和调试。在生产模式下，当拓扑提交到工作集群后，集群由许多进程组成，通常运行在不同的机器中。

Storm 保证每个 Spout 的元组都由拓扑完全处理。它跟踪每个 Spout 的元组触发的元组树并确定该元组树何时完成此工作。每个拓扑都有一个与其关联的消息超时设置。如果 Storm 在该超时内未能检测到已完成一个 Spout 的元组，则它会将元组设置成失败并在以后重发。

要利用 Storm 的可靠性功能，就必须在创建元组树中的新边时通知 Storm，并在完成处理单个元组时通知 Storm。这些工作是使用 OutputCollector 对象完成的，该对象用于发出元组。Anchoring 是在 emit 方法中完成的，声明已经使用 ack 方法完成了一个元组。

10.2.2　Storm 元数据

Storm 采用 ZooKeeper 的 ZNode 以树形结构存储 Storm 元数据，如图 10-3 所示。

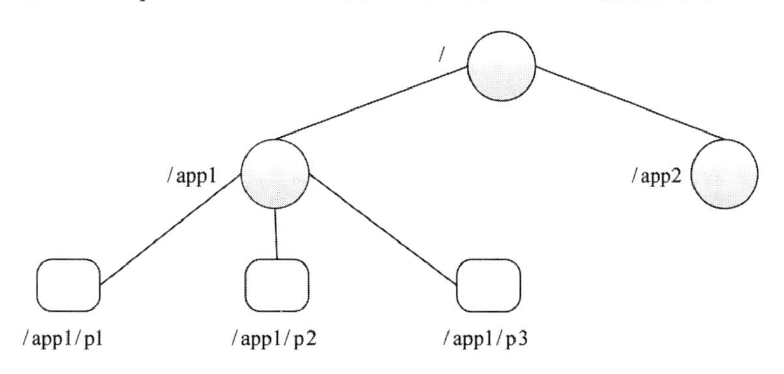

图 10-3　ZNode 的树形存储结构

ZooKeeper 的节点称为 ZNode，程序的相关工作主要是对 ZNode 进行操作。Storm 采用 ZooKeeper 存储 Nimbus、Supervisor 及内部的各个 Worker 间的元数据。类似于树的构造，Storm 将这些数据首先存储于叶子节点中，然后根据路径完成区分和数据读取。

在存储元数据的同时，Storm 集群与存储的元数据进行交互，保证集群正常运行。

1）Nimbus 负责通过 ZooKeeper 创建和获取元数据。

2）Supervisor 负责通过 ZooKeeper 创建和获取元数据。除此之外，Supervisor 还通过监控指定的本地文件来获知由它启动的所有 Worker 的运行状态。

3）Worker 负责通过 ZooKeeper 创建和获取元数据。除此之外，Worker 还利用本地的文件来记录自己的心跳信息。

4）Executor 利用 ZooKeeper 来记录自己的运行错误信息。

10.3　Storm 拓扑的并发机制

10.3.1　拓扑的运行

Storm 通过将计算切分为多个独立的任务在集群上并发执行，从而实现在多台机器上水平扩容。在 Storm 中，一个任务可以简单地理解为在集群某节点（Node）上运行的一个 Spout 或者 Bolt 实例。节点是配置在一个 Storm 集群中的服务器，它会执行拓扑的一部分运算。一个 Storm 集群可以包括一个或者多个工作节点。Worker 是指一个节点上相互独立运行的进程。每个节点可以配置运行一个或者多个 Worker。一个拓扑可以分配到一个或者多个 Worker 上运行。每个 Worker 下可以运行一个或多个 Executor，多个任务可以指派给同一个 Executor 来执行。除非明确指定，否则 Storm 默认会给每个 Executor 分配一个任务。任务是 Spout 和 Bolt 的实例，它们的 nextTuple() 和 execute() 方法会被 Executor 线程调用执行。

当 Storm 在集群上运行一个拓扑时，主要通过 Worker（进程）、Executor（线程）和 Task（任务）这 3 个实体来完成，三者的关系如图 10-4 所示。

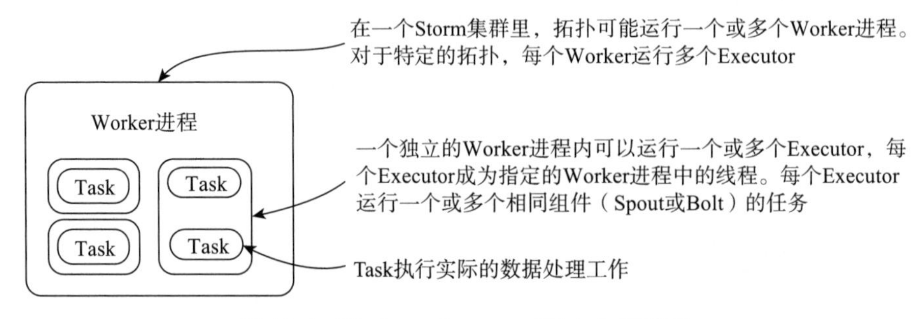

图 10-4　Worker、Executor 和 Task 的关系

一个 Woker 进程执行拓扑的子集。一个 Worker 进程属于一个指定的拓扑，在该拓扑中可以运行一个或多个组件（如 Spout 或 Bolt）。一个正在运行的拓扑由 Storm 集群中的许多机器上运行的进程组成。

一个 Executor 程序是由 Worker 进程生成的线程。它可以为同一组件（如 Spout 或 Bolt）运行一个或多个任务。

一个任务执行实际的数据处理。用户在代码中实现的每个 Spout 或 Bolt 在整个集群中执行尽可能多的任务。在拓扑的整个生命周期中，组件的任务数始终相同，但组件的 Executor（线程）数量可能会随时间变化。这意味着线程数满足以下条件：线程数≤任务数（#threads ≤ #tasks）。在默认情况下，任务数设置为与 Executor 数相同，即 Storm 将为每个线程运行一个任务。

10.3.2　配置拓扑的并行度

在 Storm 中，并行度是指一个组件的 Executor（线程）的初始数量。

Storm 的配置优先级为 defaults.yaml<storm.yaml<topology 配置 < 内置组件信息配置 < 外置组件信息配置。

1. 配置 Worker 的数量

配置 Worker 的数量是指配置拓扑在集群中运行时创建的 Worker 进程数量。该过程可通过配置选项 TOPOLOGY_WORKERS 实现。Config.TOPOLOGY_WORKERS 用于设置可以执行拓扑的 Worker 进程数。例如，该参数值设置为 20，表示在集群中有 20 个可以执行任务的 Java 进程。另外，如果用户将拓扑的并行度设置为 120，那么每个 worker 进程就会执行 6 个任务线程。

也可以通过调用代码中 Config 对象的 setNumWorkers() 方法，实现在指定的拓扑中增加 worker 数量，参考程序如下：

```
Config config = new Config();
config.setNumWorkers(2);
```

这样就给拓扑分配了 2 个 Worker() 而不是默认的 1 个 Worker()，从而增加了拓扑的计算资源，也更有效地利用了计算资源。

2. 配置 Executor 的数量

Executor 的数量是指每个组件需要创建的 Executor 数量。

这个参数的设置没有单独的拓扑级的通用配置项，但可通过 setSpout 或 setBolt 传递 parallelism_hint 参数。也可以通过代码设置 Executor 的数量，即通过 TopologyBuilder 类的 setSpout() 方法和 setBolt() 方法进行设置，参考程序如下：

```
builder.setSpout("1", new TestWordSpout(true), 5);
builder.setSpout("2", new TestWordSpout(true), 3);
builder.setBolt("3", new TestGlobalCount()) .globalGrouping("1");
```

注意：

从 Storm 0.8 开始，parallelism_hint 参数代表 Bolt 所需 Executor 的数量，而不是任务的数量。

---

3. 配置 Task 的数量

Task 的数量即每个组件需要创建的任务数量。

可通过配置选项 TOPOLOGY_TASKS 设定拓扑中的任务数量，也可以在代码中通过 ComponentConfigurationDeclarer 下的 setNumTasks() 方法进行设置，参考程序如下：

```
topologyBuilder.setBolt("green-bolt", new GreenBolt(), 2)
        .setNumTasks(4)
        .shuffleGrouping("blue-spout);
```

在上面的程序中，为 GreenBolt 配置了 2 个初始执行的 Executor 和 4 个关联的 Task。每个执行线程中会运行 2 个任务。如果用户在设置 Bolt 的时候不指定任务的数量，那么每个 Executor 的任务数量会默认设置为 1。

10.4 Storm 的通信机制

Worker 间经常需要通过网络跨节点进行通信，Storm 使用 ZeroMQ 或 Netty（0.9 以后默认使用）作为进程间通信的消息框架。

在 Worker 进程内部，不同 Worker 的线程通信使用 LMAX Disruptor 来完成。

Storm 不负责不同拓扑之间的通信，需要用户自己想办法实现，如使用 Kafka 等。

10.4.1 Worker 进程间通信

Worker 进程间的消息传递、消息接收和处理的流程如图 10-5 所示。

每个 Worker 进程都有一个单独的接收线程，用于监听接收端口。它将每个来自网络上的消息放到 Executor 的接收队列里（对配置的 TCP 端口 supervisor.slots.ports 进行监听）。参数 topology.receiver.buffer.size 代表接收线程一次最多能够接收的消息数量，用户可以自定义配置。接收线程将收到的消息传递给对应的 Executor（一个或多个）的接收队列。与接收线程对应，每个 Worker 存在一个独立的发送线程，它负责从 Worker 的传输队列中读取消息，并通过网络发送给其他 Worker。传输队列的大小由参数 topology.transfer.buffer.size 来设置，并通过网络发送给其他 Worker。每个 Executor 有自己的接收队列和发送队列。

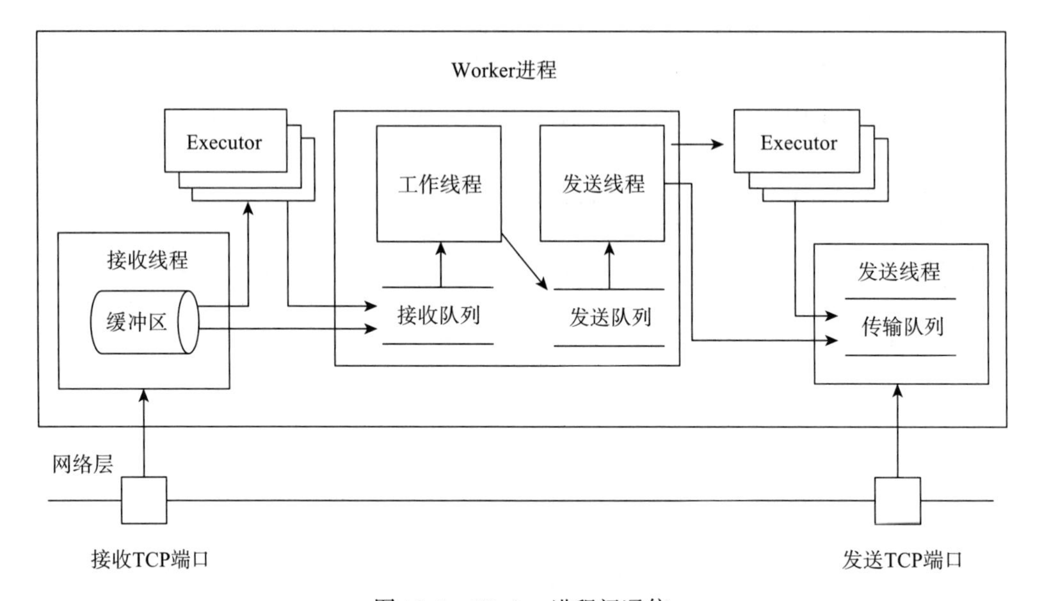

图 10-5　Worker 进程间通信

Worker 接收线程将收到的消息通过任务编号传递给对应的 Executor（一个或多个）的接收队列。每个 Executor 有单独的线程来分别处理 Spout/Bolt 的业务逻辑，业务逻辑输出的中间数据会存放在发送队列中，当 Executor 的发送队列中的元组达到一定的阈值时，Executor 的发送线程将批量获取发送队列中的元组，并发送到传输队列中。

每个 Worker 进程控制一个或多个 Executor 线程，用户可在代码中进行配置，也就是在代码中设置并发度。

10.4.2　Worker 进程间通信的分析

Worker 接收线程通过网络接收数据，并根据元组中包含的 TaskID 匹配到对应的 Executor，再利用 Executor 找到数据，将其发送到相应的接收队列中。

业务逻辑执行线程利用输入队列的数据，通过调用 Bolt 的 execute() 方法，将 tuple 作为参数传输给用户自定义的方法。

业务逻辑执行输入队列的数据时，计算的中间数据会发送给发送队列，当发送队列中的元组达到一定的阈值时，Executor 的发送线程将批量获取发送队列中的元组，并发送到 Worker 的传输队列中。

Worker 发送线程利用传输队列中数据，计算元组的目的地，连接不同的节点并将数据通过网络传输的方式传送给另一个 Worker。

另一个 Worker 接收线程通过网络接收数据，重复执行上面的操作。

10.5 Storm 的容错

10.5.1 任务级失败

1）Bolt 任务失败：Bolt 任务崩溃导致消息未被应答。此时，acker 中所有与此 Bolt 任务关联的消息都会因为超时而失败，对应的 Spout 的 fail 方法将被调用。

2）acker 任务失败：如果 acker 任务本身失败了，它在失败之前持有的所有消息都将因超时而失败，此时 Spout 的 fail 方法将被调用。

3）Spout 任务失败：在这种情况下，与 Spout 任务对接的外部设备（如 MQ）负责消息的完整性。例如，当客户端异常时，kestrel 队列会将处于 pending 状态的所有消息重新放回队列中。

10.5.2 任务槽故障级失败

1）Worker 失败：每个 Worker 中包含多个 Bolt（或 Spout）任务。Supervisor 负责监控这些任务，当 Worker 失败后会尝试在本机重启它，如果它在启动时连续失败一定的次数，无法将心跳信息发送到 Nimbus，则 Nimbus 将在另一台主机上重新分配 Worker。

2）Supervisor 失败：Supervisor 是无状态（所有的状态都保存在 ZooKeeper 或者磁盘上）和快速失败（每当遇到意外的情况，进程自动毁灭）的，因此 Supervisor 的失败不会影响当前正在运行的任务，只要及时将它们重新启动即可。

3）Nimbus 失败：Nimbus 也是无状态和快速失败的，因此 Nimbus 的失败不会影响当前正在运行的任务。但是，如果 Nimbus 失败，系统就无法提交新的任务，只要及时重新启动它即可。

10.5.3 集群节点故障

1）Storm 集群中的节点故障：此时 Nimbus 会将此机器上所有正在运行的任务转移到其他可用的机器上运行。

2）ZooKeeper 集群中的节点故障：ZooKeeper 保证少于半数的机器宕机后，系统仍可正常运行，及时修复故障机器即可。

10.5.4 Nimbus 节点故障

如果 Nimbus 节点故障，Worker 也会继续执行。如果 Worker 终止，Supervisor 会重启它们。但是，没有 Nimbus，Worker 就不会在必要时（如失去一个 Worker 的主机）被安排到其他主机，客户端也无法提交任务。所以，Nimbus 在某种程度上是单点故障。在实践中，这不是一个大问题，因为 Nimbus 守护进程终止不会带来灾难性后果。

习题 10

1. 请简述你对批量处理与流计算的理解。

2. 请简述 Storm 的基本概念。
3. 请简述 Storm 的工作流程。
4. 请简述你对 Storm 拓扑的理解。
5. 请简述 Storm 的通信机制。
6. 请简述你对 Storm 可靠性的理解。
7. 请简述你对 Storm 容错性的理解。

第 11 章

GraphX 的原理

本章重点介绍 GraphX 的原理。首先概述 GraphX，接下来介绍数据存储，然后介绍 GraphX 中的图数据划分，最后介绍 GraphX 中的计算模式。

11.1 GraphX 概述

GraphX 以 Spark 为基础，封装了大量的图操作，适用于图分析的相关工作。它的核心是 Pregel 模型，基于迭代计算模型提供了迭代计算的能力，能高效地完成图计算。在图计算过程中，经常会使用迭代操作，由于 Spark 和 GraphX 在图计算方面的优异性能，系统可以实现图的常用算法的并行化计算，从而提高计算效率。

在较高的层次上，GraphX 通过引入一个新的 Graph 抽象来扩展 Spark RDD（一个定向的多图），既允许两结点间的边数多于一条，又允许顶点通过同一条边和自己关联。它只能使用三元组的定义，其属性附加到每个顶点和边。为了支持图计算，GraphX 设计了一组基本运算符（如 subgraph、joinVertices 和 aggregateMessages）和 Pregel API 的优化变体。

在 GraphX 中，图的基础类为 Graph，它包含两个 RDD ：一个为边 RDD，另一个为顶点 RDD，所有的操作都是基于基础类 Graph 进行的。由于 Graph 最初的设计理念是表达图模型和提供优化的运行模式，因此为了保证图操作的高自由度，GraphX 只提供了简单的图模型操作，一些常用的图模型操作并没有包含进来，需要使用者根据 RDD 的基本操作进行定义。而 RDD 一旦定义就不能被修改或更新，在一般情况下，通过对已有的 RDD 进行转换操作来生成一个新的 RDD。相应地，对图的处理同样需要生成新的 Graph 类来完成。与其他图处理系统和图数据库相比，GraphX 的优势在于，既可以将底层数据看作一个完整的图，使用图概念和图处理；也可以将它们看作独立的边 RDD 和顶点 RDD，使用数据并行处理。

11.2　GraphX 的图数据存储

11.2.1　图数据存储策略

图存储一般有边分割和点分割两种存储方式。2013 年，GraphLab 2.0 将其存储方式由边分割变为点分割，在性能上获得大幅提升，目前这种方法已被业界广泛接受并使用。

1. 边分割

在边分割中，每个顶点都存储一次，但有的边会被截断并分到两台机器上。这样做的优点是节省存储空间；缺点是当对图进行基于边的计算时，对于一条两个顶点被分到不同机器上的边来说，要跨机器通信传输数据，内网通信流量大。在图 11-1 中，左边图分为 3 个分区，分区 1 中包含顶点 A 顶点 C，分区 2 中包含顶点 B，分区 3 中包含顶点 D，这些顶点在集群中只存储一次。

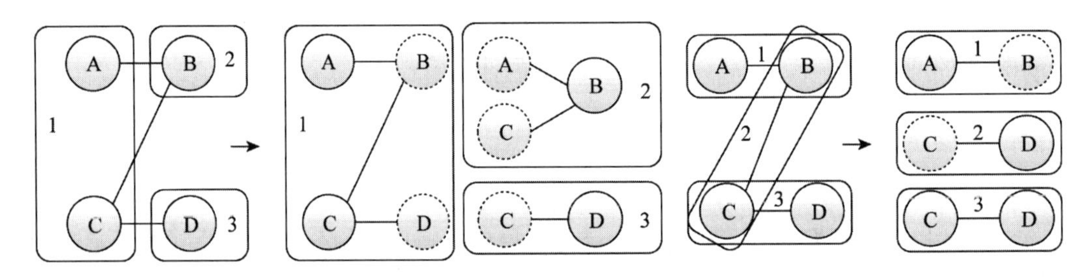

图 11-1　边分割和点分割

2. 点分割

在点分割中，每条边只存储一次，而且只会出现在一台机器上。点分割的优点是可以大幅减少内网通信量；缺点是邻居多的点会被复制到多台机器上，增加了存储开销，同时会引发数据同步问题。在图 11-1 中，右边图分为 3 个分区，其中分区 1 包含顶点 A、B 和边 AB，分区 2 包含顶点 B、C 和边 BC，分区 3 包含顶点 C、D 和边 CD，这些边在集群中只存储一次，而顶点可能会重复存储。

虽然两种方式各有利弊，但点分割使用更为广泛，各种分布式图计算框架都在底层存储中采用点分割，主要原因如下：

1）磁盘价格下降，存储空间不再是问题，而内网的通信资源没有突破性进展，集群计算时内网带宽很宝贵，时间比磁盘更珍贵。这类似于常见的空间换时间的策略。

2）在当前的应用场景中，绝大多数网络都是无尺度网络，遵循幂规律分布，不同点的邻居数量相差悬殊。边分割会使多邻居的点所相连的边被分到不同的机器上，这样的数据分布使得内网带宽更加捉襟见肘，于是边分割存储方式逐渐被抛弃。

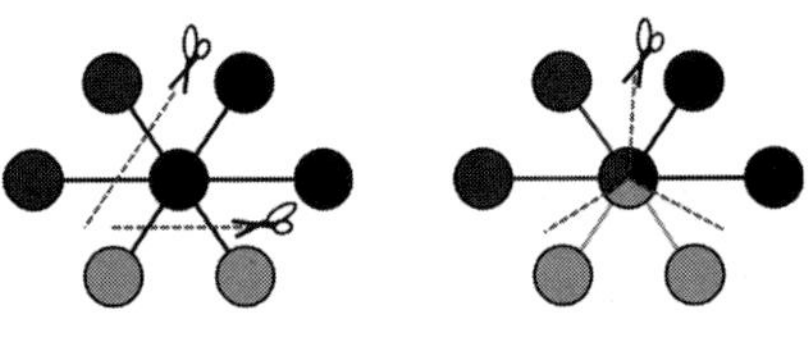

图 11-2　GraphX 的边分割和点分割

GraphX 采用点分割（VertexCut）方法进行分布式图分区，如图 11-2 所示。这样可以减少通信和存储开销。从逻辑上讲，这对应于为机器分配边，并允许顶点跨越多台机器。这种分配边的方法取决于分区策略，并且对各种启发式方法进行了权衡。用户可以通过使用 Graph.partitionBy 运算符选择不同的策略来重新分区。默认的分区策略是使用图构造中提供的边的初始分区。用户也可以切换到 GraphX 中的 2D 分区或其他启发式分区，如图 11-3 所示。

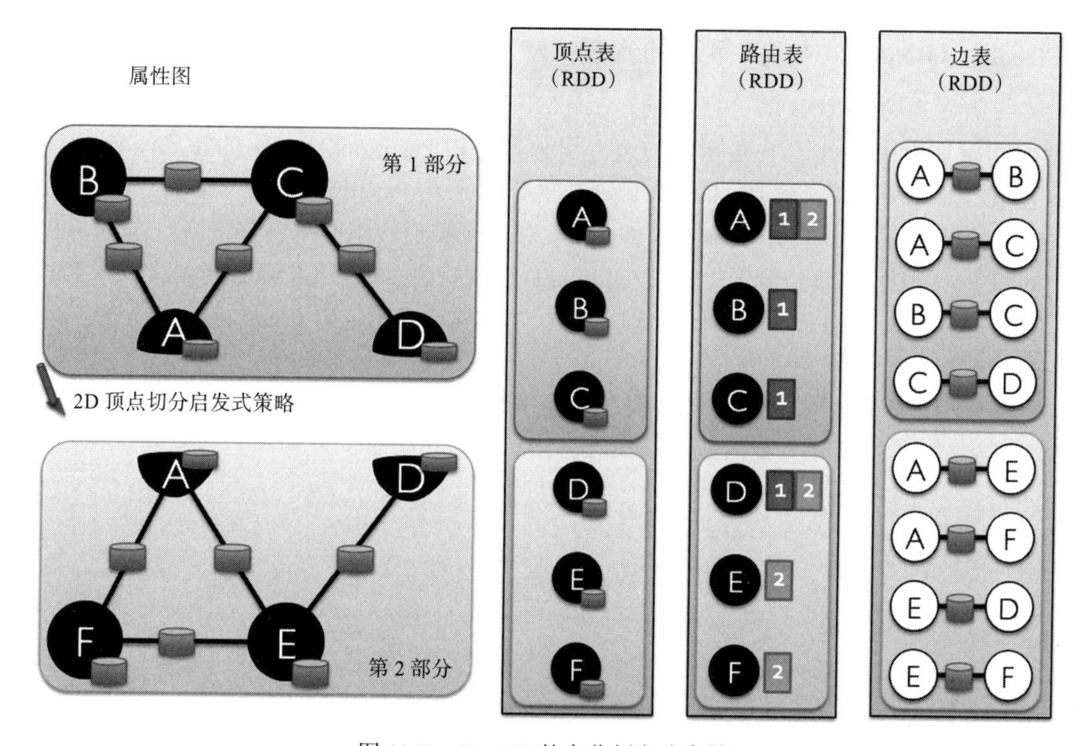

图 11-3 GraphX 的点分割方式存储

一旦边被分区，图的并行计算的关键挑战就是将顶点属性与边连接起来。因为现实世界的图通常边比顶点更多，所以将顶点属性移动到边。因为并非所有分区都包含与所有顶点相邻的边，所以在系统内部维护一个路由表，该路由表用于在实现 triplets 和 aggregateMessages 等操作所需的连接时标识广播顶点的位置。

重复顶点视图与边 RDD 是同步分区的，即分区个数相同且分区方法相同，在图计算时可以对重复顶点视图和边 RDD 的分区进行拉链（zipPartition）操作，即将重复顶点视图和边 RDD 的分区一一对应地组合起来。在整个运算过程中，只有在创建重复顶点视图时需要移动顶点数据，但不需要移动边数据。由于顶点数据一般比边数据少得多，而且随着迭代次数的增加需要更新的顶点数据也越来越少，因此数据的移动量可以大大减少。重复顶点视图在创建之后会缓存在内存中，以便多次使用。如果程序不需要使用该重复顶点视图，则需要手动调用 GraphImpl 的 unpersistVertices 将其清除出内存。

当生成重复顶点视图时，在边 RDD 的每个分区中会创建集合，用于存储该分区包含的源顶点和目的顶点的 ID，该集合被称作本地顶点 ID 映射。当生成重复顶点视图时，若顶点视图是第一次创建，则把本地顶点 ID 映射和发送给边 RDD 各分区的顶点数据组合起来，在每个分区中以分区的本地顶点 ID 映射为索引存储顶点数据，生成新的顶点分区，得到一个新的顶点 RDD。若重复顶点视图不是第一次创建，则在使用之前将重复顶点视图创建的顶点 RDD 发送给对应边 RDD 各分区的顶点，更新数据并进行连接操作，更新顶点 RDD 中的顶点数据，生成新的顶点 RDD。

11.2.2　GraphX 中存储策略的实现

与前面提到的 RDD 的分区不同，GraphX 基于顶点将图切分成不同的分区进行存储，以保证不同的分区里有不同的边。切分策略由 PartitionStrategy 的特质（trait）定义，在 Spark 源码包 org.apache.spark.graphx 下的文件 PartitionStrategy.scala 中可以找到相应的代码描述。文件中描述了 GraphX 中内置实现的 4 种图切分策略：1D 边分区（EdgePartition1D）、2D 边分区（EdgePartition2D）、随机顶点切分（RandomVertexCut）和正则随机顶点切分（CanonicalRandomVertexCut）。在该文件中还定义了 getPartition 方法。

1. 1D 边分区

仅使用边的源顶点 ID 计算分区值，将边分配给分区，这样就可以将所有源顶点相同的边放到同一个分区中。程序如下：

```
case object EdgePartition1D extends PartitionStrategy {
    override def getPartition(src: VertexId, dst: VertexId, numParts:
        PartitionID): PartitionID = {
        val mixingPrime: VertexId = 1125899906842597L
        (math.abs(src * mixingPrime) % numParts).toInt
    }
}
```

2. 2D 边分区

使用稀疏边缘邻接矩阵的 2D 分区将边分配给分区，保证顶点在集群中的复制份数小于 $2^{sqrt(numParts)}$，同时尽可能保持边分布的均匀性，从而保证图计算负载的均衡。程序如下：

```
case object EdgePartition2D extends PartitionStrategy {
    override def getPartition(src: VertexId, dst: VertexId, numParts:
        PartitionID): PartitionID = {
    val ceilSqrtNumParts: PartitionID = math.ceil(math.sqrt(numParts)).toInt
    val mixingPrime: VertexId = 1125899906842597L
    if (numParts == ceilSqrtNumParts * ceilSqrtNumParts) {
        //使用旧方法进行完全平方以确保得到相同的结果
        val col: PartitionID = (math.abs(src * mixingPrime) %
            ceilSqrtNumParts).toInt
        val row: PartitionID = (math.abs(dst * mixingPrime) %
            ceilSqrtNumParts).toInt
        (col * ceilSqrtNumParts + row) % numParts

      } else {
        //否则使用新方法
        val cols = ceilSqrtNumParts
        val rows = (numParts + cols - 1) / cols
        val lastColRows = numParts - rows * (cols - 1)
        val col = (math.abs(src * mixingPrime) % numParts / rows).toInt
        val row = (math.abs(dst * mixingPrime) % (if (col < cols - 1) rows
            else lastColRows)).toInt
```

```
            col * rows + row
            }
        }
    }
```

假设有一个包含 12 个顶点的图，要想在 9 台机器上进行分区，可以使用以下稀疏矩阵表示：

```
*         ----------------------------------
*   v0    | P0 *       | P1         | P2     *  |
*   v1    |  ****      |  *         |           |
*   v2    |  *******   |      **    |  ****     |
*   v3    |  *****     |  *  *      |        *  |
*         ----------------------------------
*   v4    | P3 *       | P4 ***     | P5 **   * |
*   v5    |  *  *      |  *         |           |
*   v6    |       *    |      **    |  ****     |
*   v7    |  * * *     |  *  *      |        *  |
*         ----------------------------------
*   v8    | P6    *    | P7     *   | P8  *    *|
*   v9    |     *      |  *     *   |           |
*   v10   |       *    |      **    |  *   *    |
*   v11   | * <-E      |  ***       |        ** |
*         ----------------------------------
```

其中，* 表示分配到处理器上的边。由 E 表示的边连接 v11 和 v1，分配给处理器 P6。为了获得边所在的处理器编号，我们将矩阵划分为 sqrt（numParts）× sqrt（numParts）块。与 v11 相邻的边只能位于块的第一列（P0，P3，P6）或块的最后一行（P6，P7，P8）。因此，我们可以保证 v11 的副本复制到最多 2 × sqrt（numParts）台机器。

注意：

P0 有许多边，因此这种分区会导致负载平衡性差。为了改善平衡，首先将每个顶点 ID 乘以一个大素数，以便对顶点位置进行分组。

当请求的分区数不是完全的正方形时，使用稍微不同的方法，最后一列可以具有与其他列不同的行数，同时仍然保持每块的大小相同。

---

3. 随机顶点切分

通过使用边的源顶点 ID 和目标顶点 ID 计算散列值将边分配给分区，从而产生随机顶点切割，以便在两个顶点之间放置所有相同方向的边。程序如下：

```
case object RandomVertexCut extends PartitionStrategy {
    override def getPartition(src: VertexId, dst: VertexId, numParts:
        PartitionID): PartitionID = {
            math.abs((src, dst).hashCode()) % numParts
    }
}
```

4. 正则随机顶点切分

通过在正则方向上对源和目标顶点 ID 进行散列，计算分区数，将边分配给分区，从而产生随机顶点切割。无论方向如何，都会在两个顶点之间放置所有边。程序如下：

```
case object CanonicalRandomVertexCut extends PartitionStrategy {
    override def getPartition(src: VertexId, dst: VertexId, numParts:
        PartitionID): PartitionID = {
        if (src < dst) {
            math.abs((src, dst).hashCode()) % numParts
        } else {
            math.abs((dst, src).hashCode()) % numParts
        }
    }

}
```

11.3　GraphX 对图计算的支持

GraphX 以点和边 RDD 的形式管理图数据，这种方式提供了很大的灵活性，因此 GraphX 可以支持大量图计算中的操作，并且对 Pregel 计算模式有很好的支持，还能支持 Pregel 计算模式难以支持的图计算。图 11-4 展示了 GraphX 的代码堆栈，括号中的数字表示代码行数。

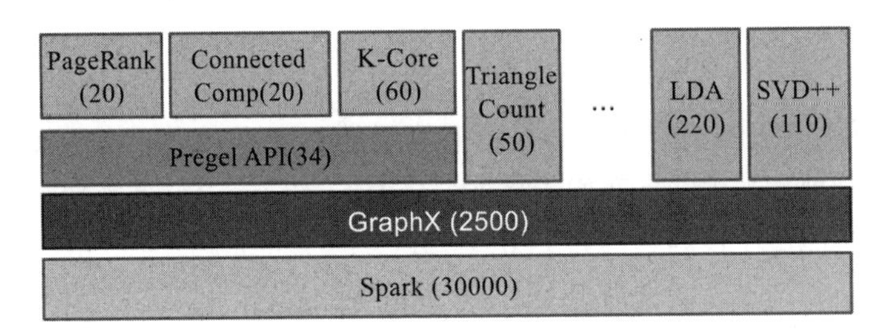

图 11-4　GraphX 中的代码堆栈

11.3.1　GraphX 中的图计算操作

GraphX 的 Graph 类提供了丰富的图运算符，如图 11-5 所示。

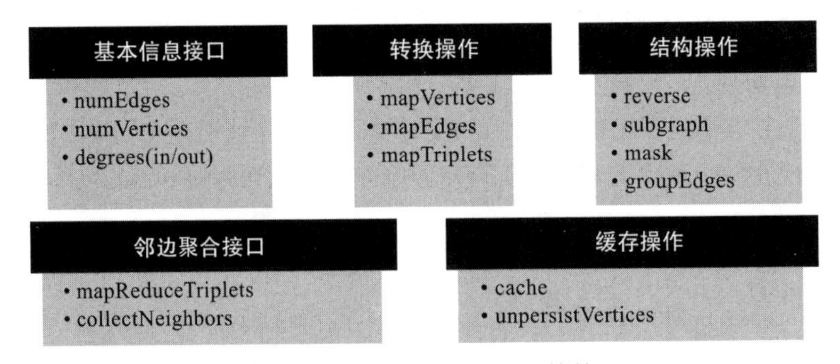

图 11-5　GraphX 中的图运算符

1. 图的缓存

GraphX 中的每个图都由 3 个 RDD 组成，所以 GraphX 会占用更多内存。为了最大限度地复用边，GraphX 的默认接口只提供了 unpersistVertices 方法。如果要释放边，则需调用 g.edges.unpersist() 方法，这给用户带来了一些不便，但为 GraphX 提供了优化的空间。对一个大图，优化的程序如下：

```
var g=...
var prevG: Graph[VD,ED]=null
while(...){
    prevG=g
    g=doSomething(g)
    g.cache()
    prevG.unpersistVertices(blocking=false)
    prevG.edges.unpersist(blocking=false)
}
```

其主要思想是，根据 GraphX 中 Graph 的不变性，对 g 进行操作并将结果赋给 g，此时 g 已不是原来的 g 了，而且会在下一轮迭代使用，所以必须对其进行缓存。另外，必须先用 prevG 保留对原来图的引用，并在新图产生后，快速将旧图彻底释放。否则，十几轮迭代后会出现内存泄漏，耗光作业缓存空间。

2. 邻边聚合

mrTriplets（mapReduceTriplets）是 GraphX 中的核心接口，对它的优化会在很大程度上影响整个 GraphX 的性能。mrTriplets 运算符的简化定义如下：

```
def mapReduceTriplets[A](
    map: EdgeTriplet[VD,ED]=>
Iterator[(VertexID,A)],
    reduce: (A,A)=>A)
    : VertexRDD[A]
```

在上述代码中，map 应用于每一个 Triplet 上，生成一个或者多个消息，消息以 Triplet 关联的两个顶点中的任意一个或两个为目标顶点。

reduce 应用于每一个 Vertex，将发送给每一个顶点的消息合并起来。

mrTriplets 最后返回的是 VertexRDD[A]，包含每一个顶点聚合之后的消息（类型为 A），没有接收到消息的顶点不会包含在返回的 VertexRDD 中。

在新的版本中，GraphX 针对邻边聚合进行了一些优化，对于所有上层算法工具包的性能都产生了重大影响。主要包括以下 3 点：

1）迭代 mrTriplets 的缓存和增量更新。在很多图分析算法中，不同点的收敛速度变化很大。在迭代后期，只有很少的点会更新。因此，对于没有更新的点，在下一次 mrTriplets 计算时，EdgeRDD 无须更新相应点的值的本地缓存，从而大幅降低了通信开销。

2）活跃边索引。没有更新的顶点在下一轮迭代时不需要向邻点重新发送消息。因此，当 mrTriplets 遍历边时，如果一条边的邻点值在上一轮迭代时没有更新，则直接跳过，从而避免了大量无用的计算和通信。

3）连接删除。Triplet 是由一条边和其两个邻点组成的三元组，操作 Triplet 的 map 函数常常只需访问其两个邻点值中的一个。例如，在 PageRank 计算中，一个点值的更新只与其源顶点的值有关，与其所指向的目的顶点的值无关。那么，在 mrTriplets 计算中，就不需要 VertexRDD 和 EdgeRDD 的 3-way join，而只需要 2-way join。

这些优化策略都能够有效提高 GraphX 的性能，使其性能逼近 GraphLab。虽然还有一定差距，但其在 Spark 生态之中提供了一体化的流水线服务和丰富的编程接口，可以弥补性能方面微小的差距。

11.3.2　GraphX 对 Pregel 的实现

目前已有很多基于图的并行计算框架，如 Google 的 Pregel、Apache 开源的图计算框架 Giraph/HAMA 和最为著名的 GraphLab，其中 Pregel、HAMA 和 Giraph 类似，都基于整体同步并行（Bulk Synchronous Parallell, BSP）模式。本小节介绍 GraphX 对 Pregel 的实现。有了这种实现，就可以很容易地利用 GraphX 进行 Pregel 形式的程序设计。

1. BSP 计算模式概述

BSP 将计算分成一系列超步（superstep）的迭代（iteration）。从纵向上看，它是一个串行模式；从横向上看，它是一个并行模式，每两个超步之间设置一个栅栏（barrier），即整体同步点确定所有的并行计算都完成后再启动下一轮超步。BSP 计算模式如图 11-6 所示。

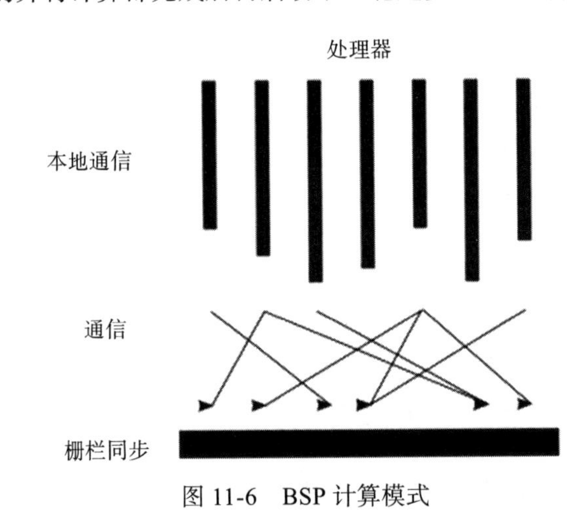

图 11-6　BSP 计算模式

每一个超步包含如下 3 部分内容：

1）计算（compute）：每个处理器利用上一个超步传过来的消息和本地的数据进行本地计算。

2）消息传递：每个处理器计算完毕后，将消息传递给与之关联的其他处理器。

3）整体同步点：用于整体同步，确定所有的计算和消息传递都完毕后，进入下一个超步。

2. GraphX 中 Pregel 计算模式的实现

GraphX 中的 Pregel 接口并不严格遵循 Pregel 模式，它是一个参考 GAS 改进的 Pregel 模式。其定义如下：

```
def pregel[A](initialMsg: A,maxIterations:
    Int, activeDirection: EdgeDirection)(
    vprog: (VertexID, VD, A)=>VD,
    sendMsg: EdgeTriplet[VD, ED]=>
Iterator[(VertexID, A)],
    mergeMsg: (A, A)=>A)
    :Graph[VD, ED]
```

这种基于 mrTrilets 方法的 Pregel 模式与标准 Pregel 的最大区别是：它的第 2 段参数体接收的是 3 个函数参数，而不接收 messageList。它不会在单个顶点上进行消息遍历，而是将顶点的多个 Ghost 副本收到的消息进行聚合，然后发送给 Master 副本，再使用 vprog 函数更新点值。消息的接收和发送都被自动并行处理，无须担心超级节点的问题。

常见的程序模板如下：

```
// 更新顶点
vprog(vid: Long, vert: Vertex, msg: Double):
Vertex={
    v.score=msg+1(1-ALPHA)*v.weight
}
// 发送消息
sendMsg(edgeTriplet: EdgeTriplet[...]):
Iterator[(Long, Double)]
    (destId, ALPHA*edgeTriplet.srcAttr.
score*edgeTriplet.attr.werght)
}
// 合并消息
mergeMsg(v1: Double, v2: Double): Double={
    v1+v2
}
```

该模板综合了 Pregel 和 GAS 的优点，接口相对简单，又保证了性能，可以应对点分割的图存储模式，能够胜任符合幂律分布的自然图的大型计算。

GraphX 对 Pregel 实现的程序如下：

```
package org.apache.spark.graphx

import scala.reflect.ClassTag

import org.apache.spark.internal.Logging

/**
-- 实现了类似 Pregel 的批量同步消息传递 API
---- 与原始的 Pregel API 不同，GraphX Pregel API 会通过边影响 sendMessage 计算，使
    sendMessage 计算能够读取顶点属性，并将消息约束（constrains）到图形结构。这些更改
    允许更有效的基本分布式方法执行，同时也为基于图的计算提供了更大的灵活性
* ---- 使用 Pregel 抽象来实现 PageRank 的一个例子
 * {{{
 * val pagerankGraph: Graph[Double, Double] = graph
 *   // 将度数与每个顶点相关联
 *   .outerJoinVertices(graph.outDegrees) {
 *     (vid, vdata, deg) => deg.getOrElse(0)
 *   }
 *   // 根据出度设置边的权重
 *   .mapTriplets(e => 1.0 / e.srcAttr)
 *   // 将顶点属性设置为初始 pagerank 值
```

```
 *   .mapVertices((id, attr) => 1.0)
 *
 * def vertexProgram(id: VertexId, attr: Double, msgSum: Double): Double =
 *   resetProb + (1.0 - resetProb) * msgSum
 * def sendMessage(id: VertexId, edge: EdgeTriplet[Double, Double]):
     Iterator[(VertexId, Double)] =
 *   Iterator((edge.dstId, edge.srcAttr * edge.attr))
 * def messageCombiner(a: Double, b: Double): Double = a + b
 * val initialMessage = 0.0
 * // 执行 Pregel 进行固定次数的迭代
 * Pregel(pagerankGraph, initialMessage, numIter)(
 *   vertexProgram, sendMessage, messageCombiner)
 * }}}
 *
 */
object Pregel extends Logging {

  /**
   * --- 一共有三个函数:
   *       用户定义的顶点函数 vprog 在接收任何入点消息的每个顶点上并行执行
   *       计算顶点的新值
   *       在所有出方向的边上执行 sendMsg 函数，并用于计算到目标顶点的可选消息
   *       mergeMsg 是用于组合“发往同一个顶点的消息”的交换关联函数
   *
    *   -- 在第一次迭代中，所有的顶点都接收 intialMsg 消息，在后续迭代中，如果顶点没有接收
         到消息，vprog 将不会被执行
   *
   * --- 函数将循环迭代，直到没有剩余消息或者到达设定的最大迭代次数 maxIterations
   *
   * @tparam VD 点数据类型
   * @tparam ED 边数据类型
   * @tparam Pregel 消息类型
   *
   * @param graph  输入图
   *
   * @param initialMsg  首轮初始 Msg
   *
   * @param maxIterations 设定的最大迭代次数
   *
   * @param activeDirection 上一轮接收到消息的顶点所关联的边，将沿着边的方向执行 sendMsg
   *
   * @param vprog  用户定义的顶点程序，其在每个顶点上运行并接收入站消息，然后计算新的顶点值
   *      在第一次迭代中，顶点程序在所有顶点上被调用并被传递给默认消息
   *      在后续迭代中，顶点程序仅在接收消息的顶点上被调用
   * @param sendMsg 用户定义的函数 ，应用于当前迭代中接收到消息的定点所关联的 out 方向的边
   *
   * @param mergeMsg 用户提供的函数，它接收两个类型为 A 的输入消息，并将它们合并成一个类
        型为 A 的单个消息

   */
  def apply[VD: ClassTag, ED: ClassTag, A: ClassTag]
     (graph: Graph[VD, ED],
      initialMsg: A,
      maxIterations: Int = Int.MaxValue,
      activeDirection: EdgeDirection = EdgeDirection.Either)
     (vprog: (VertexId, VD, A) => VD,
      sendMsg: EdgeTriplet[VD, ED] => Iterator[(VertexId, A)],
      mergeMsg: (A, A) => A)
    : Graph[VD, ED] =
```

```
  {
    require(maxIterations > 0, s"Maximum number of iterations must be
        greater than 0," +
      s" but got ${maxIterations}")
    ---require() 方法用在对参数的检验上，不通过则抛出 IllegalArgumentException
    var g = graph.mapVertices((vid, vdata) => vprog(vid, vdata,
        initialMsg)).cache()
    // compute the messages
    var messages = GraphXUtils.mapReduceTriplets(g, sendMsg, mergeMsg)
    var activeMessages = messages.count()
    // Loop
    var prevG: Graph[VD, ED] = null
    var i = 0
    while (activeMessages > 0 && i < maxIterations) {
      // Receive the messages and update the vertices. 接收消息更新节点信息
      prevG = g
      g = g.joinVertices(messages)(vprog).cache()

      val oldMessages = messages
      // 发送新消息，跳过未接收到消息的边，必须缓存消息以便在下一次循环使用
      messages = GraphXUtils.mapReduceTriplets(
        g, sendMsg, mergeMsg, Some((oldMessages, activeDirection))).cache()
      activeMessages = messages.count()
      --count() 方法的调用实质化（执行了）messages 和 'g' 图的点，隐藏了上一轮的 Message 和点

      logInfo("Pregel finished iteration " + i)

      // -- 对上一轮的消息和图反持久化
      oldMessages.unpersist(blocking = false)
      prevG.unpersistVertices(blocking = false)
      prevG.edges.unpersist(blocking = false)
      // count the iteration
      i += 1
    }
    messages.unpersist(blocking = false)

  } // end of apply

} // end of class Pregel
```

习题 11

1. 请简述你对 GraphX 的理解。
2. 请简述 GraphX 顶点切分的过程。
3. 请简述你对 GraphX 点分割方式存储的理解。
4. 请简述你对 GraphX 分布式图分区的理解。

第四部分

监控、运维与调优

大数据计算系统通常需要长期运行，维持一个大数据计算系统长期、稳定、高效地运行还需要对大数据计算系统进行有效的监控、运维和调优。完成这些工作既需要了解应用，也需要掌握系统底层的知识。这一部分将基于前两部分介绍的应用方法和原理来介绍大数据计算系统的运维调优工作。本部分将以 Hadoop 系统为例进行介绍，其思路也适用于其他大数据计算系统。

第 12 章

大数据计算系统的监控

大数据计算系统的监控是大数据计算系统运维和调优的前提，其主要工作是获取大数据平台的运行状态，实时为用户展示大数据平台中作业的运行状态，以及作业的统计、分析信息。本章将以 Hadoop 系统为例介绍大数据计算系统的监控方法和思路。

12.1 监控的准备工作

12.1.1 掌握系统的硬件环境

在监控之前，要先了解被监控集群的硬件配置信息。一般情况下，硬件的配置信息包括以下内容。

1）CPU 配置信息：在集群上运行的程序可能是多个线程，甚至是在多个集群上执行的 MPI 程序，因此需要了解 CPU 的配置情况。

2）内存情况：在程序运行时需要使用内存，所以要全面了解内存的情况。

3）磁盘驱动器、以太网卡和声卡设备等多种设备驱动程序涉及的 I/O 端口的情况。

以 CPU 为例，可以使用 lscpu 命令查看 CPU 信息，如下所示：

```
[用户名@机器名]$ lscpu
Architecture:          x86_64
CPU op-mode(s):        32-bit, 64-bit
Byte Order:            Little Endian
CPU(s):                8 #总的CPU核心数
On-line CPU(s) list:   0-7
Thread(s) per core:    2
Core(s) per socket:    4 #一个处理器上有多少个核
座:                    1 #主板上有多少个处理器插槽，即有多少个处理器
NUMA 节点:             1
厂商 ID:               GenuineIntel
CPU 系列:              6
型号:                  58
型号名称:              Intel(R) Core(TM) i7-3770 CPU @ 3.40GHz
步进:                  9
CPU MHz:               1770.257
```

```
CPU max MHz:           3900.0000
CPU min MHz:           1600.0000
BogoMIPS:              6784.13
虚拟化:                VT-x
超管理器厂商:          vertical
虚拟化类型:            完全
L1d 缓存:              32K
L1i 缓存:              32K
L2 缓存:               256K
L3 缓存:               8192K
NUMA 节点 0 CPU:       0-7
```

当然，还可以使用 cat /proc/cpuinfo 命令了解可用 CPU 硬件的配置。通过查看这个文件，可以了解物理封装的处理器数（插槽）、每个 CPU 的核心数、可用的 CPU 标志寄存器以及其他硬件部件的数量，具体如下：

```
processor          : 0 #逻辑处理器的 id
vendor_id          : GenuineIntel
cpu family         : 6
model              : 58
model name         : Intel(R) Core(TM) i7-3770 CPU @ 3.40GHz
stepping           : 9
microcode          : 0x1c
cpu MHz            : 2053.148
cache size         : 8192 KB
physical id        : 0 #物理封装的处理器的 id
siblings           : 8 #位于相同物理封装的处理器中的逻辑处理器的数量
core id            : 0 #每个核心的 id
cpu cores          : 4 #位于相同物理封装的处理器中的内核数量
apicid             : 0
initial apicid     : 0
fpu                : yes
fpu_exception      : yes
cpuid level        : 13
wp                 : yes
flags              : fpu vme de pse tsc msr pae mce cx8 apic sep mtrr pge
                   mca cmov pat pse36 clflush dts acpi mmx fxsr sse sse2 ss
                   ht tm pbe syscall nx rdtscp lm constant_tsc arch_perfmon
                   pebs bts rep_good nopl xtopology nonstop_tsc aperfmperf
                   eagerfpu pni pclmulqdq dtes64 monitor ds_cpl vmx smx est
                   tm2 ssse3 cx16 xtpr pdcm pcid sse4_1 sse4_2 x2apic popcnt
                   tsc_deadline_timer aes xsave avx f16c rdrand lahf_lm ida
                   arat epb pln pts dtherm tpr_shadow vnmi flexpriority ept
                   vpid fsgsbase smep erms xsaveopt
bogomips           : 6784.13
clflush size       : 64
cache_alignment    : 64
address sizes      : 36 bits physical, 48 bits virtual
power management:
```

处理器从 0 开始编号，展示 CPU 的有关信息。

/proc 文件系统下的文件提供的系统信息不是针对某个进程的，而是能够在整个系统范围的上下文中使用的，且可以使用的文件随系统配置的变化而变化。在这个文件系统下也可以找到系统的其他配置信息。

/proc 文件系统是一个伪文件系统，它只存放在内存中，不会占用外存空间。它以文件系统的方式为访问系统内核数据的操作提供接口。用户和应用程序可以通过 /proc 文件系统得到系统的信息，并改变内核的某些参数。由于系统的信息（如进程）是动态变化的，因此当用户或应用程序读取文件时，/proc 文件系统会动态地从系统内核读出所需信息并提交。具体如下。

1）/proc/ioports 文件列出了磁盘驱动器、以太网卡和声卡设备等多种设备驱动程序涉及的 I/O 端口范围。

2）/proc/meminfo 文件给出了内存状态的信息。它可以显示系统中的空闲内存、已用物理内存和交换内存的总量。它还可以显示内核使用的共享内存和缓冲区总量。这些信息的格式和 free 命令显示的结果类似。

12.1.2　掌握系统的网络环境

除了掌握系统的硬件环境外，在进行监控前还要掌握系统的网络环境。要获得网络环境信息，使用者应了解所有网络接口的属性。通过 ifconfig 命令可以获取网络接口配置信息或者修改相关配置。下面给出了一个例子。

```
[用户名@机器名]# ifconfig
eth0      Link encap:Ethernet  HWaddr 00:50:56:BF:26:20
          inet addr:192.168.120.204  Bcast:192.168.120.255  Mask:255.255.255.0
          UP BROADCAST RUNNING MULTICAST  MTU:1500  Metric:1
          RX packets:8700857 errors:0 dropped:0 overruns:0 frame:0
          TX packets:31533 errors:0 dropped:0 overruns:0 carrier:0
          collisions:0 txqueuelen:1000
          RX bytes:596390239 (568.7 MiB)  TX bytes:2886956 (2.7 MiB)
lo        Link encap:Local Loopback
          inet addr:127.0.0.1  Mask:255.0.0.0
          UP LOOPBACK RUNNING  MTU:16436  Metric:1
          RX packets:68 errors:0 dropped:0 overruns:0 frame:0
          TX packets:68 errors:0 dropped:0 overruns:0 carrier:0
          collisions:0 txqueuelen:0
          RX bytes:2856 (2.7 KiB)  TX bytes:2856 (2.7 KiB)
```

其中，eth0 表示第一块网卡，HWaddr 表示网卡的物理地址，这个网卡的物理地址（MAC 地址）是 00:50:56:BF:26:20。

inet addr 表示网卡的 IP 地址，此网卡的 IP 地址是 192.168.120.204，广播地址是 192.168.120.255，掩码地址是 255.255.255.0。

lo 表示主机的回环地址。当测试一个网络程序，但不想让局域网或外网的用户查看时，可以通过这个地址来实现只能在此台主机上运行和查看所用的网络接口。例如，把 HTTP 服务器的地址指定为回环地址，在浏览器中输入 127.0.0.1 就能看到 Web 网站了，但仅限于自己能查看 Web 网站，局域网中的其他主机或用户无法查看。

其中的参数含义如下：

1）UP：代表网卡开启状态。

2）RUNNING：代表网卡的网线已经被连接。

3）MULTICAST：支持组播。

4）MTU：最大传输单元，此处为 1500 字节。

5）RX、TX：统计接收、发送数据包的情况。

6）RX bytes、TX bytes：统计接收、发送数据字节数。

12.1.3　掌握系统的配置环境

在实际应用中，系统监控人员不一定是系统环境的搭建者，因此在进行监控之前，要了解系统的配置环境。可以通过 env 命令列出所有环境变量及其赋值。env 命令的作用是显示当前运行环境，或者在一个被更改了的环境下运行一个指定的命令。如果没有标志或者指定参数，env 命令会显示当前环境，每行显示一个 Name=Value 对。env 命令的结果如下：

```
[用户名@机器名]$ env
XDG_SESSION_ID=15971
HOSTNAME=master
SPARK_HOME=/usr/local/spark-2.2.0
TERM=xterm
SHELL=/bin/bash
HISTSIZE=1000
CATALINA_HOME=/usr/local/tomcat-8.5.14
HADOOP_HOME=/usr/local/hadoop-2.7.4
SSH_CLIENT=192.168.1.181 61103 22
RUN_HOME=/home/dbcluster/Desktop/spark-wordcount
SSH_TTY=/dev/pts/1
ELEPHANT_CONF_DIR=/usr/local/dr-elephant/app-conf
http_proxy=http://127.0.0.1:8118
USER=user
LS_COLORS=rs=0:di=01;34:ln=01;36:mh=00:pi=40;33:so=01;35:do=01;35:bd=40;
    33;01:cd=40;33;01:or=40;31;01:mi=01;05;37;41:su=37;41:sg=30;43:ca=3
    0;41:tw=30;42:ow=34;42:st=37;44:ex=01;32:*.tar=01;31:*.tgz=01;31:*.
    arc=01;31:*.arj=01;31:*.taz=01;31:*.lha=01;31:*.lz4=01;31:*.lzh=01;31:*.
    lzma=01;31:*.tlz=01;31:*.txz=01;31:*.tzo=01;31:*.t7z=01;31:*.
    zip=01;31:*.z=01;31:*.Z=01;31:*.dz=01;31:*.gz=01;31:*.lrz=01;31:*.
    lz=01;31:*.lzo=01;31:*.xz=01;31:*.bz2=01;31:*.bz=01;31:*.tbz=01;31:*.
    tbz2=01;31:*.tz=01;31:*.deb=01;31:*.rpm=01;31:*.jar=01;31:*.war=01;31:*.
    ear=01;31:*.sar=01;31:*.rar=01;31:*.alz=01;31:*.ace=01;31:*.zoo=01;31:*.
    cpio=01;31:*.7z=01;31:*.rz=01;31:*.cab=01;31:*.jpg=01;35:*.jpeg=01;35:*.
    gif=01;35:*.bmp=01;35:*.pbm=01;35:*.pgm=01;35:*.ppm=01;35:*.tga=01;35:*.
    xbm=01;35:*.xpm=01;35:*.tif=01;35:*.tiff=01;35:*.png=01;35:*.
    svg=01;35:*.svgz=01;35:*.mng=01;35:*.pcx=01;35:*.mov=01;35:*.
    mpg=01;35:*.mpeg=01;35:*.m2v=01;35:*.mkv=01;35:*.webm=01;35:*.
    ogm=01;35:*.mp4=01;35:*.m4v=01;35:*.mp4v=01;35:*.vob=01;35:*.qt=01;35:*.
    nuv=01;35:*.wmv=01;35:*.asf=01;35:*.rm=01;35:*.rmvb=01;35:*.flc=01;35:*.
    avi=01;35:*.fli=01;35:*.flv=01;35:*.gl=01;35:*.dl=01;35:*.xcf=01;35:*.
    xwd=01;35:*.yuv=01;35:*.cgm=01;35:*.emf=01;35:*.axv=01;35:*.anx=01;35:*.
    ogv=01;35:*.ogx=01;35:*.aac=01;36:*.au=01;36:*.flac=01;36:*.mid=01;36:*.
    midi=01;36:*.mka=01;36:*.mp3=01;36:*.mpc=01;36:*.ogg=01;36:*.ra=01;36:*.
    wav=01;36:*.axa=01;36:*.oga=01;36:*.spx=01;36:*.xspf=01;36:
LD_LIBRARY_PATH=/usr/local/hadoop-2.7.3/lib/native/:
ftp_proxy=http://127.0.0.1:8118
HADOOP_COMMON_LIB_NATIVE_DIR=/usr/local/hadoop-2.7.3/lib/native
MAIL=/var/spool/mail/dbcluster
PATH=/opt/couchbase/bin:/usr/games/btrace/bin:/usr/local/bin:/usr/bin:/
    usr/local/jdk1.8.0_111/bin:/usr/local/hadoop-2.7.3/bin:/usr/local/
    hadoop-2.7.3/sbin:/usr/local/hadoop-2.7.3/lib:/usr/local/spark-2.1.0/
    bin:/usr/local/spark-2.1.0/sbin:/usr/local/hive-1.2.2/bin:/usr/local/
```

```
    scala-2.12.1/bin:/usr/local/tomcat-8.5.14/bin:/usr/local/apache-
    mahout-distribution-0.13.0/bin:/usr/local/apache-maven-3.5.0/bin:/home/
    dbcluster/kg/devTool/RocketMQ/rocketmq/bin:/usr/local/sbin:/usr/sbin:/
    home/dbcluster/.local/bin:/home/dbcluster/bin
HADOOP_HDFS_HOME=/usr/local/hadoop-2.7.3
HADOOP_COMMON_HOME=/usr/local/hadoop-2.7.3
PWD=/etc
HADOOP_YARN_HOME=/usr/local/hadoop-2.7.3
JAVA_HOME=/usr/local/jdk1.8.0_144
LANG=zh_CN.UTF-8
HADOOP_CONF_DIR=/usr/local/hadoop-2.7.3/etc/hadoop
HADOOP_OPTS=-Djava.library.path=/usr/local/hadoop-2.7.3/lib
https_proxy=http://127.0.0.1:8118
HISTCONTROL=ignoredups
SHLVL=1
HOME=/home/dbcluster
NAMESRV_ADDR=127.0.0.1:9876
YARN_CONF_DIR=/usr/local/hadoop-2.7.4/etc/hadoop
HADOOP_MAPRED_HOME=/usr/local/hadoop-2.7.3
PYTHONPATH=/usr/local/spark-2.1.0/python/:/usr/local/spark-2.1.0/python/lib/
    py4j-*-src.zip):
LOGNAME=dbcluster
ROCKETMQ_HOME=/home/dbcluster/kg/devTool/RocketMQ/rocketmq
CLASSPATH=.:/usr/local/jdk1.8.0_111/jre/lib/rt/jar:/usr/local/jdk1.8.0_111/
    lib/dt.jar:/usr/local/jdk1.8.0_111/lib/tools.jar:/usr/local/hadoop-2.7.3/
    share/hadoop/common/*:/usr/local/hadoop-2.7.3/share/hadoop/common/lib/*:/
    usr/local/hadoop-2.7.3/share/hadoop/hdfs/*:/usr/local/hadoop-2.7.3/share/
    hadoop/hdfs/lib/*:/usr/local/hadoop-2.7.3/share/hadoop/mapreduce/*:/usr/
    local/hadoop-2.7.3/share/hadoop/mapreduce/lib/*:/usr/local/hadoop-2.7.3/
    share/hadoop/tools/lib/*:/usr/local/hadoop-2.7.3/share/hadoop/yarn/*:/
    usr/local/hadoop-2.7.3/share/hadoop/yarn/lib/*
SSH_CONNECTION=192.168.1.181 61103 192.168.20.100 22
LESSOPEN=||/usr/bin/lesspipe.sh %s
SCALA_HOME=/usr/local/scala-2.11.8
BTRACE_HOME=/usr/games/btrace
XDG_RUNTIME_DIR=/run/user/1000
DISPLAY=localhost:10.0
DR_RELEASE=/usr/local/dr-elephant
OLDPWD=/
_=/usr/bin/env
```

除了整体的系统配置环境，用户还应该对已经存在的 Hadoop 集群和 Spark 计算框架的配置情况有所了解。可以在 /etc/hostname 文件中查询当前节点的名称，在 /etc/hosts 中配置或查看节点数量及对应的 IP 地址。查询结果如下：

```
[用户名@机器名]$ cat /etc/hostname
master
[用户名@机器名]$ cat /etc/hosts
127.0.0.1 localhost localhost.localdomain localhost4 localhost4.localdomain4
::1     localhost localhost.localdomain localhost6 localhost6.localdomain6

#cluster1 - for test
192.168.20.100  master
192.168.20.101  slave
192.168.20.2    slave01
192.168.20.3    slave02
```

在 Master 节点中，可以通过 cd 命令 $HADOOP_HOME 或者直接键入 HADOOP_HOME

对应的路径进入系统中的 Hadoop 安装目录。在该目录的 /etc/hadoop 下，可以找到 Hadoop 的配置文件。通过查看 slave、core-site.xml、hdfs-site.xml 可以再次确认集群的配置信息。

通过 cat slaves 文件可以查看集群中 Slave 的信息，具体如下：

```
Slaves:
[用户名@机器名]$ cat slaves
slave01
slave02
slave
```

core-site.xml 保存系统的全局配置，如下所示：

```
<configuration>
        <!-- NameNode 的地址 -->
        <property>
                <name>fs.defaultFS</name>
                <value>hdfs://master:9000</value>
        </property>
        <!-- 使用 Hadoop 时产生文件的存放目录 -->
        <property>
                <name>hadoop.tmp.dir</name>
        <!--/usr/local/hadoop/tmp-->
                <value>file:/usr/local/hadoop/tmp</value>
                <description>Abase for other temporary directories.</description>
        </property>
        <!-- 配置 dbcluster 允许通过代理访问的主机节点 -->
        <property>
                <name>hadoop.proxyuser.dbcluster.hosts</name>
                <value>*</value>
        </property>
<!-- 配置 dbcluster 允许代理的用户所属组 -->
        <property>
                <name>hadoop.proxyuser.dbcluster.groups</name>
                <value>*</value>
        </property>

        <property>
                <name>hadoop.proxyuser.root.hosts</name>
                <value>*</value>
        </property>
        <property>
                <name>hadoop.proxyuser.root.groups</name>
                <value>root</value>
        </property>
</configuration>
```

hdfs-site.xml 保存 HDFS 的局部配置，如下所示：

```
<configuration>
                <!--HDFS 保存数据的副本数量 -->
            <property>
                    <name>dfs.replication</name>
                    <value>1</value>
            </property>
        <!--HDFS 中 NameNode 的存储位置 -->
            <property>
```

```
            <name>dfs.namenode.name.dir</name>
            <value>file:/usr/local/hadoop/tmp/dfs/name</value>
        </property>
            <!--HDFS 中 DataNode 的存储位置 -->
        <property>
            <name>dfs.datanode.data.dir</name>
            <value>file:/usr/local/hadoop/tmp/dfs/data</value>
        </property>
</configuration>
```

如果 Hadoop 的 MapReduce 运行在 YARN 上，则可以通过查看 yarn-site.xml 了解相关配置内容。

12.2　监控内容

系统中需要监控的资源种类繁多，既包含对 CPU、内存、I/O 等硬件资源的监控，也包含对 Hadoop、Spark 等计算平台的监控，以及对集群节点状态的监控等。

12.2.1　硬件资源的监控

硬件资源的监控主要包括对 CPU、内存、I/O 方面的资源使用情况进行监控。

1. CPU 监控

Hadoop 和 Spark 利用分布式集群结构，通过多个单一计算节点的组合实现处理大规模海量数据的目标。集群的优势是能够在不刻意提升单独节点性能的前提下，提高整体处理大量任务的能力。虽然集群能够处理大规模的数据，但是处理效率的高低受很多因素的影响。CPU 是否被高效利用在很大程度上体现了集群性能的优劣，因此监控 CPU 的相关指标非常重要。

在实际工作中，通常要对 CPU 动态指标（如 CPU 的负载状况、使用率等）和静态指标（如 CPU 的型号、核数、Cache 等）进行监控，并通过可视化方式加以显示，用户可以根据相应指标和相关提示判断所运行的任务是否存在 CPU 相关的瓶颈，以及瓶颈主要出现在哪个环节，进而判断是否能够通过修改代码、更改配置等方式对任务进行优化。在选择监控角度和制定监控指标时，可以参考以下信息。

（1）静态指标

1）CPU 逻辑核心数：物理 CPU 数量 × 每颗 CPU 核数。

2）CPU 总体运行速度（MHz）。

3）CPU 平均使用率。

（2）动态指标

1）CPU 空闲程度：CPU 空闲且没有显著的磁盘 I/O 请求的时间占整个系统运行时间的百分比。

2）CPU 时间切片占比：在大数据计算系统中，虚拟机会与虚拟环境的宿主机上的多个虚拟机实例共享物理资源。CPU 时间切片就是共享的资源之一。如果虚拟机的虚拟比（即物理机和虚拟机数量之比）是 1/4，那么它的 CPU 使用率不会仅为 25% 的 CPU 时间，而是能够超过它设置的虚拟比。如果在负载未满的物理机器上运行一个长时间的计算任务，那么它可能会使用超过额定数值的 CPU 切片时间。过一段时间，可能其他虚拟机也会需要超过额定数值的 CPU 切片时间，所以这个任务的执行会很慢。对于长时间的计算任务而言，这个情况并不是不能接受的，虽然它可能会完成得比较慢，但如果它能够使用更多资源，也可能更快地完成。

3）CPU 等待 I/O 占比：由于 I/O 速度相对于 CPU 更加缓慢，因此 I/O 瓶颈很可能造成 CPU 资源的严重浪费。

4）CPU 用户进程使用占比：以用户级别运行时的 CPU 占用率。

5）CPU 内核进程使用占比：以内核级别运行时的 CPU 占用率。

6）总进程数。

7）运行进程数。

2. 内存监控

在分布式系统中，监控系统的内存使用状况有助于用户发现应用内存泄漏的问题，内存使用的模式也是异常检测和预警的一个重要指标。更重要地，内存的使用情况对于系统性能十分重要，这一点在 Spark 集群上尤为突出。在可用内存不足的情况下，Spark 集群的运算性能会显著下降。

在正常情况下，系统内存的使用有一定的模式和规律，如内存的使用量、空闲内存和交换分区使用比例。这些模式可以为集群状况的异常检测和性能优化提供依据。在选择监控角度和制定监控指标时可以参考以下信息。

1）总内存：集群总体可用内存。

2）交换空间：这是操作系统层面的概念，它由服务器的操作系统管理，交换空间和物理内存之和就是系统可以提供的最大内存的总量。交换空间的大小和内存换页调度对系统性能非常重要。相对于内存，磁盘读写的速度很慢、延迟很高，如果频繁地使用交换空间，系统就会产生性能问题。

3）内存使用率：已使用内存占总内存的比例。

4）空闲内存：整个系统集群中总的空闲内存的大小。通常希望整个系统的空闲内存比较小，但空闲内存并不是越小越好，因为空闲内存过小，在将新的数据读入内存的时候，就需要使用一定的算法来替换已经存在的内存缓存文件，从而造成比较大的时间延迟，所以系统需要留下必要的空闲内存以减小磁盘调入页的延迟。

5）文件缓存：整个系统中已经被缓存但未被正式使用的数据，属于操作系统多层缓存的一部分。缓存的分配会影响文件读写的效率。如果文件缓存分配不当，系统会频繁发生硬调页，从而对整个系统的性能造成很大的影响。

6）内存缓存：在写入磁盘之前写入内存的数据。写入文件数据是指写入磁盘的数据，因为机械硬盘延迟高，以及物理上半顺序（通常磁盘存储器访问数据时，在不同柱面和磁头上是随机选择的，但在一个扇区内部是顺序读写的，所以磁盘属于一种半顺序存储器）访问的特点，所以将数据先缓存至内存，形成内存缓存，并批量写入磁盘，可以减少磁盘的使用时间，在一定程度上可以避免文件碎片的产生。

7）共享内存：共享内存是指在多处理器的计算机系统中，可以被不同 CPU 访问的大容量内存。共享内存对于多线程的应用来说有一定的意义。

3. I/O 监控

磁盘的使用情况也是整个集群监控的关注点之一。在很多流行的分布式处理平台上，I/O 往往是代价最高的部分，如 Spark 处理平台上的全局数据交换、MapReduce 计算框架的中间结果持久化到硬盘等，因此对 I/O 进行监控是十分必要的。在选择监控角度和制定监控指标时可以参考如下信息。

1）磁盘总大小：集群内磁盘可用空间的总和。

2）磁盘使用率：磁盘已使用空间占总空间的比重。对于现代的机械硬盘而言，数据填充程度也会轻微地影响读写的效率。

3）网络 I/O 情况：在一个高性能集群中，对网络性能的监控是必不可少的，网络性能往往是一个集群或应用性能的瓶颈之一。监控网络 I/O 情况可以使集群管理员注意到网络性能瓶颈。许多分布式算法和集群管理系统实际上都是为了减少网络交换数据量而进行优化的。

12.2.2　HDFS 的监控

HDFS 集群具有以主从模式运行的两种类型的节点：一个 NameNode 和多个 DataNode。因此，需监测 HDFS 中 NameNode 和 DataNode 这两类重要角色的指标。

1. NameNode 的监控

NameNode 监控模块用于展示 HDFS 的总体情况和部分 JVM 的监控情况，并且通过结合异常检测算法和实时获得的数据给出有价值的性能评价和异常预警。在前端，可以通过动态图表展示 HDFS 的实时状态，使用户直观地观察运行在 HDFS 上的各种操作，如垃圾回收机制运行的时间以及释放的内存、文件突然大量修改（写文件 / 删除文件）的情况等。此外，系统会根据预定的指标结合给定算法进行性能评价和预警，并给出启发式的建议。例如，当观察到内存使用率过高，可能导致预留的磁盘空间不能满足任务执行需求时，建议增加机器和删除无用数据；当丢失块过多，可能引起任务报错时，会提示可能有节点出现故障。在选择监控角度和制定监控指标时，可以参考以下信息。

1）文件总数：运行在 HDFS 上的文件总数。

2）总块数：HDFS 独立存储单元块的总数。

3）损坏块数：由于磁盘损坏、机器宕机等原因造成的损失块数。

4）丢失块数：由于磁盘损坏、机器宕机等原因造成的丢失块数。

5）GCTime、GCCount：NameNode 垃圾回收的时间和次数。

6）MemHeapUsedM：堆内存的使用。

7）ThreadsBlocked/Waiting：线程阻塞 / 等待数量。

2. DataNode 的监控

DataNode 以数据块的形式存储 HDFS 文件，同时响应 HDFS 客户端的读写请求，周期性地向 NameNode 汇报心跳信息、数据块信息、缓存数据块信息。因此，要监控

Hadoop 的 DataNode 状态，需要包括当前 DataNode 的存活节点数、退役节点数、死亡节点数和当前各节点的存储情况等。

1）存活节点：正常运行状态下的 DataNode，能够完成分布式存储数据的任务。

2）退役节点：当因某种原因需要从 HDFS 中移除 DataNode 时，需要先将该节点作为退役节点。这样该节点上的数据会由 NameNode 进行数据移动，以免移除该节点后，HDFS 上的文件不能满足最小备份数的要求或者发生数据丢失的情况。

3）死亡节点：当某 DataNode 超过一定时间未给 NameNode 发送心跳信息时，NameNode 将该 DataNode 标为死亡节点。死亡节点缺乏心跳信息，因此不能收到或送出其他信息，集群也无法从死亡节点读出或向其存入数据。

此外，监控还应覆盖集群中 DataNode 总的读写字节数、读写块数、读写操作所用的平均时间。这些指标能够反映当前集群在存取数据方面的状态，即反映集群 DataNode 的总体情况。

12.2.3　上层服务的监控

Hadoop 生态系统中有 Spark、Hive、Storm、HBase、Ambari 等众多的框架和工具供开发者使用，为开发者提供了优质的服务。下面重点介绍如何对运行在 Hadoop 上的 MapReduce 计算框架实施运行状态的监控。

从整体角度来看，监控人员关注的是其提交到 MapReduce 上应用程序的运行状态。因此在考虑监控时，应当监控正在运行的 Application 数、完成的 Application 数、失败的 Application 数和停止的 Application 数。

从单个应用的角度来看，可以考虑为用户提供此 Application 这次提交的作业的命名 ID、提交任务的用户、用户运行的 Jar 的名称、提交的作业的类型、任务运行的进度（实时更新）、任务提交的时间和已经持续的时间。监控系统除了提供对整个集群的硬件信息监测外，还应该展示计算平台硬件资源的占用情况，其中包含内存（可用内存、已使用内存、待分配内存等）、虚拟核（可用核数、已使用核数等）和容器（已分配、待分配、预留容器数量等）的信息。

12.3　Hadoop 监控的相关参数

Hadoop 本身向用户公开了很多守护进程的统计信息，便于用户进行监控、性能优化和测试。在一般情况下，这些公开的指标大部分对于监控系统和故障排除非常有用。每个监控记录都包含 ProcessName、SessionID 和 Hostname 等标记作为附加信息。

12.3.1　JVM 指标

JVM 指标主要统计以下信息：内存的使用状态、GC（垃圾回收）的统计信息、线程的统计信息以及事件的统计信息，如表 12-1 所示。

表 12-1 JVM 指标

类型	名称	描 述
内存	MemNonHeapUsedM	JVM 当前已经使用的 NonHeapMemory 的大小
内存	MemNonHeapMaxM	JVM 配置的 NonHeapMemory 的大小
内存	MemHeapUsedM	JVM 当前已经使用的 HeapMemory 的大小
内存	MemHeapMaxM	JVM 配置的 HeapMemory 的大小
内存	MemMaxM	JVM 运行时可以使用的最大内存的大小
GC	GcCount	GC 次数
线程	ThreadsNew	当前线程中处于 NEW 状态下的线程数量
线程	ThreadsRunnable	当前线程中处于 RUNNABLE 状态下的线程数量
线程	ThreadsBlocked	当前线程中处于 BLOCKED 状态下的线程数量
线程	ThreadsWaiting	当前线程中处于 WAITING 状态下的线程数量
线程	ThreadsTimedWaiting	当前线程中处于 TIMED_WAITING 状态下的线程数量
线程	ThreadsTerminated	当前线程中处于 TERMINATED 状态下的线程数量
事件	LogFatal	固定时间间隔内的 Fatal 的数量
事件	LogError	固定时间间隔内的 Error 的数量
事件	LogWarn	固定时间间隔内的 Warn 的数量
事件	LogInfo	固定时间间隔内的 Info 的数量

12.3.2 RPC 指标

RPC（Remote Procedure Call，远程过程调用）是一种通过网络从远程计算机程序上请求服务，而不需要了解底层网络技术的协议。RPC 指标主要包括收 / 发字节数、授权情况、验证情况等，如表 12-2 所示。

表 12-2 RPC 指标

名称	描 述
ReceivedBytes	收到的字节数
SentBytes	发送的字节数
RpcQueueTimeNumOps	RPC Queue 中完成的 RPC 操作数目
RpcQueueTimeAvgTime	RPC 在交互中的平均等待时间
RpcProcessingTimeNumOps	RPC 在最近的交互中的连接数目
RpcProcessingAvgTime	最近的交互中的平均操作时间
RpcAuthenticationFailures	RPC 授权失败次数
RpcAuthenticationSuccesses	RPC 验证成功次数
RpcAuthorizationFailures	RPC 验证失败次数

（续）

名称	描　述
RpcAuthorizationSuccesses	RPC 授权成功次数
NumOpenConnections	连接打开的数目
CallQueueLength	RPC 队列长度

12.3.3　NameNode 指标

NameNode 指标以操作和时间统计为主，如表 12-3 所示。

表 12-3　NameNode 指标

名称	描　述
CreateFileOps	创建的文件总数
FilesCreated	create 或 mkdir 操作创建的文件和目录总数
FilesAppended	附加的文件总数
GetBlockLocations	GetBlockLocations 操作的总数
FilesRenamed	重命名操作的总数（不是重命名的文件 / 目录数）
GetListingOps	目录列表操作的总数
DeleteFileOps	删除操作的总数
FilesDeleted	删除或重命名操作删除的文件和目录总数
FileInfoOps	GetFileInfo 和 GetLinkFileInfo 操作的总数
AddBlockOps	AddBlock 操作成功的总数
GetAdditionalDatanodeOps	GetAdditionalDatanode 操作的总数
CreateSymlinkOps	CreateSymlink 操作的总数
TransactionsAvgTime	日志记录的平均时间
SyncsNumOps	日志同步的总数
SyncsAvgTime	日志同步的平均时间
BlockReportNumOps	来自 DataNode 的处理块报告总数
BlockReportAvgTime	处理块报告的平均时间（单位：ms）
CacheReportNumOps	DataNode 处理缓存报告的总数
CacheReportAvgTime	处理缓存报告的平均时间（单位：ms）
FsImageLoadTime	在启动时加载 FS 映像的时间（单位：ms）
GetEditNumOps	从 SecondaryNameNode 下载的编辑总数
GetEditAvgTime	平均编辑下载时间（单位：ms）
GetImageNumOps	从 SecondaryNameNode 下载的 FSImage 总数
GetImageAvgTime	平均 FSImage 下载时间（单位：ms）

12.3.4　DataNode 指标

DataNode 指标以读 / 写和汇报统计信息为主，如表 12-4 所示。

表 12-4　DataNode 指标

名称	描　述
BytesWritten	写入总字节数（在写入每个数据包时计数）
BytesRead	读出总字节包含 CRC 验证文件的字节数
BlocksWritten	向硬盘写块的总次数
BlocksRead	从硬盘读块的总次数
BlocksReplicated	块复制的总次数
BlocksRemoved	删除块的数目
BlocksVerified	块验证的总次数
BlockVerificationFailures	块验证失败的次数
ReadsFromLocalClient	从本地读入块的次数
ReadsFromRemoteClient	从远程读入块的次数
WritesFromLocalClient	本地写的次数
WritesFromRemoteClient	远程写的次数
ReadBlockOpNumOps	读块的总次数（一般和 dfs.datanode.blocks_read 一致，读入输入流，增加 dfs.datanode.blocks_read 计数，然后再增加该计数）
ReadBlockOpAvgTime	读块平均时间（单位：ms）
WriteBlockOpNumOps	写块的总次数（一般和 dfs.datanode.blocks_written 一致，先从硬盘写入，增加 dfs.datanode.blocks_read 计数，然后再增加该计数）
WriteBlockOpAvgTime	写块平均时间
BlockChecksumOpNumOps	块检验的次数
BlockChecksumOpAvgTime	块校验的平均时间
CopyBlockOpNumOps	复制块的次数
CopyBlockOpAvgTime	复制块的平均时间（单位：ms）
ReplaceBlockOpNumOps	替换块的次数
ReplaceBlockOpAvgTime	替换块的平均时间
HeartbeatsNumOps	向 NameNode 汇报的总次数
HeartbeatsAvgTime	向 NameNode 汇报的平均时间
BlockReportsNumOps	块报告的次数
BlockReportsAvgTime	块报告的平均时间

12.4　通过 HTTP 界面监控 Hadoop 的状态

Hadoop 集群配置完成后，在默认情况下，Web 监控界面的 50070 端口不需进行用户验证即可访问。但在实际生产环境中不提倡这样做，建议为集群配置安全机制。

将浏览器指向运行 Hadoop 主机的 50070 端口，该端口是 HDFS 的网络用户接口。在默认情况下，Web 界面对于本地主机和具有网络访问权限的任何机器都是可用的。Hadoop 50070 端口监控界面如图 12-1 所示。

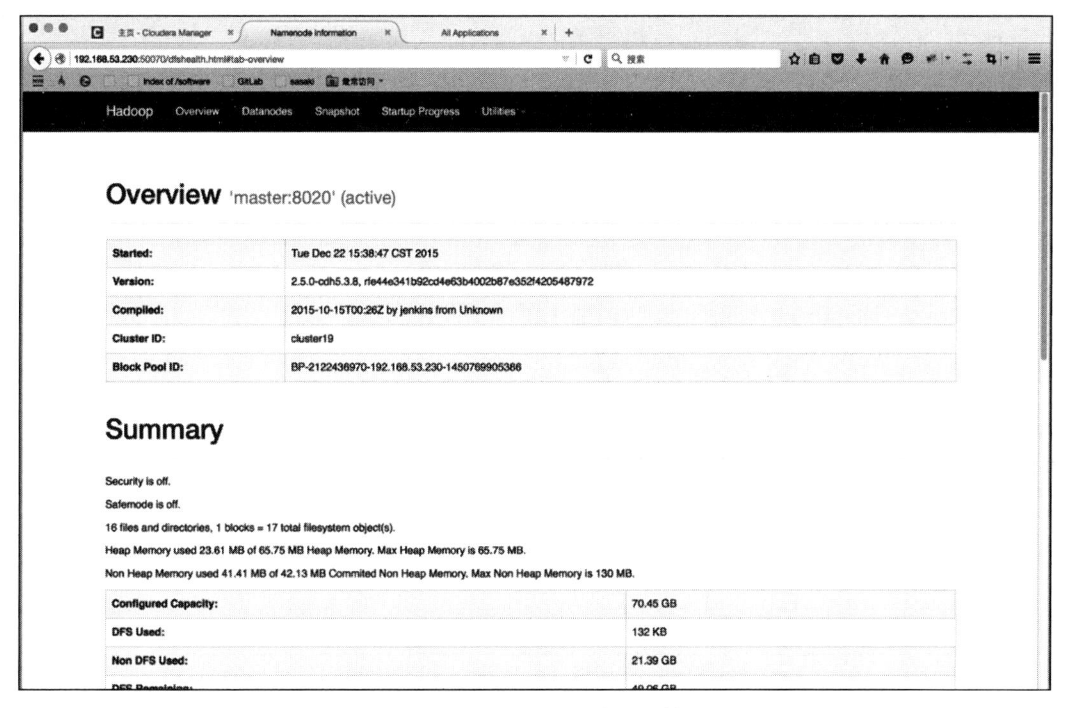

图 12-1　Hadoop 50070 端口监控界面

如图 12-1 所示，这个端口包含很多信息，用户可以通过一些关键数据直观地获知集群的节点数、文件系统的大小、已用空间，以及获取更多信息甚至浏览整个文件系统的链接。对于监控工作而言，在一个多节点的集群中，活跃节点和死亡节点的信息，以及这些节点的详细的历史状态信息对于解决集群故障具有重要的作用。

12.5　Hadoop 的监控命令

12.5.1　fsck 命令

在 HDFS 中，用户可以使用 fsck 命令检查 HDFS 上文件和目录的状态、获取文件的数据块信息和位置信息等，其调用格式如下：

```
hdfs fsck <path>
    [-list-corruptfileblocks |
    [-move | -delete | -openforwrite]
    [-files [-blocks [-locations | -racks | -replicaDetails | -upgradedomains]]]
    [-includeSnapshots]
    [-storagepolicies] [-blockId <blk_Id>]
```

fsck 的主要命令选项及说明如表 12-5 所示。

表 12-5　fsck 的命令选项及说明

命令选项	命令说明
path	开始检查的路径
-delete	删除损坏的文件
-files	打印要检查的文件
-files -blocks	打印块报告
-files -blocks -locations	打印每个块的位置
-files -blocks -racks	打印数据节点位置的网络拓扑
-files -blocks -replicaDetails	打印每个副本的详细信息
-files -blocks -upgradedomains	打印每个块的升级域
-includeSnapshots	如果给定路径指示快照表目录或其下有快照目录，则包括快照数据
-list-corruptfileblocks	打印它们所属的缺失块和文件的列表
-move	将损坏的文件移至 / lost + found 文件下
-openforwrite	打印要写入的文件
-storagepolicies	打印块的存储策略摘要
-blockId	打印有关块的信息

12.5.2　dfsadmin 命令

dfsadmin 是一个多任务的工具，可以用它来获取 HDFS 的状态信息，以及在 HDFS 上执行的管理操作。可以在终端通过 Hadoop dfsadmin 命令调用它，调用它的程序如下：

```
hdfs dfsadmin [GENERIC_OPTIONS]
    [-report [-live] [-dead] [-decommissioning]]
    [-safemode enter | leave | get | wait | forceExit]
    [-saveNamespace]
    [-rollEdits]
    [-restoreFailedStorage true |false |check]
    [-refreshNodes]
    [-setQuota <quota> <dirname>...<dirname>]
    [-clrQuota <dirname>...<dirname>]
    [-setSpaceQuota <quota> [-storageType <storagetype>] <dirname>...<dirname>]
    [-clrSpaceQuota [-storageType <storagetype>] <dirname>...<dirname>]
    [-finalizeUpgrade]
    [-rollingUpgrade [<query> |<prepare> |<finalize>]]
    [-metasave filename]
    [-refreshServiceAcl]
    [-refreshUserToGroupsMappings]
    [-refreshSuperUserGroupsConfiguration]
    [-refreshCallQueue]
    [-refresh <host:ipc_port> <key> [arg1..argn]]
    [-reconfig <datanode |...> <host:ipc_port> <start |status>]
    [-printTopology]
```

```
[-refreshNamenodes datanodehost:port]
[-deleteBlockPool datanode-host:port blockpoolId [force]]
[-setBalancerBandwidth <bandwidth in bytes per second>]
[-getBalancerBandwidth <datanode_host:ipc_port>]
[-allowSnapshot <snapshotDir>]
[-disallowSnapshot <snapshotDir>]
[-fetchImage <local directory>]
[-shutdownDatanode <datanode_host:ipc_port> [upgrade]]
[-getDatanodeInfo <datanode_host:ipc_port>]
[-evictWriters <datanode_host:ipc_port>]
[-triggerBlockReport [-incremental] <datanode_host:ipc_port>]
[-listOpenFiles]
[-help [cmd]]
```

dfsadmin 主要的命令选项及说明如表 12-6 所示。

表 12-6　dfsadmin 的命令选项及说明

命令选项	命令说明
-report [-live] [-dead] [-decommissioning]	报告基本文件系统信息和统计信息，因为它测量所有 DataNode 上的复制、校验和、快照等使用的原始空间。可选标志用于过滤显示的 DataNode 列表
-safemodeenter |leave|get|wait|forceExit	安全模式维护命令。安全模式是一种 NameNode 状态，其中： ① 不接受名称空间的更改（只读） ② 不复制或删除块 在 NameNode 启动时，自动进入安全模式，并在配置的最小块百分比满足最小复制条件时自动离开安全模式。如果 NameNode 检测到任何异常，那么它将以安全模式停留，直到该问题得到解决。如果异常是故意操作的结果，那么管理员可以使用 -safemode forceExit 退出安全模式。可能需要 forceExit 的情况如下： ① NameNode 元数据不一致。如果 NameNode 检测到元数据已修改并可能导致数据丢失，则 NameNode 将进入 forceExit 状态。此时，用户可以使用正确的元数据文件或 forceExit 重新启动 NameNode（如果数据丢失可接受） ② 回滚导致元数据被替换，很少在 NameNode 中触发安全模式 forceExit 状态。在这种情况下，用户可以通过发出 -safemode forceExit 来继续，也可以手动输入安全模式，但仅限手动关闭
-saveNamespace	将当前名称空间保存到存储目录并重置编辑日志。需要安全模式
-rollEdits	在活跃的 NameNode 上滚动编辑日志
-restoreFailedStorage true|false|check	此选项将打开 / 关闭自动尝试以还原失败的存储副本。如果故障的存储仍然可用，系统将尝试在检查点期间恢复编辑。"check" 选项表示返回当前设置
-refreshNodes	重新读取主机并排除文件以更新允许连接到 NameNode 的数据节点集，以及应该停用或重新调试的数据节点集
-finalizeUpgrade	完成 HDFS 的升级。DataNode 删除先前版本的工作目录，然后 NameNode 执行相同的操作，从而完成升级过程

（续）

命令选项	命令说明
-metasave filename	将 NameNode 的主要数据结构保存到 hadoop.log.dir 属性指定目录的 filename 中。如果存在，则覆盖 filename。该文件依次包含以下信息： ① 块总数 ② DataNode 的心跳信息 ③ 等待复制的块 ④ 目前正在复制的块 ⑤ 等待删除的块
-refreshServiceAcl	重新加载服务级别授权策略文件
-refreshUserToGroupsMappings	刷新用户到组的映射
-refreshSuperUserGroupsConfiguration	刷新超级用户代理组映射
-refreshCallQueue	从 config 重新加载呼叫队列
-refresh <host:ipc_port> <key> [arg1..argn]	在主机 <hostname: port> 上触发由 <resource_identifier> 指定资源的实时刷新，之后其他 args 被发送到主机
-reconfig <datanode |…> <host:ipc_port> <start|status>	开始重新配置或获取正在进行的重新配置的状态。第 2 个参数指定节点类型。目前，HDFS 仅支持重新加载 DataNode 的配置
-printTopology	打印 NameNode 报告的机架树及其节点
-refreshNamenodes datanodehost:port	对于给定的 DataNode，重新加载配置文件，停止服务已删除的块池并开始提供新的块池
-deleteBlockPool datanode-host:port blockpoolId [force]	如果传递 force，则删除给定 DataNode 上给定块池 ID 的块池目录及其内容，否则当且仅当目录为空时才删除该目录。如果 DataNode 仍为块池提供服务，则该命令失败
-setBalancerBandwidth <bandwidth in bytes per second>	在 HDFS 块平衡期间更改每个 DataNode 使用的网络带宽。bandwidth 是每个 DataNode 使用的每秒最大字节数，此值将覆盖 dfs.balance.bandwidthPerSec 参数。注意：新值在 DataNode 上不持久
-getBalancerBandwidth <datanode_host:ipc_port>	获取给定 DataNode 的网络带宽（以每秒字节数为单位）。这是在 HDFS 块平衡期间 DataNode 使用的最大网络带宽
-allowSnapshot <snapshotDir>	允许创建目录的快照。如果操作成功完成，则该目录将变为快照
-disallowSnapshot <snapshotDir>	不允许创建目录的快照。在禁止快照之前，必须删除目录的所有快照
-fetchImage <local directory>	从 NameNode 下载最新的 FSImage 并将其保存在指定的本地目录中
-shutdownDatanode <datanode_host:ipc_port> [upgrade]	提交给定 DataNode 的关闭请求
-evictWriters <datanode_host:ipc_port>	使 DataNode 驱逐所有正在编写块的客户端。如果由于编写速度慢而导致停用，则此功能有效

（续）

命令选项	命令说明
-getDatanodeInfo <datanode_host:ipc_port>	获取给定 DataNode 的信息
-triggerBlockReport [-incremental] <datanode_host:ipc_port>	触发给定 DataNode 的块报告。如果指定 incremental，它将是一个完整的块报告
-listOpenFiles	列出 NameNode 当前管理的所有打开的文件以及访问它们的客户端名称和客户端计算机
-help [cmd]	显示给定命令或所有命令的帮助（如果未指定）

12.6 编写自己的监控工具

集群的信息采集可以借助现有的采集工具来完成，也可以基于 Hadoop History Server API、Hadoop Resource Manager API、Spark History Server API 等官方提供的接口开发监控系统。

监控系统的架构如图 12-2 所示，可以设计单独的数据采集代理，周期性地向数据库写入数据，保留一定时间后清除。设计服务器和客户端时，可以按照用户需求进行个性化设计，最终将监控数据以多元化的方式向用户展示，帮助用户了解系统的实时状态。

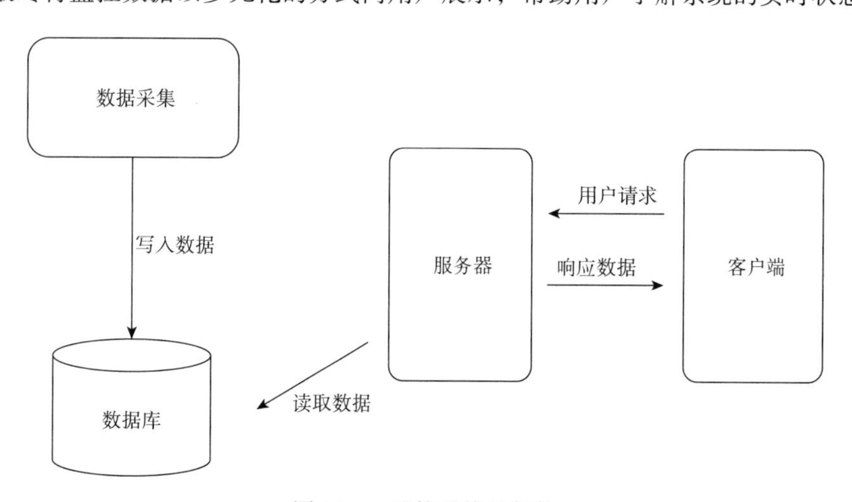

图 12-2 监控系统的架构

12.7 利用 Ganglia 进行 Hadoop 集群监控

Ganglia 是一款性能卓越的开源集群监控平台。它由 Gmond、Gmetad 和 Gweb 组成，具有强大的数据采集功能和绘图功能，擅长对包含数以千计的节点的集群进行监控。Ganglia 不仅可以对节点的硬件性能指标（如 CPU 利用率、硬盘利用率、网络速率等）进行监控，也支持通过自定义的插件对特定的服务指标进行监控。Ganglia 的强大之处体现在对系统性能的监控上，它采用多层次的结构模式，在每一个 Gmond 内同时收集同一个集群内其他 Gmond 采集的数据，再由 Gmetad 轮询 Gmond，这样的结构意味着一台服务器能够通过不同的分层来管理上万台机器。它自带的 Gweb 允许用户自定义监控项并以表格或图形的形式展示出来，从而及时、准确、形象地对数据进行描述，使得用户能够以更为便捷的方式掌握集群的运行状态。

Ganglia 采用的体系结构以及强大的数据采集功能使得它在大型集群监控方面优势明显，并且它所占用的系统资源极少，不会给集群造成过大的负担，用户可以通过使用 Ganglia 来对目标集群进行全面的监控。

12.7.1　Ganglia 的安装

Ganglia 的安装涉及 Gmond、Gmetad 和 Gweb 三个部分。

1. Gmond

Gmond（Ganglia Monitoring Daemon）是一种轻量级服务，安装在每台需要收集指标数据的节点主机上。Gmond 在每台主机上完成指标数据的收集工作，并通过侦听 / 通告协议与集群内其他节点共享数据。使用 Gmond，用户可以收集很多系统指标数据，如 CPU、内存、磁盘、网络和活跃进程的数据等。

Gmond 的安装简单，其所依赖的库（如 libconfuse、pkgconfig、PCRE 和 APR 等）在大多数现行的 Linux 发行版中都已默认安装。由于大多数 Linux 发行版都支持 Ganglia 安装包，因此如果使用 Linux 发行版自带的包管理器（推荐方式），Gmond 的依赖性问题就能够迎刃而解。

大多数现行的 Linux 发行版都可以使用以二进制格式预包装的 Ganglia 部件。下面介绍两种使用广泛的 Linux 发行版：Debian Linux 和 RPM Linux。

在 Debian Linux 上安装 Gmond 时需执行如下程序：

```
用户名@机器名:# sudo apt-get install ganglia-monitor
```

RPM Linux 则有所不同，有些发行版的 Ganglia 安装包位于其基础软件库中，而有些发行版需要通过专用软件包来获取 Ganglia 的安装包，如 Red Hat 项目的 EPEL（Extra Packages for Enterprise Linux）。当使用 RPM Linux 时，用户需在本地软件库中搜索 Gmond 安装包，命令如下：

```
用户名@机器名:$ yum search ganglia-gmond
```

如果搜索失败，可能是因为当前 RPM 发行版中没有 Ganglia 安装包。Red Hat 用户可以从 EPEL 资源库中安装 Ganglia，下面给出几个例子来展示如何在 Red Hat 5.x 和 Red Hat 6.x 中添加 EPEL 资源库。

在 Red Hat 5.x 中添加 EPEL 资源库的命令如下：

```
用户名@机器名:# sudo rpm -Uvh \ http://mirror.ancl.hawaii.edu/linux/epel/5/i386/
    epel-release-5-4.noarch.rpm
```

在 Red Hat 6.x 中添加 EPEL 资源库的命令如下：

```
用户名@机器名:# sudo rpm -Uvh \ http://mirror.chpc.utah.edu/pub/epel/6/i386/
    epel-release-6-7.noarch.rpm
```

最后安装 Gmond，需输入的命令如下：

```
用户名@机器名:# sudo yum install ganglia-gmond
```

2. Gmetad

Gmetad（Ganglia Meta Daemon）是一种从其他 Gmetad 或 Gmond 源收集指标数据，并将其以 RRD 格式存储至磁盘的服务。Gmetad 为从主机收集的特定指标信息提供了简单的查询机制，并支持分级授权，使得创建联合监测域成为可能。

与安装 Gmond 一样，建议采用 Linux 发行版软件库中预打包的二进制包安装 Ganglia 部件。下面介绍两种使用广泛的发行版。

在 Debian Linux 上安装 Gmond 时，需执行如下命令：

```
用户名@机器名:# sudo apt-get install gmetad
```

对于 RPM Linux，正如之前在 Gmond 的安装中介绍的，如果本地软件库不提供 Gmetad，那么需要安装 EPEL，需在安装 EPEL 后输入如下命令：

```
用户名@机器名:# sudo yum install ganglia-gmetad
```

3. Gweb

从软件库中安装 Gweb 相当简单，所需条件会自动满足，只需几条简单命令就可以运用网络接口了。

要在 Debian Linux 上安装 Gweb，需要超级用户或高级别用户执行下列命令：

```
用户名@机器名:# apt-get install apache2 php5 php5-json
```

如果执行上述命令后，Gweb 还不能运行，则用户可以执行该命令安装 Apache 和 PHP 5 以满足 Gweb 安装的必要条件。用户可能还需要启动 PHP JSON 模块，此时需要执行如下命令：

```
用户名@机器名:# grep ^extension=json.so /etc/php5/conf.d/json.ini
```

如果该模块不能运行，则要通过下列命令使其运行：

```
用户名@机器名:# echo 'extension=json.so' >> /etc/php5/conf.d/json.ini
```

接下来可以下载最新版本的 Gweb（https://ganglia.info/download），解压并编译 Makefile 来安装 Gweb，程序如下：

```
用户名@机器名:# tar -xvzf ganglia-web-major.minor.release.tar.gz
用户名@机器名:# cd ganglia-web-major.minor.release
```

编译 Makefile 并设置变量 DESTDIR 和 APACHE_USER。在 Debian Linux 上，默认设置如下：

```
# Location where gweb should be installed to
    DESTDIR = /var/www/html/ganglia2
APACHE_USER =www-data  ...
```

设置完成后，就可以使用 Gweb 了（http://server_ipaddr/ganglia2/），用户可以修改其名称。最后，运行下列命令：

```
用户名@机器名:# make install 如果没有显示错误提示，那么说明 gweb 安装成功。
```

在 RPM Linux 上安装 Gweb 与在 Debian Linux 发行版上安装 Gweb 的方法类似。首先安装 Apache 和 PHP 5，其程序如下：

```
用户名@机器名:# yum install httpd php
```

用户也需要启用 PHP 的 JSON 扩展，JSON 已经包含在 PHP 5.2 及更新版本中。通过检查 /etc/php.d/json.ini 文件来检查 JSON 扩展的状态，如果已经启用 JSON 扩展，则在该文件中应该包含类似下面语句的命令：

```
extension=json.ini
```

下载最新版本的 Gweb（https://sourceforge.net/projects/ganglia/files/gweb/），然后编译 Makefile 来安装 Gweb 2，其程序如下：

```
用户名@机器名:# tar -xvzf ganglia-web-major.minor.release.tar.gz
用户名@机器名:# cd ganglia-web-major.minor.release
```

编译 Makefile 并设置变量 DESTDIR 和 APACHE_USER。在 RPM Linux 上，默认设置如下：

```
# Location where gweb should be installed to DESTDIR = /var/www/html/
    ganglia2 APACHE_USER = apache ...
```

设置完成后，就可以使用 Gweb 了（http://<server ip address>/ganglia2/），用户可以修改其名称。最后，运行下列命令：

```
用户名@机器名:# make install
```

如果没有显示错误提示，则说明 Gweb 安装成功。

12.7.2　Ganglia 的使用测试

由于 Ganglia 的默认配置加上少数特殊的配置就能满足大多数场景的需求，因此我们对于其配置可选项不加以特殊说明，如果有需要可以查阅手册。在配置完成后，即可对 Ganglia 进行测试。

理论上说，各项进程的启动并无先后顺序，但如果按照下面推荐的 6 个步骤顺序启动，则元数据重传至 UDP 汇聚节点时不会有延时，用户也不会在 Web 服务器上看到错误页面和不完整数据。

1）如果使用 UDP 单播拓扑，则需要先启动 UDP 汇聚节点，以确保它在其他节点首次传输元数据时处于侦听状态。

2）启动其他 Gmond 程序。

3）如果使用 rrdcached，则启动所有 rrdcached 程序。

4）启动层次化结构中级别最低的 Gmetad 程序，不会轮询其他的 Gmetad 程序。

5）按照层次顺序启动其他 Gmetad 程序。

6）启动 Apache 网络服务器。Web 服务器应在 Gmetad 之后启动，否则 PHP 脚本连接不到 Gmetad，用户将会看到端口 8652 错误。

当 Ganglia 的安装跨越网络中的多个子网络时，防火墙问题就非常普遍。可以收集各种守护进程的防火墙需求，帮助用户解决守护进程间的互通问题。

1）Gmond 默认使用多播，对于那些跨越一个子网的集群，需要将其配置为单播发送和接收。如果 Gmond 主机和其他主机通信时必须穿过防火墙，那么通信双向都应该允许 UDP/8649。多播时必须在中间防火墙和路由器中开启 IGMP。

2）Gmond 通过 TCP 端口 8649 侦听 Gmetad 连接。如果 Gmetad 必须经过防火墙才能到达某些 Gmond 节点，那么需要允许 TCP/8649 入站至每个集群的某些节点。

3）Gmetad 通过 TCP 端口 8651 和 8652 侦听连接。前者类似于 Gmond 的 8649 端口，后者则是传送特定查询的交互式查询端口。这些端口都为 Gweb 所用，而 Gweb 通常与 Gmond 安装在同一台主机上。所以，除非使用某些高级集成特性（如与 Nagios 集成）或使用自定义脚本查询 Gmetad，否则 Gmetad 不需要配置防火墙 ACL。

4）Gweb 运行在 Web 服务器上，通常通过端口 80 和 443（如果开启 SSL）进行侦听。如果 Gweb 服务器与终端用户被防火墙隔离（很可能的一种情形），那么要允许 TCP/80 和 TCP/443（如果开启 SSL）与 Gweb 服务器相连。

5）如果 Ganglia 安装了 sFlow 聚合器，并且 sFlow 聚合器必须通过防火墙才能到达 Gmond 侦听器，那么要允许 UDP/6343 与 Gmond 侦听器相连。

至此，按照默认配置即可打开 Ganglia 的 Gweb 监控页面，如图 12-3 所示。

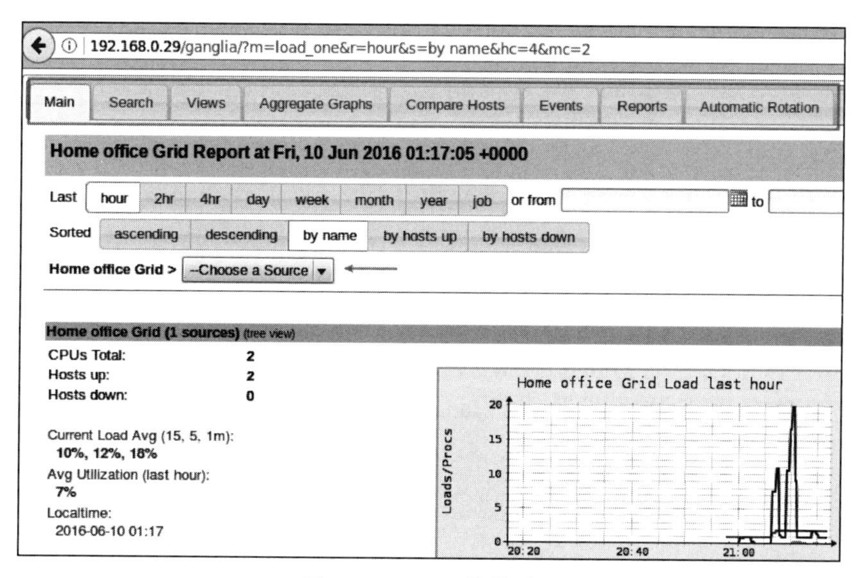

图 12-3 Gweb 监控页面

Gweb由若干顶层选项卡组成，包括Main、Search、Views、Aggregate Graphs、Compare Hosts、Events、Reports、Automatic Rotation、Live Dashboard和Mobile。这些选项卡使用户可以快捷准确地看到所需信息。

12.8　Hadoop的其他监控工具

目前，各大IT公司都有一套适合自己的监控体系。类似HP公司的OpenView和IBM公司的Tivoli等软件价格昂贵，而Cacti、Nagios、Ganglia、Zabbix、JMX等开源监控服务软件由于允许用户根据自己的需求设计各种功能和插件，因此应用程度较高。本节将对Zabbix、Nagios这两款常用的监控软件进行简单说明。

Zabbix是一个用于分布式系统和网络参数监控的开源工具。它可以监控网络和服务的实时状况，也可以通过多种方式向使用者预警，支持以邮件、短信、微信等通知方式，确保在出现故障时，相关人员能快速地对问题做出反应。Zabbix同时支持主动和被动两种方式的数据传输，支持用户自由选择数据显示形式，用户可以自定义时间间隔以收集数据。Zabbix的Web前端可以让使用者在局域网内的任意地点通过任意终端获取系统的网络及服务状况。但Zabbix存在性能瓶颈，当机器量增加时，数据量也会随之增加，使得数据库的写入成为系统的瓶颈。对此，官网给出的单机上限是5000台，一旦超过这个数量就需要增加代理，即增加相应成本。

Nagios是一个可以运行在Linux或者UNIX平台上的监控网络服务和主机资源的开源监视系统。在与用户交互的部分，它通过Web界面向系统管理人员展示系统的实时状态、历史数据和系统运行日志等。除监控外，报表功能也是Nagios中比较常用的功能，管理员可以通过报表得到目标时间周期的系统运行状况，当系统运行出现问题或者发生故障时，它会通过Email、短信或用户定义的其他方式向用户发送报警信息。但是，它对性能和流量等指标的处理能力比较差，而且不保存历史数据，只能监控实时状态并报警，出错后难以追查故障的原因，这对一个大型的大数据管理系统的维护来说是难以接受的。

习题12

1. 请简述大数据计算系统监控的准备工作。
2. 请简述你对硬件资源监控的理解。
3. 请简述你对HDFS监控的理解。
4. 请简述你对EditsLog与FSImage的理解。
5. 请简述你对12.3节提到的监控指标的理解。
6. 请简述如何通过HTTP界面监控Hadoop的状态。
7. 试着应用fsck和dfsadmin命令。
8. 试着应用Ganglia进行测试与监控。

第 13 章

大数据计算系统的运维

大数据计算系统的运维指的是对大数据计算系统中的软硬件在生命周期的各个阶段进行运营与维护，从而在成本、稳定性、效率上达成一致可接受的状态。本章以 Hadoop 为例介绍大数据计算系统的运维方法，包括 Hadoop 及相关服务的启动与停止、用户身份确认及授权、Hadoop 的运维命令、Hadoop 中的数据迁移和备份、Hadoop 的容灾处理以及 Hadoop 的故障检测。

13.1 Hadoop 及相关服务的启动与停止

在已经安装 ZooKeeper、Hadoop、HBase 的集群中启动和停止 Hadoop 系统及相关服务时，需要注意启停服务的顺序并检验相关服务是否已经成功启动或关闭。

13.1.1 启动操作及顺序

以 3 个节点的集群为例。假设 3 个节点分别是 hmaster、hslave1 和 hslave2，这 3 个节点上都安装了 ZooKeeper、Hadoop 和 HBase，其启动顺序为 ZooKeeper（集群中配置 ZooKeeper 服务的所有服务器）→ Hadoop（主节点）→ HBase（主节点）。

1. 启动 ZooKeeper

在 3 个节点上依次启动 ZooKeeper。需要先切换到预先设置的 HBase 指定用户，ZooKeeper 必须先进入 bin 目录，再输入启动命令 zkServer.sh start。

sbin 正常启动的状态如下：

```
[用户名@机器名]$ zkServer.sh start
        JMX enabled by default
        Using config: /home/hbase/hb/zookeeper-3.4.5/bin/../conf/zoo.cfg
        Starting zookeeper ... STARTED
```

3 个节点会自动选举出一个 leader，其余节点都是 follower。查看节点 ZooKeeper 启动状态的命令为 zkServer.sh status。

查看状态的命令如下：

```
[用户名@机器名]$ ./zkServer.sh status
        JMX enabled by default
        Using config: /home/hbase/hb/zookeeper-3.4.5/bin/../conf/zoo.cfg
        Mode: follower
```

查看是否启动成功的命令如下：

```
[用户名@机器名]$ jps
        1926 QuorumPeerMain
        2001 Jps
```

2. 启动 Hadoop 集群

当启动 Hadoop 集群时，需要执行 Hadoop 安装目录的 sbin 文件夹下的 start-all.sh 命令，参考启动命令为 sbin/start-all.sh。

正常启动状态如下：

```
[用户名@机器名 hadoop]$ ./sbin/start-all.sh
starting namenode, logging to /home/hbase/hb/hadoop-2.7.4/libexec/../logs/
    hadoop-hbase-namenode-hmaster.out
hslave1: starting datanode, logging to /home/hbase/hb/hadoop-2.7.4/
    libexec/../logs/hadoop-hbase-datanode-hslave1.out
hslave2: starting datanode, logging to /home/hbase/hb/hadoop-2.7.4/
    libexec/../logs/hadoop-hbase-datanode-hslave2.out
hmaster: starting secondarynamenode, logging to /home/hbase/hb/hadoop-2.7.4/
    libexec/../logs/hadoop-hbase-secondarynamenode-hmaster.out
starting jobtracker, logging to /home/hbase/hb/hadoop-2.7.4/libexec/../logs/
    hadoop-hbase-jobtracker-hmaster.out
hslave2: starting tasktracker, logging to /home/hbase/hb/hadoop-2.7.4/
    libexec/../logs/hadoop-hbase-tasktracker-hslave2.out
hslave1: starting tasktracker, logging to /home/hbase/hb/hadoop-2.7.4/
    libexec/../logs/hadoop-hbase-tasktracker-hslave1.out
```

查看是否启动成功的命令如下：

```
[用户名@机器名]$ jps
2511 Jps
2082 NameNode
1926 QuorumPeerMain
2280 SecondaryNameNode
```

3. 启动 HBase

在主节点上启动 HBase 的命令如下：

```
[用户名@机器名]$ cd ../../hbase-0.94.27/bin/
[用户名@机器名]$ ./start-hbase.sh
```

正常启动状态如下：

```
starting master, logging to /home/hbase/hb/hbase-0.94.27/bin/../logs/hbase-
    hbase-master-hmaster.out
hslave1: starting regionserver, logging to /home/hbase/hb/hbase-0.94.27/
    bin/../logs/hbase-hbase-regionserver-hslave1.out
hslave2: starting regionserver, logging to /home/hbase/hb/hbase-0.94.27/
    bin/../logs/hbase-hbase-regionserver-hslave2.out
```

如果要启动 thrift 接口，则需要在每个节点上开启 thrift，命令如下：

```
[用户名@机器名]$ ./hbase-daemon.sh start thrift
```

正常启动状态如下：

```
starting thrift, logging to /home/hbase/hb/hbase-0.94.27/bin/../logs/hbase-
    hbase-thrift-hmaster.out
```

查看是否启动成功的命令如下：

```
[用户名@机器名]$ jps
2082 NameNode
1926 QuorumPeerMain
2865 ThriftServer
2935 Jps
2280 SecondaryNameNode
2665 HMaster
```

集群启动后，判断集群启动是否完成的方法比较简单，即输入 jps 命令。其余步骤如上文所示，这里不再赘述。

13.1.2　停止操作及顺序

当停止 Hadoop 系统及相关服务时，同样需要注意顺序。简单来说，关闭顺序与启动顺序恰好相反。本节仍然以 3 个节点的集群为例，其关闭顺序为 HBase（主节点）→ Hadoop（主节点）→ ZooKeeper（集群中每一个启动 ZooKeeper 服务的节点）。

1. 关闭 HBase

在一般情况下，退出 HBase Shell 之后，进入 HBase 主文件夹，输入 bin/stop-hbase.sh 即可关闭 HBase。也可以手动依次关闭 HBase 组件，即先停止 Thrift Server 和客户端，然后关闭集群。

停止 Thrift Server 和客户端的命令如下：

```
sudo service hbase-thrift stop
```

关闭集群使用的命令如下：

```
hbase-daemon.sh stop master
```

在托管 Region Server 的每个节点上使用的命令如下：

```
hbase-daemon.sh stop regionserver
```

2. 关闭 Hadoop 集群

在一般情况下，进入 Hadoop 主文件夹，输入 /sbin/stop-all.sh 即可关闭 Hadoop 集群。也可以手动依次关闭 Hadoop 组件，即依次停止 MapReduce、YARN 和 HDFS。

停止 MapReduce，需先停止 JobTracker 服务，然后在运行 Task Tracker 的所有节点上将其停止。使用的命令如下：

```
sudo service hadoop-0.20-mapreduce-jobtracker stop
sudo service hadoop-0.20-mapreduce-tasktracker stop
```

停止 YARN，需在运行 MapReduce JobHistory 服务、ResourceManager 服务和 NodeManager

的所有节点上停止这些服务。使用的命令如下：

```
hadoop-daemon.sh stop historyserver
yarn-daemon.sh stop resourcemanager
yarn-daemon.sh stop nodemanager
```

停止 HDFS 的步骤如下。

1）在 NameNode 上使用如下命令：

```
hadoop-daemon.sh stop namenode
```

2）在 Secondary NameNode 上（如果该进程存在）使用如下命令：

```
hadoop-daemon.sh stop secondnamenode
```

3）在每个 DataNode 上使用如下命令：

```
hadoop-daemon.sh stop datanode
```

3. 关闭 ZooKeeper

要关闭 ZooKeeper，必须先进入 bin 目录，再输入关闭命令：

```
#zkServer.sh  stop  停止 / 关闭
```

13.1.3　任务停止后的日志查看

1. 通过本地日志目录查看对应的 container 日志文件

日志文件默认存放在 Hadoop 的安装目录的 /logs/userlogs/ 子目录中，直接用查看文件命令查看即可，查看日志的结果如图 13-1 所示。

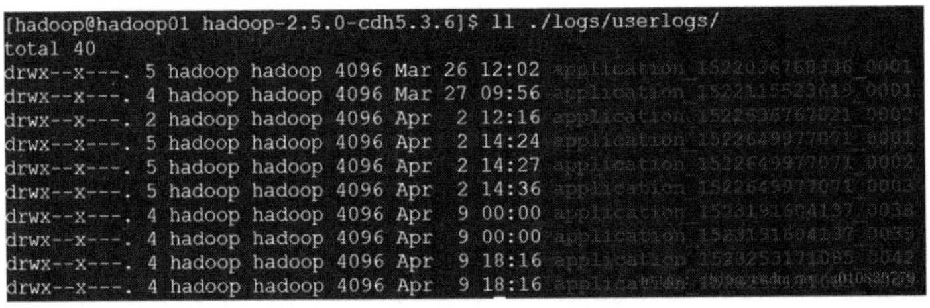

```
[hadoop@hadoop01 hadoop-2.5.0-cdh5.3.6]$ ll ./logs/userlogs/
total 40
drwx--x---. 5 hadoop hadoop 4096 Mar 26 12:02 application_1522036768336_0001
drwx--x---. 4 hadoop hadoop 4096 Mar 27 09:56 application_1522115523619_0001
drwx--x---. 2 hadoop hadoop 4096 Apr  2 12:16 application_1522636767021_0002
drwx--x---. 5 hadoop hadoop 4096 Apr  2 14:24 application_1522649977071_0001
drwx--x---. 5 hadoop hadoop 4096 Apr  2 14:27 application_1522649977071_0002
drwx--x---. 5 hadoop hadoop 4096 Apr  2 14:36 application_1522649977071_0003
drwx--x---. 4 hadoop hadoop 4096 Apr  9 00:00 application_1523191604137_0038
drwx--x---. 4 hadoop hadoop 4096 Apr  9 00:00 application_1523191604137_0039
drwx--x---. 4 hadoop hadoop 4096 Apr  9 18:16 application_1523253171085_0042
drwx--x---. 4 hadoop hadoop 4096 Apr  9 18:16 applica[illegible]
```

图 13-1　用查看文件命令查看日志的结果

请注意，该地址目录下的应用运行日志并不是完整的，因为任务运行日志由每一个 NameNode 产生，存储在本地，然后再聚合到文件系统中。

2. 浏览器后台查看

在浏览器后台也可以查看日志，需要在 /yarn/logs/${user}/logs 目录中找到对应的 applicationID，甚至 containerID 才能查看。下面通过一个例子说明查看方法，如图 13-2 所示。

查找对应的 applicationID 的命令如下：

```
[用户名@机器名]$ hdfs dfs -cat /yarn/logs/hadoop/logs/application_
    1523430872525_0002/hadoop01_60127
```

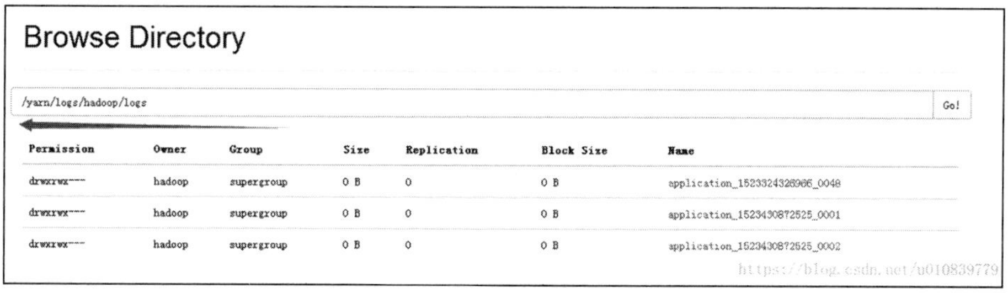

Browse Directory

/yarn/logs/hadoop/logs Go!

Permission	Owner	Group	Size	Replication	Block Size	Name
drwxrwx---	hadoop	supergroup	0 B	0	0 B	application_1523324326966_0048
drwxrwx---	hadoop	supergroup	0 B	0	0 B	application_1523430872525_0001
drwxrwx---	hadoop	supergroup	0 B	0	0 B	application_1523430872525_0002

图 13-2 在浏览器上查看日志文件结果

其中，${user} 是启动 YARN 模块服务的用户，例如，本节是以 Hadoop 用户启动的，所以目录为 /yarn/logs/hadoop/logs。不过，该种方式需要配置聚合日志功能，而且该种方式需要启动 jobhistoryserver 服务。开启 jobhistoryserver 服务的方式如下。

1）配置文件修改。Hadoop JobHistory 记录已运行完成的 MapReduce 作业信息并存放在指定的 HDFS 目录下，jobhistoryserver 在默认情况下是没有启动的，需要在配置完成后手动启动服务。mapred-site.xml 添加的配置如下：

```
<property>
  <name>mapreduce.jobhistory.address</name>
  <value>hadoop000:10020</value>
  <description>MapReduce JobHistory Server IPC host:port</description>
</property>
<property>
  <name>mapreduce.jobhistory.webapp.address</name>
  <value>hadoop000:19888</value>
  <description>MapReduce JobHistory Server Web UI host:port</description>
</property>
<property>
    <name>mapreduce.jobhistory.done-dir</name>
    <value>/history/done</value>
</property>
<property>
    <name>mapreduce.jobhistory.intermediate-done-dir</name>
    <value>/history/done_intermediate</value>
</property>
```

2）启动 historyserver。启动 historyserver 的命令如下：

```
[用户名@机器名]$HADOOP_HOME/sbin/mr-jobhistory-daemon.sh start historyserver
```

3. 使用命令查看

可使用 yarn logs 加回车键来查看其帮助。

查看 application 的日志的命令如下：

```
[用户名@机器名]$ yarn logs -applicationId application_1523430872525_0002
```

查看某一个 container 的日志的命令如下：

```
[用户名@机器名]$ yarn logs -applicationId application_1523430872525_0002 -
    containerId container_1523191604137_0016_02_000001 -nodeAddress hadoop01:60127
```

4. 其他查看日志的方式

查看具体日志方式有很多，还可以在浏览器中直接单击查看，如单击 http://hadoop:19888 或者 http://hadoop01:8088 中的链接以查看其日志内容。与第二种方式相同，这种方式也需要开启 historyserver。查看日志的结果如图 13-3 所示。

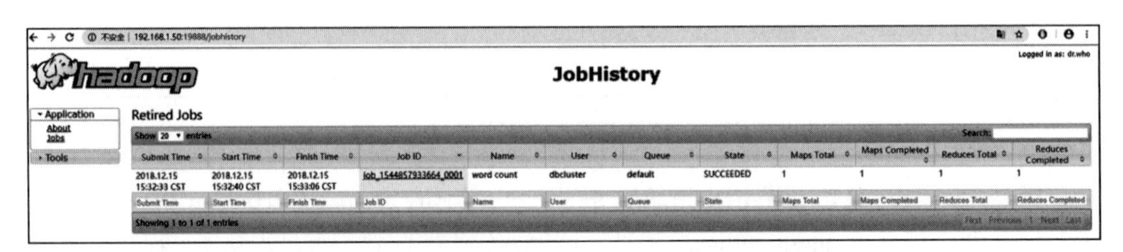

图 13-3　通过 Hadoop JobHistory 查看日志结果

13.2　用户身份确认和授权

用户身份确认和授权在 Hadoop 中是两个易混淆的主题，因此要先区分授权和身份确认的概念。在一般情况下，身份确认的目的是确认当前声称具有某种身份的用户确实是所声称的用户，授权的功能是定义对资源的访问权限。简单来说，身份确认是确定“我是谁”的一种方式，授权是决定“我能做什么”的方式。

13.2.1　身份确认

Hadoop 在默认情况下不会进行身份确认，这导致 Hadoop 不够安全，因为这会对企业的数据中心造成严重影响。

假设某用户可以访问一个 Hadoop 集群。这个集群并没有启用任何 Hadoop 安全特性，这意味着没有验证用户标识的措施。假设这个集群的超级用户是 hdfs，而该用户没有超级用户 hdfs 的密码。但是，该用户刚好有一个客户端机器，通过一些配置，该用户就可以访问 Hadoop 集群。比如，该用户可以执行以下命令：

```
sudo useradd hdfs
sudo -u hdfs hadoop fs -rmr /
```

集群执行命令后，会告诉该用户“ Ok, hdfs, I deleted everything! ”。在这个过程中，集群中发生了下述事情。

在一个非安全的集群中，NameNode 和 JobTracker 不需要任何身份确认。如果某一个进程发起一个请求，声称自己是 hdfs 或者 mapred，Hadoop 的各个组件都会给予信任，允许它做任何 hdfs 或 mapred 可以做的事。

为了保证系统的安全性，Hadoop 有能力以 Kerberos 的形式要求进行身份确认。Kerberos 是一种身份确认的协议，用“ticket”让节点标识自身，Hadoop 可使用 Kerberos 协议确保有人发出请求时，这种机制被用于整个集群。因此，在一个安全的 Hadoop 集群中，所有的 Hadoop 守护进程使用 Kerberos 进行相互认证，这意味着，当两个守护进程相互通信时，它们能确保彼此的守护进程的身份。此外，该机制允许 NameNode 和 JobTracker 确保任何 HDFS 或 MR 请求以适当的授权级别执行。

13.2.2　授权

授权和身份确认是完全不同的。授权决定给定的用户在 Hadoop 集群内可以做或不可以做的事。在 HDFS 中，这主要通过文件权限来制约。HDFS 文件权限与 BSD 文件权限非常相似。如果使用命令 ls-l，则有可能看到下面的记录：

```
drwxr-xr-x  2 natty hadoop  4096 2017-03-01 11:18 foo
-rw-r-r-  1 natty hadoop    87 2017-02-13 12:48 bar
```

熟悉 Linux 系统的用户应该都知道，在最左侧的字符串中，第一个字母确定文件是否为目录；然后有 3 组字符串，每组字符串有 3 个字母。这些组分别表示所有者、组和其他用户的权限，“RWX”表示读、写和执行权限。接下来“natty hadoop”部分表示该文件是由 natty 拥有，属于 hadoop 组。在 Hadoop 中可以运行下面的命令修改文件的属主：

```
[用户名@机器名]hadoop fs -chown fake_user:fake_group /test-dir
```

但是，如果用户和组确实不存在，则除了超级用户（默认的超级用户包括 hdfs、mapred 和其他 hadoop 超级组的成员）外没有人可以访问这个文件。在 MapReduce 的上下文中，用户和组可以确定允许提交或修改 Job 的角色，在 MapReduce 中，由调度器来控制队列提交。管理员可以定义允许通过 MapReduce ACL 将 Job 提交到特定队列的角色中。这些 ACL 也可以基于 job-by-job 来定义。如果指定的用户或组不存在，则除非超级用户询问 NameNode 和 JobTracker 找出用户所属的用户组，否则队列将不可用。

当用户运行 Hadoop 的命令时，NameNode 或 JobTracker 获取正在运行该命令的用户的信息。最重要的是，它知道该用户的用户名。后台程序使用该用户名来确定用户所属的组。这是通过使用一个接口接收用户名，将其映射到该用户所属的组来实现的。在默认安装中，以用户 – 用户组的映射实现 forks off 子进程执行的命令如下：

```
[用户名@机器名]$ hadoop fsck /
```

如果存在错误，则在运行命令之后会指出具体错误，否则只会出现一些点，一个点表示一个文件。

```
Status: HEALTHY
 Total size:    14466494870 B
 Total dirs:    502
 Total files:   1592 (Files currently being written: 2)
 Total blocks (validated):      1725 (avg. block size 8386373 B)
 Minimally replicated blocks:   1725 (100.0 %)
 Over-replicated blocks:        0 (0.0 %)
 Under-replicated blocks:       648 (37.565216 %)
 Mis-replicated blocks:         0 (0.0 %)
 Default replication factor:    2
 Average block replication:     2.0
 Corrupt blocks:                0
 Missing replicas:              760 (22.028986 %)
```

```
 Number of data-nodes:          2
 Number of racks:               1
FSCK ended at Sun Mar 01 20:17:57 CST 2015 in 608 milliseconds

The filesystem under path '/' is HEALTHY
```

1）若 hdfs-site.xml 中的 dfs.replication 设置为 3，而实现中只有 2 个 DataNode，则在执行 fsck 命令时会出现以下错误；

```
/hbase/Mar0109_webpage/59ad1be6884739c29d0624d1d31a56d9/il/
    43e6cd4dc61b49e2a57adf0c63921c09:  Under replicated blk_-
    4711857142889323098_6221. Target Replicas is 3 but found 2 replica(s).
```

由于原来的 dfs.replication 为 3，后来下线了一台 DataNode，并将 dfs.replication 改为 2，但原来已创建的文件也记录 dfs.replication 为 3，因此出现以上错误，并导致 Under-replicated blocks: 648 (37.565216 %)。

2）fsck 工具还可以用来查看一个文件包含的块，以及这些块的位置等，命令如下：

```
[用户名@机器名]$ hadoop fsck /hbase/Feb2621_webpage/c23aa183c7cb86af27f15d4c2aee2795/
    s/30bee5fb620b4cd184412c69f70d24a7 -files -blocks -racks
FSCK started by jediael from /10.171.29.191 for path /hbase/Feb2621_webpage/
    c23aa183c7cb86af27f15d4c2aee2795/s/30bee5fb620b4cd184412c69f70d24a7 at
    Sun Mar 01 20:39:35 CST 2015
/hbase/Feb2621_webpage/c23aa183c7cb86af27f15d4c2aee2795/s/30bee5fb
    620b4cd184412c69f70d24a7 21507169 bytes, 1 block(s):  Under replicated
    blk_7117944555454804881_3655. Target Replicas is 3 but found 2 replica(s).
0. blk_7117944555454804881_3655 len=21507169 repl=2 [用户名@机器名]$ hadoop
    fsck -files
Usage: DFSck <path> [用户名@机器名]$ start-balancer.sh
starting balancer, logging to /var/log/hadoop/hadoop-jediael-balancer-master.out
```

查看日志的结果如下：

```
[用户名@机器名]$ pwd
/var/log/hadoop
[用户名@机器名]$ ls
hadoop-jediael-balancer-master.log  hadoop-jediael-balancer-master.out
[用户名@机器名]$ cat hadoop-jediael-balancer-master.log
2015-03-01 21:08:08,027 INFO org.apache.hadoop.net.NetworkTopology: Adding a
    new node: /default-rack/10.251.0.197:50010
2015-03-01 21:08:08,028 INFO org.apache.hadoop.net.NetworkTopology: Adding a
    new node: /default-rack/10.171.94.155:50010
2015-03-01 21:08:08,028 INFO org.apache.hadoop.hdfs.server.balancer.
    Balancer: 0 over utilized nodes:
2015-03-01 21:08:08,028 INFO org.apache.hadoop.hdfs.server.balancer.
    Balancer: 0 under utilized nodes:
```

13.3 Hadoop 的运维命令

Hadoop 中有一系列用于运维的命令，本节将对这些命令进行介绍。

13.3.1　Hadoop Shell 中的运维命令

1）列出所有 Hadoop Shell 支持的命令：

```
[用户名@机器名]$ bin/hadoop fs -help
```

2）展示关于某个命令的详细信息：

```
[用户名@机器名]$ bin/hadoop fs -help command-name
```

3）在指定路径下查看历史日志汇总：

```
[用户名@机器名]$ bin/hadoop job -history output-dir
```

该命令会显示作业的细节信息，即失败和停止的任务细节。

4）关于作业的更多细节（如成功的任务，以及对每个任务所做的尝试次数等）可以用下面的命令查看：

```
[用户名@机器名]$ bin/hadoop job -history all output-dir
```

5）格式化一个新的分布式文件系统的命令如下：

```
[用户名@机器名]$ bin/hadoop namenode -format
```

6）在分配的 NameNode 上，运行下面的命令启动 HDFS：

```
[用户名@机器名]$ bin/start-dfs.sh
```

该脚本会参照 NameNode 上 {HADOOP_CONF_DIR}/slaves 文件的内容，在所有列出的 Slave 上启动 DataNode 守护进程。

7）在分配的 JobTracker 上，运行下面的命令启动 Map/Reduce：

```
[用户名@机器名]$ bin/start-mapred.sh
```

该脚本会参照 JobTracker 上 {HADOOP_CONF_DIR}/slaves 文件的内容，在所有列出的 Slave 上启动 TaskTracker 守护进程。

8）在分配的 NameNode 上，执行下面的命令停止 HDFS：

```
[用户名@机器名]$ bin/stop-dfs.sh
```

该脚本会参照 NameNode 上 {HADOOP_CONF_DIR}/slaves 文件的内容，在所有列出的 Slave 上停止 DataNode 守护进程。

9）在分配的 JobTracker 上，运行下面的命令停止 Map/Reduce：

```
[用户名@机器名]$ bin/stop-mapred.sh
```

该脚本会参照 JobTracker 上 {HADOOP_CONF_DIR}/slaves 文件的内容，在所有列出的 Slave 上停止 TaskTracker 守护进程。

10）创建一个名为 /foodir 的目录：

```
[用户名@机器名]$ bin/hadoop dfs -mkdir /foodir
```

11）查看名为 /foodir/myfile.txt 的文件内容：

```
[用户名@机器名]$ bin/hadoop dfs -cat /foodir/myfile.txt
```

12）将集群置于安全模式：

```
[用户名@机器名]$ bin/hadoop dfsadmin -safemode enter
```

13）显示 DataNode 列表：

```
[用户名@机器名]$ bin/hadoop dfsadmin -report
```

14）使 DataNode 节点 datanodename 退出计算：

```
[用户名@机器名]$ bin/hadoop dfsadmin -decommission datanodename
```

15）用 bin/hadoop dfsadmin -help 命令可以列出当前支持的所有命令。下面给出几个例子。

① -report：报告 HDFS 的基本统计信息。也可以在 NameNode Web 服务首页查看部分信息。

② -safemode：虽然通常并不需要，但是管理员可以手动让 NameNode 进入或离开安全模式。

③ -finalizeUpgradc：删除上一次升级时制作的集群备份。

16）显式地将 HDFS 置于安全模式：

```
[用户名@机器名]$ bin/hadoop dfsadmin -safemode
```

17）在升级之前，管理员需要用（升级终结操作）命令删除存在的备份文件：

```
[用户名@机器名]$ bin/hadoop dfsadmin -finalizeUpgrade
```

18）查询集群升级的信息：

```
[用户名@机器名]$ dfsadmin -upgradeProgress status
```

19）使用 -upgrade 命令运行新的版本：

```
[用户名@机器名]$ bin/start-dfs.sh -upgrade
```

20）如果需要退回到老版本，就必须停止集群并且部署老版本的 Hadoop，用回滚选项启动集群：

```
[用户名@机器名]$ bin/start-dfs.h -rollback
```

21）下面的命令或选项用于支持配额，前两个是管理员命令：

```
* dfsadmin -setquota ...
```

把每个目录配额设为 N。这个命令会在每个目录上尝试，如果 N 不是正的长整型数、目录不存在、文件名或者目录超过配额，则会产生错误报告。

```
* dfsadmin -clrquota ...
```

若为每个目录删除配额，该命令会在每个目录上尝试，如果目录不存在或者是文件，则会产生错误报告。如果目录原来没有设置配额则不会报错：

```
* fs -count -q ...
```

使用 -q 命令会报告每个目录设置的配额和剩余配额。如果目录没有设置配额，则会报告 none 和 inf。

22）创建一个 Hadoop 档案文件的命令如下：

```
[用户名@机器名]$ hadoop archive -archiveName NAME *
        #-archiveName NAME  要创建的档案的名字
        #src 文件系统的路径名
        #dest 保存档案文件的目标目录
```

23）递归地复制文件或目录的命令如下：

```
[用户名@机器名]$ hadoop distcp  srcurl 源 uri desturl 目标 uri
```

24）运行 HDFS 文件系统检查工具的命令如下：

```
[用户名@机器名]$ grep dfs\.host -A10 /usr/local/hadoop/etc/hadoop/hdfs-site.xml
<!-- datanode 删除主机列表文件 -->
<name>dfs.hosts.exclude</name>
<value>/usr/local/hadoop/etc/hadoop/dfs_exclude</value>
</property>

<!-- datanode 添加主机列表文件 -->
<property>
<name>dfs.hosts</name>
<value>/usr/local/hadoop/etc/hadoop/slaves</value>
</property>
```

yarn-site.xml 中的参数如下：

```
[用户名@机器名]$ grep exclude-path -A10 /usr/local/hadoop/etc/hadoop/yarn-site.xml
<!-- datanode 删除主机列表文件 -->
<name>yarn.resourcemanager.nodes.exclude-path</name>
<value>/usr/local/hadoop/etc/hadoop/dfs_exclude</value>
</property>

<!-- datanode 添加主机列表文件 -->
<property>
<name>yarn.resourcemanager.nodes.include-path</name>
<value>/usr/local/hadoop/etc/hadoop/slaves</value>
</property>
```

13.3.2　增加 DataNode

增加 DataNode 的步骤如下：

1）将原 Hadoop 配置文件复制到新主机，并安装好 Java 环境。

2）在 NameNode 中将新主机的 IP 添加到 dfs.hosts 参数指定的文件中，其命令如下：

```
[用户名@机器名]$ cat /usr/local/hadoop/etc/hadoop/slaves
hadoop5
```

```
hadoop6
10.122.147.37
```

3）将该 slaves 文件同步到其他主机上，其命令如下：

```
[用户名@机器名]$ for i in {2,3,4,5,6,7};do scp etc/hadoop/slaves hadoop$i:
    /usr/local/hadoop/etc/hadoop/;done
```

4）启动新主机的 DataNode 进程和 NodeManager 进程，其命令如下：

```
[用户名@机器名]$ sbin/hadoop-daemon.sh start datanode
starting datanode, logging to /letv/hadoop-2.7.4logs/hadoop-hadoop-
    datanode-10-122-147-37.out
[用户名@机器名]$ jps
3068 DataNode
6143 Jps
[用户名@机器名]$ sbin/yarn-daemon.sh start nodemanager
starting nodemanager, logging to /letv/hadoop-2.7.4/logs/yarn-hadoop-
    nodemanager-10-122-147-37.out
[用户名@机器名]$ jps
6211 NodeManager
6403 Jps
3068 DataNode
```

5）刷新 NameNode 的命令如下：

```
[用户名@机器名]$ hdfs dfsadmin -refreshNodes
Refresh nodes successful for hadoop1/10.124.147.22:9000
Refresh nodes successful for hadoop2/10.124.147.23:9000
```

6）查看 HDFS 信息的命令如下：

```
[用户名@机器名]$ hdfs dfsadmin -refreshNodes
Refresh nodes successful for hadoop1/10.124.147.22:9000
Refresh nodes successful for hadoop2/10.124.147.23:9000
[用户名@机器名]$ hdfs dfsadmin -report
Configured Capacity: 1351059292160 (1.23 TB)
Present Capacity: 1337331367936 (1.22 TB)
DFS Remaining: 1337329156096 (1.22 TB)
DFS Used: 2211840 (2.11 MB)
DFS Used%: 0.00%
Under replicated blocks: 0
Blocks with corrupt replicas: 0
Missing blocks: 0
Missing blocks (with replication factor 1): 0

-------------------------------------------------
Live datanodes (3):
Name: 10.122.147.37:50010 (hadoop7)
Hostname: hadoop7
Decommission Status : Normal
Configured Capacity: 250831044608 (233.60 GB)
DFS Used: 737280 (720 KB)
Non DFS Used: 1240752128 (1.16 GB)
DFS Remaining: 249589555200 (232.45 GB)
DFS Used%: 0.00%
DFS Remaining%: 99.51%
Configured Cache Capacity: 0 (0 B)
Cache Used: 0 (0 B)
```

```
Cache Remaining: 0 (0 B)
Cache Used%: 100.00%
Cache Remaining%: 0.00%
Xceivers: 1
Last contact: Tue Jul 24 17:15:09 CST 2018

Name: 10.110.92.161:50010 (hadoop5)
Hostname: hadoop5
Decommission Status : Normal
Configured Capacity: 550114123776 (512.33 GB)
DFS Used: 737280 (720 KB)
Non DFS Used: 11195953152 (10.43 GB)
DFS Remaining: 538917433344 (501.91 GB)
DFS Used%: 0.00%
DFS Remaining%: 97.96%
Configured Cache Capacity: 0 (0 B)
Cache Used: 0 (0 B)
Cache Remaining: 0 (0 B)
Cache Used%: 100.00%
Cache Remaining%: 0.00%
Xceivers: 1
Last contact: Tue Jul 24 17:15:10 CST 2018

Name: 10.110.92.162:50010 (hadoop6)
Hostname: hadoop6
Decommission Status : Normal
Configured Capacity: 550114123776 (512.33 GB)
DFS Used: 737280 (720 KB)
Non DFS Used: 1291218944 (1.20 GB)
DFS Remaining: 548822167552 (511.13 GB)
DFS Used%: 0.00%
DFS Remaining%: 99.77%
Configured Cache Capacity: 0 (0 B)
Cache Used: 0 (0 B)
Cache Remaining: 0 (0 B)
Cache Used%: 100.00%
Cache Remaining%: 0.00%
Xceivers: 1
Last contact: Tue Jul 24 17:15:10 CST 2018
```

7）更新资源管理器信息的命令如下：

```
[用户名@机器名]$ yarn rmadmin -refreshNodes
[用户名@机器名]$ yarn node -list
18/07/24 18:11:23 INFO client.ConfiguredRMFailoverProxyProvider: Failing over to rm2
Total Nodes:3
         Node-Id        Node-State Node-Http-Address  Number-of-Running-Containers
    hadoop7:3296            RUNNING       hadoop7:8042
    hadoop5:37438           RUNNING       hadoop5:8042                         0
    hadoop6:9001            RUNNING       hadoop6:8042                         0
```

13.3.3 删除 DataNode

1）在 NameNode 主机中，将要删除主机的 IP 添加到 hdfs-site.xml 配置文件 dfs.hosts.exclude 参数指定的文件 dfs_exclude 中，其命令如下：

```
[用户名@机器名]$ cat /usr/local/hadoop/etc/hadoop/dfs_exclude
10.122.147.37
```

2）将其复制至 Hadoop 的其他主机，命令如下：

```
[用户名@机器名]$ for i in {2,3,4,5,6,7};do scp etc/hadoop/dfs_exclude hadoop$i:/
    usr/local/hadoop/etc/hadoop/;done
```

3）更新 NameNode 信息，命令如下：

```
[用户名@机器名]$ hdfs dfsadmin -refreshNodes
Refresh nodes successful for hadoop1/10.124.147.22:9000
Refresh nodes successful for hadoop2/10.124.147.23:9000
```

4）查看 NameNode 的状态信息，命令如下：

```
[用户名@机器名]$ hdfs dfsadmin -report
Configured Capacity: 1100228980736 (1.00 TB)
Present Capacity: 1087754866688 (1013.05 GB)
DFS Remaining: 1087752667136 (1013.05 GB)
DFS Used: 2199552 (2.10 MB)
DFS Used%: 0.00%
Under replicated blocks: 11
Blocks with corrupt replicas: 0
Missing blocks: 0
Missing blocks (with replication factor 1): 0

-------------------------------------------------
Live datanodes (3):

Name: 10.122.147.37:50010 (hadoop7)
Hostname: hadoop7
Decommission Status : Decommission in progress
Configured Capacity: 250831044608 (233.60 GB)
DFS Used: 733184 (716 KB)
Non DFS Used: 1235771392 (1.15 GB)
DFS Remaining: 249594540032 (232.45 GB)
DFS Used%: 0.00%
DFS Remaining%: 99.51%
Configured Cache Capacity: 0 (0 B)
Cache Used: 0 (0 B)
Cache Remaining: 0 (0 B)
Cache Used%: 100.00%
Cache Remaining%: 0.00%
Xceivers: 1
Last contact: Tue Jul 24 10:25:17 CST 2018

Name: 10.110.92.161:50010 (hadoop5)
Hostname: hadoop5
Decommission Status : Normal
```

可以看到，被删除主机 10.122.147.37 的状态变成“Decommission in progress”，表示集群正在转移存放于该节点的副本。当其变成“Decommissioned”时，表示已经结束，相当于已经删除集群。同时，此状态可以在 HDFS 的 Web 页面查看。

5）更新资源管理器信息的命令如下：

```
[用户名@机器名]$ yarn rmadmin -refreshNodes
```

更新之后，可以在资源管理器的 Web 页面查看活跃节点的信息，或者使用命令查看，命令如下：

```
[用户名@机器名]$ yarn node -list
Total Nodes:2
      Node-Id      Node-State Node-Http-Address   Number-of-Running-Containers
   hadoop5:37438          RUNNING       hadoop5:8042                          0
   hadoop6:9001           RUNNING       hadoop6:8042                          0
```

13.4　Hadoop 中的数据迁移和备份

Hadoop 的一大优势是高可用性。Hadoop 将硬件错误视为常态，利用数据块的冗余存储机制保证数据的高可用性，所以其本身就对数据进行了备份。除此之外，根据实际业务需求的变更，运维人员还要进行数据的迁移和备份。有时为了扩展存储空间，要对数据目录进行迁移，以便将数据存储到新的更大的存储空间中，或者达到数据与程序分离的目的；有时需要对数据进行整体备份，Hadoop 提供了较为完善的调整工具 distcp。本节将介绍 Hadoop 中 HDFS 数据块的自动备份、Hadoop 数据目录迁移和利用 distcp 进行数据迁移的方法。

13.4.1　HDFS 数据块的自动备份

在 Hadoop 中，HDFS 数据写入的同时伴随着数据块的备份，其过程如下：

1）当客户端的临时数据到达一个块时，与 NameNode 通信，得到一组用于存储该数据块的 DataNode 地址。

2）客户端首先将该数据块发送到一个 DataNode 上，DataNode 以 4 KB 为单位进行接收，我们把这些小单位称为缓存页。

3）第一个接收到数据的 DataNode 把缓存页中的数据写入自己的文件系统，然后，它将这些缓存页传送给下一个 DataNode。

4）重复步骤 3 的过程，第 2 个 DataNode 又将缓存页存储在本地文件系统中，同时将它传送给第 3 个 DataNode。

5）如果 HDFS 中的备份数目为 3，那么第 3 个 DataNode 只需要存储缓存页即可。

在上面的过程中，数据块从客户端流向第一个 DataNode，再流向第 2 个 DataNode，之后流向第 3 个 DataNode，整个过程是一个流水线，中间不会有停顿。所以 HDFS 将它称为复制流水线（Replication Pipelining）。从流水线这个称呼上就可以看出，客户端和 DataNode 采用的缓存文件都是管道文件，即只支持一次读取。整个备份过程是在数据写入时自动完成的，运维人员可以根据实际需要调整备份副本的个数，除此之外不能进行其他调整。

13.4.2　Hadoop 数据目录的迁移

在 Hadoop 数据目录迁移的过程中，需要先停止集群，包括 HBase，因为 HBase 的存储是依赖于 HDFS 的，如果没有停止集群就进行目录迁移，HBase 会出现错误。

1. 修改配置文件

Hadoop 中最重要的存储数据的配置在 core-site.xml 文件中完成，修改 core-site.xml 的 hadoop.tmp.dir 值为新磁盘的路径即可。

考虑到数据和程序的分离，应将那些会不断增长的文件都迁移出去，包括日志文件、pid 目录和 journal 目录。

日志文件和 pid 目录在 hadoop-env.sh 中配置，将 HADOOP_PID_DIR、HADOOP_LOG_DIR 设置为对应磁盘路径即可。

journal 目录在 hdfs-site.xml 中配置 dfs.journalnode.edits.dir。

同理，YARN 和 HBase 的 log 文件和 pid 文件路径都可在 *_env.sh 文件中设置。

2. 配置文件复制

修改完 Hadoop 的配置文件之后，将其复制到 hbase/conf 目录下。

HBase 的日志文件和 pid 目录配置在 hbase-daemon.sh 的 HBASE_PID_DIR、HBASE_LOG_DIR 中。修改完之后，复制配置文件到各个子节点，并将原始数据目录、日志目录和 pid 目录移动至新磁盘中，重新启动集群，查看输出信息是否正确。

3. 更新

hdfs-site.xml 中更新的配置如下：

```
<property>
<name>dfs.name.dir</name>
<value>/data2/hadoop/hdfs/name</value>
</property>
<property>
<name>dfs.data.dir</name>
<value>/data2/hadoop/hdfs/data</value>
</property>
```

dfs.name.dir 和 dfs.data.dir 分别是存储 HDFS 元数据信息和数据的目录，如果没有配置，则默认存储到 hadoop.tmp.dir 中。

13.4.3　利用 distcp 进行数据迁移

1. distcp 简介

distcp 是在大规模集群内部和集群之间进行复制的工具。它使用 Map/Reduce 实现文件分发、错误处理和恢复，以及报告生成。它把文件和目录的列表作为 map 任务的输入，每个任务会完成源列表中部分文件的复制。由于使用了 Map/Reduce 方法，这个工具在语义和执行上都有特殊之处。

distcp 常用于集群之间的复制，基本使用方法如下：

```
bash$ hadoop distcp hdfs://nn1:9000/foo/bar \ hdfs://nn2:9000/bar/foo
```

上述命令会把 nn1 集群的 /foo/bar 目录下的所有文件或目录名展开并存储到一个临时文件中，这些文件内容的复制工作被分配给多个 map 任务，每个 TaskTracker 分别执行从 nn1 到 nn2 的复制操作。distcp 使用绝对路径进行操作。当然，在命令行中可以指定多个源目录，如下所示：

```
bash$ hadoop distcp hdfs://nn1:9000/foo/a \
          hdfs://nn1:9000/foo/b \
          hdfs://nn2:9000/bar/foo
```

或者使用 -f 选项，从文件里获得多个源，命令如下：

```
bash$ hadoop distcp -f hdfs://nn1:9000/srclist \
          hdfs://nn2:9000/bar/foo
```

其中 srclist 的内容如下：

```
hdfs://nn1:9000/foo/a
hdfs://nn1:9000/foo/b
```

当从多个源复制时，如果两个源冲突，distcp 会停止复制并提示出错；如果在目的位置发生冲突，则会根据选项设置解决方案。默认情况是跳过已经存在的目标文件。每次操作结束时，都会报告跳过的文件数目。如果某些复制操作失败，但之后的尝试成功了，那么报告的信息就可能不够精确。每个 TaskTracker 必须都能够与源端和目的端的文件系统进行访问和交互。对于 HDFS 来说，源端和目的端要运行相同版本的协议或者使用向下兼容的协议。

复制完成后，需要生成源端和目的端文件的列表，并交叉检查，以便确认复制真正成功。因为 distcp 使用 Map/Reduce 和文件系统 API 进行操作，所以三者之间有任何问题都会影响复制操作。一些 distcp 命令可以通过再次执行带 -update 参数的该命令来完成。

当另一个客户端同时向源文件写入时，复制可能会失败，尝试覆盖 HDFS 上正在被写入的文件的操作也会失败。如果一个源文件在复制之前被移动或删除了，则复制失败的同时会输出异常 FileNotFoundException。

2. distcp 数据迁移实例

（1）准备工作

对于在原始集群中已经建立 Hive 表的数据，通过以下命令获取建表语句，然后在目标集群上执行以下命令：

```
show create table xxx
```

（2）脚本实例

脚本在目的集群的客户端机器执行，目标 hdfs 路径简写，copy.sh 脚本内容如下：

```
#!/usr/bin/sh
if [ $# -eq 0 ];then
        DT=`date -d "-1 day" +"%Y-%m-%d"`
else
        DT=`date -d"$1" +"%Y-%m-%d"`
fi
mysqlTable=$2;
table_name=function_$mysqlTable;
#按天增量拷贝，防止中间出错，并且方便按天进行数据验证
```

```
src_path=hdfs://namenode01/user/hive/warehouse/$table_name/dt=$DT
dest_path=/user/hive/warehouse/$table_name/dt=$DT
hadoop distcp  -D mapred.job.queue.name=compute_daily  $src_path $dest_path
# 给目标集群表加分区
hive -e"
use mbd;
alter table $table_name add partition(dt='$DT');
"
```

（3）脚本调用

脚本调用的命令如下：

```
sh copy.sh 2017-08-18 pay
```

（4）数据验证

脚本执行之后，还要进行数据验证，对于同样的数据库，可以按天查看不同字段中不同值的个数，分别在两个集群上执行，即可充分验证目标集群复制数据的准确性。

13.5 Hadoop 的容灾处理

Hadoop 生态系统为用户提供了利用 ZooKeeper 进行自动容灾的方式，从而解决 NameNode 单点故障的问题。如果 NameNode 机器或者进程不可用，则整个集群很可能瘫痪，而 Hadoop 2.x 提供了 SecondaryNameNode，在一定程度上解决了这一问题，但在安全性能要求较高的集群上，仍然需要对 NameNode 的容灾。因为 SecondaryNameNode 属于冷备份机制，配置 Hadoop 高可用相当于再配置一台 NameNode。正常工作时，两台机器中的一台处于活跃状态，另外一台则处于待机状态。下面介绍 Hadoop 高可用自动容灾的配置过程。

13.5.1 NameNode 多目录配置

NameNode 多目录配置的目的是进行冗余备份，存储多个镜像文件副本。

1）编辑 hdfs-site.xml，命令如下：

```
sudo vim /soft/hadoop/etc/hadoop/hdfs-site.xml
<property><name>dfs.namenode.name.dir</name>
    <value>/home/centos/hadoop/dfs/name1,/home/centos/hadoop/dfs/name2</value></property>
```

2）分发配置文件，命令如下：

```
xsync.sh /soft/hadoop/etc/hadoop/hdfs-site.xml
```

3）重命名 name 文件夹为 name1（在 /home/centos/hadoop/dfs 目录执行以下操作），命令如下：

```
mv name name1
```

4）复制 name1 文件夹到 name2，命令如下：

```
cp -r name1 name2
```

13.5.2　DataNode 多目录配置

DataNode 多目录配置的目的是扩容，以便将所有数据文件存放在不同的磁盘设备上，如 SSD 等。

1）编辑 hdfs-site.xml，命令如下：

```
[用户名@机器名]$sudo vim /soft/hadoop/etc/hadoop/hdfs-site.xml
<property>
    <name>dfs.datanode.data.dir</name>
    <value>/home/centos/hadoop/dfs/data1,/home/centos/hadoop/dfs/data2</value>
</property>
```

2）分发配置文件，命令如下：

```
[用户名@机器名]$xsync.sh /soft/hadoop/etc/hadoop/hdfs-site.xml
```

3）重命名 data 文件夹为 data1，命令如下：

```
[用户名@机器名]$xcall.sh mv /home/centos/hadoop/dfs/data /home/centos/hadoop/
    dfs/data1
```

4）启动 HDFS，命令如下：

```
[用户名@机器名]$start-dfs.sh
```

13.5.3　配置高可用：冷备份

1）复制 full 文件夹到 ha，然后复制 Hadoop 配置文件并更改软链接，命令如下：

```
[用户名@机器名]$cp -r /soft/hadoop/etc/full /soft/hadoop/etc/ha
[用户名@机器名]$ln -sfT /soft/hadoop/etc/ha /soft/hadoop/etc/hadoop
```

2）修改 hdfs-site.xml，命令如下：

```
<?xml version="1.0"?>
<configuration>
    <property>
        <name>dfs.replication</name>
        <value>3</value>
    </property>
    <property>
        <name>dfs.namenode.secondary.http-address</name>
        <value>s105:50090</value>
    </property>
    <property>
        <name>dfs.namenode.name.dir</name>
        <value>/home/centos/ha/dfs/name1,/home/centos/ha/dfs/name2</value>
    </property>
    <property>
        <name>dfs.datanode.data.dir</name>
        <value>/home/centos/ha/dfs/data1,/home/centos/ha/dfs/data2</value>
    </property>

    <!-- hdfs高可用配置 -->
    <property>
        <name>dfs.nameservices</name>
```

```
        <value>mycluster</value>
    </property>
    <property>
        <name>dfs.ha.namenodes.mycluster</name>
        <value>nn1,nn2</value>
    </property>
    <property>
        <name>dfs.namenode.rpc-address.mycluster.nn1</name>
        <value>s101:9000</value>
    </property>
    <property>
        <name>dfs.namenode.rpc-address.mycluster.nn2</name>
        <value>s105:9000</value>
    </property>
    <property>
        <name>dfs.namenode.http-address.mycluster.nn1</name>
        <value>s101:50070</value>
    </property>
    <property>
        <name>dfs.namenode.http-address.mycluster.nn2</name>
        <value>s105:50070</value>
    </property>
    <property>
        <name>dfs.namenode.shared.edits.dir</name>
        <value>qjournal://s102:8485;s103:8485;s104:8485/mycluster</value>
    </property>
    <property>
        <name>dfs.client.failover.proxy.provider.mycluster</name>
        <value>org.apache.hadoop.hdfs.server.namenode.ha.ConfiguredFailover-
            ProxyProvider</value>
    </property>
    <property>
        <name>dfs.ha.fencing.methods</name>
        <value>shell(/bin/true)</value>
    </property>
</configuration>
```

3）修改 core-site.xml，命令如下：

```
<?xml version="1.0"?>
<configuration>
    <property>
        <name>fs.defaultFS</name>
        <value>hdfs://mycluster</value>
    </property>
    <property>
        <name>dfs.journalnode.edits.dir</name>
        <value>/home/centos/ha/dfs/journal/node/local/data</value>
    </property>
    <property>
        <name>hadoop.tmp.dir</name>
        <value>/home/centos/ha</value>
    </property>
</configuration>
```

4）修改 slaves 文件，命令如下：

```
s102
s103
s104
```

5）配置 s105 的 SSH 免密登录，命令如下：

```
[用户名@机器名]$ssh-keygen -t rsa -P '' -f ~/.ssh/id_rsa
[用户名@机器名]$ssh-copy-id centos@s101
[用户名@机器名]$ssh-copy-id centos@s102
[用户名@机器名]$ssh-copy-id centos@s103
[用户名@机器名]$ssh-copy-id centos@s104
[用户名@机器名]$ssh-copy-id centos@s105
```

6）将 s101 的工作目录发送给 s105。

① 删除 s102-s105 的配置文件，不用 xcall.sh 脚本，命令如下：

```
[用户名@机器名]$ssh s102 rm -rf /soft/hadoop/etc
[用户名@机器名]$ssh s103 rm -rf /soft/hadoop/etc
[用户名@机器名]$ssh s104 rm -rf /soft/hadoop/etc
[用户名@机器名]$ssh s105 rm -rf /soft/hadoop/etc
```

② 分发 s101 配置文件，命令如下：

```
[用户名@机器名]$xsync.sh /soft/hadoop/etc
```

7）启动 JournalNode，命令如下：

```
[用户名@机器名]$hadoop-daemons.sh start journalnode
```

格式化 NameNode，命令如下：

```
[用户名@机器名]$hdfs namenode -format
```

将 s101 的 ha 目录发送给 s105，命令如下：

```
scp -r ~/ha centos@s105:~
```

8）启动 HDFS，观察 s101 和 s105 的 NameNode，命令如下：

```
[用户名@机器名]$start-dfs.sh
```

9）手动切换 s101 的 NameNode 为活跃状态，命令如下：

```
[用户名@机器名]$hdfs haadmin -transitionToActive nn1
```

13.5.4 配置高可用：热备份

Hadoop 高可用（热备份）的配置建立在冷备份配置的基础上，下面介绍配置过程。

1）关闭 Hadoop，命令如下：

```
[用户名@机器名]$stop-all.sh
```

2）启动 s102-s104 的 ZooKeeper，命令如下：

```
[用户名@机器名]$zkServer.sh start
```

3）修改 hdfs-site.xml，添加以下内容：

```
<property>
    <name>dfs.ha.automatic-failover.enabled</name>
    <value>true</value>
</property>
```

4）修改 core-site.xml，添加以下内容：

```
<property>
    <name>ha.zookeeper.quorum</name>
    <value>s102:2181,s103:2181,s104:2181</value>
</property>
```

5）分发配置文件，命令如下：

```
[用户名@机器名]$xsync.sh /soft/hadoop/etc/hadoop/hdfs-site.xml
[用户名@机器名]$xsync.sh /soft/hadoop/etc/hadoop/core-site.xml
```

6）初始化 ZooKeeper，命令如下：

```
[用户名@机器名]$hdfs zkfc -formatZK
```

7）启动 HDFS，命令如下：

```
[用户名@机器名]$start-dfs.sh
```

8）查看进程，命令如下：

```
[用户名@机器名]$xcall.sh jps
```

进程查看结果如图 13-4 所示。

```
==================== s101 jps ====================
3779 DFSZKFailoverController
3478 NameNode
3993 Jps
==================== s102 jps ====================
2288 DataNode
2530 Jps
2389 JournalNode
2221 QuorumPeerMain
==================== s103 jps ====================
2353 JournalNode
2252 DataNode
2191 QuorumPeerMain
2495 Jps
==================== s104 jps ====================
2256 DataNode
2195 QuorumPeerMain
2499 Jps
2357 JournalNode
==================== s105 jps ====================
2308 NameNode
2409 DFSZKFailoverController
2555 Jps
```

图 13-4　进程查看结果

9）启动 ZooKeeper 命令行脚本 zkCli.sh，命令如下：

```
[用户名@机器名]$zkCli.sh
```

13.5.5 测试 Hadoop 高可用的自动容灾

通过关闭 s101 的 NameNode 进程可以验证 Hadoop 高可用的自动容灾情况，其过程如下。

1）通过 Web 查看 Hadoop 节点 s101、s105 的状态：

```
http://192.168.23.101:50070
http://192.168.23.105:50070
```

2）关闭 s101，已知 s101 的 NameNode 的进程 id 为 3478：

```
[用户名@机器名]$kill -9 3478
```

3）再次查看 Hadoop 节点 s101、s105 的状态，通过 Web 可以看出 s105 的状态为活跃，实现了自动容灾。

13.6 基于 Greenplum 进行 Hadoop 故障检测

本质上讲，Greenplum 是一个分布式关系型数据库集群，它是由数个独立的数据库服务组合而成的逻辑数据库。

与 Oracle RAC 的 Shared-Everything 架构不同，Greenplum 采用 Shared-Nothing 架构，整个集群由很多个数据节点（Segment Host）和控制节点（Master Host）组成，且在每个数据节点上可以运行多个数据库。简单来说，Shared-Nothing 是一个分布式架构，每个节点相对独立。在典型的 Shared-Nothing 中，每一个节点上的所有资源（如 CPU、内存、磁盘）都是独立的，每个节点只有全部数据的一部分，并且只能使用本节点的资源。

在 Greenplum 中，当将数据存入数据库时，要先进行数据分布的处理工作。此时，将一个表中的数据平均分布到每个节点上，并为每个表指定一个分布列（distribute column），之后便根据散列方法来分布数据。基于 Shared-Nothing 的原则，Greenplum 可以充分发挥每个节点的 I/O 处理能力。

Greenplum 是基于 PostgreSQL 开发的。与大部分数据字典一样，Greenplum 也有自动的数据字典，一般是以 gp_ 开头。Greenplum 的集群配置信息位于 Master 上，这些配置信息对集群管理非常重要，通过这些配置信息可以了解整个集群的状况，如是否有节点失败等，通过修改这些配置可以实现集群的扩容等。

数据库中表的统计信息保存在 pg_statistic 中，表中的记录是由 ANALYZE 创建的，并且随后被查询规划器使用。所有统计信息都是近似的数值。

pg_statistic 有一个对应视图 pg_stats，可以方便用户查看 pg_statistic 的内容。

下面介绍几个常用于 Hadoop 故障检测的命令。

1）gpstate 显示 Greenplum 数据库的运行状态、详细配置等信息。常用的可选参数如下：

① -c：主实例和镜像实例的对应关系。

② -m：只列出镜像实例的状态和配置信息。

③ -f：显示待机状态的 Master 的详细信息。

④ -s：查看详细状态，当处于同步状态时，可显示数据同步完成的百分比。

⑤ --version：查看数据库版本信息。也可使用 pg_controldata 查看数据库版本和 PostgreSQL 版本，该命令默认列出数据库运行状态的汇总信息，常用于日常巡检。

2）检查 Disk 性能的命令如下：

```
[用户名@机器名]$gpcheckperf -d /data/gpdb_p1 -d /data/gpdb_p2 -d /data/gpdb_p3
    -d /data/gpdb_p4  -d /data/gpdb_p5  -d /data/gpdb_p6  -d /data/gpdb_p7
    -d /data/gpdb_p8  -S 64GB  -r ds -D -v  -f hosts-setup
```

3）检查网络性能的命令如下：

```
[用户名@机器名]$gpcheckperf -d /data/gpdb_p1 -r N -f hosts-net0  gpcheckperf
    -d /data/gpdb_p1 -r N -f hosts-net1
[用户名@机器名]$gpcheckperf -d /data/gpdb_p1 -r N -f hosts-net2 gpcheckperf
    -d /data/gpdb_p1 -r N -f hosts-net3
```

4）进程监控的命令如下：

```
[用户名@机器名]$select * from pg_stat_activity  where waiting ='t' ORDER BY
    current_query;
[用户名@机器名]$select * from pg_stat_activity  where waiting ='t' ORDER
    BY sess_id;
```

习题 13

1. 请简述你对大数据系统运维的理解。
2. 试着应用 Hadoop 服务的启动、停止命令，并查看日志。
3. 请简述你对用户身份确认与授权的理解。
4. 试着在 Hadoop 平台上增加和删除一个 DataNode 节点。
5. 请简述你对数据迁移和备份的理解。
6. 请简述你对 Hadoop 容灾处理的理解。
7. 至少列举一种 Hadoop 故障检测的方法。

第 14 章 大数据计算系统的调优

14.1 为什么要进行调优

大数据计算系统是实现大数据科学计算的基础平台。对于规模巨大、价值稀疏、结构复杂、时效性强的大数据，其计算面临着不同于传统数据计算的诸多新问题，如计算复杂度高、任务周期长、数据实时性强、计算通用性差等。大数据及其计算的这些挑战不仅对大数据计算系统的系统架构、计算框架、处理方法等提出了挑战，也对现有的大数据计算系统的实际应用提出了更高的要求。

随着大数据计算系统在专业领域的应用范围日益扩大，其在实际使用中的问题和自身缺陷也逐渐显露出来。性能是设计人员和用户关注的主要指标，因为用户会要求不同的性能指标，如作业的执行时间、资源消耗和能量消耗等，这些都高度依赖大数据计算系统的性能优化，如任务调度和参数优化。

在 MapReduce 开源实现的众多平台中，本章以目前应用行业最多、最成功的平台 Hadoop 为例来说明。首先，MapReduce 的配置较为复杂，尤其是存在大量能够影响其性能的配置参数，其中有些参数可以直接影响作业的执行时间，而大多数普通用户甚至一些平台管理员并不知道这些参数是如何影响作业性能的。在 MapReduce 中，配置参数多达 190 个，这些配置参数可以直接控制作业执行的行为和效率。保守估计，有 25 个以上的配置参数可以直接影响作业的执行效率和运行行为。即使在 MapReduce 中运行一个简单的应用程序，为了有效地使用 MapReduce 中的资源，也需要管理员或者开发人员对其参数做大量的调优。其次，在企业实际应用环境中，很多用户受益于共享 Hadoop 集群，得以共享其中的各种资源，包括计算资源、存储资源和网络资源等，并且可以在共同的分布式数据存储上开发各种应用。由于这些应用共享集群的各种资源，因此需要有效的调度策略来管理用户所提交的作业，以便高效率地满足用户需求。最初，基于 MapReduce 模型开源实现的 Hadoop 平台采用了简单的 FIFO（先进先出）调度策略，该策略的设计初衷是尽快完成先到达的作业，因此，FIFO 调度策略是一种简单有效的解决方法。然而，FIFO

调度策略并不灵活，如果一个耗时非常长的作业先于一个耗时非常短的作业到达，那么耗时短的作业必须要等耗时长的作业完成后，才能使用集群资源进行计算，这显然不能充分利用集群的性能，导致集群大量的资源空闲。公平调度算法（Fair Scheduler）通过给每个任务分配最小份额的资源来保证作业公平地使用集群中的各种资源，该算法允许多个用户共享集群，但是并不能保证以用户服务需求为目标进行调度。在 MapReduce 中高效地执行用户提交的各类作业，并且能够满足用户对作业提出的各种需求是目前 MapReduce 最关注的问题。很多用户都期望其提交的作业可以在规定时间内完成，但用于完成作业的集群规模有限，且影响 MapReduce 性能的因素较多。

不仅大数据计算系统存在这样的问题，在应用程序越来越多样的情况下，系统结构差异、任务调度、参数配置等所引发的资源利用问题和时间空间效率问题已经成为大数据计算系统中备受关注的问题。这就需要对系统进行调优来确保系统的高性能。

14.2　如何调优

要提升大数据计算系统的性能，需要从两方面考虑：一方面是提高系统资源（如磁盘、网络、CPU 和内存等）的利用率；另一方面是要调整框架执行过程中的参数，提高执行性能。

以 Hadoop 系统为例，性能优化工作主要分为基于数据的优化、基于任务的优化、基于应用的优化和基于 Hadoop 运行环境配置参数的优化。

1）基于数据的优化是以数据块作为基本单位，通过改进 Hadoop 平台中的数据处理模式，从而提高数据的处理效率，提升平台性能。

2）基于任务的优化是以任务或作业为基本单位，通过改进任务的调度方法来提高任务处理速率，从而提高平台性能。

3）基于应用的优化是针对特定应用，通过编译优化、代码修改等手段提升该类应用在 Hadoop 平台中的运行效率。

上述 3 类优化方式均是对 Hadoop 的某一个组件或功能进行优化，属于对 Hadoop 的局部优化，其性能收益有限。

4）基于 Hadoop 运行环境配置参数的优化是采用配置参数的优化手段来实现任务调度、数据处理、应用执行等，全面提高系统效率。由于配置参数较多，按照配置参数优化的方式不同，可以进一步分为基于观测的优化、基于模型的优化和其他优化。基于观测的优化指的是对 Hadoop 执行流程中的相关信息进行收集、分析并呈现给用户，用户根据观测结果，结合主观知识和经验对 Hadoop 进行调整优化。基于模型的优化是通过对 Hadoop 执行流程建立性能模型，进而预测分析平台性能，从而指导配置优化。其他优化方式则通过反馈机制、实验、分类等方式缩小参数空间。大多数调优工作集中在参数的优化和调整方面。本节将介绍调优的一般方法。

14.2.1　明确调优的范围

以 Hadoop 为例，根据大数据计算系统的一般运行环境，用户可以明确大数据计算系统调优的范围。Hadoop 系统的软硬件层次如图 14-1 所示，最下面是以机器为基础的硬件环境，其上是以操作系统、JVM 等软件通用架构为基础的软件环境，软件环境之上是大数据计算系统本身的计算架构对应的应用。

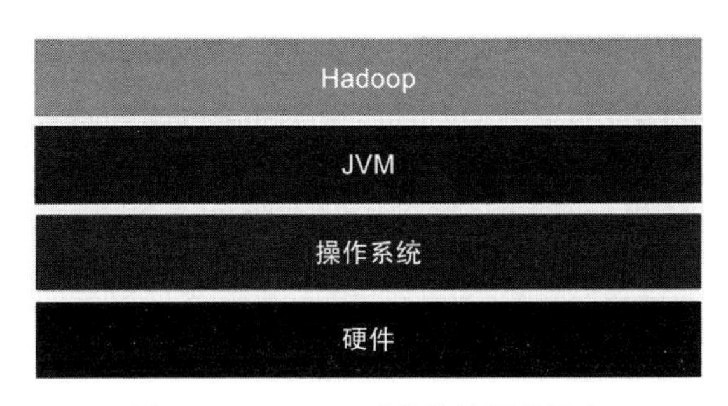

图 14-1　Hadoop 系统的软硬件层次

1. 计算应用级别范围

对于大数据计算系统的应用场景，按照应用的类型可分为计算密集型和 I/O 密集型。计算密集型应用的资源使用方式偏向于集中式，而 I/O 密集型应用的资源使用方式趋向于分散型。

在大数据计算系统的应用层面，有很多方式可以影响应用的执行性能。一方面，在应用本身的设计上，可以调整应用的设计结构和实现方式，针对要使用的大数据计算系统的特性进行个性化的代码实现，尽可能地从程序员的角度提升应用的性能。例如，Hadoop 本身的 MapReduce 框架不适合处理迭代次数过多的应用，如果要处理的数据是已经排序且分区的，或者对于一份数据需要多次处理，则可以先排序分区，然后自定义 InputSplit，将单个分区作为单个 MapReduce 的输入，在 Map 中处理数据，Reduce 设置为空。这样，既重用了已有的排序，也避免了多余的 Reduce 任务。

另一方面，在运行应用的时候，可以对大数据计算系统的配置参数进行调整，以提升执行性能。例如，在 MapReduce 框架中，对于 Map 端输出数据过大的情况，由于从 Map 到 Reduce 之间有一段复制中间数据的过程，而这一过程中又存在中间数据缓存的问题，缓存数据可能会造成缓存溢出，导致将数据通过 I/O 接口写到磁盘中，而远程复制的过程又会将数据从磁盘读进内存，这样一来一回就多了两次不必要的 I/O 开销。如果可以调整中间数据缓存的大小，尽量减少缓存溢出的次数甚至消除缓存溢出，就可以大大减少 I/O 开销，从而提升性能。

2. 软件环境范围

在软件环境范围中，软件操作系统、JVM 都是可以优化的。

对于软件操作系统，以 Hadoop 大数据计算系统为例，一般部署在 Linux 操作系统搭建的集群上。操作系统的缓存方式设置、网络连接上限数目等都是可以调整的。

JVM 参数的调整已经有很多成熟的经验，包括 JVM 线程池、连接池和 JVM 内存相关参数等的优化方案。

3. 硬件环境范围

很多大数据计算系统都采用分布式集群的基础结构，利用多机器并行来提高运算能力。Hadoop 的一大优势就在于其对物理机器的兼容性，它不需要运行在昂贵且高可靠的硬件上，其设计本身就是运行在商用硬件的集群上。对于庞大的集群来说，节点故障率较高是普遍现象，尤其当数据量和运算量都上升到一定规模时，故障率高的缺点尤为明显。另外，硬件资源的配置直接限定了其上的大数据计算系统的计算性能的上限。

从传统意义上讲，硬件资源的配置是没有优化上限的，在条件允许的情况下选用最先进的 CPU 内核技术所能支持的最庞大、高效的存储系统以及机器所在环境最高速的网络带宽是最佳选择。然而，所谓“条件允许”的情况一般是难以达到的，即使能够达到，在实际使用场景中也需要考虑计算环境的成本问题。所以，当配置实际的硬件设备时，需要根据大数据计算系统的特性进行配置。

具体来说，硬件环境的配置情况分为单机环境和多机环境两种。

在单机环境方面，要考虑的条件有 CPU、内存、磁盘和网络。以 Hadoop 系统为例，在 Hadoop 集群中，计算和存储两个核心业务都采用主从结构，分别对应 MapReduce 框架和 HDFS 存储系统。作为计算业务主节点的运行资源管理器的节点所在的物理机对 CPU 的计算能力和网络带宽的要求较高，作为存储业务主节点的 NameNode 对于内存和网络带宽的要求较高，尤其是 NameNode 的内存大小直接决定了可以在集群 HDFS 中存储数据的规模。作为计算业务主节点的资源管理器和作为存储业务主节点的 NameNode 通常运行在同一台物理单机上，不过，这并不妨碍在硬件层面对这个节点的配置进行观察和调整，并且需要综合考虑两方面的需求。

在多机环境中，主要的考虑因素是存储架构、网络架构和应用架构。在选定大数据计算系统之后，性能的区别主要来自网络架构方面。集群网络具有许多不同于一般网络的特征，如高带宽、低延迟、高可靠性等。如果系统中的网络组件不能充分利用这些特征，就容易成为系统的瓶颈。因此，针对大数据计算系统集群网络的特点，对网络进行优化设计非常必要。

14.2.2　明确调优的目的

大数据计算系统调优的目的是充分利用机器的性能，更快地完成程序的计算任务。甚至在有限的机器条件下，也能支持运行足够多的程序，处理足够多的数据。

调优工作的实际效果体现在能够查询到的性能指标有明显提升。例如，处理数据吞吐率的提升、任务在调整后能够在更短的时间内完成，或者完成任务时能够充分利用集群现有的资源、提升资源的利用率等。

14.2.3 调优不是一劳永逸的

大数据计算系统的性能调优不仅涉及系统本身的性能调优，还涉及底层的硬件、操作系统和 JVM 等的调优。随着应用程序和用户需求的不断变化，性能调优的范围和目的也各不相同。在大规模数据处理中，不断根据实际场景、实际条件对实际问题实施不同的调优方案是明智的选择。大数据计算环境更加贴近于真实世界的信息处理运算。与真实世界一致的是，在大数据计算系统调优和算法选择等方面，唯有变化才是永恒不变，调优不是一劳永逸的。

14.3 Hadoop 的性能指标

14.3.1 Hadoop 的作业性能问题分析

1. 作业进展缓慢

作业进展缓慢是指 HDFS 的读 / 写或者文件的读 / 写在相当长一段时间内没有任何进展。以一段时间为标准，如果在这段时间里 Hadoop 作业没有任何读 / 写操作的情况，则认为作业性能异常。如果作业普遍进展缓慢，则可能是系统负载过高或节点宕机造成的，这种情况是集群问题，与个别作业无关。用户可以通过选择合适的时间窗口或者队列来避免系统资源紧张导致的作业性能下降。在 Hadoop 2.0 中，YARN 通过调度器管理大型集群中多用户之间的资源分享。有两种调度器：公平调度器和容量调度器。作业对应的队列如果负载过高，则队列里的作业会因为等待资源而进展缓慢。eBay 的 Hadoop 集群使用容量调度器，不同的队列拥有不同的资源，同一个作业如果有多个队列可以选择，建议作业使用相对空闲的队列，或者在相对空闲的时间窗口运行。

2. 和历史记录相比，作业用时太久

有很多统计算法可以用于发现作业用时过长的情况。eBay Eagle 使用的算法如下：

1）采集最少 100 个历史用时，每个用时作为一个数据点。

2）去除 10% 的最长用时数据点，计算中位数 p90。

3）计算绝对离差的中位数 MAD。

4）计算离差倍增数的 95 分位数 dmMax。

如果作业用时的离差倍增数大于 dmMax，且大于 p90，则认为作业用时太久，用户应该注意作业性能。如果这种情况普遍发生，则可能是集群问题，与个别作业无关。很多 Hadoop 作业每天运行一次或者多次，适合统计历史用时。但根据 Hadoop 平台的架构，每次执行 MapReduce 作业都会获得新的 Job ID，因此需要作业命名正则化来唯一确定作业。

14.3.2 Hadoop 的负载分析

了解特定负载下 Hadoop 集群的性能有助于理解调优工作，本小节通过实例介绍

Hadoop 的负载分析。这里选择 Hadoop 平台中适用领域全面且具有代表性的负载测试程序集合，包括典型的基准测试程序和实际的应用程序。可以使用自动产生负载的工具集来评测和描述 Hadoop 框架，指标包括速度（作业执行时间）、吞吐率（Hadoop 文件系统 HFDS 的带宽）、系统资源使用率和数据流模式等。负载程序的分析不仅可以使用户了解负载的运行特征，还可以帮助用户理解 Hadoop 平台在不同类型负载运行时的性能。下面主要从 3 个方面分析负载程序集。

1）负载程序的数据流分析：包括作业数据大小、Map 输出数据的大小、Shuffle 数据大小和作业输出数据大小。

2）负载程序执行时间分析：包括 map 任务的平均执行时间和 reduce 任务的平均执行时间的比率，map 任务时间段和 reduce 任务时间段的比率。

3）负载程序类型分析：通过负载对 Hadoop 集群的 CPU、内存、磁盘和网络资源等的使用率进行分析，可分为 CPU 密集型负载、I/O 密集型负载和迭代型负载等类型。

对不同负载在数据流、时间流和资源使用等方面进行分析，可以全面地描述不同负载的运行特征，以便用户理解负载和进行优化负载的工作。

1. 负载程序的数据流分析

负载程序的数据流模型是负载的重要特征之一，它描述了处理数据在不同负载处理阶段的状态。为了分析不同负载程序在 MapReduce 模型下的数据流，以图 14-2 的数据流模型作为参考。从作业输入出发，Map 处理输入数据并将中间数据输出到本地磁盘。Shuffle 过程是从 Map 端提取中间数据发送到 Reduce 端，到作业输出后结束。不同过程中的数据状态随 MapReduce 运行框架的处理过程的改变而变化，表现出每个过程中的数据处理能力。根据作业的运行情况，判断是否使用 Combiner 或者压缩中间数据等方面的特性来达到优化用户程序性能的目的。通过观察该数据流，有助于读者对以上问题进行判断。

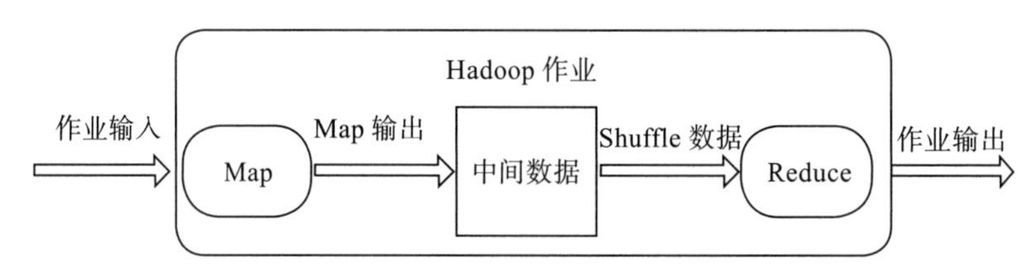

图 14-2　Hadoop 作业数据流模型

参考 Hadoop 集群配置资源的大小和程序完成时间等信息，将负载处理的数据大小设置为 Sort 负载 100 GB、Word Count 负载 100 GB、TeraSort 负载 1 TB、Nutch Indexing 负载 10 GB、PageRank 负载 5 GB、Bayesian Classification 负载 5 GB、K-Means Clustering 负载 100 GB。

MapReduce 的性能追踪工具可以获得每个阶段的数据量的大小，最终获得的数据流如表 14-1 所示。对以上结果进行观察可知：PageRank 负载运行了 3 次作业迭代。每次迭代的数据大小略有差别。K-Means Clustering 负载设置的数据大小为 3 亿个样本，每个样本有 20 个维度，把这些样本分为 10 类。因为 Clustering 作业没有 Reduce 任务，且 Map 直接输出到 HDFS，因此，Shuffle 数据和作业输出数据大小为 None。在以上数据中，TeraSort 作业的 map 任务的输出设置了数据压缩，极大地减小了网络数据量的传输。虽然在数据的压缩和解压过程中会有一定的性能消耗，但整体上改善了作业的运行时间。

表 14-1　Hadoop 作业数据流表

负载	作业	作业输入	map 输出	Shuffle 数据	作业输出
Sort	Sort	100 GB	100 GB	100 GB	100 GB
WordCount	WordCount	100 GB	140 GB	7 GB	2.7 GB
TeraSort	Terasort	1 TB	140 GB	140 GB	1 TB
Nutch Indexing	Nutch Indexing	10 GB	32 GB	32 GB	8.2 GB
PageRank	Dangling Pages	5 GB	320 KB	2.8 B	130 B
	UpdataRanks	5 GB	21 GB	21 GB	5 GB
	SortRanks	5 GB	332 MB	332 MB	664 GB
Bayesian Classification	Feature	5 GB	138 GB	108 GB	96 GB
	TfIdf	96 GB	68 GB	60 GB	38 GB
	WeightSummer	38 GB	51 GB	26 GB	25 GB
	ThetaNormalizer	38 GB	16 GB	534 KB	26 KB
K-Means Clustering	CentroidComputing	100 GB	102 GB	560 KB	8.2 KB
	Clustering	100 GB	102 GB	None	None

2. 负载执行时间分析

在完成负载数据流分析之后，需分析负载执行时间的特征。为了全面观察作业的 map 任务和 reduce 任务执行的时间特征，这里以 map 任务和 reduce 任务的平均执行时间比率、时间段比率作为观察目标，以便理解作业运行过程中 map 任务和 reduce 任务对作业整体性能的影响。平均执行时间比率是指所有 map 任务平均执行时间和所有 reduce 任务平均执行时间的比值。时间段比率是指 map 任务存在时间和 reduce 任务存在时间的比值。map 时段是从第一个 map 任务启动到最后一个 map 任务结束经过的时间，reduce 时段的定义与此类似。实验数据同表 14-1，同样利用性能追踪工具获得如上信息，结果如表 14-2 所示。

从表 14-2 可以看出，大部分作业的 map 任务平均执行时间只占 reduce 任务平均执行时间的一小部分，说明 reduce 任务的执行对整个作业执行时间起决定性作用，因此，reduce 任务个数的设置至关重要。然而，map 任务执行时间段远大于 reduce 任务。因为 Hadoop 处理大数据的基本原则是分而治之，即把大数据划分为多个可以由一个节点处理的小数据，由多个 map 任务并行处理，而 reduce 任务大多处理一些后续工作，如计算结果的整合。因此，需要仔细考虑 map 任务处理数据的大小和任务的资源分配。

表 14-2　Hadoop 作业时间分析表

负载	作业	map 任务平均执行时间 / reduce 任务平均执行时间	时间段比率
Sort	Sort	5.84%	32.35%
WordCount	WordCount	63.02%	89.08%
TeraSort	TeraSort	2.09%	69.76%
Nutch Indexing	Nutch Indexing	12.87%	43.46%
PageRank	Dangling Pages	24.74%	145.09%
	UpdataRanks	60.45%	76.42%
	SortRanks	6.23%	48.37%
Bayesian Classification	Feature	18.48%	73.01%
	TfIdf	6.35%	80.12%
	WeightSummer	23.59%	82.48%
	ThetaNormalizer	30.67%	91.04%
K-Means Clustering	CentroidComputing	8.32%	121.71%
	Clustering	None	None

3. 负载类型分析

同负载分析过程一样，可以利用资源监控工具的特点来进行负载类型分析。资源监控工具不仅可以实时监控 Hadoop 平台的资源使用情况，还可以分析作业的负载类型，如 CPU 密集型、I/O 密集型和迭代型等。负载类型分析有助于用户理解作业的运行特征，合理地为 Hadoop 平台分配作业，使 Hadoop 平台资源的利用最大化，提高 Hadoop 平台的效率。这样也有助于用户理解作业的性能瓶颈，使用户可以有针对性地进行性能优化。下面分析 K-Means Clustering 负载，其 CPU 监控结果如图 14-3 所示。

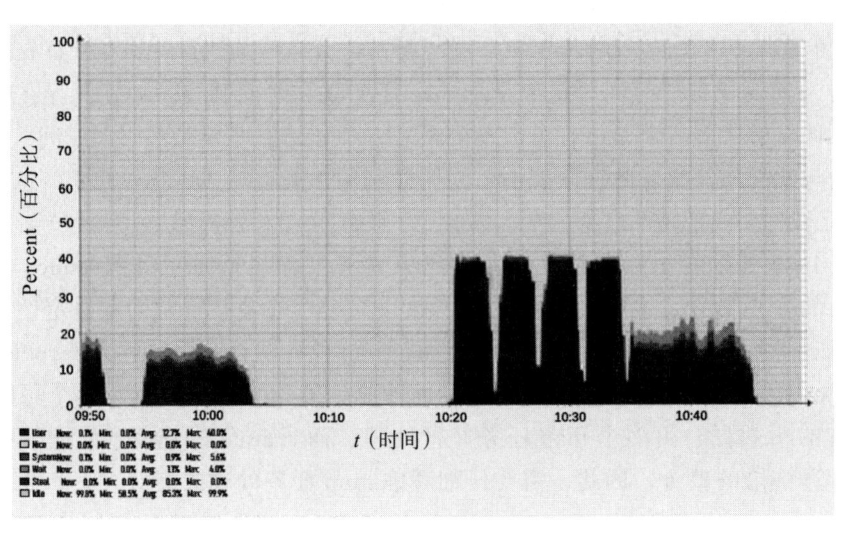

图 14-3　K-Means Clustering 负载的 CPU 监控结果

K-Means Clustering 负载使用大量时间来迭代地计算聚类的中心位置。在图 14-3 中，设置最大迭代次数为 5，从而保证中心位置的计算结果相对准确。从资源监控的结果可以看出，迭代 4 次后就计算出了聚类中心。从图 14-3 可以看出，K-Means Clustering 的中心迭代计算过程是 CPU 受限的，因为需要完成大量的样本距离计算工作。K-Means 网络监控结果如图 14-4 所示。从图 14-4 可以看出，最后的聚类作业是 I/O 受限的，因为 map 任务将大量聚类结果输出到 HDFS 中，整个过程作业对内存的使用率一般。K-Means 内存监控结果如图 14-5 所示。

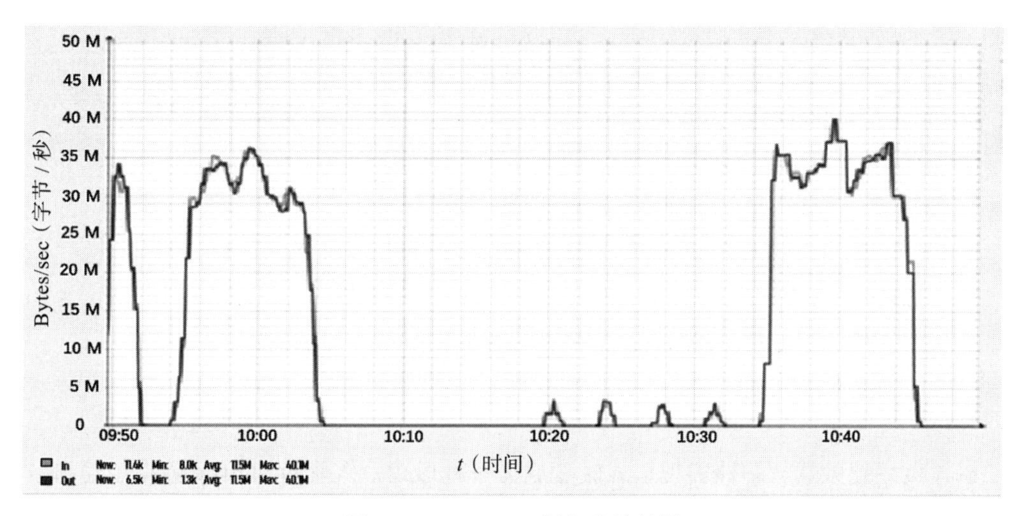

图 14-4　K-Means 网络监控结果

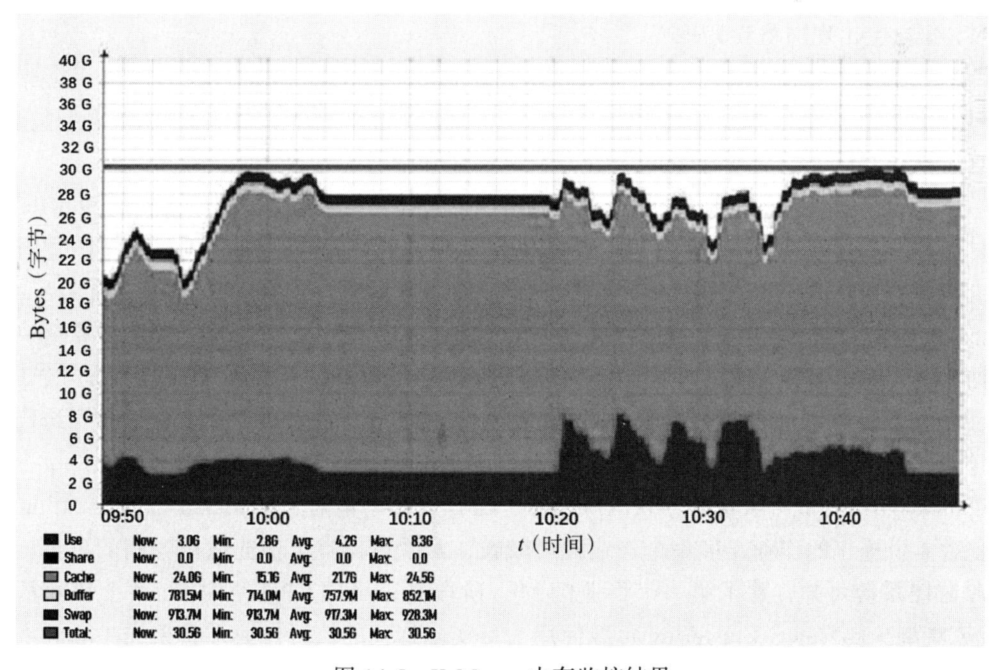

图 14-5　K-Means 内存监控结果

通过资源监控系统对所有负载测试程序的监控以及性能追踪工具的分析，可以对每种负载进行分类，包括 CPU 密集型负载、I/O 密集型负载和迭代型负载。对负载进行分类，有助于用户在 Hadoop 平台性能测试过程中有针对性地使用负载集合。通过对所有负载的运行过程进行监控和追踪，可以得出负载分类图，如图 14-6 所示。

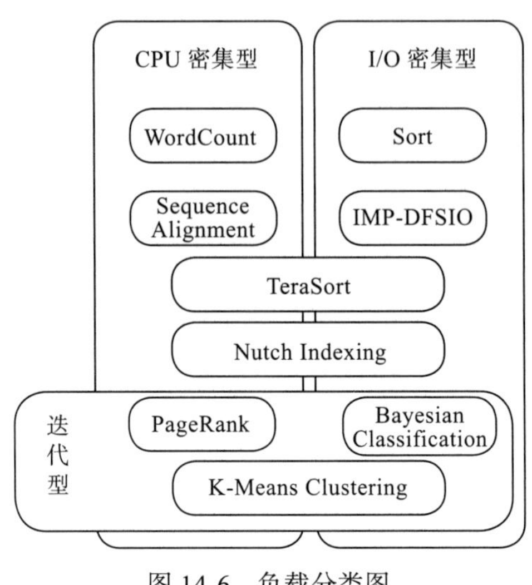

图 14-6　负载分类图

Sort 负载把数据从一种表现形式转变成另一种形式，作业的 Shuffle 数据、输出数据和输入数据大小相等，因此，Sort 负载是一种 I/O 密集型负载，对 CPU 的使用率适中，但是磁盘 I/O 率较大。另外，考虑到有大量的 Shuffle 数据，所以在作业运行到 Shuffle 阶段时，集群会出现网络 I/O 瓶颈。

WordCount 负载是从一个大的数据集中提取出一部分感兴趣的数据信息，作业的 Shuffle 数据和输出数据远远小于输入数据。因此，WordCount 负载是 CPU 密集型负载，尤其在 Map 阶段，它对 CPU 的使用率很高，磁盘和网络的 I/O 很低。

TeraSort 负载和 Sort 负载类似。在 TeraSort 负载中，用压缩算法压缩了 Shuffle 数据，因此减少了磁盘和网络的 I/O。TeraSort 负载在 Map 和 Shuffle 阶段的 CPU 使用率很高，磁盘 I/O 适中；在 Reduce 阶段的 CPU 使用率适中，磁盘 I/O 较高。根据 Nutch Indexing 负载实现可知，map 任务解压爬取的数据为中间数据，然后 reduce 任务把中间数据转变为倒排索引文件。资源监控系统显示 Nutch Indexing 负载在 Map 阶段是 CPU 密集型负载，在 Reduce 阶段是磁盘 I/O 密集型负载。PageRank 负载使用大量的时间迭代执行作业，每个作业都是 CPU 密集型，具有很少的磁盘 I/O 且内存使用率较低。Sequence Alignment 负载完成了大量的序列比对工作，CPU 使用率偏高。Bayesian Classification 负载包含 4 个连接的作业，第一个作业耗时较长，几乎占据整个作业执行时间的一半。从资源监控系统可知，除了第一个作业的 Map 阶段有很高的 CPU 使用率，4 个作业都是 I/O 密集型。K-Means Clustering 负载使用大量实际迭代的执行作业计算聚类中心。本例设置作业的最大迭代次数为 5，以保证作业在合理的时间内完成。从资源监控系统可知，

K-Means Clustering 负载的聚类中心计算是 CPU 密集型的，因为它的组合器过滤了大量的 map 输出，因此 Shuffle 数据少了很多。但负载的聚类计算是 I/O 密集型的，由于没有 reduce 任务，故所有的 map 任务直接输出到 HDFS 中。IMP-DFSIO 负载启动多个 map 任务完成 HDFS 的读、写工作，因此作业运行过程中有大量数据的传输，很明显是 I/O 密集型负载。

14.4　系统优化

14.4.1　操作系统的优化

Hadoop 只能将 Linux 操作系统作为生产环境。在实际应用场景中，Hadoop 可以通过对 Linux 参数进行优化，在一定程度上提升作业的运行效率。以下给出操作系统层面的一些比较有效的参数调整方案。

（1）提高网络连接上限

在 Hadoop 集群中，其内部的一些通信依赖网络，需调整 Linux 参数 net.core.somaxconn，让其足够大。

（2）调整 Swap 空间

在 Linux 系统当中，如果一个进程的内存不足，则该内存中的部分数据会暂时写到磁盘上，在需要的时候，再将磁盘中的数据动态地置换到内存当中。这样，就会出现一些不必要的流程，这些流程会导致进程的执行效率降低。在分布式环境中，当使用 MapReduce 计算模型时，可以通过控制每个作业的处理数量和每个任务运行过程使用的缓冲区大小来避免使用 Swap 空间。通过调整 /etc/sysctl.conf 文件中的 vm.swappiness 参数可以达到这个目的。

（3）进行预读取

磁盘 I/O 性能不像 CPU 和内存这样发展迅猛，因此它成为操作系统中的一个性能瓶颈。改进磁盘 I/O 性能也是重要的优化手段之一。可以使用 Linux 系统的 blockdev 命令来设置预读取的缓冲区大小，以便提高 Hadoop 的文件读取性能。

14.4.2　JVM 参数的优化

JVM 参数的调优工作伴随着 Java 工程的开发和维护过程。在大多数使用 Java 开发的大数据计算系统中，JVM 参数优化的重要性不亚于系统本身的关键参数的调整。

一般从以下 4 个方面对程序及 JVM 进行调优。

1）线程池：解决用户响应时间长的问题。

2）连接池：解决加载、创建对象耗费时间长的问题。

3）JVM 启动参数：调整内存比例和垃圾回收算法，提高吞吐量。

4）程序算法：改进程序逻辑算法，提高性能。

1. Java 线程池

大多数 JVM 上的应用采用的线程池都是 JDK 自带的线程池（java.util.concurrent.ThreadPoolExecutor），之所以要对 Java 线程池进行特别说明，是因为该线程池的行为受多种因素的影响。其中，Java 线程池有如下 4 个重要的配置参数。

1）corePoolSize：核心线程数（最新线程数）。

2）maximumPoolSize：最大线程数，超过这个数量的任务会被拒绝，用户可以通过 RejectedExecutionHandler 接口自定义处理方式。

3）keepAliveTime：线程保持活动的时间。

4）workQueue：工作队列，存放执行的任务。

Java 线程池需要传入一个 Queue 参数（workQueue）用于存放执行的任务，而对于 Queue 的不同选择，线程池有完全不同的行为。具体的 Queue 参数如下。

1）SynchronousQueue：一个无容量的等待队列，一个线程的 insert 操作必须等待另一个线程的 remove 操作，采用该 Queue 线程池将会为每个任务分配一个新线程。

2）LinkedBlockingQueue：无界队列，采用该队列，线程池将忽略 maximumPoolSize 参数，仅用 corePoolSize 的线程处理所有的任务，未处理的任务则在 LinkedBlockingQueue 中排队。

3）ArrayBlockingQueue：有界队列，考虑 ArrayBlockingQueue 和 maximumPoolSize 的程序调优更加困难：由于更大的 Queue 和小的 maximumPoolSize 将导致 CPU 的低负载，而设置更小的 Queue 和更大的 maxmumPoolSize 则会使 Queue 难以起到应有的作用。

一般用户的要求很简单，希望线程池能像连接池那样可以设置最小线程数、最大线程数。当最小线程数 < 任务数 < 最大线程数时，应该分配新的线程处理；当任务数 > 最大线程数时，应该等待有空闲线程后再处理该任务。

但就线程池的设计思路而言，任务应该放到队列中，当队列放不下时再考虑使用新线程进行处理。如果队列已满且无法派生新的线程，就拒绝该任务。采用这样的设计会导致“先放等执行”“放不下再执行”和“拒绝不等待”等现象。所以，根据不同的队列参数，要提高吞吐量，不能一味地增大 maximumPoolSize。

当然，要达到调优的目标，就必须对线程池进行一定的封装，ThreadPoolExecutor 中预留了足够多的自定义接口以帮助我们达到目标。

一般封装方式如下：以 SynchronousQueue 为参数，使 maximumPoolSize 发挥作用，以防止线程被无限制地分配，同时可以通过增大 maximumPoolSize 来提高系统的吞吐量。

自定义一个 RejectedExecutionHandler，当线程数超过 maximumPoolSize 时进行处理，处理方式为隔一段时间检查线程池是否可以执行新任务。如果可以，把拒绝的任务重新放入到线程池中，此时检查的时间受 keepAliveTime 控制。

2. 连接池

当使用连接池（org.apache.commons.dbcp.BasicDataSource）时，因为之前很可能采

用了默认配置，所以当访问量大时，可以通过 JMX[㊀]观察到很多 Tomcat 线程都阻塞在 BasicDataSource 使用的 Apache ObjectPool 锁上，原因是 BasicDataSource 连接池的最大连接数设置得太小，BasicDataSource 配置默认仅使用 8 个最大连接。

这里以 MySQL 为例进行说明。当较长时间（如 2 天）不访问系统时，DB 上的 MySQL 会断开所有连接，导致连接池中缓存的连接不能使用。此时，BasicDataSource 是连接池优化的一个关键点。

MySQL 默认支持 100 个连接，所以每个连接池要根据集群中的机器数进行配置，如有 2 台服务器，考虑到整体性能，每台机器可以比默认连接数的一半多一点，例如可每个设置为 60。具体的参数如下。

1）initialSize：该参数是一直打开的连接数。

2）minEvictableIdleTimeMillis：该参数设置每个连接的空闲时间，超过这个时间连接将被关闭。

3）timeBetweenEvictionRunsMillis：后台线程的运行周期，用来检测过期连接。

4）maxActive：能分配的最大连接数。

5）maxIdle：最大空闲数，若连接使用完毕后发现连接数大于 maxIdle，连接将直接被关闭。只有 initialSize $< x <$ maxIdle 的连接将被定期检测是否超期。这个参数主要用来在峰值访问时提高吞吐量。

BasicDataSource 会关闭所有超期的连接，然后打开数量为 initialSize 的连接，这个特性与 minEvictableIdleTimeMillis、timeBetweenEvictionRunsMillis 一起保证了所有超期的 initialSize 连接都会被重新连接，从而避免了 MySQL 长时间无动作导致连接断开的问题。

3. JVM 启动参数

在 JVM 启动参数中，可以设置与内存、垃圾回收相关的参数。在默认情况下，不做任何设置，JVM 也会工作得很好，但对一些配置很好的服务器和具体的应用，必须仔细进行调优才能获得最佳性能。通过设置，希望达到如下目标：

1）GC 的时间足够小。

2）GC 的次数足够少。

3）发生 Full GC 的周期足够长。

前两个目标目前是相悖的，要想 GC 时间小，必须有一个更小的堆；而要保证 GC 次数足够少，就必须有一个更大的堆。因此，这里必然要采用合理的折中方案，这也是解决类似问题的经典办法。具体的设置方式如下：

1）针对 JVM 堆的设置，一般可以通过 -Xms、-Xmx 来限定其最小值、最大值。为了防止垃圾收集器在最小值、最大值之间收缩堆而产生额外的时间，我们通常把最大值和最小值设置为相同的值。

2）更新数据和历史数据将根据默认的比例（1：2）分配堆内存，通过调整二者之间

㊀ JMX（Java Management Extension，Java 管理扩展）是一个为应用程序、设备、系统等植入管理功能的框架。JMX 可以跨越一系列异构操作系统平台、系统体系结构和网络传输协议，灵活地开发无缝集成的系统、网络和服务管理应用。

的比率 NewRadio 来调整二者之间的大小，也可以针对更新数据，通过 -XX:newSize、-XX:MaxNewSize 来设置其绝对大小。同样，为了防止更新数据的堆收缩，通常会把 -XX:newSize 和 -XX:MaxNewSize 设置为同样大小。

3）至于更新数据和历史数据设置为多大才合理，这个问题是没有准确答案的，否则就不会有调优。不过，可以观察二者的大小变化带来的影响。

①更新数据更大必然导致历史数据更小。大的更新数据会延长普通 GC 的周期，但会增加每次 GC 的时间，小的历史数据会导致更频繁的 Full GC。

②为更新数据分配更少的空间意味着给历史数据分配更大的空间，而减少更新数据的空间会导致频繁的普通垃圾回收，但每次垃圾回收的时间更短。增大历史数据的空间会减少整体垃圾回收的频率。

4）在配置较好的机器上（如多核、大内存），可以为历史数据选择并行收集算法：-XX:+UseParallelOldGC，默认为 Serial 收集。

5）设置线程堆栈。每个线程默认会开启 1 MB 的堆栈，用于存放栈帧，调用参数、局部变量等。对大多数应用而言，这个默认值过大。理论上，在内存不变的情况下，减少每个线程的堆栈可以产生更多的线程，但实际上这受限于操作系统。

14.5　机架感知对性能调优的影响

Hadoop 作为大数据处理的典型平台，在处理海量数据的过程中，其主要限制因素是节点之间的数据传输速率。因为集群的带宽有限，有限的带宽资源却承担着大量的刚性带宽需求，如 Shuffle 阶段的数据传输不可避免，所以如何优化带宽资源的使用是一个值得思考的问题。Hadoop 数据传输的需求主要表现在以下 3 个方面。

1）Map 阶段的数据传输：Map 阶段的非本地化任务需要远程复制数据块，然而这种带宽消耗在一定程度上不是必要的，如果数据能实现很高程度的本地化，就可以减少这个阶段因数据传输带来的带宽消耗。

2）Shuffle 阶段的数据传输：Map 阶段的中间数据集传输到 Reduce 端需要大量带宽资源。

3）Reduce 阶段的计算结果保存：Reduce 端最终的计算结果需要保存到 HDFS 上，这种带宽消耗也是不可避免的。

针对上述问题，Hadoop 在 Map 阶段的任务调度过程中做了一定程度的优化。当一个有空闲资源的 TaskTracker 向 JobTracker 申请任务的时候，JobTracker 会给它选择一个最靠近 TaskTracker 的任务，选择的原则如下：

1）TaskTracker 本地是否有未处理的任务，有则调度之。

2）TaskTracker 本地没有未处理的任务，则为它调度一个和 TaskTracker 同一个机架的任务。

3）否则，为它调度一个本数据中心的任务。

然而，JobTracker 是如何知道这种结构关系，如何知道另一个节点和该 TaskTracker

位于同一个机架或者数据中心呢？这就要追溯到 Hadoop 的机架感知功能了。

机架感知是一种计算不同计算节点（TaskTracker）之间距离的技术，用于在任务调度过程中尽量减少网络带宽资源的消耗。当一个 TaskTracker 申请不到本地化任务时，JobTracker 会尽量调度一个机架的任务给它，因为不同机架的网络带宽资源比同一个机架的网络带宽资源更可贵。当然，机架感知不仅用在 MapReduce 中，还会用在 HDFS 数据块备份过程中。

HDFS 的 NameNode 负责文件块复制相关的所有事务，它周期性地接受来自 DataNode 的 HeartBeat 和 BlockReport 的信息，HDFS 文件块副本的放置对于系统整体的可靠性和性能有关键性影响。

一个简单但非优化的副本放置策略是，把副本分别放在不同机架，甚至不同 IDC 上。这样可以避免机架甚至整个 IDC 崩溃带来的错误，但是文件写必须在多个机架之间、甚至 IDC 之间传输，增加了副本写的代价。

在默认配置下副本数是 3 个，通常的优化策略是：第一个副本放在和客户端相同的机架的节点里（如果客户端不在集群范围内，则第一个节点是随机选取的不太满或者不太忙的节点）；第二个副本放在与第一个节点不同的机架的节点中；第三个副本放在与第二个节点不同的机架的节点中。

Hadoop 的副本放置策略在可靠性（副本在不同机架）和带宽（只需跨越一个机架）之间做了很好的平衡。

但是，Hadoop 的机架感知功能需要通过 topology.script.file.name 属性定义的可执行文件（或者脚本）来实现，文件提供了 NodeIP 对应 RackID 的翻译。如果没有设定 topology.script.file.name，则每个 IP 都会翻译成 /default-rack。

在默认情况下，Hadoop 机架感知是没有被启用的，需要在 NameNode 的 hadoopsite.xml 里配置一个选项，例如：

```
<property>
    <name>topology.script.file.name</name>
    <value>/path/to/script</value>
</property>
```

这个配置选项的 value 指定为一个可执行程序，通常为一个脚本，该脚本接受一个参数，输出一个值。接受的参数通常为 DataNode 的 IP 地址，而输出的值通常为该 IP 地址对应的 DataNode 所在的 rackID，如“ /rack1”。当 NameNode 启动时，会判断该配置选项是否为空，如果为非空，则表示已经启用机架感知的配置，此时 NameNode 会根据配置寻找该脚本，并在接收到每一个 DataNode 的 Heartbeat 时将该 DataNode 的 IP 地址作为参数传给该脚本运行，并将得到的输出作为该 DataNode 所属的机架，保存到内存的 Map 中。

了解了真实的网络拓朴和机架信息后，通过脚本能够将机器的 IP 地址正确地映射到相应的机架上。Hadoop 官方给出的脚本为 http://wiki.apache.org/hadoop/topology_rack_awareness_scripts。

当没有配置机架信息时，所有机器的Hadoop都默认在同一个机架下，名为“/default-rack”。在这种情况下，任何一台DataNode的机器不管物理上是否属于同一个机架，都会被认为是在同一个机架下，此时，就很容易出现之前提到的机架间网络负载增加的情况。在没有机架信息的情况下，NameNode默认所有的Slave机器全部在/default-rack下，当写Block时，3个DataNode机器的选择完全是随机的。

配置了机架感知信息以后，Hadoop在选择3个DataNode时，就会进行相应的判断。

1）如果上传本机的不是一个DataNode，而是一个客户端，那么就从所有Slave机器中随机选择一个DataNode作为第一个块的写入机器（DataNode 1）。此时如果上传机器本身就是一个DataNode，那么就将该DataNode作为第一个块写入机器（DataNode 1）。

2）在DataNode 1所属的机架以外的机架上，随机地选择一个作为第二个块的写入机器（DataNode 2）。

3）在写第3个块之前，先判断前两个DataNode是否是在同一个机架上。如果在同一个机架上，就尝试在另外一个机架上选择第3个DataNode作为写入机器（DataNode 3）；如果DataNode 1和DataNode 2不在同一个机架上，则在DataNode 2所在的机架上选择一台DataNode作为DataNode 3。

4）得到3个DataNode的列表以后，从NameNode将该列表返回到DFSClient之前，会在NameNode端根据该写入客户端与DataNode列表中每个DataNode之间的距离由近及远地进行排序，客户端根据这个顺序写入数据块。

5）当按距离排好序的DataNode节点列表返回给DFSClient以后，DFSClient便会创建Block OutputStream，并向Pipeline中的第一个节点（最近的节点）开始写入数据。

6）写完第一个块以后，依次按照DataNode列表中顺序对节点进行写入，直到最后一个块写入成功，DFSClient返回成功，此时该块写入操作结束。

通过以上策略，NameNode在选择数据块的写入DataNode列表时，就充分考虑到了将块副本分散在不同机架下，并尽量避免了之前描述的网络开销。

14.6　Hadoop系统参数调优

14.6.1　Hadoop系统的参数

在Hadoop集群中，系统配置参数主要集中在4个方面，即Hadoop-Core、HDFS、MapReduce、YARN。需要配置的文件有4个，分别是core-site.xml、hdfs-site.xml、mapred-site.xml和yarn-site.xml，这4个文件分别对应不同组件的配置参数。

1. Hadoop的性能参数

core-site.xml文件中包括集群的一些基本参数，与Hadoop部署密切相关，但是对于性能的优化作用不是特别明显。以下是3个常用的配置参数。

1）io.file.buffer.size是系统I/O的属性，表示读写缓冲区的大小。

2）io.seqfile.compress.blocksize表示块压缩时最小块的大小。

3）io.seqfile.lazydecompress 是压缩块解压的相关参数。

2. MapReduce 的性能参数

mapred-site.xml 文件与 MapReduce 计算模型密切相关，其中的参数对集群的性能影响很大。首先，数据要进行 Map，然后进行 Merge，再在 Reduce 进程中进行 Copy，最后进行 Reduce，其中的 Merge 和 Copy 可以总称为 Shuffle。

（1）mapred.map.tasks 和 mapred.reduce.tasks

在用户启动一个 Job 之前，Hadoop 需要知道用户需要启动的 Map 进程数和 Renduce 进程数。如果用户基于默认参数启动，由于默认只有 2 个 Map 进程和 1 个 Reduce 进程，因此速度是很慢的。设置 Map 启动个数的参数是 mapred.map.tasks，设置 Reduce 启动个数的参数则是 mapred.reduce.tasks。这两个参数对整个集群的性能起主导作用，调试也基本上围绕这两个参数进行。

（2）mapred.tasktracker.map.tasks.maximum 和 mapred.tasktracker.reduce.tasks.maximum

mapred.map.tasks 和 mapred.reduce.tasks 参数的设置直接影响其他参数的设置。首当其冲的就是 mapred.tasktracker.map.tasks.maximum 和 mapred.tasktracker.reduce.tasks.maximum，因为这两个参数设置了一台服务器上最多能同时运行的 Map 和 Reduce 进程数。假设一个集群有一个 NameNode 和 8 个 DataNode，且数据都是三备份，那么本地数据率为 3/8。假设设置 mapred.map.tasks=128，mapred.reduce.tasks=64，那么对应的 2 个 maximum 参数就应该分别为 16 和 8 或是更高。因为这样才能保证所有 Map 和 Reduce 任务同时启动，如果设置 Reduce 的 maximum 为 7，那么会得到非常糟糕的结果，因为此时 8 台机器同时可以运行的 Reduce 仅为 56 个，比我们应该设置的 64 个进程少 8 个，这 8 个进程将处于挂起状态，直到某些正在运行的 Reduce 进程完成，它们才能运行，这势必大幅度地增加运行时间。

（3）mapred.reduce.slowstart.completed.maps

mapred.tasktracker.map.tasks.maximum 和 mapred.tasktracker.reduce.tasks.maximum 的设置也不是越大越好，因为 Map 进程在很长一段时间里是和 Reduce 进程共存的，共存的时间取决于 mapred.reduce.slowstart.completed.maps 的设置。如果这个参数值设置为 0.6，那么 Reduce 将在 Map 完成 60% 后进入运行态。所以说，如果 Map 和 Reduce 参数都设置得很大，势必造成 Map 和 Reduce 争抢资源，导致有些进程饥饿、超时出错。最可能的就是 socket.timeout 出错，导致网络过于繁忙。所以，需要根据集群的性能进行调试，增加或减少这些参数的值，以达到最好的效果。Apache 官网中给出了设置 Reduce 和 Map 的一些建议。一般情况下，当设置好 Map 和 Reduce 进程数后，可以通过 Hadoop 的 mapred 的页面入口（http://namenode:50030/jobdetai.jps）查看 Map 和 Reduce 进度，当发现 Reduce 为 33% 时，Map 正好达到 100%，这是最佳的配比，因为 Reduce 在 33% 的时候完成了 copy 阶段，也就是说，Map 需要在 Reduce 达到 33% 之前完成所有的 map 任务，准备好数据，不能让 Reduce 等待。但是可以让 Map 先完成任务。

（4）io.sort.mb 和 mapred.child.java.opts

io.sort.mb 和 mapred.child.java.opts 是 2 个息息相关的参数。因为每一个 Map 或是

Reduce 进程都是一个 Task，都会对应启动一个 JVM，所以 mapred.child.java.opts 也与启动的 Map、Reduce 数量和一些 JVM 敏感的参数有关。Task 在 JVM 里面运行，这里提到的 io.sort.mb 也是分配在 JVM 中的，这个值用来设置 Map 排序的可用缓冲区大小。如果 Map 在内存中排序的结果达到一个特定的值，就会被 spill 进入硬盘，这个值等于 io.sort.mb*io.sort.spill.percent.。按照通常的设置方式，为了让 JVM 发挥最佳性能，一般设置 JVM 的最大可用内存为 mb 设置的内存量的两倍，而 mb 的内存是与一个 Map 的结果数据量有关。假设一个 Map 的结果数据量为 600 MB，如果设置 mb*io.sort.spill.percent.=200 MB，那么将进行 3 次 spill 使数据进入硬盘，Map 完成后再将数据从硬盘上取出并进行复制。所以，这个 mb 如果设置为 600 MB 的话，就不需要进行硬盘访问了，可以节省很多时间。但是，这里最大的问题是内存消耗很大。如果 mb 是 600 MB，那么 jvm.opts 就要设置为 1 GB 以上，对于上例中要同时启动 16 个 Map 和 8 个 Reduce 的情况，内存至少应该为 24 GB。所以，这里的设置也要慎重，因为服务器还要运行很多其他的服务。

（5）mapred.local.dir

针对磁盘和磁盘 I/O，mapred.local.dir 参数最好设置为和磁盘数相同，应该将每个磁盘都单独设置为 RAID0，然后将所有磁盘配置成多路径。在这个配置项下，HDFS 在决定数据存储时会顺序循环存储，保证所有磁盘数据量的一致性，从而提升磁盘的 I/O 速度。

（6）mapred.reduce.parallel.copies 和 mapreduce.reduce.shuffle.maxfetchfailures

针对网络，在有 Reduce 和 Map 同时运行的情况下需要慎重考虑。mapred.reduce.parallel.copies 与 mapreduce.reduce.shuffle.maxfetchfailures 参数都是对网络有一些影响的。前者是 Reduce 可以进行并行复制的最大线程数，这些线程会同时从不同的 DataNode 上取 Map 结果，而后者的出错、重试次数过多对于很多应用来说都会导致性能降低。

（7）mapred.compress.map.output

一般来说，一个 Job 重试了一次没有成功，那么很可能以后无论如何重试都不会成功。重试不仅不成功，还会大量消耗系统的资源，让其他线程也因为饥饿而进入重试状态，导致不必要的恶性循环。如果网络环境状况很差，那么建议打开 mapred.compress.map.output 压缩选项，并配置 mapred.map.output.compression.codec 压缩编码格式，一般使用 snappy，因为这种格式会使压缩和解压速度都相对较快。

（8）mapred.reduce.tasks.speculative.execution

如果集群是异构的，有些机器性能好，有些机器性能差，则建议打开 mapred.reduce.tasks.speculative.execution，这有利于优化进程分配，提升集群性能。

3. HDFS 的性能参数

hdfs-site.xml 文件与 HDFS 子项目密切相关，其参数对集群性能有很大影响。

（1）dfs.replication

参数说明：HDFS 文件的副本数。

默认值：3。

推荐值：3～5（对于 I/O 较为密集的场景可适量增大）。

（2）dfs.blocksize

参数说明：数据块大小。

默认值：67108864（64 MB）。

推荐值：对于较大型的集群，建议设为 128 MB（134217728）或 256 MB（268435456）。

（3）dfs.datanode.handler.count

参数说明：DateNode 上的服务线程数。

默认值：10。

（4）fs.trash.interval

参数说明：HDFS 文件删除后会移动到垃圾箱，该参数是清理垃圾箱的时间。

默认值：0。

推荐值：1440(1day)。

（5）io.sort.factor

参数说明：当一个 map 任务执行完毕之后，本地磁盘上（mapred.local.dir）有若干个 spill 文件，map 任务最后做的一件事就是执行 merge sort 命令，把这些 spill 文件合成一个文件。当执行 merge sort 命令时，每次同时打开的 spill 文件数由该参数决定。打开的文件越多，不一定 merge sort 命令执行得就越快，要根据数据情况适当地调整。

默认值：10。

（6）mapred.child.java.opts

参数说明：JVM 堆的最大可用内存。

默认值：-Xmx200m。

推荐值：-Xmx1G | -Xmx4G | -Xmx8G 。

（7）io.sort.mb

参数说明：Map 任务的输出结果和元数据在内存中占的缓冲区总大小，当缓冲区达到一定阈值时，会启动一个后台进程对缓冲区里的内容进行排序，然后写入本地磁盘，形成一个 split 小文件。

默认值：100。

推荐值：200 | 800。

（8）io.sort.spill.percent

参数说明：io.sort.mb 中所说的阈值。

默认值：0.8。

推荐值：0.8。

（9）io.sort.record

参数说明：io.sort.mb 中分给元数据的占空比。

默认值：0.05。

推荐值：0.05。

（10）mapred.reduce.parallel

参数说明：Reduce Shuffle 阶段复制的线程数。

默认值：5（对于较大集群，可调整为16～25）。

推荐值：16～25。

4. YARN的性能参数

YARN的性能参数主要集中在内存分配与管理方面，其中涉及ResourceManage、ApplicationMaster、NodeManager，相关的调优也紧紧围绕这3个方面来开展。

（1）ResourceManage的内存资源配置

这里主要涉及与资源调度相关的参数。

1）RM1：yarn.scheduler.minimum-allocation-mb表示分配给ApplicationMaster的单个容器可申请的最小内存。

2）RM2：yarn.scheduler.maximum-allocation-mb表示分配给ApplicationMaster的单个容器可申请的最大内存。

其中，利用RM1可以计算一个节点的最大Container数量，两个参数一旦设置好，就不可动态改变。

（2）NodeManager的内存资源配置

这里主要涉及与硬件资源相关的参数。

1）NM1：yarn.nodemanager.resource.memory-mb表示节点的最大可用内存。

2）NM2：yarn.nodemanager.vmem-pmem-ratio表示虚拟内存率，默认值为2.1。

其中，RM1、RM2的值均不能大于NM1的值，NM1可以计算节点的最大Container数量，max(Container)=NM1/RM1。同样，两个参数一旦设置好，就不可动态改变。

（3）ApplicationMaster内存配置相关参数

这里配置的是任务相关的参数。

1）AM1：mapreduce.map.memory.mb分配给Map Container的内存大小。

2）AM2：mapreduce.reduce.memory.mb分配给Reduce Container的内存大小。

其中，这两个值应该在RM1和RM2之间，AM2的值最好为AM1的2倍，这两个值可以在启动时改变。

3）AM3：mapreduce.map.java.opts运行map任务的JVM参数，如-Xmx、-Xms等选项。

4）AM4：mapreduce.reduce.java.opts运行reduce任务的JVM参数，如-Xmx、-Xms等选项。

其中，这两个值应该在AM1和AM2之间。

以图14-7为例，ApplicationMaster参数mapreduce.map.memory.mb=1536 MB，表示ApplicationMaster要为map Container申请1536 MB的资源，但ResourceManage实际分配的内存是2048 MB，因为yarn.scheduler.mininum-allocation-mb=1024 MB，表示ResourceManage最小要分配1024 MB，而1536 MB超过了这个值，所以实际分配给ApplicationMaster的值为2048 MB。

ApplicationMaster参数mapreduce.map.java.opts=-Xmx 1024m表示运行map任务的JVM内存为1024 MB，因为map任务要运行在Container里面，所以这个参数的值略小

于 mapreduce.map.memory.mb=1536 MB。NodeManager 参数 yarn.nodemanager.vmem-pmem-radio=2.1，表示 NodeManager 可以分配给 map/reduce Container 2.1 倍的虚拟内存，按照上面的配置，实际分配给 map Container 容器的虚拟内存大小为 2048×2.1=3225.6 MB。若实际用到的内存超过这个值，NodeManager 就会停止 map Container 的进程，任务执行过程就会出现异常。

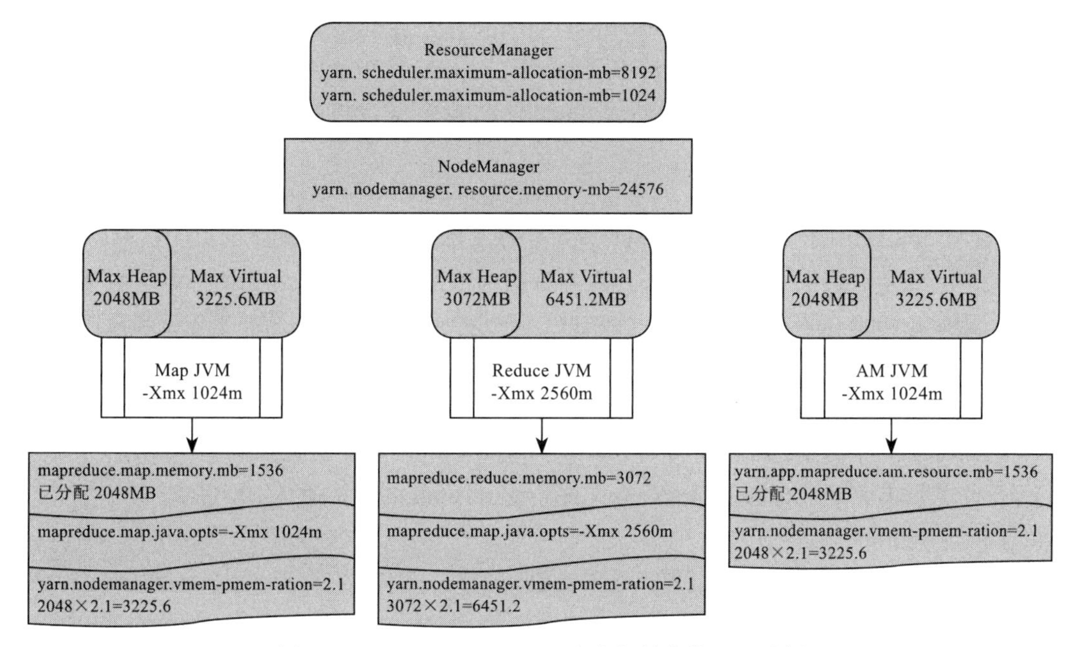

图 14-7　ApplicationMaster 内存相关参数配置示例

ApplicationMaster 参数 mapreduce.reduce.memory.mb=3072 MB 表示分配给 reduce Container 的容器大小为 3072 MB，而 map Container 的大小是 1536 MB，从这里也可以看出，reduce Container 的大小最好是 map Container 大小的 2 倍。

NodeManager 参数 yarn.nodemanager.resource.mem.mb=24 576 MB 表示节点分配给 NodeManager 的可用内存，也就是节点用来执行 YARN 任务的内存大小。这个值要根据实际服务器的内存大小来配置，如 Hadoop 集群机器的内存是 128 GB，那么可以将其中的 80% 分配给 YARN，也就是 102 GB。

ResourceManage 的两个参数分别 1024 MB 和 8192 MB，分别表示分配给 ApplicationMaster 的 map/reduce Container 的最大值和最小值。

5. ZooKeeper 的性能参数

ZooKeeper 是开放源码的分布式应用程序协调服务，是谷歌 Chubby 的一个开源实现，也是 Hadoop 和 HBase 的重要组件。它是一个为分布式应用提供一致性服务的软件，提供的功能包括配置维护、域名服务、分布式同步、组服务等。下面介绍主要的性能参数。

（1）dataLogDir

dataLogDir 参数用于配置 ZooKeeper 服务器存储事务日志文件的路径，ZooKeeper 默认将事务日志文件和数据快照存储在同一个目录下，并且尽量将它们分开存储。将事务日志文件存储到一个专门的日志设备上对于服务器的吞吐量和延迟有很大的影响。事务日志对磁盘性能要求比较高，为了保证数据一致性，ZooKeeper 在响应客户端事务请求之前，需要将请求的事务日志写到磁盘上，事务日志的写入性能会直接影响 ZooKeeper 服务器处理请求的吞吐量。因此，建议给事务日志的输出配置一个单独的磁盘或者挂载点。

（2）globalOutstandingLimit

客户端提交请求的速度可能比 ZooKeeper 处理的速度快得多，特别是当客户端的数量非常多的时候。为了防止排队的请求过多而耗尽内存，ZooKeeper 会对客户端进行限流，即限制系统中未处理的请求数量不超过 globalOutstandingLimit 设置的值。默认的限制值是 1000。

（3）preAllocSize

preAllocSize 用于配置 ZooKeeper 事务日志文件预分配的磁盘空间大小。默认的块大小是 64 MB。改变块大小的一个原因是当数据快照文件生成比较频繁时可以适当减少块大小。例如，1000 个事务会新产生一个快照，新快照产生后会启用新的事务日志文件。假设一个事务的大小为 100B，那么事务日志预分配的磁盘空间大小设置为 100 KB 比较好。

（4）snapCount

ZooKeeper 将事务记录到事务日志中。当 snapCount 个事务被写到一个日志文件后，启动一个快照并创建一个新的事务日志文件。snapCount 的默认值是 100 000。

（5）traceFile

如果定义了 traceFile 选项，那么请求会被记录到一个名为 traceFile.year.month.day 的跟踪文件中。使用该选项可以提供有用的调试信息，但是会影响性能。值得注意的是，requestTraceFile 系统属性没有 zookeeper 前缀，并且配置的变量名称和系统属性不一样。

（6）maxClientCnxns

maxClientCnxns 在 socket 级别限制单个客户端到 ZooKeeper 集群中单台服务器的并发连接数量，可以通过 IP 地址来区分不同的客户端。它用来阻止某种类型的 DoS 攻击，包括文件描述符资源耗尽。默认值是 60。若将其值设置为 0，则会完全移除并发连接的限制。

（7）clientPortAddress

clientPortAddress 是服务器监听客户端连接的地址（IPV4、IPV6 或主机名），即客户端尝试连接到服务器上的地址。该参数是可选的，对于服务器上的任意 address/interface/nic，默认任何连接到 clientPort 的请求将会被接受。

（8）minSessionTimeout 和 maxSessionTimeout

minSessionTimeout 是服务器允许客户端会话的最小超时时间，以 ms 为单位。默认值是 tickTime 的 2 倍。

maxSessionTimeout 是服务器允许客户端会话的最大超时时间，以 ms 为单位。默认值是 tickTime 的 20 倍。

（9）fsync.warningthresholdms

fsync.warningthresholdms 是用于配置 ZooKeeper 进行事务日志 fsync 操作所消耗时间

的报警阈值。一旦超过这个阈值，将会打印输出报警日志。该参数的默认值是 1000，以 ms 为单位。参数值只能作为系统属性来设置。

（10）autopurge.snapRetainCount

当启用自动清理功能后，ZooKeeper 将只保留 autopurge.snapRetainCount 个最近的数据快照（dataDir）和对应的事务日志文件（dataLogDir），其余的内容将会删除。默认值是 3，最小值也是 3。

（11）autopurge.purgeInterval

autopurge.purgeInterval 用于配置触发清理任务的时间间隔，以 h（小时）为单位。要启用自动清理，可以将其值设置为一个正整数（大于 1）。默认值是 0。

（12）syncEnabled

和参与者一样，观察者默认将事务日志以及数据快照写到磁盘上，这将减少观察者在服务器重启时的恢复时间。将 syncEnabled 值设置为 false 可以禁用该特性，其默认值是 true。

6. HBase 的性能参数

（1）服务器端

1）hbase.regionserver.handler.count：表示 RPC 请求的线程数量，默认值为 10，一般在生产环境中调优时，建议将该值修改为 100。不过，这并不意味着该参数值越大越好，特别是当请求内容很大时。例如，扫描以兆为单位的数据时会占用过多的内存，有可能导致频繁的 GC，甚至出现内存溢出的情况。

2）hbase.regionserver.hlog.splitlog.writer.threads：表示日志切割所用的线程数，默认值是 3，调优时建议设为 10。

3）hfile.block.cache.size：RegionServer 的块缓冲区的内存大小限制，默认值为 0.25，在偏向读的业务中，优化时可以适当调大该值。需要注意的是，hbase.regionserver.global.memstore.upperLimit 的值和 hfile.block.cache.size 的值之和必须小于 0.8。

4）hbase.hregion.max.filesize：默认值是 10 GB，如果任何一个列簇里的 StoreFile 超过这个值，那么这个 Region 会一分为二。因为 Region 分裂时会出现短暂的 Region 下线时间，为减少对业务端的影响，优化时建议手动定时分裂，可以将该值设置为 60 GB。

5）hbase.hregion.majorcompaction：HBase 的 Region major 合并的间隔时间，默认值为 1 天，优化时建议设置为 0，禁止自动进行 major 合并。major 合并会把一个存储下所有的 StoreFile 重写为一个 StoreFile 文件，在合并过程中还会把有删除标识的数据删除。在生产集群中，major 合并能持续数小时之久，为减少对业务的影响，建议在业务低峰期通过手动或通过脚本、API 定期进行 major 合并。

6）hbase.hregion.memstore.flush.size：默认值为 128 MB，一旦有 memstore 超过该值，将被刷新。如果 RegionServer 的 JVM 内存比较充足，建议调整为 256 MB。

7）hbase.hregion.memstore.block.multiplier：默认值为 2，如果一个 memstore 的内存大小超过 hbase.hregion.memstore.flush.size * hbase.hregion.memstore.block.multiplier，则会阻塞该 memstore 的写操作。为避免阻塞，建议设置为 5，如果值过大，则有发生内存

溢出的风险。

8）hbase.hstore.compaction.min：默认值为 3，如果任何一个存储里的 StoreFile 的总数超过该值，会触发默认的合并操作。优化时可以设置为 5～8，在手动的定期主合并中进行 StoreFile 文件的合并，从而减少合并的次数。不过，这会延长合并的时间，需要根据实际情况进行调整。

9）hbase.hstore.compaction.max：表示一次最多合并的 StoreFile，默认值为 10，可以避免内存溢出。

10）hbase.hstore.blockingStoreFiles：默认值为 7，如果任何一个存储的 StoreFile 文件数大于该值，则在刷新 memstore 前先进行分割或者压缩。同时，把该 Region 添加到 flushQueue，延时刷新，期间会阻塞写操作，直到压缩完成或者超过 hbase.hstore.blockingWaitTime 配置的时间。优化时可以设置为 30，以避免 memstore 不及时刷新。

11）hbase.regionserver.global.memstore.upperLimit：默认值为 0.4，表示 RegionServer 的所有 memstore 占用内存在总内存中的最大比例，当达到该值时，会从整个 RegionServer 中找出最需要刷新的 Region 进行刷新，直到总内存比例降到该值以下。

12）dfs.socket.timeout：默认值为 60 000，单位为 ms，建议根据实际 RegionServer 的日志监控发现异常，进行合理的设置。

13）hbase.regionserver.thread.compaction.small：默认值为 1，表示 RegionServer 做最小合并时线程池里的线程数目，优化时可以设置为 5。

14）hbase.regionserver.thread.compaction.large：默认值为 1，表示 RegionServer 做主合并时线程池里的线程数目，优化时可以设置为 8。

15）hbase.regionserver.lease.period：默认值为 60 000，单位为 ms，表示客户端连接 RegionServer 的租约超时时间，客户端必须在这个时间内汇报，否则认为客户端已被迫关闭。

（2）客户端

1）hbase.client.write.buffer：默认值为 2 MB，表示写入缓存大小。优化时建议设置为 5MB，值越大表示占用的内存越多。

2）hbase.client.pause：默认值是 1000，单位为 ms。如果需要高性能低延时的读写操作，优化时可设为 200，这个值通常用于失败重试、Region 查找等。

3）hbase.client.retries.number：默认值是 10，表示客户端重试的最大次数。优化时可以设为 11，结合上面的参数，重试总时间约为 71s。

4）hbase.ipc.client.tcpnodelay：默认值是 false，建议设为 true，表示关闭消息缓冲。

5）hbase.client.scanner.caching：表示扫描缓存，默认值为 1，避免占用过多的客户端内存。这个参数一般设置在 1000 以内比较合理，如果一条数据太大，则应该设置一个较小的值，通常是设置业务需求的一次查询的数据条数。如果扫描数据对下次查询没有帮助，则可以设置 setCacheBlocks 为 false，避免使用缓存。

7. 其他性能参数

（1）Hive 的性能参数

1）MapReduce 数量相关的参数有以下几种：

①数据分片大小（分片的数量决定 map 的数量），其命令如下：

```
[用户名@机器名]$set mapreduce.input.fileinputformat.split.maxsize=750000000;
```

②单个 reduce 处理的数据量（影响 reduce 的数量），其命令如下：

```
[用户名@机器名]$ hive.exec.reducers.bytes.per.reducer
```

③ tez 会根据 vertice 的输出大小动态预估调整 reduce 的个数，其命令如下：

```
[用户名@机器名]$set hive.tez.auto.reducer.parallelism = true;
```

2）执行计划相关的参数有以下几种：

①调整 Join 的顺序，让多次 Join 产生的中间数据尽可能小，选择不同的 Join 策略的命令如下：

```
[用户名@机器名]$set hive.cbo.enable=true;
```

②如果数据已经根据相同的 key 做好聚合，那么去除掉多余的 map/reduce 作业，其命令如下：

```
[用户名@机器名]$set hive.optimize.reducededuplication=true;
```

③如果一个简单查询只包括一个 group by 和 order by，此处可以设置为 1 或 2，命令如下：

```
[用户名@机器名]$set hive.optimize.reducededuplication.min.reducer=4;
```

④调整 Map Join 的命令如下：

```
[用户名@机器名]$set hive.auto.convert.join=true;
[用户名@机器名]$set hive.auto.convert.join.noconditionaltask=true;
```

⑤ Map Join 任务的 HashMap 中 key 对应的 value 数量，命令如下：

```
[用户名@机器名]$set hive.smbjoin.cache.rows=10000;
```

⑥可以被转化为 HashMap 放入内存的表的大小（官方推荐设为 853 MB），命令如下：

```
[用户名@机器名]$set hive.auto.convert.join.noconditionaltask.size=894435328;
```

⑦ Map 端聚合（与 group by 有关），如果开启，Hive 将会在 Map 端做第一级聚合，这会使用更多内存，开启这个参数，sum(1) 会有类型转换问题，命令如下：

```
[用户名@机器名]$set hive.map.aggr=false;
```

⑧所有 map 任务可以用作 Hashtable 的内存百分比，如果发生 OOM，则调小这个参数，命令如下：

```
[用户名@机器名]$set hive.map.aggr.hash.percentmemory=0.5;
```

⑨只有 SELECT、FILTER 和 LIMIT 转化为 FETCH，减少等待时间，命令如下：

```
[用户名@机器名]$set hive.fetch.task.conversion=more;
[用户名@机器名]$set hive.fetch.task.conversion.threshold=1073741824;
```

⑩向量化计算。

如果开启 sum(if(a=1,1,0))，这样的语句运行失败，具体如下：

```
[用户名@机器名]$set hive.vectorized.execution.enabled=false;
[用户名@机器名]$set hive.vectorized.execution.reduce.enabled=false;
[用户名@机器名]$set hive.vectorized.groupby.checkinterval=4096;
[用户名@机器名]$set hive.vectorized.groupby.flush.percent=0.1;
```

3）动态分区相关的参数有以下几种：

①在 Hive0.13 中，开启这个配置会对所有字段排序，命令如下：

```
[用户名@机器名]$set hive.optimize.sort.dynamic.partition=false;
```

②以下两个参数用于开启动态分区：

```
[用户名@机器名]$set hive.exec.dynamic.partition=true;
[用户名@机器名]$set hive.exec.dynamic.partition.mode=nonstrict;
```

4）小文件相关的命令如下（以下命令用于合并小文件）：

```
[用户名@机器名]$set hive.merge.mapfiles=true;
[用户名@机器名]$set hive.merge.mapredfiles=true;
[用户名@机器名]$set hive.merge.tezfiles=true;
[用户名@机器名]$set hive.merge.sparkfiles=false;
[用户名@机器名]$set hive.merge.size.per.task=536870912;
[用户名@机器名]$set hive.merge.smallfiles.avgsize=536870912;
[用户名@机器名]$set hive.merge.orcfile.stripe.level=true;
```

5）ORC 相关的命令如下：

①如果开启，将会在 ORC 文件中记录 MetaData 的命令如下：

```
[用户名@机器名]$set hive.orc.splits.include.file.footer=false;
```

② ORC 写缓冲大小的命令如下：

```
[用户名@机器名]$set hive.exec.orc.default.stripe.size=67108864;
```

6）统计相关的命令如下：

①设置新创建的表 / 分区是否自动计算统计数据，命令如下：

```
[用户名@机器名]$set hive.stats.autogather=true;
[用户名@机器名]$set hive.compute.query.using.stats=true;
[用户名@机器名]$set hive.stats.fetch.column.stats=true;
[用户名@机器名]$set hive.stats.fetch.partition.stats=true;
```

②手动统计已经存在的表，命令如下：

```
[用户名@机器名]$ANALYZE TABLE COMPUTE STATISTICS;
[用户名@机器名]$ANALYZE TABLE COMPUTE STATISTICS for COLUMNS;
[用户名@机器名]$ANALYZE TABLE partition (coll="x") COMPUTE STATISTICS for COLUMNS;
```

（2）Spark 的性能参数

- num-executors

该参数用于设置应用总共需要多少个 Executor 来执行，Driver 在向集群资源管理器申请资源时会根据此参数决定分配的 Executor 个数。在没有该参数的情况下，只会分配少量 Executor。

执行 spark-submit 时，若有 –num-executors 参数，则取此值；若没有这个参数，则读取 spark.executor.instances 中的配置。若没有配置，则取环境变量 SPARK_EXECUTOR_INSTANCES 的值；若未设置这个环境变量，则取默认值 DEFAULT_NUMBER_EXECUTORS=2。

这个值的设置还要考虑分配的队列的资源情况，资源太少就无法充分利用集群资源，资源太多则难以分配需要的资源。

❑ executor-memory

每个 Executor 的内存设置对 Spark 作业运行性能的影响很大，一般设为 4～8 GB 比较合适，当然还要看资源队列的情况。num-executor*executor-memory 的大小不能超过队列的内存总大小。

❑ executor-cores

每个 Executor 的 CPU 核数的设置决定了每个 Executor 并行执行任务的能力，Executor 的 CPU 核数设置为 2～4 个即可。但要注意，num-executor*executor-cores 不能超过分配队列中 CPU 核数的大小。具体的核数设置需要根据分配队列中的资源统筹考虑，在 Executor、核数和任务数之间达到平衡。对于多任务共享的队列，要注意不能将资源占满。

❑ driver-memory

这个值表示运行 sparkContext 的 Driver 所占用的内存，除非需要使用 collect 之类算子将数据提取到 Driver 中，否则不必设置，一般设置为 1GB 就足够了。

❑ spark.default.parallelism

这个参数用于设置每个 Stage 经 TaskScheduler 进行调度时生成 Task 的数量。未设置此参数时，会根据读到的 RDD 的分区生成 Task，即根据源数据在 HDFS 中的分区数确定。若此分区数较小，则处理时只有少量 Task，前述分配的 Executor 中的核大部分无任务运行。

通常将此值设置为 num-executors*executor-cores 的 2～3 倍为宜，如果与 num-executors*executor-cores 的数值相近，则先完成 Task 的核无任务运行，2～3 倍的数量关系既不至于使任务太零散，又可使得任务执行更均衡。

❑ spark.storage.memoryFraction

该参数用于设置 RDD 持久化数据在 Executor 内存中所占的比例，默认值是 0.6，即 Executor 中可以用来保存 RDD 持久化数据的内存比例默认为 60%。可以根据 Spark 应用中 RDD 持久化操作的多少灵活地调整这个比例，即持久化操作需要的内存多就增加这个值，以免内存不够用而不能将操作持久化或转存到磁盘中；如果持久化操作少，且 Shuffle 的操作多，则可降低这个值。

❑ spark.shuffle.memoryFraction

该参数用于设置 Shuffle 过程中一个 Task 拉取到上个 Stage 的 Task 的输出后，进行聚合操作时能够使用的 Executor 内存的比例，默认值是 0.2。也就是说，Executor 默认只有 20% 的内存可用来进行该操作。当 Shuffle 操作在进行聚合时，如果发现使用的内存超出了这个限制，那么多余的数据就会溢写到磁盘文件中，此时就会极大地降低性能。

14.6.2　参数优化的原则

1. 作业调度性能最大化原则

最优的资源配置涉及 4 个问题：分配哪些资源、在哪里分配这些资源、分配多少资源以及分配了这些资源以后性能得到提升的原因。大数据计算系统调优的目的与核心意义就是在现有的资源环境下，使资源的利用率最大化，以最短的时间高效地完成计算任务。作业调度性能的衡量标准往往要参照经典折中的思想，在任务运行时间、硬件资源利用率、能耗、人力资源等方面加以综合考虑，最终达到整体综合性能最大化。

2. 存储开销最小化原则

对于大数据计算系统，其构建、运行成本源于多个方面，其中最重要且昂贵的成本来源于硬件设施。在机器规模固定的情况下，更多的存储空间意味着更多的成本投入。若运行相同的计算任务，则在保证执行效率的前提下，尽可能地减少存储开销，实际上也能减少成本。在大数据计算系统的调优工作中应时刻注意存储开销最小化原则。

3. 安全第一原则

大数据计算系统的调优工作要以保障任务运行安全为第一原则。在程序设计中，不管具体的应用环境是什么，正确性总是程序最重要的特性。一个不正确的程序，不管运行速度有多快、通用性有多么好都是毫无意义的。类似地，一个影响任务运行安全性的调优方案也是用户无法容忍的。

14.6.3　参数调优的案例

基于参数优化的上述原则，本小节给出一些参数化优化的实例。

（1）调整 Hadoop 运行参数

【现象】JVM 重用使得 JVM 实例在同一个 Job 中重新使用 *N* 次。

【分析】对于要处理大量小文件或者 Task 特别多的情况，大多数文件和任务的执行时间都很短。因此，JVM 的启动过程可能会造成相当大的开销，尤其是执行的 Job 包含有成千上万个 Task 任务时更是如此。

【解决方案】使用 JVM 重用技术来提高性能，可以设置 mapred.job.reuse.jvm.num.tasks 的值大于 1，这表示属于同一个 Job 的顺序执行的 Task 可以共享一个 JVM，也就是说第 2 轮的 Map 可以重用前一轮的 JVM，而不是在第 1 轮结束后关闭 JVM，第 2 轮再启动新的 JVM。

在 mapred-default.xml 中，给默认值为 1 的值设置适当的 *N* 后，可以大幅减少任务启动的时间。

实验表明，设置 mapred.job.reuse.jvm.num.tasks 为 10 时，执行标准 Terasort Job，数据规模为 3GB 的 Map 任务的启动时间减少 45%。

（2）适当添加堆内存

【现象】客户端抛出如下异常：

```
Exception: java.lang.OutOfMemoryError: Java heap space
```

【分析】Java 的最大堆内存设置过低。

【解决方案】设置最大堆内存为一个适当的值，命令如下：

```
export HADOOP_CLIENT_OPTS="-Xmx2048m $HADOOP_CLIENT_OPTS"
```

（3）调整 Java 垃圾回收机制

【现象】客户端抛出如下异常：

```
java.lang.OutOfMemoryError: GC overhead limit exceeded
```

【分析】该异常在 GC 占用大量时间但释放很小空间的时候发生。

【解决方案】关闭此功能，命令如下：

```
export HADOOP_CLIENT_OPTS="-XX:-UseGCOverheadLimit" $HADOOP_CLIENT_OPTS"
```

（4）提高 Splitmetainfo 文件上限以应对输入文件包括大量小文件及文件夹的情况

【现象】出现如下语句：

```
$yarn logs -applicationId application_1431213413583_263303-appOwner abc
...
2015-06-02 11:15:37,971 INFO [main]org.apache.hadoop.service.
    AbstractService: Serviceorg.apache.hadoop.mapreduce.v2.app.
    MRAppMaster failed in state STARTED; cause:org.apache.hadoop.yarn.
    exceptions.YarnRuntimeException: java.io.IOException:Split metadata size
    exceeded 10000000. Aborting job job_1431213413583_263303
```

【分析】输入文件包含大量小文件或者文件夹，造成 Splitmetainfo 文件超过默认的上限。

【解决方案】修改默认作业参数 mapreduce.jobtracker.split.metainfo.maxsize =100 000 000 或者 mapreduce.jobtracker.split.metainfo.maxsize = –1（默认值是 1 000 000）。

（5）不要轻易降低系统默认的复制因子

【现象】出现如下语句：

```
$yarn logs -applicationIdapplication_1431213413583_187157 -appOwner abc
...
/apache/hadoop/logs/yarn.log.2015-05-26-12:2015-05-2612:43:50,
    003 INFOorg.apache.hadoop.yarn.server.nodemanager.containermanager.
    container.Container:Container container_1431213413583_187157_01_003934
    transitioned from LOCALIZINGto KILLING
/apache/hadoop/logs/yarn.log.2015-05-26-12:2015-05-2612:43:50,004 INFOorg.
    apache.hadoop.yarn.server.nodemanager.containermanager.container.
    Container:Container container_1431213413583_187157_01_003934
    transitioned from KILLING toDONE
```

【分析】Map 试图下载分布式缓存中的文件，发生超时，导致作业失败。我们检查了分布式缓存中文件，发现复制数量是 3 份而不是默认的 10 份。

在 Apache Hadoop 的官网中有关于归档文件在分布式缓存中的复制因子的说明：

当在大规模集群上工作时，提升目录的复制因子以提升其可用性非常重要。这就使得集群中的节点首次定位目录时，会对负载进行分散。

【解决方案】增加文件复制的数量，把文件放到其他节点上，尽可能实现数据的本地化，以加快文件下载速度。

不要轻易降低下面参数的默认值：

```
dfs.replication = 3
mapreduce.client.submit.file.replication = 10
```

（6）增加 locateFollowingBlock 方法的重试次数

【现象】系统报出以下异常信息：

```
Exception in thread "main"java.io.IOException: Unable to close file because
    the last block does not haveenough number of replicas.
```

【分析】可能是 NameNode 过于繁忙，locateFollowingBlock 方法请求 Name Node 为文件加入新块时发生错误，无法定位下一个块。建议增加 locateFollowingBlock 方法的重试次数。

【解决方案】改动默认作业参数 dfs.client.block.write.locateFollowingBlock.retries = 15（默认值是 5）。

（7）适当提高 timeout 阈值

【现象】系统报出如下信息：

```
AttemptID:attempt_1429087638744_171298_r_000148_2Timed out after 600 secs
```

【分析】输入数据或计算量很大，造成作业用时太长。

【解决方案】修改默认作业参数 mapreduce.task.timeout = 1 200 000（默认值是 600 000）。

（8）选择可用资源较多的队列或窗体

【现象】系统报出如下信息：

```
our map reduce jobs are extremely slow and some ofthem are waiting in the
    UNASSIGNED state for a long time.
```

【分析】对应的队列资源用完。

【解决方案】另选一个空闲的队列或者空闲的时间窗体。

（9）适当添加内存

【现象】客户端抛出以下异常：

```
Exception: java.lang.OutOfMemoryError thrown fromthe UncaughtExceptionHandler
    in thread "main"
```

【分析】永久化生成空间（非堆规模）。

【解决方案】增加 PermSize，语句如下：

```
exportHADOOP_CLIENT_OPTS="-XX:MaxPermSize=512M $HADOOP_CLIENT_OPT"
```

14.7 生产环境的 Hadoop 性能优化

大型平台和网站因性能、开发和管理方面的要求多采用分层的架构，一般包括应用层、服务层和数据层。Hadoop 平台为处理大数据而生，它的核心架构也遵循这个框架。

在生产环境中，企业和研究机构会根据该结构对 Hadoop 的研究和优化进行分类分析。

第一类是应用层的研究。Hadoop 的应用层主要是客户端实现，即开发用户编写的 MapReduce 应用程序，包括 map()、combiner()、reduce()、main() 等函数。这一层的调优主要是代码层面的优化，因为通常是调用 Hadoop 的 API，所以多注意代码的质量即可。

第二类是数据层的研究。这一层主要是 Hadoop 的分布式文件系统，研究内容涉及安全模式、NameNode 和 DataNode 节点失效处理、数据分块及块大小等。其中研究最多的是 NameNode 的高可靠性和小文件的数据块处理。在 NameNode 的高可靠性研究方面，比较成熟的方案有元数据备份、SecondaryNameNode、CheckpointNode、BackupNode 及 AvatarNode 等。在小文件方面，主要是通过缓存或文件合并的方式提高块的利用率，已实现的有 Hadoop Archive、SequenceFile 等。

第三类是服务层的研究。服务层又称为计算层，主要涉及 Hadoop 的核心功能，即大规模的并行计算能力。这一层是 Hadoop 平台研究的主要领域，主要涉及预配置和调度算法的研究。Hadoop 的预配置项有近 200 个，用于对平台的资源配置和计算效能等进行静态调整或者设定，以满足不同用户、环境、作业的需求，实现平台的优化利用。因为是静态人为预配置的，故 Hadoop 的运行性能并不总像用户期望的那样高效。现在的研究多是配置的动态设置，甚至是带有自学习能力的动态设置，主要成果有朴素的贝叶斯算法、带自学习能力的贝叶斯算法等。Hadoop 的作业调度算法是关系到性能提升的重要部分，一个好的调度算法可以大幅度地提高资源利用率，减少作业的整体执行时间。作业调度算法负责所有作业及其任务的调度过程。这些过程包括怎样选择一个合适的作业、怎样在这个作业中选择一个合适的任务、怎样为这个任务选择合适的处理数据和执行者等。

Hadoop 系统中自带 3 种调度算法：系统默认的先进先出（FIFO）调度算法、计算能力调度算法、公平调度算法。后两种调度算法是 Yahoo 公司和 Meta 公司根据自己的云处理需求在 FIFO 调度算法基础上优化而来。前者解决了计算资源利用率不高的问题，后者解决了小作业得不到执行的问题。此外，Hadoop 研究领域还出现了许多调度算法，这些调度算法都是为解决 Hadoop 作业调度中的一些具体问题提出的。例如，解决节点异构特性的 LATE 调度算法、解决作业执行级别的优先级自适应调度算法、解决静态配置问题的基于遗传算法的 Hadoop 调度算法、解决公平性约束问题的 Quincy 调度算法以及解决掉队者问题的基于自适应的调度算法等。

国内的主流大数据平台运营商也根据各自的应用业务需求对 Hadoop 开源项目进行了二次开发，如腾讯、阿里、华为、浪潮等公司。他们拥有庞大的技术人员队伍和技术实力，可以从源码的角度对整个 Hadoop 平台进行优化调整，修改源码，甚至能够从硬件角度进行个性化硬件配置。

习题 14

1. 请简述你对大数据计算系统调优的理解。
2. 请简述调优的方法。
3. 请简述你对作业性能问题分析的理解。
4. 如何进行 JVM 参数优化。
5. 试述 Hadoop 机架感知与性能调优。
6. 试列举你所知道的 Hadoop 系统相关组件的性能参数。

推荐阅读

大数据可视化

作者：朱敏 主编 ISBN：978-7-111-72656-2

数据挖掘：原理与应用

作者：丁兆云 周鋆 杜振国 ISBN：978-7-111-69630-8

Python数据分析与应用

作者：王恺 路明晓 于刚 张月久 ISBN：978-7-111-68160-1

数据架构：数据科学家的第一本书（原书第2版）

作者：[美] W. H. 因蒙 丹尼尔·林斯泰特 玛丽· 莱文斯

译者：黄智濒 陶袁 ISBN：978-7-111-67960-8

推荐阅读

大数据管理系统原理与技术

作者：王宏志 何震瀛 王鹏 李春静 ISBN：978-7-111-63677-9

本书重点介绍面向大数据的数据库管理系统的基本原理、使用方法和案例，涵盖关系数据库、数据仓库、多种NoSQL数据库管理系统等。写作上，本书兼顾深度和广度。针对各类数据库管理系统，在介绍其基本原理的基础上，选取典型和常用的系统作为案例。例如，对于关系数据库，除介绍其基本原理，还选取了典型的关系数据库系统MySQL进行介绍；对于数据仓库，选取了基于Hadoop的数据仓库系统Hive进行介绍。此外，还选取了典型的键值数据库、列族数据库、文档数据库和图数据库进行介绍。

大数据分析原理与实践

作者：王宏志 ISBN：978-7-111-56943-5

大数据分析的有效实施需要不同领域的知识。从分析的角度，需要统计学、数据分析、机器学习等知识；从数据处理的角度，需要数据库、数据挖掘等方面的知识；从计算平台的角度，需要并行系统和并行计算的知识。

本书尝试融合大数据分析、大数据处理、计算平台三个维度及相关知识，给读者一个相对广阔的“大数据分析”图景，在编写上从模型、技术、实现平台和应用四个方面安排内容，并结合以阿里云为代表的产业实践，使读者既能掌握大数据分析的经典理论知识，又能熟练使用主流的大数据分析平台进行大数据分析的实际工作。